高等学校机械专业系列教材

液压传动与控制

冯永保 主编

李 良 何祯鑫 陈 珊 马长林
李 锋 曹大志 叶 辉 侯 帅 参编

高等教育出版社·北京

内容简介

本书主要介绍了液压传动与控制的基本概念，工作介质，液压流体力学基础知识，液压动力元件、执行元件、控制元件、辅助元件的结构和原理及特点，液压基本回路，液压系统的分析，液压伺服控制系统以及液压系统的使用与维护等。

本书在编写中注重理论与实际相联系，并重点对基本概念以及元件的原理及结构进行阐述，突出理论与实际相结合，注重机械类、机电类技术人员对学习和掌握液压传动知识的需求和实际应用能力的提升。在形式上结合各种知识的呈现方式，增加了与各章节内容相配套的电子资源，以便于对内容的进一步理解和掌握。

本书可作为高等学校机械类、机电类专业相关课程的教材或参考用书，也可作为工程技术人员技术培训的教材或参考用书。

图书在版编目（CIP）数据

液压传动与控制/冯永保主编.--北京：高等教育出版社，2022.8

ISBN 978-7-04-058075-4

Ⅰ.①液… Ⅱ.①冯… Ⅲ.①液压传动-高等学校-教材②液压控制-高等学校-教材 Ⅳ.①TH137

中国版本图书馆 CIP 数据核字（2022）第 024470 号

Yeya Chuandong yu Kongzhi

策划编辑 李文婷　　责任编辑 李文婷　　封面设计 赵 阳　　版式设计 徐艳妮
责任绘图 黄云燕　　责任校对 高 歌　　责任印制 刘思涵

出版发行 高等教育出版社
社　　址 北京市西城区德外大街 4 号
邮政编码 100120
印　　刷 唐山市润丰印务有限公司
开　　本 787mm × 1092mm 1/16
印　　张 20.75
字　　数 500 千字
购书热线 010-58581118
咨询电话 400-810-0598
网　　址 http://www.hep.edu.cn
　　　　 http://www.hep.com.cn
网上订购 http://www.hepmall.com.cn
　　　　 http://www.hepmall.com
　　　　 http://www.hepmall.cn
版　　次 2022 年 8 月第 1 版
印　　次 2022 年 8 月第 1 次印刷
定　　价 42.50 元

本书如有缺页、倒页、脱页等质量问题，请到所购图书销售部门联系调换
版权所有 侵权必究
物 料 号 58075-00

液压传动与控制

冯永保 主编

1 计算机访问http://abook.hep.com.cn/1259792，或手机扫描二维码、下载并安装Abook应用。

2 注册并登录，进入"我的课程"。

3 输入封底数字课程账号（20位密码，刮开涂层可见），或通过Abook应用扫描封底数字课程账号二维码，完成课程绑定。

4 单击"进入课程"按钮，开始本数字课程的学习。

课程绑定后一年为数字课程使用有效期。受硬件限制，部分内容无法在手机端显示，请按提示通过计算机访问学习。

如有使用问题，请发邮件至abook@hep.com.cn。

http://abook.hep.com.cn/1259792

前　　言

液压技术日趋成熟，已成为各行各业技术装备不可或缺的技术手段，特别是在各类工程机械、汽车起重机等一些行走式机动设备中，液压技术的应用非常广泛。如挖掘机中铲斗、斗杆、动臂以及各种回转件的驱动，汽车起重机中的起升、回转、伸缩、支腿等装置的驱动与控制均采用了液压技术。目前，有关液压技术方面的书籍较多，但在内容上均侧重编者擅长或从事的行业领域，而针对专用行走式机动设备，在液压传动与控制相关课程的教学中，教师和学生均感到所采用的通用教材针对性不强。因此，作者针对专用行走式机动设备中液压系统的应用及学生的学习要求和特点，编写了本书。

由于本书的使用对象为机械类、机电类专业的本科学生，而液压传动相关课程又属于技术基础课，因此学习本课程应着重于对基础理论的理解、基本内容的掌握和知识的综合应用。本书在内容设置上贯彻少而精、理论联系实际的特点；在液压元件、基本回路和典型机动式设备液压系统内容中突出针对性和背景特色，注重理论与实践的紧密结合。为方便广大读者阅读和理解，本书在介绍液压元件工作原理时均配以简明易懂的结构原理图，还为典型结构示例配以常用的、新型的实际外形图。同时，本书采取了多种知识呈现形式，增加了与各章节内容配套的电子资源，以便于读者对内容的进一步理解和掌握。

全书共 11 章，包括绪论、工作介质、液压流体力学基础、液压动力元件、液压执行元件、液压控制元件、液压辅助元件、液压基本回路、液压系统的分析、液压伺服控制系统、液压系统的使用与维护等内容。其中第 1、2、3 章由冯永保编写，第 4 章由陈珊编写，第 5 章由李良编写，第 6 章由何祯鑫、李良、曹大志编写，第 7 章由马长林编写，第 8 章由何祯鑫、高运广编写，第 9 章由冯永保、马长林编写，第 10 章由李锋、叶辉编写，第 11 章由叶辉、侯帅编写，附录及书中部分插图由侯帅、韩小霞、魏小玲等编写和绘制。全书由冯永保统稿。

兰州理工大学魏烈江教授对全书进行了认真审阅，提出了许多宝贵意见，在此表示衷心的感谢。本书编写过程中也吸纳了许多地方院校有关教材及同仁专著中的精华，在此谨向有关作者表示衷心感谢。

由于水平有限，书中难免存在不妥之处，恳切希望读者批评指正。

编　者

2021 年 12 月

目　　录

第1章　绪　　论

随着技术的不断发展,在工农业生产中越来越离不开机器的作业。一部完整的机器一般是由原动机、传动机构和工作机三部分组成。原动机为机器工作提供原始动力,常见的原动机有电动机、内燃机等;工作机是完成机器工作任务的直接工作部分,如起重机的卷扬机构、回转机构等。为适应工作机所需力和工作速度变化范围较宽的需求以及控制的要求,一般在原动机和工作机之间设置传动机构,把原动机输出的功率经过转换后传递给工作机,以满足工作需要。因而,一部机器中的传动形式和结构是非常重要的。

目前,常见的传动形式通常有机械传动、电气传动、流体传动等。流体传动根据传动介质的不同分为气体(气压)传动和液体传动。液体传动又分为液力传动和液压传动。液压传动只是各传动形式中的一种。液压传动是基于帕斯卡定律,利用液体的压力能进行动力(力、力矩和速度)的传递与转换的传动方式,也被称为静压传动或静液压传动。

当然,一个完整的液压传动系统,需要利用各种液压元件组成相应的基本回路,再由若干基本回路有机组合成能够实现各种功能的系统,才能够完成能量的转换、传递和控制。下面以生产活动中常见的液压千斤顶为例讲述液压传动的工作原理。

1.1　液压传动的工作原理

1.1.1　液压千斤顶的结构及组成

液压千斤顶是人们在日常生产过程中最常见的一种液压装置。图 1-1-1 为手动液压千斤顶的外观图和结构图。

液压千斤顶主要由调整螺杆(用于支撑负载)、外套端盖(顶帽及密封)、大缸体、大缸体活塞杆、缸体外套、(外套上的)螺堵(用于堵注油口)、手柄座(掀手)及支架、小缸体(泵体)、小缸体活塞(泵芯)、底座,以及底座上所设置的放油路及放油路单向阀、进油路及进油路单向阀、回油路及回油路单向阀、放油阀杆等组成。

1.1.2　液压千斤顶的工作原理及分析

下面以图 1-1-2 来分析液压千斤顶的工作原理。液压千斤顶主要由大缸体 6 和大活塞 7 组成举升液压缸;由手动杠杆 1、小缸体 2、小活塞 3、单向阀 4 和 5 组成手动液压泵。当外力使手动杠杆 1 摆动时,小活塞 3 在小缸体 2 中做上下往复运动。小活塞 3 上移,小缸体 2 腔内的容积扩大而形成真空,油箱 9 中的油液在大气压力的作用下,通过进油单向阀 4 进入泵腔内;当小活塞 3 下移时,小缸体 2 腔内的油液顶开单向阀 5,将油液排入大缸体 6 内,使大活塞 7 带动重物一起上

液压千斤顶的结构组成

(a) 外观图

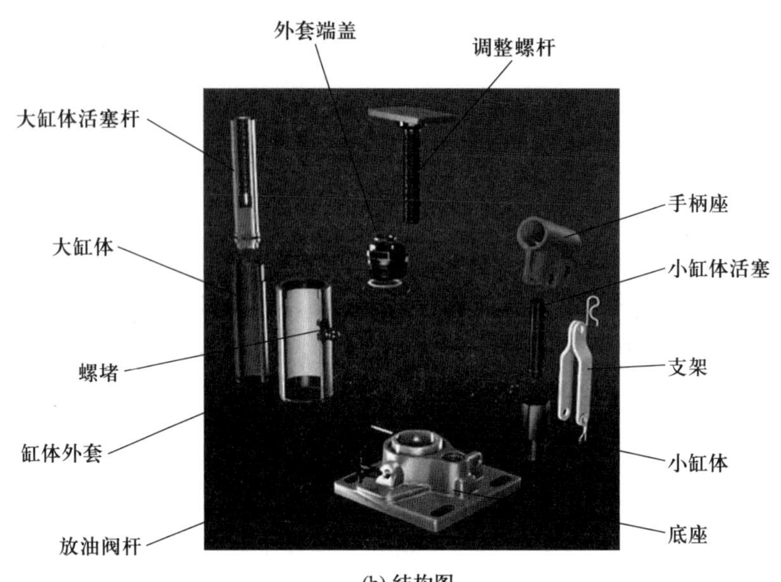

(b) 结构图

图 1-1-1 手动液压千斤顶外观图和结构图

升。反复上下扳动手动杠杆1,重物就会逐步升起。手动杠杆1停止工作,大活塞7将停止运动;打开截止阀8,大缸体6内油液在重力的作用下排回油箱,大活塞7落回原位。以上就是液压千斤顶的工作原理。

液压千斤顶工作原理(二维)

液压千斤顶工作原理(三维动画)

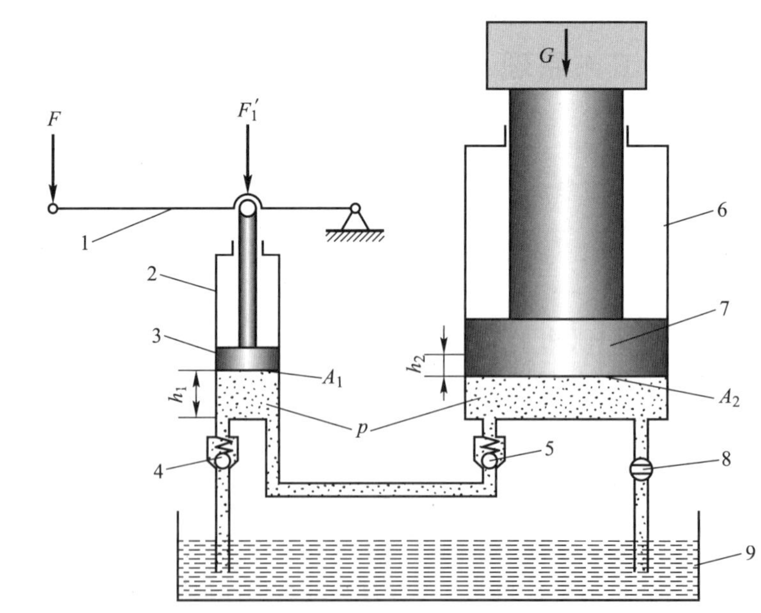

1—手动杠杆;2—小缸体;3—小活塞;4、5—单向阀;6—大缸体;7—大活塞;8—截止阀;9—油箱

图 1-1-2 液压千斤顶工作原理图

下面对图 1-1-2 中大小活塞之间的受力关系、运动关系和功率关系进行分析。为分析问题

方便,分析时可以做以下假定:工作介质是不可压缩的;液压缸和管道均为刚体,受力后不会变形;系统无泄漏并忽略一切摩擦力。

(1) 力的分析

当大活塞上作用有重物负载时,大活塞下腔的油液会产生一定的压力 p,即

$$p = G/A_2 \tag{1-1-1}$$

式中:G 为重物的重力;A_2 为大活塞横截面积。

在液压千斤顶工作时,在小活塞到大活塞之间会形成一个密封的工作容腔。根据帕斯卡定律可知,在密闭容器内,施加于静止液体上的压力将以等值同时传到液体各点。大活塞要顶起重物,在小活塞下腔就必须产生一个等值的压力 p,此压力对小活塞上施加的力为

$$F_1 = pA_1 = \frac{A_1}{A_2}G \tag{1-1-2}$$

式中:A_1 为小活塞横截面积。

当活塞横截面积 A_1、A_2一定时,容腔内压力 p 的大小由所举升的重物负载来决定。如果将小活塞 3、小缸体 2 以及手动杠杆 1 组成的装置称为手动泵,手动泵上的作用力 F'_1则取决于工作容腔内的压力 p。因此,被举升的重物负载越大,液体压力 p 越高,手动泵上所需的作用力 F'_1也就越大;反之,如果空载工作,且不计摩擦力,则液体压力 p 和手动泵上的作用力 F'_1都为零(千斤顶工作时,推动负载 G_1 必须通过手动杠杆 1 上施加的力 F 来完成,由此通过手动杠杆施加在小活塞上的力为 F'_1,F'_1与 F_1 平衡,即 $F'_1 = F_1$。)。据此,可以得出液压传动的第一个特征:压力取决于负载。在实际液压系统中,此处压力应为系统中的压力,负载应为包括大缸体推动的重物以及摩擦力等的各种外负载。

(2) 运动分析

由于小活塞到大活塞之间的工作容腔是密封的,假定系统无泄漏,小活塞向下压出油液的体积必然等于大活塞向上升起时大缸体内扩大的体积,即 $V = A_1h_1 = A_2h_2$。

假设大、小活塞匀速运动,在等式 $A_1h_1 = A_2h_2$两端同时除以活塞移动时间 t 得

$$v_1A_1 = v_2A_2 \tag{1-1-3}$$

$$v_2 = \frac{A_1}{A_2}v_1 = \frac{q}{A_2} \tag{1-1-4}$$

式中 $q = v_1A_1 = v_2A_2$,称 q 为流量,表示单位时间内流过某管路垂直截面的液体体积大小。由于活塞横截面积 A_1、A_2已定,所以大活塞的移动速度 v_2只取决于进入大缸体的流量 q。因此,进入大缸体的流量越多,大活塞的移动速度 v_2也就越高。由此,可得出液压传动的第二个特征:速度取决于流量。此处速度是指推动负载的速度,也即大活塞(负载)的速度,流量是指进入大缸体的流量。

这里需要着重指出,从一般意义上来讲,以上两个特征是独立存在的,互不影响。不管液压千斤顶的负载如何变化,只要供给的流量一定,活塞推动负载上升的运动速度就一定。同样,不管液压缸的活塞移动速度怎样,只要负载是一定的,推动负载所需要的液体压力就不会变化。

(3) 功率关系

若不考虑各种能量损失,手动泵的输入功率等于液压缸的输出功率,即

$$F_1v_1 = Gv_2 \text{或} P = pA_1v_1 = pA_2v_2 = pq \tag{1-1-5}$$

可见,液压传动的功率 P 可以用液体压力 p 和流量 q 的乘积来表示。从功率公式还可以看出,要传递某一确定的功率,既可以采用低压大流量,也可以采用较高压力较小流量。而流量小,意味着液压元件及系统的体积可以较小。因此,多年来,液压技术的发展趋势之一就是不断提高液压系统的工作压力。压力 p 和流量 q 也是液压系统中最基本、最重要的两个物理量。

在液压千斤顶的工作过程中,存在两次能量转换过程,首先手动泵装置将手动机械能转换为液体压力能,而后大缸体又将液体压力能转换为机械能输出。

综上,液压传动的工作特点为:以液体为工作介质;传动必须在密封容器内进行,而且依靠密封工作容腔体积的变化产生的液体压力能来传递能量;压力的高低取决于负载;负载速度的传递是按容积变化相等的原则进行的,速度的大小取决于流量;液压传动过程中经过了机械能到压力能,压力能又到机械能的两次能量转换。

1.2 液压传动系统的组成

由液压千斤顶的结构和工作原理可知,系统由手动杠杆 1、小缸体 2、小活塞 3 组成的手动泵完成吸油和排油;大缸体 6 和大活塞 7 组成举升液压缸接收手动泵提供的能量并推动负载做功;进油单向阀 4、排油单向阀 5、截止阀 8 等控制油液的流动方向、负载的下降等。因此,在实际应用中,液压传动系统(后文除需强调传动功用时用液压传动系统,其他用液压系统)一般由液压泵、液压阀、执行元件、辅助元件以及工作介质等组成,如图 1-2-1 所示。

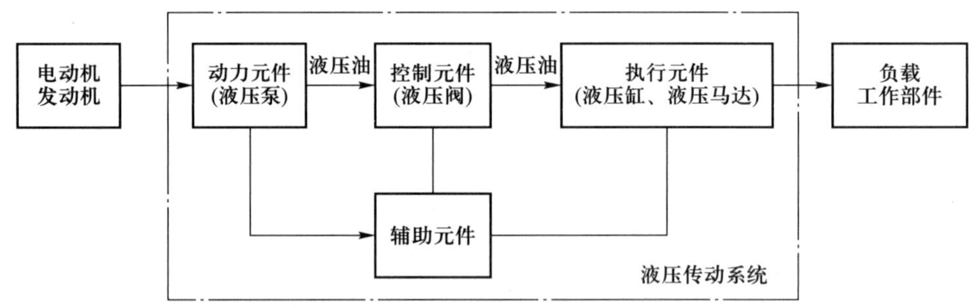

图 1-2-1 液压传动系统的组成

一个完整的液压传动系统由以下五个部分组成:

(1) 动力元件,即液压泵。其功能是接受原动机提供的机械能,并通过自身的运转将机械能转换成液体的压力能输出,为系统提供动力。所以,液压泵自身不会转起来,必须是在电动机或发动机的驱动下转动,并排出液压油。

(2) 执行元件,即液压缸、液压马达,也称液压执行器。它们的功能是将液体的压力能转换成机械能,以带动负载进行直线运动或旋转运动(液压缸一般控制负载做直线运动,液压马达控制负载实现旋转运动)。液压执行器一般与工作部件相连,在液压油的推动下,驱动工作部件运动。

(3) 控制元件,即压力、流量和方向控制阀,通称液压阀。它们的作用是控制和调节系统中液体的压力、流量和流动方向，以保证执行元件达到所要求的输出力（或力矩）、运动速度和运动方向。

（4）辅助元件，也称液压辅件。是保证系统正常工作所需要的各种辅助装置，包括管道、管接头、密封装置、油箱、过滤器、加热器、冷却器和指示仪表等。

（5）工作介质。常用工作介质为液压油，用于能量的传递。

1.3　液压传动系统的图形符号

图形符号是以图形为主要特征来传递某种信息的视觉符号，具有直观、简明、易懂易记的特点。在工程中为便于进行设计和交流，在液压技术中也制定了各种液压元器件所对应的图形符号，以及由各元器件图形符号构成的液压系统图的规则。

以图 1-3-1 所示某设备工作台的液压传动系统为例来说明液压图形符号的应用。图中的液压传动系统由液压泵、溢流阀、节流阀、换向阀、液压缸、油箱、过滤器、工作台以及连接管道等组成。

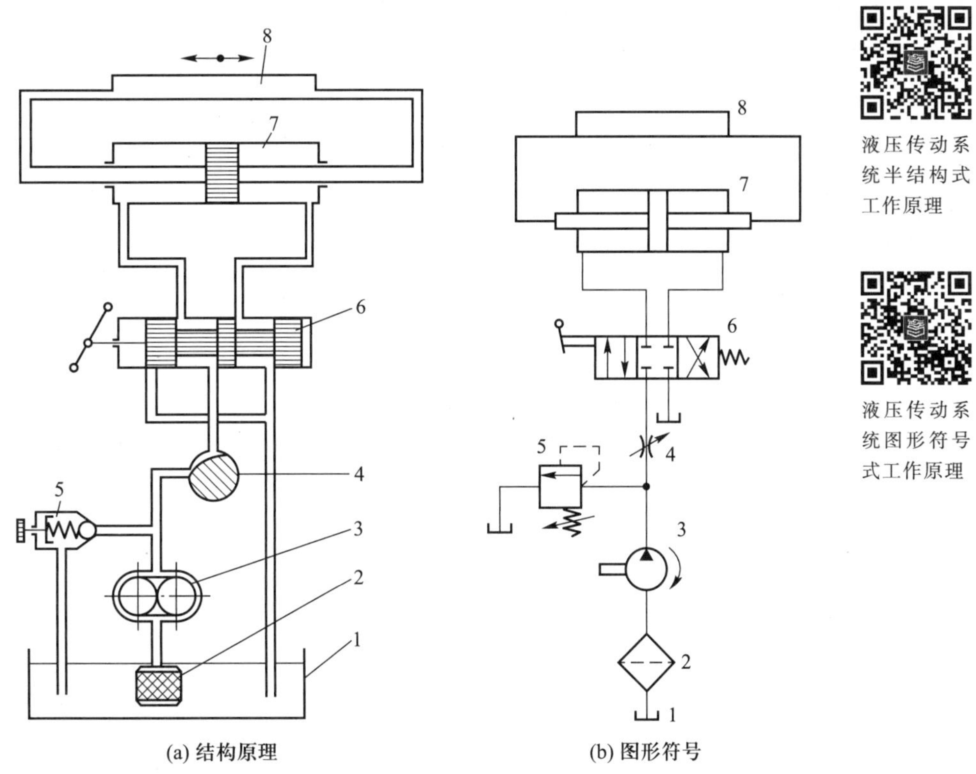

(a) 结构原理　　(b) 图形符号

1—油箱；2—过滤器；3—液压泵；4—节流阀；5—溢流阀；6—换向阀；7—液压缸；8—工作台

图 1-3-1　液压传动系统工作原理图

其工作原理是：液压泵 3 由电动机带动旋转，从油箱 1 经过滤器 2 吸油，液压泵 3 排出的压力油先经节流阀 4 再经换向阀 6（设换向阀手柄向右扳动，阀芯处于右端位置）进入液压缸 7 的左腔,推动活塞和工作台8向右运动。液压缸7右腔的油液经换向阀6和回油管道返回油箱。若换向阀的阀芯处于左端位置(手柄向左扳动),活塞及工作台则反向运动。改变节流阀4的开口大小,可以改变进入液压缸的流量实现工作台运动速度的调节,多余的流量经溢流阀5和溢流管道排回油箱。液压缸7的工作压力由活塞运动所克服的负载决定。液压泵3的工作压力由溢流阀5调定,其值略高于液压缸7的工作压力。由于系统的最高工作压力不会超过溢流阀5的调定值,所以溢流阀5还对系统起到过载保护的作用。

图1-3-1a所示的液压传动系统工作原理图是半结构式的,其直观性强,易于理解,但绘制起来比较繁杂。图1-3-1b所示是用液压图形符号绘制成的液压传动系统工作原理图,其简单明了,便于绘制,图中的符号已有相应的国家标准进行规定,可参见附录中《流体传动系统及元件 图形符号和回路图 第1部分:图形符号》(GB/T 786.1—2021)。学习时应注意,图形符号只表示元件的功能、控制方法及外部连接口,不表示元件的具体结构和参数,也不表示连接口的实际位置和安装位置。对于标准中未给出的一些非标准元件的图形符号,在设计中也可采用半结构式的画法。

1.4 液压传动的优缺点

1.4.1 液压传动的优点

(1) 相对于其他传动形式,液压传动的功率-质量比及力-质量比大,这也是液压传动最突出的优点。由于液压传动可以采用很高的压力,一般可达32 MPa,甚至更高,因此具有体积小、重量轻的特点。如在同等功率下,液压马达的外形尺寸和重量约为电动机的12%。特别是在中、大功率使用场合,这一优点尤为突出。

(2) 速度调节容易,能够方便地实现无级调速。另外,调速范围宽,调速范围一般可达100∶1,甚至高达2 000∶1,适合于调速范围宽的场合。

(3) 操纵控制方便,易实现自动化控制。特别是与电子技术、计算机技术结合后,更易于实现各种自动控制、远距离控制以及无线遥控。

(4) 响应速度快。由于液压传动系统体积小、重量轻,因而惯性小,速度响应快,启动、制动和换向迅速。例如,一个中等功率的电动机启动需要几秒钟,而液压马达只需0.1 s。

(5) 液压传动系统易于实现过载保护,安全性好。而且采用矿物油作为工作介质,自润滑性好。

(6) 液压传动系统布局灵活,安装方便。由于液压执行元件的多样性(如液压缸、液压马达等),与各元件之间仅靠管路即可连接,可以使机器布置灵活方便,简化结构。

(7) 随着技术的发展和应用范围的扩大,液压元件已实现了标准化、系列化和通用化,方便了系统的设计、制造和推广应用。

1.4.2 液压传动的缺点

(1) 液压传动系统的效率低。由于液压传动是依靠液体的流动来进行能量传递的,因此会受到液体流动阻力、泄漏以及机械摩擦等的影响，会产生能量损失，容易发热，导致液压传动系统的效率不高。

（2）泄漏对液压传动系统的影响较大。液压传动系统中存在的泄漏和油液的压缩性将影响传动的准确性，不易实现精确的定比传动。同时，泄漏有内、外泄漏之分，泄漏量过大，会降低系统的效率以及造成环境的污染等。

（3）对油液的清洁程度要求高。液压传动系统对油液的污染比较敏感。油液污染会使液压传动系统的故障率升高而影响系统性能。所以，液压传动系统工作时必须要有良好的防护和过滤措施。

（4）工作介质受温度影响较大。作为工作介质的油液，其黏度受温度的影响较大，会引起系统工作性能的变化。所以，液压传动系统不宜在温度变化范围很大的场合工作。

（5）液压传动系统出现故障后不易排查。由于油液在系统管路及密封容腔中流动并传递能量，外界看不到油液的实际状态，当系统出现故障后，检查及排除相对困难。

液压传动的优点是主要的，而且，液压元件已标准化、系列化和通用化，便于系统的设计、制造和推广应用。但也不可忽视其缺点，在液压设备的应用中，液压传动系统易泄漏、出现故障后较难查找、维护要求高等都直接影响了设备的使用和性能的发挥。但目前看来，其优点总是多于缺点。而且，液压传动的一些缺点也在科学研究中不断地被克服和解决，因此液压传动在各行各业的生产设备中有着广阔的应用前景和发展前途。

1.5　液压技术的应用

1.5.1　液压技术的应用

人类在很早就利用过水力服务于生产，一直到 19 世纪蒸汽机进入实用前，人们在生产中所使用的主要动力除了人力、风力外，就是水力。对水力的应用也是流体技术形成的雏形。随着工业革命的来临以及各种科学理论和技术的发展，流体技术也逐步形成并得到了实现。液压技术的发展是与流体力学、材料学、机构学、机械制造等相关基础学科的发展紧密相关的。

现代液压技术已有二百多年的历史了，然而在工业上的真正推广使用是在 20 世纪中叶。先是在一些武器装备上使用了功率大、反应快、准确性好的液压传动和控制装置，极大地提高了武器装备的性能，同时也促进了液压技术本身的快速发展。后期，液压技术由军事转入民用，在机械制造、工程机械等国民生产的各行业中得到了广泛的应用和发展。

近年来，随着与微电子技术、计算机技术、传感技术的紧密结合，现代液压技术已形成并发展成为一种包括传动、控制、检测在内的自动化技术。液压技术在实现高压、高速、大功率、经久耐用、高度集成化等各项要求方面都取得了重大的进展；在完善发展比例控制、伺服控制以及开发数字控制技术上也有许多新成绩。同时，液压元件和液压系统的计算机辅助设计（CAD）和计算机辅助测试（CAT）、微机控制、机电液一体化、液电一体化、可靠性、污染控制、能耗控制、小型微型化等方面也是液压技术发展和研究的方向。继续扩大应用服务领域，采用更先进的设计和制造技术，将使液压技术发展成为内涵更加丰富的完整的综合自动化技术。

目前,液压技术已在各个工业领域的技术装备上广泛应用,例如工程机械、机械制造、建筑、矿山、冶金、军用、船舶、石化、农林等机械装备上。上至航空、航天工业,下至地矿、海洋开发工程,几乎无处不见液压技术的踪迹。

液压技术的应用领域有以下几个方面:

(1) 各种举升、搬运作业的工程机械领域。特别是在行走机械和需求较大驱动功率的场合,液压传动已经成为一种主要方式。例如,起重、装载、挖掘等工程机械,消防、维修、搬运等特种车辆,船舶的起货机、起锚机,高炉、炼钢炉设备,船闸、舱门的启闭装置,剧场的升降乐池和升降舞台以及各种自动输送线等。

(2) 各种需要作用力大的推、挤、压、剪、切、采掘等作业装置。在这些场合,液压传动已经具有垄断地位。例如,各种液压机,金属材料的压铸、成形、轧制、压延、拉伸、剪切设备,塑料注射成形机、塑料挤出机等塑料成形机械,拖拉机、收割机以及其他砍伐、采掘用的农林机械,隧道、矿井和地面的挖掘设备以及各种船舶的舵机等。

(3) 高响应、高精度的控制领域。例如,火炮的跟踪驱动、炮塔的稳定、舰艇的消摆、飞机的姿态控制等装置,加工机床高精度的定位系统,工业机器人的驱动和控制系统,电站发电机的调速系统,高性能的振动台和试验机以及多自由度的大型运动模拟器和娱乐设施等。

(4) 多种工作程序组合的自动操纵与控制。例如,在现代化工厂中应用的一些组合机床、机械加工自动线等。

(5) 特殊的工作场所。例如,地下、水下、防爆、救援等特殊环境的作业装备。

1.5.2 液压技术面临的挑战

当前,新技术层出不穷,技术改变的速度越来越快,液压技术也面临着巨大的挑战。随着环保节能的要求,当燃料电池或蓄电池成为能量来源后,可以直接驱动电驱动器,从控制角度或者能量转换角度来讲,都会方便许多,设计人员在设计时也会优先考虑电驱动。所以,电驱动取代液压驱动近年来比较热门,这也是液压技术当前所面临的挑战。

但是,技术取代总是有一个过程,需要一定时间的。况且,每一项技术都会在自己的领域朝前发展,也会有新的应用领域出现,液压技术也是如此。加之,流体本身的特性及与人们日常生活的密切关系,流体技术会有更深层次的应用与开拓。也正如路甬祥院士所说"由于流体特性及其应用领域的多样化及复杂性,流体传动与控制技术在未来有着无穷无尽的研究领域和无止境的应用范围"。

1. 什么是液压传动?
2. 液压传动的工作原理是什么?有什么主要特征?
3. 液压传动系统由哪几部分组成?各部分的作用是什么?
4. 液压传动与机械传动、电气传动相比有哪些优、缺点?

5. 液压传动过程中要经过两次能量转换,而能量转换中会损失能量,那么为什么还要使用液压传动系统呢?

6. 液压传动系统为什么要采用液压图形符号来表示?我国液压图形符号的相关国家标准是什么?

7. 举例说明在生活中见到的液压传动设备有哪些。

第 2 章　工 作 介 质

液压传动通常是以液体作为工作介质来进行能量传递的。说到液体，人们首先想到的是水。水作为工作介质其经济性、环保性和安全性比较好，但水对于金属而言，易使金属锈蚀，润滑性差，还会产生气蚀等，将影响液压元件的寿命和工作性能。自石油产品出现之后，液压系统常采用石油型的矿物油作为工作介质，也称之为液压油，液压油的使用使液压技术进入现代液压技术阶段。液压油能够很好地解决水作为工作介质存在的不足。因此，在液压传动的发展历程中，液压油一直是作为常用工作介质使用的。但是，人们也从未停止以水作为工作介质的研究。近年来，随着新型材料的出现和应用，水液压技术的研究和应用也得到了快速发展。因此，熟知液压技术中工作介质的一些基本物理、化学性能，特别是了解液压油的选用原则、油液的种类牌号，以及液压系统中油液的污染原因和污染控制，有助于液压设备使用者对液压设备的管理、合理使用及维护保养。

2.1　液体的密度与重度

在物理学中，将液体单位体积所具有的质量称为密度，以 ρ 表示，单位为 kg/m^3，

$$\rho=\frac{m}{V} \tag{2-1-1}$$

式中：m 为液体的质量，kg；V 为液体的体积，m^3。

将液体单位体积所具有的重量称为重度，以 γ 表示，单位为 N/m^3，

$$\gamma=\frac{G}{V}=\frac{mg}{V} \tag{2-1-2}$$

式中：G 为液体重量，N；g 为重力加速度，一般取 $g=9.8\ m/s^2$。重度与密度的关系也可写为 $\gamma=\rho g$。

液体的密度是随着液体压力和温度的变化而变化的，即随压力的增加而增大，随温度的升高而减小。但在液压系统中，由压力和温度引起的液体密度的变化都比较小，实际应用中油液的密度近似为常数。在一般情况下，石油型液压油的密度是以标准大气压下，20 ℃时油液的密度值作为计算值，通常取 $\rho=900\ kg/m^3$，而水的密度为 $\rho=1\ 000\ kg/m^3$。

2.2　液体的可压缩性

液体的可压缩性是指液体在密闭状态下，随着压力的增加体积减小而密度增加的性质。在

液压系统中,液体受到压力作用,体积将会发生变化。

如图 2-2-1 所示,在一密闭容腔中,液体的压力为 p,体积为 V,当压力加大到 $p+\Delta p$ 时,容腔内的液体体积将会减小到 $V-\Delta V$。液体的可压缩性可以用体积压缩系数 β 来表示,单位为 m^2/N,即当温度不变时,在单位压力变化下液体体积的相对变化量,

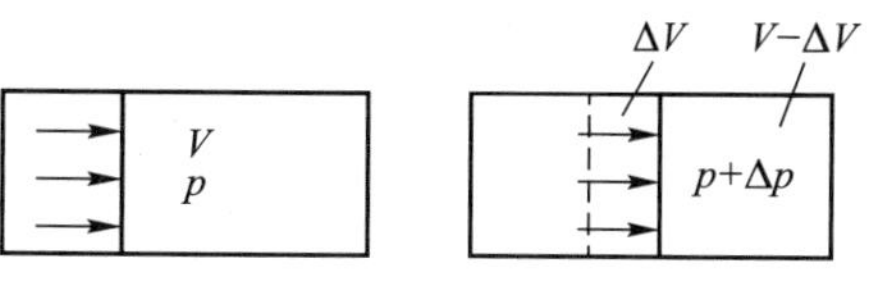

图 2-2-1 油液的可压缩性

$$\beta=-\frac{1}{\Delta p}\frac{\Delta V}{V} \tag{2-2-1}$$

式中:V 为液体加压前的体积,m^3;ΔV 为加压后液体体积的变化量,m^3;Δp 为液体压力变化量,N/m^2。

当压力增大时,液体体积总是减小,所以上式中加一负号以使体积压缩系数 β 为正值。液体的体积压缩系数 β 的倒数称为液体的体积模量,用 K 来表示,单位为 N/m^2,

$$K=\frac{1}{\beta}=-\frac{V\Delta p}{\Delta V} \tag{2-2-2}$$

液压油的体积模量通常为$(1.4\sim1.9)\times10^9\ N/m^2$,水的体积模量为 $2.1\times10^9\ N/m^2$,钢的体积模量为 $2.06\times10^{11} N/m^2$,液压油的体积模量为钢体积模量的 1/140~1/100。对液压系统来讲,由于压力变化引起的液体体积变化很小,故一般可认为液体是不可压缩的。但在液体中混有空气时,其压缩性显著增加,并将影响系统的工作性能。在有动态特性要求或压力变化范围很大的高压系统中,应考虑液体压缩性的影响,并应严格排除液体中混入的气体。实际计算时液压油的体积模量常选用$(0.7\sim1.4)\times10^9\ N/m^2$。在常压下,液压系统中矿物油内混入的空气的体积分数可达 6%~12%。但随着压力的上升,一部分混入的空气将溶解于液体中,不再对液体的有效体积模量产生明显影响。但是没有溶于液体中的空气将对液体的有效体积模量产生明显影响。

在理解液压系统中压力的概念时应注意:由式(2-2-2),可得到压力与体积变化之间的关系 $\Delta p=-K\dfrac{\Delta V}{V}$,密闭容腔中如果仅仅是充满液体,而无外界的作用力挤压液体,是不会产生压力的;正是由于密闭容腔中的液体受到外部作用力的挤压,液体体积有所减小才产生压力。所以,在液压系统工作时,一般油液先充满执行元件的密闭容腔,在推动执行元件克服外界负载时,由于封闭容腔中液体的挤压,系统才建立起由外界负载所决定的压力。

2.3 液体的黏性

在日常生活中,我们会有这样的感觉:将一瓶菜油与一瓶水同时倒在地面上,菜油流动得明显比水流动得慢,这是什么原因造成的呢?液体在流动过程中会有来自液体分子之间的吸引力,这种吸引力表现的就是液体的黏性。

2.3.1 液体的黏性

液体在外力作用下流动(或有流动趋势)时,液体分子间的内聚力要阻止分子间的相对运动

而产生内摩擦力,液体的这种性质称为液体的黏性,它是液体的重要物理性质。液体只在流动(或有流动趋势)时才会呈现黏性,静止液体是不呈现黏性的。

如图 2-3-1 所示,当两平行平板间充满液体,下平板固定,上平板以速度 u_0 向右平动时,由于液体的黏性作用,紧靠着下平板的液层速度为零,紧靠着上平板的液层速度为 u_0,而中间各液层速度则从上到下按递减规律呈线性分布。

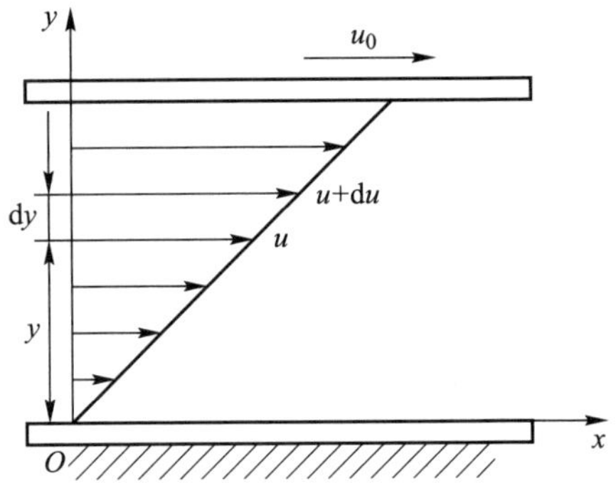

图 2-3-1 相对运动与黏性

实验测定指出,液体流动时相邻液层间的内摩擦力 F 与液层间接触面积 A 和液层间相对运动速度梯度 $\mathrm{d}u/\mathrm{d}y$ 成正比,即

$$F=\mu A\frac{\mathrm{d}u}{\mathrm{d}y} \tag{2-3-1}$$

式中:μ 为比例系数,称为动力黏度。

在静止液体中,由于速度梯度 $\mathrm{d}u/\mathrm{d}y=0$,内摩擦力为零,因此液体在静止状态时不呈现黏性。

式(2-3-1)被称为牛顿液体内摩擦定律。若以 τ 表示单位面积上的内摩擦力(即切应力),则式(2-3-1)可写为

$$\tau=\mu\frac{\mathrm{d}u}{\mathrm{d}y} \tag{2-3-2}$$

从图 2-3-1 所示的实验即可知液体流动阻力的来源。而且,液体黏性越高,阻力就越大。

2.3.2 液体的黏度

液体黏性的大小用黏度来表示。常用的黏度有三种,即动力黏度、运动黏度和相对黏度。

(1) 动力黏度。动力黏度又称绝对黏度,用 μ 表示,由式(2-3-1)、式(2-3-2)可得

$$\mu=\frac{F}{A\frac{\mathrm{d}u}{\mathrm{d}y}}=\frac{\tau}{\frac{\mathrm{d}u}{\mathrm{d}y}} \tag{2-3-3}$$

动力黏度 μ 的物理意义是:当速度梯度 $\mathrm{d}u/\mathrm{d}y$ 等于 1(即单位速度梯度)时,流动液体内接触液层间单位面积上产生的内摩擦力。其法定计量单位为 Pa·s。

(2) 运动黏度。动力黏度 μ 与密度 ρ 的比值,称为运动黏度,用 ν 表示,即

$$\nu=\frac{\mu}{\rho} \tag{2-3-4}$$

运动黏度无明确的物理意义,它是流体力学分析和计算中常遇到的一个物理量。因其单位中只有长度与时间的量纲,故称为运动黏度。运动黏度的法定计量单位是 $\mathrm{m^2/s}$,它与以前常用单位 cSt(厘斯)之间的关系是:$1\ \mathrm{m^2/s}=10^6\ \mathrm{cSt}=10^6\ \mathrm{mm^2/s}$。水的运动黏度约为 $1\ \mathrm{mm^2/s}$。

在我国,液压油的黏度一般都采用运动黏度来表示。液压油的运动黏度直接表示在它的牌号上,每一种液压油的牌号,就表示这种油在 40 ℃时以 $\mathrm{mm^2/s}$ 为单位的运动黏度的平均值。例如,L-HM46 抗磨液压油,表示在 40 ℃时其运动黏度的平均值为 46 $\mathrm{mm^2/s}$。

(3) 相对黏度。相对黏度又称条件黏度,是采用特定的黏度计在规定的条件下测量出来的

液体黏度。根据测量仪器和条件不同，各国采用的相对黏度的单位也不同，如美国采用赛氏黏度（SSU），英国采用雷氏黏度（R），而我国和欧洲国家采用恩氏黏度（°E）。

恩氏黏度用恩氏黏度计测定，如图 2-3-2 所示，将 200 mL 温度为 20℃ 的被测液体装入黏度计内，使之由下部直径为 ϕ2.8 mm 的小孔流出，测出液体流尽所需的时间 t_1；再测出 200 mL 温度为 20 ℃ 的蒸馏水在同一黏度计中流尽所需的时间 t_2。这两个时间的比值即为被测液体在 20 ℃ 时的恩氏黏度，即

$$°E_t = \frac{t_1}{t_2} \tag{2-3-5}$$

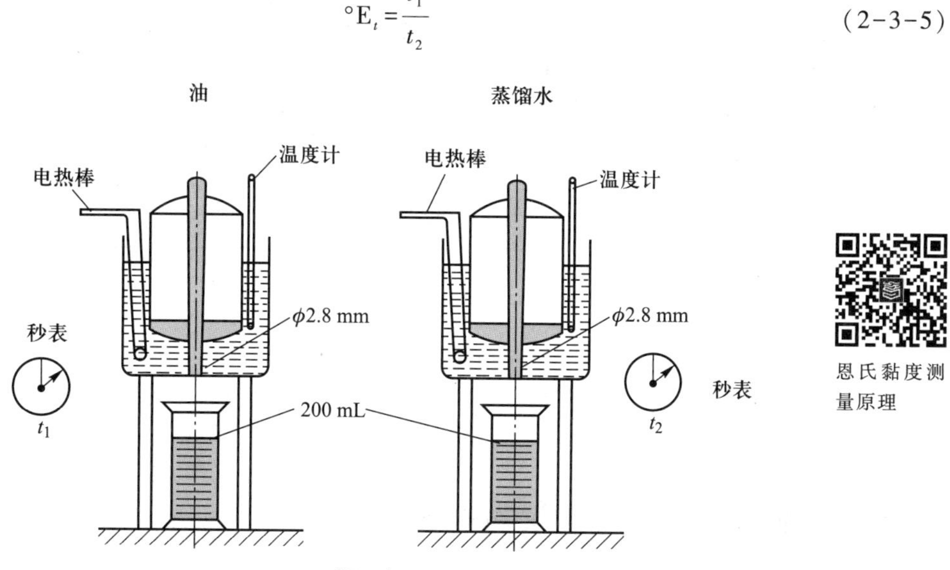

图 2-3-2　恩氏黏度测量原理

恩氏黏度测量原理

液体的黏度随其温度升高而降低（表 2-3-1 给出了牌号为 32 号和 46 号矿物油在不同温度时的黏度值），这种黏度随温度变化的特性称为黏温特性。不同的液体，黏温特性也不同。在液压传动中，希望工作液体的黏度随温度的变化越小越好，因为黏度随温度的变化越小，对液压系统的性能影响也越小。图 2-3-3 为几种国产液压油的黏温特性曲线，图中，曲线越平缓，表明这种液压油的黏温特性越好。

表 2-3-1　矿物油在不同温度时的黏度　　单位：mm²/s

矿物油牌号	-20 ℃	0 ℃	40 ℃	80 ℃
32 号	2 000	300	32	9
46 号	4 000	850	46	11

液体的黏度不仅受温度的影响，也随压力的变化而变化。对常用的液压油而言，压力增大时，黏度增大。但在一般液压系统使用的压力范围内，压力对黏度影响很小，可以忽略不计。当压力变化较大时，需要考虑压力对黏度的影响。

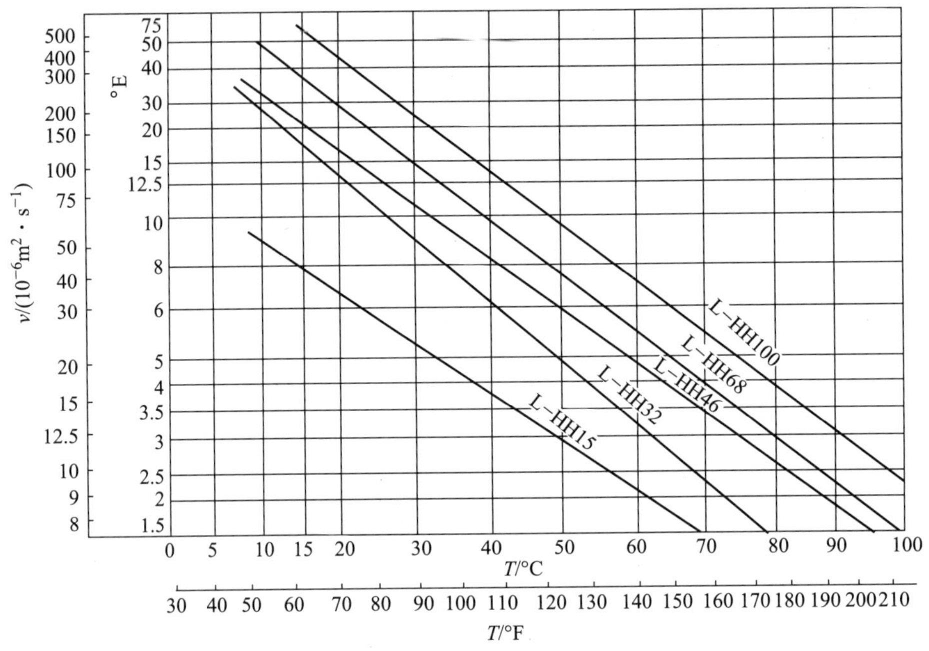

图 2-3-3 几种国产液压油的黏温特性曲线（坐标轴未按比例绘制）

2.4 液压油的使用要求与选用

2.4.1 液压油的使用要求

液压油在液压系统中除了传递能量，还起着润滑运动部件、保护金属零部件不被锈蚀、散热等作用。液压油的品质及性能对液压系统的工作有着重要的影响。液压系统使用过程中对液压油有如下的要求：

（1）合适的黏度和良好的黏温特性，在液压系统使用温度范围内，油液黏度随温度的变化越小越好。

（2）润滑性要好。液压元件工作中有相对滑动的零部件，工作时需要油液具有良好的润滑性能而避免出现干摩擦。

（3）稳定性要好。液压油在高温、氧化、水解和剪切条件下要有良好的稳定性，使用寿命长。油液抵抗其受热时发生化学变化的能力称之为热稳定性，当温度升高时热稳定性差的油液容易变质，产生脂状沥青、焦油等物质。该过程是一种化学反应，是随温度升高而加快的。所以，一般液压油的工作温度不超过 65 ℃。氧化是指油液与空气中的氧或其他含氧物质发生反应后生成酸性化合物，腐蚀金属。水解是指油液与水发生分解变质的性质，水解变质后的油液黏度降低，腐蚀性增加。剪切是指油液在较大压力下流过小的缝隙或阀口时，由于机械剪切作用使油的化学结构发生变化，黏度减小的性质，一般要求油液要具有抗剪切稳定性。

（4）消泡性好。油液中的泡沫要少，以免油中的泡沫进入液压系统产生振动、噪声等。

(5) 凝固点低,流动性要好。为保证在寒冷条件下液压系统正常工作,液压油的凝固点要低于工作环境的最低温度,保证低温流动性。所以,一些低温极寒区域工作的液压设备常选用专用液压油。

(6) 闪点高。对于高温或有明火的使用场合,为达到安全要求,油液的闪点要高。

(7) 油液的质地纯净,杂质含量要少。

(8) 绿色环保,对人体及环境无害,无腐蚀性,成本低。

2.4.2 液压油的品种

液压油的品种很多,主要可分为矿物油型液压油和难燃型液压液两种。另外还有一些专用液压油。表 2-4-1 是我国液压油(液)品种分类。

表 2-4-1 液压油(液)品种分类

类别代号	L(润滑剂类)											
类型	矿物油型液压油							难燃型液压油				
品种代号	HH	HL	HM	HG	HR	HV	HS	HFAE	HFAS	HFB	HFC	HFDR
组成和特性	无抑制剂的精制矿物油	精制矿物油,并改善其防锈和抗氧化性	HL 油,并改善其抗磨性	HM 油,并具有抗黏温性	HL 油,并改善其黏温性	HM 油,并改善其黏温性	无特定难燃性的合成液	水包油型乳化液	化学水溶液	油包水型乳化液	含聚合物水溶液	磷酸酯无水合成液

目前,我国与国际标称牌号一致,表 2-4-2 为抗磨液压油的牌号。

表 2-4-2 抗磨液压油牌号 单位:mm^2/s

	油液牌号								
40 ℃时运动黏度等级	7	10	15	22	32	46	68	100	150

液压油常用的黏度等级(或称牌号)为 10—100 号,主要集中在 15—68 号。

液压油代号示例:L-HM46

含义:L—润滑剂类;H—液压油(液)组,M—防锈、抗氧和抗磨型,46—黏度等级为 46 mm^2/s。

2.4.3 液压油的选择

在选择液压系统的液压油时,先是依据液压系统的工作环境、系统的工况条件(压力、温度和液压泵类型等)以及价格、使用寿命等经济性要求,并结合液压油(液)各品种的性能,综合统筹确定所选用的油液品种,表 2-4-3 给出了不同工作环境及工况条件时选择液压油品种的基本参考;再根据系统的工作温度范围,参考液压泵的类型、工作压力等因素来确定液压油的黏度等级,见表 2-4-4。

表 2-4-3 根据工作环境和工况条件选择液压油(液)品种

工况条件	压力<7 MPa	压力 7~14 MPa	压力 7~14 MPa	压力>14 MPa
	温度<50 ℃	温度<50 ℃	温度 50~80 ℃	温度 50~80 ℃
室内固定设备	HL	HL 或 HM	HM	HM
寒天、寒区或严寒区	HR	HV 或 HS	HV 或 HS	HV 或 HS
地下、水下	HL	HL 或 HM	HM	HM
高温热源、明火附近	HFAE 或 HFAS	HFB 或 HFC	HFDR	HFDR

表 2-4-4 根据系统工作温度范围和液压泵类型、工作压力选用液压油(液)品种和黏度等级

液压泵类型		运动黏度(40 ℃)/(mm^2/s)		适用品种和黏度等级
		系统工作温度 5~40 ℃	系统工作温度 40~80 ℃	
叶片泵	<7 MPa	30~50	40~75	HM 油:32、46、68
	>7 MPa	50~70	55~90	HM 油:46、68、100
齿轮泵		30~70	95~165	HL 油(中、高压用 HM 油):32、46、68、100、150
轴向柱塞泵		40~75	70~150	HL 油(高压用 HM 油):32、46、68、100、150
径向柱塞泵		30~80	65~240	HL 油(高压用 HM 油):32、46、68、100、150

2.5 液压油的污染与检测

液压油是否清洁,不仅影响液压系统的工作性能和液压元件的使用寿命,而且直接关系液压系统是否能正常工作。据统计,在液压和润滑系统中,70%以上的故障是由于油液的污染造成的。油液污染给设备造成的危害是非常严重的。液压系统的污染控制越来越受到人们的关注和重视,因此控制液压油的污染是十分重要的。

2.5.1 液压油受到污染的原因

液压油受到污染的原因主要有以下几方面:

(1) 液压系统的管道及液压元件内的型砂、切屑、磨料、焊渣、锈片、灰尘等污垢,在系统使用前进行冲洗时未被清洗干净,在液压系统工作时,这些污垢就进入液压油里污染了油液。

(2) 外界的灰尘、砂粒、水分等,在液压系统工作过程中通过往复伸缩的活塞杆,最终进入油箱的泄漏油中,从而进入液压油里。另外在检修时,维修人员不按规范程序操作,也会将灰尘、棉绒等带入液压油里。

(3) 液压系统在工作中也不断地产生污垢,如金属和密封材料的磨损颗粒,过滤材料脱落的颗粒或纤维以及油液因油温升高氧化变质而生成的胶状物等,这些运行过程中产生的污物都会

直接进入液压油里，造成油液的污染。

2.5.2 液压系统污染物的来源与危害

液压系统中的污染物，是指在油液中对系统可靠性和元件寿命有害的各种物质。主要污染物有以下几类：固体颗粒、水、空气、化学物质、微生物和能量污染物等。不同的污染物会给系统造成不同程度的危害（表 2-5-1）。

表 2-5-1 液压系统污染物的种类、来源与危害

种类		来源	危害
固体颗粒	切屑、焊渣、型砂	制造过程残留	加速磨损，降低性能，缩短寿命，堵塞阀内阻尼孔，卡住运动件引起失效，划伤表面引起油液泄漏，甚至使系统压力大幅下降，或形成漆状沉积膜使动作不灵活
	尘埃和机械杂质	从外界侵入	
	磨屑、铁锈、油液氧化和分解产生的沉淀物	工作中生成	
水		通过凝结从油箱侵入，或者冷却器漏水	腐蚀金属表面，加速油液氧化变质，与添加剂作用产生胶质而引起阀芯黏滞和过滤器堵塞
空气		经油箱或低压区泄漏部位侵入	降低油液体积模量，使系统响应缓慢和失去刚度，引起气蚀，促使油液氧化变质，降低润滑性
化学物质	溶剂、表面活性化合物、油液气化和分解产物	制造过程残留，维修时侵入，工作中生成	与水反应形成酸类物质腐蚀金属表面，并将附着于金属表面的污染物洗涤到油液中
微生物		易在含水液压油中生存并繁殖	引起油液变质劣化，降低油液润滑性，加速腐蚀
能量污染物	热能、静电、磁场、放射性物质	由系统或环境引起	使黏度降低，泄漏量增加，加速油液分解变质，引起火灾

液压油污染严重时，液压系统会经常发生故障，影响液压系统的工作性能，并缩短液压元件寿命。在液压系统污染物中，由固体颗粒污染物所引起的液压系统故障占总污染故障的 60%～70%。对于液压元件来说，由于固体颗粒进入元件内部，会使元件的滑动部分磨损加剧，并可能堵塞液压元件里的节流孔、阻尼孔，或使阀芯卡死，从而造成液压系统的故障。而水分和空气混入液压系统，会使液压油的润滑能力降低并使其加速氧化变质，产生气蚀，加速腐蚀元件，使液压系统出现振动、爬行等。所以，固体颗粒污染物是液压和润滑系统中最普遍、危害最大的污染物，必须引起高度重视。

2.5.3 防止污染的措施

造成液压油污染的原因多而复杂，液压油自身又在不断地产生污染物，因此要彻底解决液压油的污染问题是很困难的。为了延长液压元件的寿命，保证液压系统可靠地工作，将液压油的污染度控制在某一限度以内是较为切实可行的办法。

对液压油的污染控制工作主要从两个方面着手：一是防止污染物侵入液压系统；二是把已经

侵入的污染物从系统中清理出去。液压油的污染控制工作必须贯穿于整个液压系统的设计、制造、安装、使用、维护和修理等各个阶段。

为防止油液污染,在实际工作中应采取如下措施:

(1) 液压油在使用前应保持清洁。液压油在运输和保管过程中都会受到外界污染,新购液压油看上去很清洁,其实也含杂质,必须将其静放,并经过滤后加入液压系统中使用。

(2) 液压系统在装配后、运转前应保持清洁。液压元件在加工和装配过程中必须清洗干净,液压系统在装配后、运转前应彻底进行清洗,最好用系统工作中使用的油液清洗。清洗时油箱除通气孔(加防尘罩)外必须全部密封,密封件不可有飞边、毛刺等。

(3) 液压油在工作中应保持清洁。液压油在工作过程中会受到环境污染,因此应尽量防止在工作中空气和水分的侵入。为完全消除水、气和污染物的侵入,应采用密封油箱,通气孔上要加空气滤清器,防止尘土、磨料和冷却液侵入。

(4) 采用合适的过滤器。这是控制液压油污染的重要手段。应根据设备的要求,在液压系统中选用不同过滤方式、不同精度和不同结构的过滤器,并定期检查和清洗过滤器和油箱。

(5) 定期更换液压油。定期更换液压油是保证系统正常工作的有效手段。更换新油前,油箱必须先清洗一次,系统较脏时,可先用煤油清洗,油箱清洗干净后再注入新油。

(6) 控制液压油的工作温度,延长油液寿命。由于油液在管路中流动所产生的能量的损耗最终都会变成热量而使油液发热(据资料介绍:1 MPa 压力损失使油温上升 0.57 ℃),一方面使液压油黏度降低,增加泄漏量,另一方面,导致油液的分子链断裂,添加剂化学成分发生变化,耐磨性降低,加速老化。据研究表明,在 80 ℃以上时,油温每升高 10℃,油液的寿命会缩短一半。因此,在正常情况下,油液温度不应超过 65~70 ℃。

2.5.4 固体颗粒污染度的检测与标准

工程中一般应借助于专门的仪器设备对液压油的污染程度进行可信的判定,并应在专门的场所进行检测与判定。按照需要检测的污染物的种类进行单项或综合检测。

(1) 固体颗粒的检测

条件允许时,可以用专门的液压油污染度检测仪进行检测,如激光式液压油颗粒度检测仪、DCA 数显式污染报警仪、CM20 测试仪、KLOTZ 污染检测仪(图 2-5-1)、PFC200 颗粒计数器、LPA2 激光颗粒分析仪(图 2-5-2)等。

图 2-5-1 KLOTZ 污染检测仪

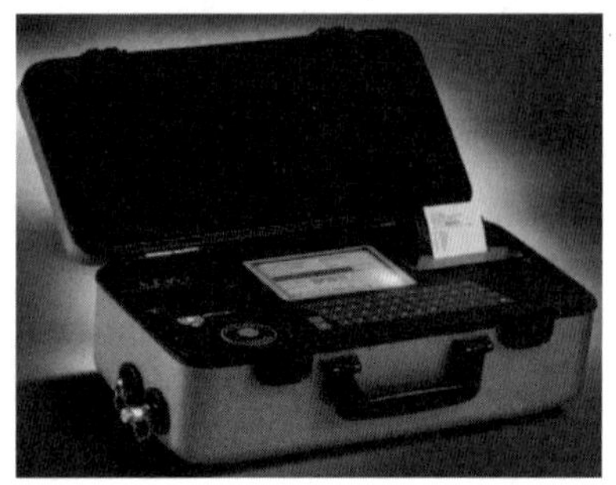

图 2-5-2 LPA2 激光颗粒分析仪

（2）目测法

如果没有专门的仪器设备，也可以采用观察与检测相结合的办法进行简单的判别，常用的有目测法和比色法。

目测法就是通过看油（液）的颜色、嗅油（液）的味道、摸油液的光滑度来估测液压油的污染程度。也可用两只洁净透明的玻璃瓶，一只装待测的液压油，另一只装新的液压油，在太阳光线照射下观察两个瓶中的液压油，估计液压油的污染度。

比色法是指将一定体积油样中的污染物用滤纸过滤出来，然后根据滤纸颜色来判断液压油的污染程度。具体方法：取相同数量的使用液压油和同号新的液压油各少许，分别滴在两张滤纸上。过一定时间后，比较两张滤纸的颜色，从而确定液压油的污染程度并确定是否换油。

（3）液压油的污染等级

液压油的污染一般用污染等级来表示，它是指单位体积油液中固体颗粒污染物的含量，即液压油中所含固体颗粒的浓度。为了定量地描述和评定液压油的污染程度，国际标准化组织判定的标准 ISO 4406:1999 以及国家标准 GB/T 14039—2002 中已经给出了污染等级代码，如表 2-5-2 所示。

表 2-5-2 等级代码的确定

每毫升的颗粒数		等级代码	每毫升的颗粒数		等级代码
大于	小于等于		大于	小于等于	
80 000	160 000	24	10	20	11
40 000	80 000	23	5	10	10
20 000	40 000	22	2.5	5	9
10 000	20 000	21	1.3	2.5	8
5 000	10 000	20	0.64	1.3	7
2 500	5 000	19	0.32	0.64	6
1 300	2 500	18	0.16	0.32	5
640	1 300	17	0.08	0.16	4
320	640	16	0.04	0.08	3
160	320	15	0.02	0.04	2
80	160	14	0.01	0.02	1
40	80	13	0.00	0.01	0
20	40	12			

根据 GB/T 14039—2002 中的规定，采用自动颗粒计数器计数的污染等级代号由三个代码组成，分别表示 1 ml 油液中，颗粒尺寸超过 4μm、6 μm 和 14 μm 的颗粒数。例如污染等级为 18/15/13，表示 1 mL 油液中，尺寸超过 4 μm、6 μm 和 14 μm 的颗粒的数量分别为 1 300~2 500、160~320、40~80。采用显微镜计数的污染等级代号一般由两个代码组成，第一个代码按 1 mL 油液中颗粒尺寸超过 5 μm 的颗粒数来确定，第二个代码按 1 mL 油液中颗粒尺寸超过 15 μm 的颗

粒数来确定。为了与采用自动颗粒计数器所得的数据报告一致,采用显微镜计数的污染等级代码也可由三部分组成,第一部分用符号“-”表示,然后根据 1 mL 油液中超过 5 μm 和超过 15 μm 的颗粒数分别确定第二和第三个代码。例如-/18/15 表示在每毫升油液内超过 5 μm 的颗粒数为 1 300~2 500,超过 15 μm 的颗粒数为 160~320。据有些资料介绍,尺寸为 5 μm 左右的颗粒最易堵塞元件缝隙,尺寸大于 15 μm 的颗粒对元件的磨损最为显著。

表 2-5-3 为 NAS1638 油液污染等级,是 100 mL 油液中不同尺寸颗粒的颗粒数。如按照“美国宇航标准分级(NAS1638)”,油液中允许的颗粒数,工程机械用液压油宜控制在 8~10 级以下。

表 2-5-3 NAS1638 油液污染等级(100 mL 油液中的颗粒数)

污染度等级	颗粒尺寸范围/μm				
	5~15	15~25	25~50	50~100	>100
00	125	22	4	1	0
0	250	44	8	2	0
1	500	89	16	3	1
2	1 000	178	32	6	1
3	2 000	356	63	11	2
4	4 000	712	126	22	4
5	8 000	1 425	253	45	8
6	16 000	2 850	506	90	16
7	32 000	5 700	1 012	180	32
8	64 000	11 400	2 025	360	64
9	128 000	22 800	4 050	720	128
10	256 000	45 600	8 100	1 440	256
11	512 000	91 600	16 200	2 880	512
12	1 024 000	182 400	32 400	5 760	1 024

1. 压力表校正仪原理如题图 2-1 所示。已知活塞直径 $d=10$ mm,螺杆导程 $L=2$ mm,仪器内油液的体积模量 $K=1.2\times10^3$ MPa,压力表读数为零时,仪器内油液的体积为 200 mL。若要使压力表读数为 21 MPa,手轮应转多少转?

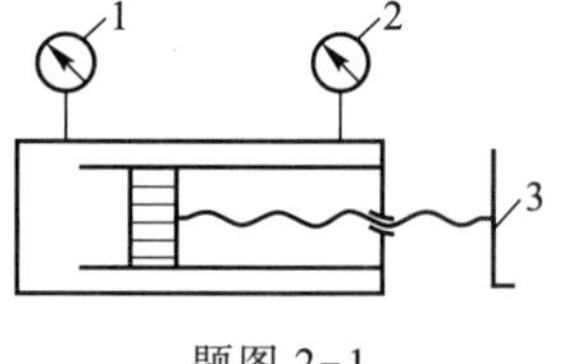

题图 2-1

2. 什么是液体的黏性?常用的黏度表示方法有哪几种?并分别说明其意义及单位。

3. 在 20 ℃时水的动力黏度 $\mu=1.008\times10^{-3}$ Pa · s,密度 $\rho=1\ 000$ kg/m^3,求在该温度下水的运动黏度 ν。若在 20 ℃时液压油的运动黏

度 $\nu=20\ \mathrm{mm^2/s}$,密度 $\rho=900\ \mathrm{kg/m^3}$,求在该温度下油的动力黏度 μ。

4. 已知某液压油在 20 ℃时为 10°E,在 80 ℃为 3.5°E,试求温度为 60 ℃时液压油的运动黏度。

5. 我国液压油的牌号是如何规定的？举例说明。

6. 液压油选用时主要考虑哪些因素？

7. 液压油的污染来源有哪些途径？为什么要降低污染对液压系统的影响？

8. 从市场上新购置的某液压油能否直接倒入液压设备油箱内？为什么？

9. 液压油的常用检测标准有哪些？工程机械液压系统用液压油的污染等级一般控制在什么范围较为合适？

第 3 章　液压流体力学基础

作为以液体为工作介质进行能量传递的液压传动技术,必须对流体的相关概念以及流体平衡和运动的力学规律进行深入研究。流体一般指液体和气体,是由大量的做不规则运动的分子组成的。流体是一种受到任何微小剪切力的作用都将产生连续变形的物体。液体分子间距小,受压后体积变化小,工程上称为不可压缩流体。而气体受压后体积变化大,工程上称为可压缩流体。

在工程上认为流体分子之间的间隙是极其微小的,完全可以把流体看成连续介质。连续介质模型的定义是:流体是由无限多个连续分布的流体质点组成的,质点间相对间隙足够小,可以看成质点间没有间隙,质点本身尺寸相对流动空间尺寸足够小,可以忽略不计;质点相对于分子间距来说足够大,即质点中包含了大量分子;质点的运动参数为大量分子作用、行为的统计平均值。1 mm^3的液体中约有 3×10^{21}个分子。在研究连续介质时,反映流体质点的各种物理量都是空间坐标的连续函数,可用数学解析方法来分析研究流体力学问题。本书中的有关描述,均是在连续介质假设下进行的。

3.1　液体静力学基础

液体静力学是研究液体处于相对平衡状态下的力学规律和这些规律的实际应用的学科。相对平衡是指液体内部质点与质点之间没有相对位移。

3.1.1　液体的静压力及其性质

(1) 液体的静压力

作用于液体上的力有两种类型:一种是质量力,一种是表面力。质量力是作用于液体的所有质点上的,如重力和惯性力等;表面力是作用于液体的表面上的,如法向力和切向力等。表面力可以是其他物体(如容器等)作用在液体上的力,也可以是一部分液体作用于另一部分液体上的力。由于液体在相对平衡状态下不呈现黏性,静止液体内不存在切向剪应力,而只有法向的压应力,即静压力。

当液体相对静止时,液体内某点处单位面积上所受的法向力称为该点的静压力,它在物理学中称为压强,在液压技术中常称为压力,用 p 表示,

$$p=\lim_{\Delta A\to 0}\frac{\Delta F}{\Delta A} \tag{3-1-1}$$

式中:ΔA 为液体内某点处的微小面积;ΔF 为液体内某点处的微小面积上所受的法向力。

在国家标准中,压力的法定计量单位为 Pa(帕斯卡)或 N/m^2。对液压技术而言,Pa 太小,除

个别场合用 kPa(千帕)外,一般都使用 MPa(兆帕),1 MPa = 10^3 kPa = 10^6 Pa。在欧美普遍使用 bar(巴)作为压力单位,1 bar = 1×10^5 N/m^2。还有一些场合使用 psi(磅/平方英寸)作为压力单位,1 psi ≈ 6.895 kPa = 0.068 95 bar = 0.006 895 MPa(1 bar ≈ 14.5 psi)。在我国,早期还使用了 kgf/cm^2(公斤力/厘米^2),即 1 kgf 作用在 1 cm^2 的面积上产生的压力。常用压力单位换算见表 3-1-1。

表 3-1-1 常用压力单位换算表

帕(Pa)	巴(bar)	公斤力/厘米^2 (kgf/cm^2)	工程大气压 (at)	标准大气压 (atm)	毫米水柱 (mmH_2O)	毫米水银柱 (mmHg)
1×10^5	1	1.019 72	1.019 72	$9.869\ 23\times10^{-1}$	$1.019\ 72\times10^4$	$7.500\ 62\times10^2$

(2) 液体静压力的特性

① 液体的静压力沿着内法线方向作用于承压面,如果压力不垂直于承受压力的平面,由于液体质点间内聚力很小,则液体将沿着这个力的切向分力方向做相对运动,就会破坏液体的静止条件。所以,静止液体只能承受法向压力,不能承受剪切力和拉力。

② 静止液体内任意点处的静压力在各个方向上都相等。如果在液体中某质点受到的各个方向的压力不等,那么该质点就会产生运动,这也会破坏液体静止的条件。

3.1.2 液体静力学的基本方程

如图 3-1-1a 所示,当密度为 ρ 的液体在容器内处于静止状态时,作用在液面上的压力假设为 p_0,若计算离液面深度为 h 处某点处的压力 p,则可以假想从液面向下取出高度为 h,底面积为 ΔA 的一个微小垂直液柱作为研究对象,如图 3-1-1b 所示。当这个液柱在重力及周围液体的压力作用下处于平衡状态时,有 $p\Delta A = p_0\Delta A + \rho gh\Delta A$,由此可得液体静力学基本方程

$$p = p_0 + \rho gh \tag{3-1-2}$$

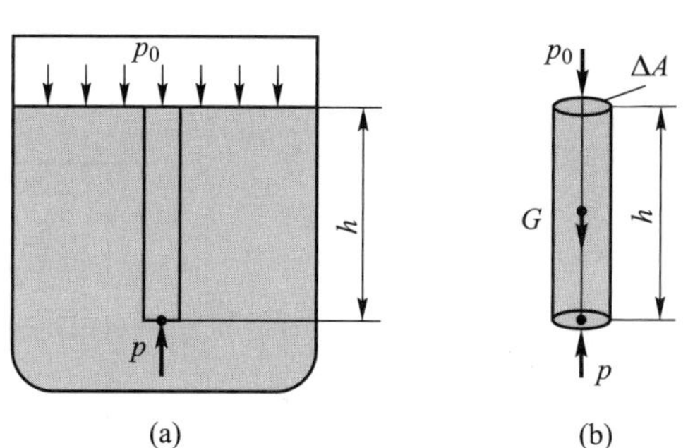

图 3-1-1 静止液体内压力分布图

由式(3-1-2)可知:

(1) 静止液体中任一点处的静压力是作用在液面上的压力 p_0 和液体重力所产生的压力 ρgh 之和。当液面与大气接触时,p_0 为大气压力 p_a,故 $p = p_a + \rho gh$。

(2) 液体静压力随液面深度呈线性规律分布。

(3) 离液面深度相同的各点组成的面称为等压面,等压面为水平面。

3.1.3 压力的传递

由静力学基本方程知，静止液体中任意一点的压力都包含了液面压力 p_0，也即液面压力 p_0 被传递到了液体内部各点。对于图 3-1-2 所示的两个相互连通的密闭容腔，当大、小活塞处于平衡状态时，在密闭容器中由外力作用在液面上的压力可以等值地传递到液体内部的所有各点，这即为帕斯卡定律，也称为静压力传递原理。帕斯卡定律是法国人帕斯卡于 1648 年提出的，是液体静力学的基础。在图 3-1-2 所示的密闭容腔内，其内部压力应处处相等。在工程中，只要用到计算公式 $F=pA$，也就用到了帕斯卡定律。但帕斯卡定律的使用前提是静止液体，然而，液体静止只能传递压力，不能传递功率。要想传递功率，液体必须流动。因此，在学习中要注意理解静止液体的压力和流动液体的压力之间的关系。

帕斯卡定律

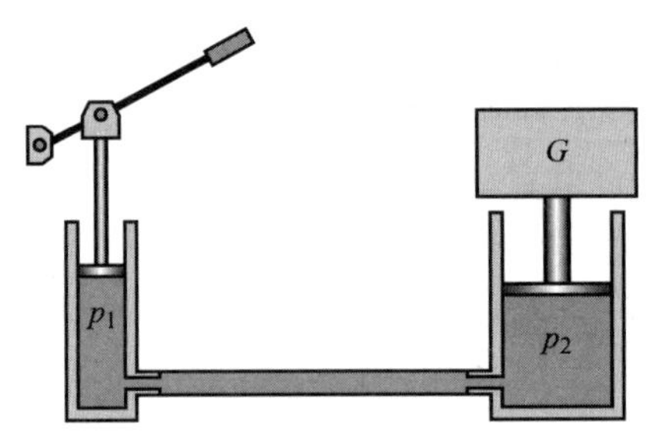

图 3-1-2 两个相互连通的封闭容腔

在液压系统中，一般液压装置安装得都不高，通常由外力产生的压力要比由液体重力产生的压力 ρgh 大得多，一般将 ρgh 忽略，认为系统中相对静止液体内各点压力均是相等的。

3.1.4 绝对压力、相对压力、真空度

液体压力的表示方法有两种：一种是以绝对真空作为基准表示的压力，称为绝对压力。一种是以大气压力作为基准表示的压力，称为相对压力。由于大多数液压设备都工作在有大气压力的场所，因此以大气压力作为基准，测量仪表所测得的压力均是相对压力。相对压力也称为表压力。当绝对压力大于相对压力时，绝对压力和相对压力的关系如下：

相对压力=绝对压力-大气压力

当绝对压力小于大气压力时，比大气压力小的那部分数值称为真空度，即

真空度=大气压力-绝对压力

所以，绝对真空就为负压力，约-0.1 MPa，或真空度约 100 kPa。

绝对压力、相对压力和真空度的相对关系如图 3-1-3 所示。

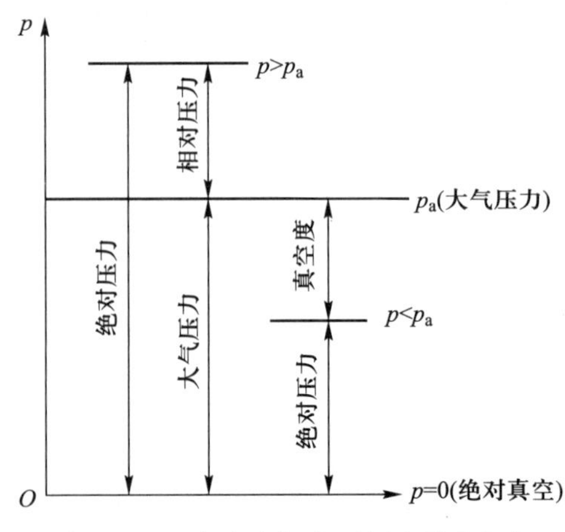

图 3-1-3 绝对压力、相对压力及真空度

3.1.5 液体作用在固体壁面上的力

液体与固体相接触时,固体壁面将受到液体压力的作用。在液压传动中,通常不考虑由液体自重产生的那部分压力,这样液体中各点的静压力可看作是均匀分布的。

(1) 平面

如图 3-1-4 所示的液压缸,当固体壁面(液压缸活塞面)为平面时,在平面上各点所受到的液体静压力大小相等,方向垂直于平面。静止液体作用在平面上的力 F 等于液体的压力 p 与承压面积 A 的乘积,即

$$F=pA \tag{3-1-3}$$

(2) 曲面

当承受压力的表面为曲面时,由于压力总是垂直于承受压力的表面,所以作用在曲面上各点的力不平行但相等。要计算曲面上的总作用力,必须明确要计算哪个方向上的力。

如图 3-1-5 所示,缸筒半径为 r,长度为 l,缸筒内充满液压油,求液压油对缸筒右半壁内表面的水平作用力。

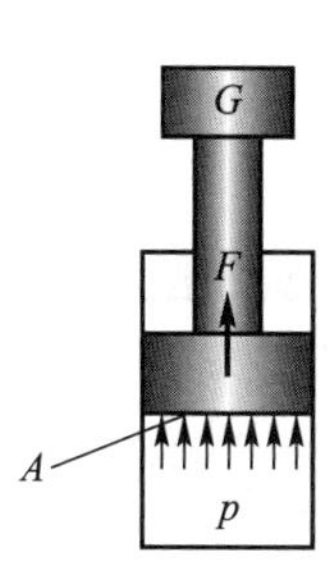

图 3-1-4 液压缸(固体壁面为平面)

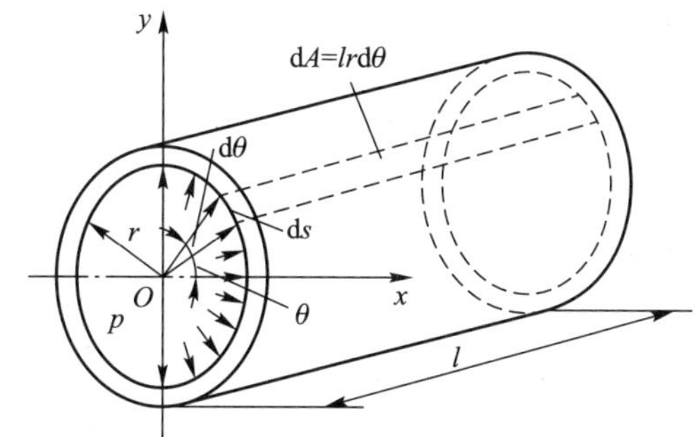

图 3-1-5 液体对固体壁面的作用力

如需求出液压油对缸筒右半壁内表面的水平作用力 F_x,可在缸筒上取一条微小窄条,宽为 $\mathrm{d}s$,长为 l,其面积 $\mathrm{d}A=l\mathrm{d}s=lr\mathrm{d}\theta$,则液压油作用于这块面积上的力 $\mathrm{d}F=p\mathrm{d}A$ 在水平方向上的分力 $\mathrm{d}F_x$ 为:

$$\mathrm{d}F_x=plr\cos\theta\mathrm{d}\theta$$

则

$$F_x=\int_{-\frac{\pi}{2}}^{\frac{\pi}{2}}\mathrm{d}F_x=\int_{-\frac{\pi}{2}}^{\frac{\pi}{2}}plr\cos\theta\mathrm{d}\theta=2plr=pA_x \tag{3-1-4}$$

式中:$2lr$ 为曲面在 x 轴方向的投影面积,即 $A_x=2lr$。

因此,当壁面为曲面时,在曲面上所受到的液体静压力大小相等,但其方向不平行。计算液体压力作用在曲面上的力,必须明确是哪个方向上的力,设该力为 F_x,其值等于液体压力 p 与曲面在该方向投影面积 A_x 的乘积,即

$$F_x=pA_x \tag{3-1-5}$$

球阀和锥阀在液压元件结构中应用得较多,当球阀和锥阀压在阀座孔上时(图 3-1-6),假设阀前管路中压力为 p,就可以计算出推开阀芯所需要的力。

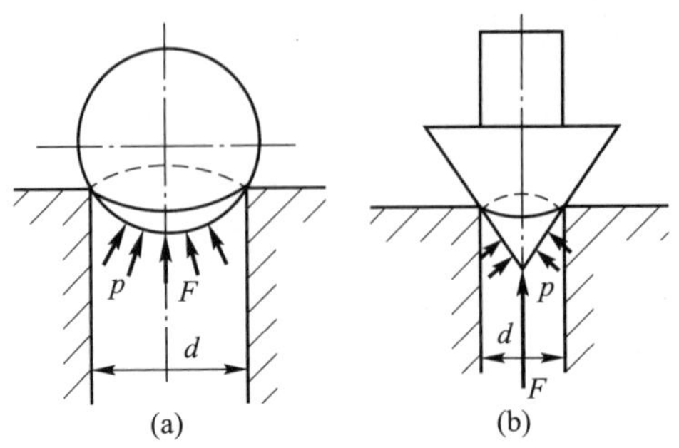

图 3-1-6 压力作用在球面和锥面上的力

根据液体作用在固体壁面上某一方向的作用力 F 等于液体的静压力 p 和曲面在该方向的投影面积 A_n 的乘积。而推开阀芯的力为垂直方向,因此可得

$$F = pA_n = p\frac{\pi}{4}d^2$$

式中:d 为承压部分曲面投影圆的直径。

3.2 液体动力学基础

液体动力学的主要内容是研究液体运动和引起运动的原因,即研究液体流动时流速和压力的变化规律。下面着重阐明流动液体的三个基本方程:连续性方程、伯努利方程、动量方程。这三个方程是液压传动中分析问题的基础。由于液体的流动状态比较复杂,为便于分析问题,在对三个方程推导之前,对流动的液体做一些假设,也即建立了几个基本概念。

3.2.1 基本概念

(1) 理想液体和稳定流动

由于实际液体具有黏性和可压缩性,液体在外力作用下流动时有内摩擦力,压力变化又会使液体体积发生变化,这样就增加了分析的难度。为分析问题方便起见,推导基本方程时先假设液体没有黏性且不可压缩,然后再根据实验结果,对这种液体的基本方程加以修正和补充,使之比较符合实际情况。这种既无黏性又不可压缩的假想液体称为理想液体,而事实上既有黏性又可压缩的液体称为实际液体。

稳定流动和非稳定流动

液体流动时,如果液体中任一点处的压力、速度和密度都不随时间而变化,则液体的这种流动称为稳定流动;反之,若液体中任一点处的压力、速度和密度中只要有一个随时间而变化,就称为非稳定流动。稳定流动与时间无关,研究比较方便。

(2) 一维流动

当液体整体做线性流动时(一个方向流动),称为一维流动。当液体在平面或空间流动时(两个或三个方向流动),称为二维或三维流动。一般常把密闭容腔内液体的流动按一维流动处理,再通过实验数据修正其结果,在液压传动中对油液流动的分析就是按照此方式进行的。

(3) 流线、流束和过流断面

① 流线　某一瞬时,液流中一条条标志其各处质点运动状态的曲线称为流线。流线的特征是:a. 在流线上各点处的液流方向为该点的切线方向;b. 稳定流动时,流线形状不变;c. 流线既不相交,也不转折,是一条条光滑的曲线。如图 3-2-1 所示。

② 流束　通过某一截面所有流线的集合称为流束。由于流线不能相交,所以流束内外的流线不能穿越流束的表面。截面无限小的流束称之为微小流束。

③ 过流断面　流束中与所有流线正交的截面,也称通流截面。如图 3-2-2 所示的 A、B 面都为过流断面。

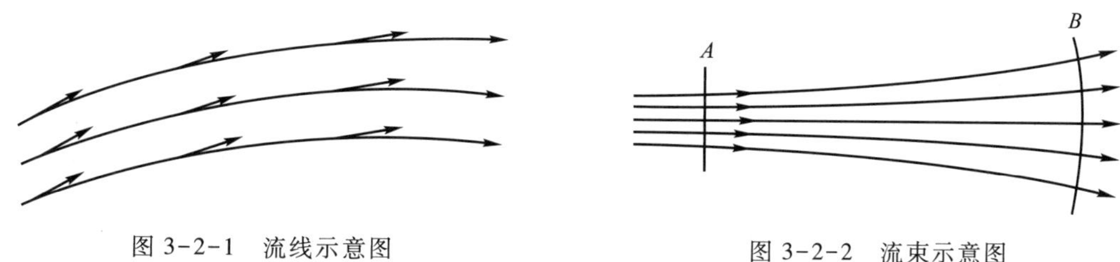

图 3-2-1　流线示意图

图 3-2-2　流束示意图

(4) 流量和平均流速

单位时间内流过某一过流断面的液体体积称为体积流量,用 q 表示,单位为 m^3/s 或 L/min,两种单位的换算关系为:1 $m^3/s=6\times10^4$ L/min。流量有体积流量和质量流量之分(质量流量是指单位时间内流过某一过流断面的液体质量)。在本书中,没有特殊说明时,文中流量均指体积流量。

当液流通过微小过流断面 dA 时,液体在该断面上各点的速度 u 可以认为是相等的,故流过微小过流断面的流量为 $dq=udA$,则流过整个过流断面的流量为 $q=uA$。由于实际液体具有黏性,液体在管中流动时,在同一过流断面上各点的流速是不相同的,分布规律曲线为抛物线,计算时很不方便,因而引入平均流速的概念。如图 3-2-3 所示,即假设过流断面上各点的流速均匀分布。液体以平均流速 v 流过某个过流断面的流量等于以实际流速 u 流过该过流断面的流量,即

$$q=\int_A u\mathrm{d}A=vA \tag{3-2-1}$$

所以,过流断面上的平均流速为

$$v=\frac{\int_A u\mathrm{d}A}{A}=\frac{q}{A} \tag{3-2-2}$$

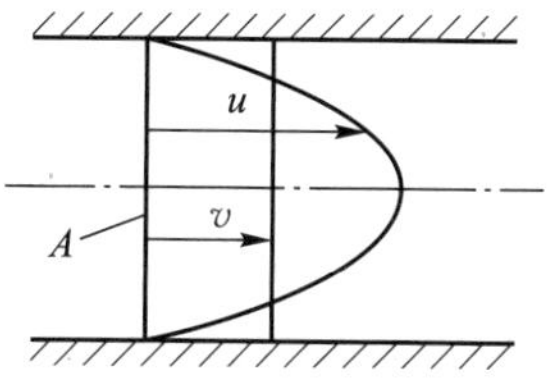

图 3-2-3　实际速度和平均流速

在工程应用中,平均流速才具有应用价值。当液压系统中的液压缸工作时,活塞运动的速度就等于缸内液体的平均流速。可以根据上式建立起活塞运动速度与液压缸有效作用面积和流量之间的关系。活塞运动速度的大小,由输入液压缸的流量来决定。

(5) 流动液体的压力

静止液体内任意点处的压力在各个方向上都是相等的。但是在流动液体内,由于存在流动液体的惯性力和黏性力的影响,任意点处在各个方向上的压力并不相等。但由于在数值上相差

很小,所以在工程应用中,流动液体内任意点处的压力在各个方向上的数值近似看作是相等的。

3.2.2　连续性方程

连续性方程是质量守恒定律在流体力学中的一种表达形式。设液体在图3-2-4所示的管道中做稳定流动,若任取两个过流断面 *1—1*、*2—2*,其截面积分别为 A_1 和 A_2,此两过流断面上的液体密度和平均流速分别为 ρ_1、v_1 和 ρ_2、v_2。根据质量守恒定律,在同一时间内流过两个过流断面的液体质量相等($m_1=m_2$),即 $\rho_1 v_1 A_1=\rho_2 v_2 A_2$。当忽略液体的可压缩性时,$\rho_1=\rho_2$,得

$$v_1 A_1=v_2 A_2 \tag{3-2-3}$$

或写成

$$q=Av=\text{常数} \tag{3-2-4}$$

这就是液流的连续性方程。

它表明不可压缩液体在管中流动时,流过各个过流断面的流量是相等的(即流量是连续的),因而流速和过流断面的面积成反比。管径粗则流速低,管径细则流速快。

上面根据液体连续性条件,应用质量守恒定律建立了液体运动的连续性方程。它是液体动力学的基本方程之一,是一个运动学方程。

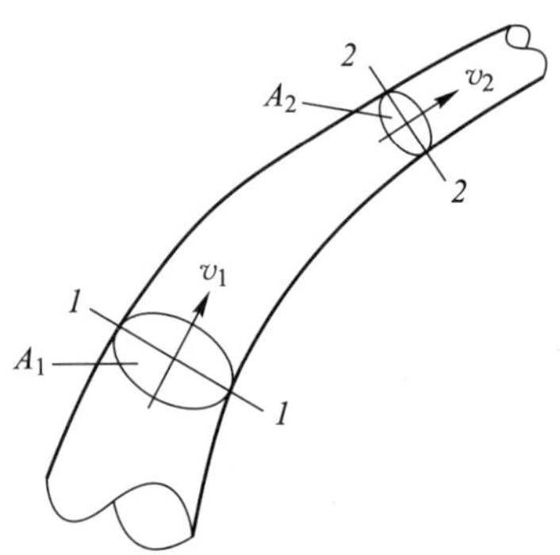

图3-2-4　液流的连续性原理

3.2.3　伯努利方程

伯努利方程是以液体流动过程中的流动参数来表示能量守恒的一种数学表达式,是能量守恒定律在流体力学中的一种表达形式。下面从动力学的角度,即根据液体在运动中所受的力与流动参数之间的关系来推导伯努利方程。

自然界的一切物质总是不停地运动着,其所具有的能量保持不变,既不能消灭,也不能创造,只能从一种形式转换成另一种形式,这就是能量守恒与转换定律。液体的运动也完全遵循这一规律,其所具有的势能和动能这两机械能之间,以及机械能与其他形式能量之间,在运动中可以互相转换,但总能量保持不变。伯努利方程就是这一规律的具体表现形式。

(1) 理想液体伯努利方程

伯努利方程是在一定的假定条件下推导出来的,假定条件是:液体为理想液体,其流动为稳定流动,作用在液体上的质量力只有重力。

设理想液体在管道中做稳定流动,取一微小流束,在该流束上任意取两个过流断面 *1—1* 和 *2—2*。设 *1—1* 和 *2—2* 的过流面积分别为 $\mathrm{d}A_1$ 和 $\mathrm{d}A_2$,过流断面上的流速为 u_1 和 u_2,压力为 p_1 和 p_2,位置高(即形心距水平基准面 *0—0* 的距离)为 h_1 和 h_2,液体密度为 ρ,如图3-2-5所示。下面就液体流过过流断面 *1—1* 和 *2—2* 之间的液体段的流动情况进行讨论。

经过时间 $\mathrm{d}t$ 后,过流断面 *1—1* 上液体位移为 $\mathrm{d}l_1=u_1\mathrm{d}t$,过流断面 *2—2* 上液体位移为 $\mathrm{d}l_2=u_2\mathrm{d}t$,即过流断面 *1—1* 和 *2—2* 之间的液体段移动到新的断面 *1′—1′* 和 *2′—2′* 位置。在流动过程中,外力对此段液体做了功,此液体段的动能也随之发生了相应的变化。作用于微小流束液体段上的外力有重力和压力。下面就来分析这种变化,并根据能量守恒定律导出能量方程式。

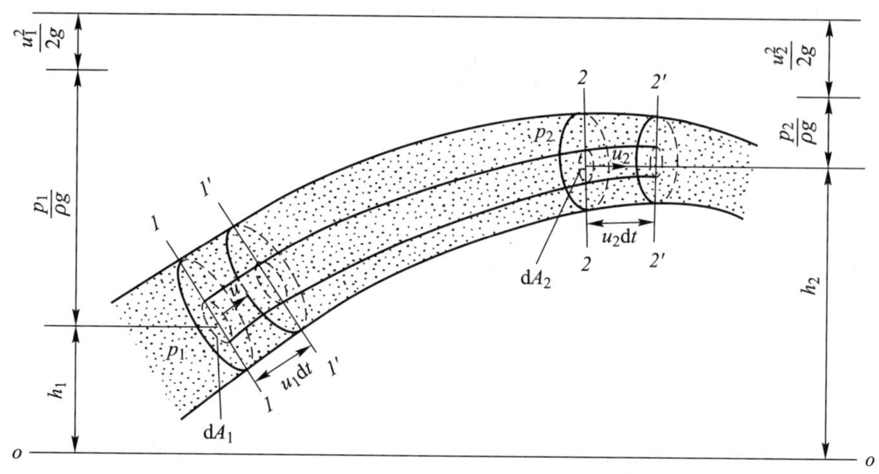

图 3-2-5 伯努利方程示意图

1）作用在微小流束液体段上重力所做的功

微小流束液体段上的重力所做的功等于液体段位置势能的变化。由于 *1′—2* 液体段的位置、形状在 d*t* 时间内不发生变化，故其位置势能不变，即 *1′—2* 段重力做功为零。于是整个液体段上的重力做功就等于液体段 *1—1′* 的位置势能与 *2—2′* 段的位置势能之差，即

$$\mathrm{d}W_G=\mathrm{d}m_1gh_1-\mathrm{d}m_2gh_2=\rho \mathrm{d}q_1\mathrm{d}tgh_1-\rho \mathrm{d}q_2\mathrm{d}tgh_2 \tag{3-2-5}$$

由连续性方程可知，$\mathrm{d}q_1=\mathrm{d}q_2=\mathrm{d}q$，所以上式可写成

$$\mathrm{d}W_G=\rho g(h_1-h_2)\mathrm{d}q\mathrm{d}t \tag{3-2-6}$$

2）作用在微小流束液体段上压力所做的功

由于作用在微小流束液体段侧表面上的压力垂直于液体段的流动方向，故不做功，作用于 *1—1* 断面上的总压力为 $p_1\mathrm{d}A_1$，其方向与流向一致，做功为正，大小为 $p_1\mathrm{d}A_1u_1\mathrm{d}t$；作用于 *2—2* 断面上的总压力为 $p_2\mathrm{d}A_2$，其方向与流向相反，做功为负，大小为 $p_2\mathrm{d}A_2u_2\mathrm{d}t$。因此，作用于整个液体段上的总压力所做的功为

$$\mathrm{d}W_p=p_1\mathrm{d}A_1u_1\mathrm{d}t-p_2\mathrm{d}A_2u_2\mathrm{d}t=p_1\mathrm{d}q_1\mathrm{d}t-p_2\mathrm{d}q_2\mathrm{d}t=(p_1-p_2)\mathrm{d}q\mathrm{d}t \tag{3-2-7}$$

3）动能的变化

微小流束液体段经过 d*t* 时间从位置 *1—2* 移到位置 *1′—2′* 后，其动能的变化量应为 *1′—2′* 液体段的动能减去 *1—2* 液体段的动能。由于 *1′—2* 液体段的位置和形状不随时间变化，流速也不改变，所以 *1′—2* 液体段上的动能在 d*t* 时间内未发生改变。这样，微小流束液体段经过 d*t* 时间动能的改变量 $\mathrm{d}E_K$ 就应等于 *2—2′* 液体段的动能与 *1—1′* 液体段的动能之差，即

$$\mathrm{d}E_K=\frac{1}{2}\mathrm{d}m_2u_2^2-\frac{1}{2}\mathrm{d}m_1u_1^2=\frac{1}{2}\rho \mathrm{d}q_2\mathrm{d}tu_2^2-\frac{1}{2}\rho \mathrm{d}q_1\mathrm{d}tu_1^2=\frac{1}{2}\rho \mathrm{d}q\mathrm{d}t(u_2^2-u_1^2) \tag{3-2-8}$$

根据能量守恒，有

$$\mathrm{d}W_G+\mathrm{d}W_p=\mathrm{d}E_K \tag{3-2-9}$$

$$\rho g(h_1-h_2)\mathrm{d}q\mathrm{d}t+(p_1-p_2)\mathrm{d}q\mathrm{d}t=\frac{1}{2}\rho \mathrm{d}q\mathrm{d}t(u_2^2-u_1^2) \tag{3-2-10}$$

上式等号两边同时除以微小流束流体段的质量 $dm=\rho dqdt$,整理后得

$$\frac{p_1}{\rho}+gh_1+\frac{u_1^2}{2}=\frac{p_2}{\rho}+gh_2+\frac{u_2^2}{2} \tag{3-2-11}$$

或写成

$$\frac{p_1}{\rho g}+h_1+\frac{u_1^2}{2g}=\frac{p_2}{\rho g}+h_2+\frac{u_2^2}{2g} \tag{3-2-12}$$

式(3-2-11)中:$\frac{p}{\rho}$为单位质量液体的压力能;gh 为单位质量液体的位能(势能);$\frac{u^2}{2}$为单位质量液体的动能。

上式称为理想液体的伯努利方程。其物理意义是:在密闭管道内做稳定流动的理想液体具有压力能、位能、动能三种形式的能量,在沿管道流动过程中这三种能量之间可以互相转化,但在任一截面处,三种能量的总和为一常数。伯努利方程反映了运动液体的位置高度、压力与流速之间的相互关系。

(2) 实际液体伯努利方程

实际液体在管道中流动时,由于液体有黏性,会产生内摩擦力,因而造成能量损失。另外由于实际流速在管道过流断面上的分布是不均匀的,若用平均流速 v 来代替实际流速 u 计算动能时,必然会产生偏差,必须引入动能修正系数 α,因此,实际液体的伯努利方程为

$$\frac{p_1}{\rho}+gh_1+\frac{\alpha_1 v_1^2}{2}=\frac{p_2}{\rho}+gh_2+\frac{\alpha_2 v_2^2}{2}+gh_w \tag{3-2-13}$$

或写成

$$\frac{p_1}{\rho g}+h_1+\frac{\alpha_1 v_1^2}{2g}=\frac{p_2}{\rho g}+h_2+\frac{\alpha_2 v_2^2}{2g}+h_w \tag{3-2-14}$$

液流在管中不同位置的能量

式(3-2-13)中:gh_w 为单位质量液体的能量损失;α_1、α_2 为动能修正系数,α=实际动能/平均动能,一般在紊流时 α 取 1,层流时 α 取 2。

伯努利方程在形式上很简洁,为得到公式中的一项,必须知道其余所有项。利用这个方程可以推导出许多适用于不同情况下的液体流动的计算公式,并可解决一些实际工程问题。

3.2.4 动量方程

动量方程是动量定理在流体力学中的具体应用。动量方程可用于分析计算液流作用在固体壁面上作用力的大小。

动量定理是指作用在物体上的外力等于物体在单位时间内的动量变化率,即

$$\sum F=\frac{d(mu)}{dt} \tag{3-2-15}$$

式中:u 为液流的实际流速;m 为液体质量。

如图 3-2-6 所示,有一液体段 *1—2* 在管内做稳定流动,在过流断面 *1—1* 和 *2—2* 处的平均

流速为 v_1 和 v_2，面积为 A_1 和 A_2，在很短时间 dt 内，液流从 *1—2* 位置流动到 *1′—2′*位置。由于是稳定流动，液体段 *1′—2* 为公共段，其内各点流速、体积、质量不变，其动量也不变。在 dt 时间内，液体段 *1—2* 的动量变化即为 *2—2′*液体段与 *1—1′*液体段动量之差。其表达式为：

$$d(mv)=(mv_2)_{2-2'}-(mv_1)_{1-1'} \tag{3-2-16}$$

将 $m=\rho V$ 和 $q=V/\mathrm{d}t$ 代入上式得

$$d(mv)=\rho q\mathrm{d}tv_2-\rho q\mathrm{d}tv_1=\rho q(v_2-v_1)\mathrm{d}t \tag{3-2-17}$$

式中：m 为液体段 *1—1′*或 *2—2′*的质量；ρ 为液体的密度；q 为液体流量。

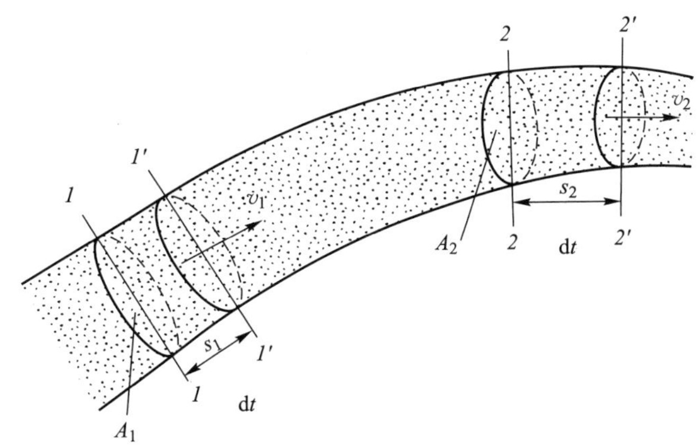

图 3-2-6 液流动量变化示意图

将式(3-2-17)代入式(3-2-15)，可得

$$\sum F=\rho q(v_2-v_1) \tag{3-2-18}$$

由于计算时是以平均流速 v 替代实际流速 u，存在误差，需用动量修正系数 β 来修正误差。β=实际动量/平均动量。式(3-2-18)可写成

$$\sum \boldsymbol{F}=\rho q(\beta_2\boldsymbol{v}_2-\beta_1\boldsymbol{v}_1) \tag{3-2-19}$$

上式即为流动液体的动量方程，式中 β_1、β_2为动量修正系数，紊流时 β 取 1，层流时 β 取 1.33。

式(3-2-19)为矢量方程，使用时应根据具体情况将式中的各个矢量分解为所需研究方向的投影值，再列出该方向上的动量方程，例如在 x 方向的动量方程可写成

$$\sum F_x=\rho q(\beta_2v_{2x}-\beta_1v_{1x}) \tag{3-2-20}$$

工程上往往求液流对通道固体壁面的作用力，即动量方程中 $\sum F$ 的反作用力 F'通常称稳态液动力，在 x 方向的稳态液动力为

$$F'_x=-\sum F_x=-\rho q(\beta_2v_{2x}-\beta_1v_{1x}) \tag{3-2-21}$$

在液压滑阀结构中，经常会计算滑阀阀芯所受的轴向稳态液动力，如图 3-2-7 所示。

在计算时，先取进、出油口之间的液体体积为控制液体，在图 3-2-7a 所示的状态下，按式(3-2-20)列出滑阀轴线方向的动量方程，求得作用在控制液体上的力 F 为

$$F=\rho q(\beta_2v_2\cos\theta-\beta_1v_1\cos 90°)=\rho q\beta_2v_2\cos\theta \quad \text{（方向向右）}$$

滑阀阀芯上所受的轴向稳态液动力为

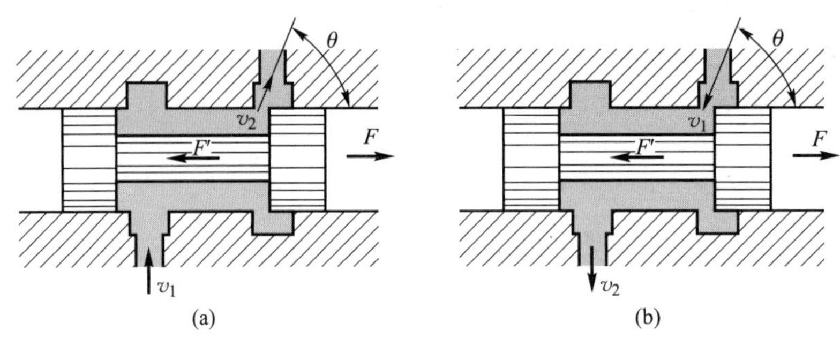

图 3-2-7 滑阀阀芯上的轴向稳态液动力

$$F'=-F=-\rho q\beta_2 v_2\cos\theta \quad \text{（方向向左，与 } v_2\cos\theta \text{ 的方向相反）}$$

在图 3-2-7b 所示的状态下，滑阀在轴线方向上的动量方程为

$$F=\rho q(\beta_2 v_2\cos 90°-\beta_1 v_1\cos\theta)=-\rho q\beta_1 v_1\cos\theta \quad \text{（方向向右）}$$

滑阀阀芯上所受的轴向稳态液动力为

$$F'=-F=\rho q\beta_1 v_1\cos\theta \quad \text{（方向向左，与 } v_1\cos\theta \text{ 的方向相同）}$$

由以上分析可知，圆柱滑阀在上述两种情况下，阀芯上所受稳态液动力都有使滑阀阀口关闭的趋势，流量越大，流速越高，则稳态液动力越大。操纵滑阀开启所需的力也将增大，所以对大流量的换向阀要求采用液动控制或电-液动控制。

液压传动就其规律来看，是依靠液体的流动来传递能量的。而帕斯卡定律的使用前提是液体是静止的。然而，如果液体是静止的，就只能传递压力，不能传递功率。为了传递功率，液体必须流动。所以，在液压技术中使用帕斯卡定律是有违其前提条件的。但是，在液压系统中，液压缸的运行速度不是很高，也即液体的运动速度不高，应用帕斯卡定律时误差不会很大。而在液压阀中，由于某些部位（如阀口处）液体的运动速度很高，再简单使用帕斯卡定律会带来较大的误差。因此，引进“液动力”的概念，实际上是来补偿这一误差的。

3.3 液体流动中的压力损失

由于实际液体具有黏性，加上流体在流动时的相互撞击和旋涡等，必然会有阻力产生，为了克服这些阻力将会造成能量损失。这种能量损失可由液体的压力损失来表示。压力损失可以分为两类：一类是液体在直径不变的直管道中流过一定距离后，因摩擦力而产生的沿程压力损失；另一类是由于管道截面形状突然变化、液流方向改变及其他形式的液流阻力所引起的局部压力损失。

液体在管路中流动时的压力损失与液体的流动状态有关。

3.3.1 液体的流动状态及判定

1883 年，英国物理学家雷诺通过大量实验证明了黏性液体在管道中流动时存在两种流动状态，即层流和紊流。两种流动状态的物理现象可以通过雷诺实验来观察。

实验装置如图 3-3-1 所示,由进水管给水箱 4 不断供水,水箱 4 中多余的液体从隔板 1 上端溢走,保持水位的恒定。在水箱下部装有透明玻璃管 6,由开关 7 控制透明玻璃管 6 内液体的流速。水杯 2 内盛有红颜色的水,将开关 3 打开后红色水经细导管 5 流入水平透明玻璃管 6 中。当打开开关 7,开始时透明玻璃管 6 内的液体流速较小,红色水在透明玻璃管 6 中呈一条明显的直线,与透明玻璃管 6 中的清水流互不混杂。这说明管中水是分层流动的,层和层之间互不干扰,液体的这种流动状态称为层流。当逐步开大开关 7,使透明玻璃管 6 中的流速逐渐增大到一定值时,可以看到红线开始呈波纹状,此时为过渡阶段。当开关 7 再开大时,流速进一步加大,红色水流和清水完全混合,红线便完全消失,这种流动状态称为紊流。在紊流状态下,若将开关 7 逐步关小,当流速减小至一定值时,红线又出现,水流又重新恢复为层流。液体流动呈现出的流态是层流还是紊流,可利用雷诺数来判别。

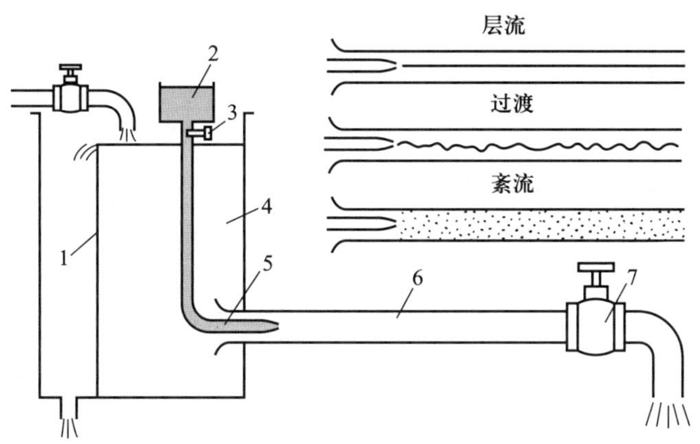

雷诺实验

1—隔板;2—水杯;3—开关;4—水箱;5—细导管;6—透明玻璃管;7—开关

图 3-3-1 雷诺实验装置

实验证明,液体在管中的流动状态不仅与管内液体的平均流速 v 有关,还与管道水力直径 d_H 及液体的运动黏度 ν 有关,而上述三个因数所组成的量纲为一的数就是雷诺数,用 Re 表示,

$$Re=\frac{vd_H}{\nu} \tag{3-3-1}$$

式中:d_H为水力直径,可由 $d_H=4A/x$ 求得。A 为过流断面的面积(称为过流面积或通流面积),x 为湿周长度(在过流断面处与液体相接触的固体壁面的周长)。如圆管的水力直径 $d_H=\frac{4\times\frac{\pi d^2}{4}}{\pi d}=d$。有些书籍中也用水力半径 R 来表示,水力半径 $R=A/x$,A 为过流断面的面积,x 为湿周长度。

水力直径的大小对通流能力的影响很大,水力直径大,意味着液流和管壁的接触周长短,管壁对液流的阻力小,通流能力大。在各种管道的过流断面中,圆管的水力直径最大。因此,在液压系统的管路中多选用圆管作为液压管路。

通过雷诺实验可知,液体从层流变为紊流时的雷诺数大于由紊流变为层流时的雷诺数,前者称为上临界雷诺数,后者称为下临界雷诺数。工程中是以下临界雷诺数 Re_c 作为液流状态的判断依据的,当 $Re<Re_c$ 时液流为层流,当 $Re\geqslant Re_c$ 时液流为紊流。通过大量实验得到的常见管道的液

流的下临界雷诺数如表3-3-1所示。表中光滑的金属圆管的下临界雷诺数建议值为2 300,但一般取2 000;光滑的同心环状缝隙的下临界雷诺数为1 100;圆柱形滑阀阀口的下临界雷诺数为260。以上这些数据都不是根据任何理论公式计算出来的,而是通过实验得到的。

表3-3-1 常见管道的下临界雷诺数

管道的形状	下临界雷诺数 Re_c	管道的形状	下临界雷诺数 Re_c
光滑的金属圆管	2 000~2 300	带沉割槽的同心环状缝隙	700
橡胶软管	1 600~2 000	带沉割槽的偏心环状缝隙	400
光滑的同心环状缝隙	1 100	圆柱形滑阀阀口	260
光滑的偏心环状缝隙	1 000	锥阀阀口	20~100

3.3.2 沿程压力损失

液体在等径直管中流动时因内外黏性摩擦而产生的压力损失,称为沿程压力损失。沿程压力损失主要取决于液体的流速、黏性和管路的长度以及直管的内径等。对于不同状态的液流,流经直管时的压力损失也是不相同的。

(1) 液流为层流状态时的压力损失

如图3-3-2所示,液体在内径为 d 的圆形管道中运动,流动状态为层流。在液流中取一微小圆柱体,假设其半径为 r,长度为 l,圆柱体左端的液压力为 p_1,右端的液压力为 p_2。由于液体有黏性,在不同半径处液体的速度是不同的,其速度的分布如图3-3-2所示。液层间的摩擦力则可按式(2-3-1)计算。下面对液流的速度分布、通过管道的流量及压力损失进行分析。

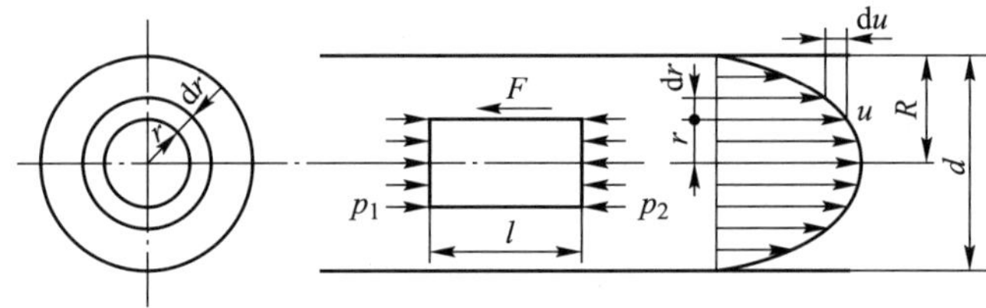

图3-3-2 圆管中液流的层流运动

1) 管道中的流速

由图3-3-2可知,微小液柱上所受的作用力的平衡方程式为

$$(p_1-p_2)\pi r^2=-\mu\frac{\mathrm{d}u}{\mathrm{d}r}2\pi lr \tag{3-3-2}$$

整理得

$$\frac{\mathrm{d}u}{\mathrm{d}r}=\frac{-(p_1-p_2)}{2\mu l}r \tag{3-3-3}$$

式中负号表示流速 u 随 r 增加而减小。

对式(3-3-3)进行积分得

$$u=\frac{-(p_1-p_2)}{4\mu l}r^2+C \tag{3-3-4}$$

由边界条件知：当 $r=R$ 时，$u=0$，则积分常数 $C=\frac{p_1-p_2}{4\mu l}R^2$，将 C 代入式(3-3-4)得

$$u=\frac{p_1-p_2}{4\mu l}(R^2-r^2) \tag{3-3-5}$$

由式(3-3-5)可知，液体在直管中做层流运动时，速度对称于圆管中心线并按抛物线规律分布。

当 $r=0$ 时，流速最大，也即在圆管中心处流速最大，其值为 $u_{max}=\frac{p_1-p_2}{4\mu l}R^2$。

2）通过管道的流量

在图 3-3-2 中，假定在管道中取微小圆环过流断面，通过此过流断面的微小流量可写为 $dq=udA=2r\pi udr$，所以通过管道的流量

$$q=\iint_A udA=\int_0^R\frac{p_1-p_2}{4\mu l}(R^2-r^2)2\pi r dr=\frac{\pi R^4(p_1-p_2)}{8\mu l}=\frac{\pi d^4}{128\mu l}\Delta p \tag{3-3-6}$$

3）管道内的平均流速

$$v=\frac{q}{A}=\frac{1}{\frac{\pi d^2}{4}}\frac{\pi d^4}{128\mu l}\Delta p=\frac{d^2}{32\mu l}\Delta p \tag{3-3-7}$$

4）沿程压力损失

对式(3-3-7)整理后可得到用压差形式表示的沿程压力损失 Δp_λ，即 $\Delta p_\lambda=\frac{32\mu lv}{d^2}$，可见当直管中液流为层流时，其压力损失与管长、流速和液体黏度成正比，而与管径的平方成反比。上式适当变换后，沿程压力损失公式可改写成如下形式：

$$\Delta p_\lambda=\frac{64\nu}{vd}\frac{l}{d}\frac{\rho v^2}{2}=\frac{64}{Re}\frac{l}{d}\frac{\rho v^2}{2}=\lambda\frac{l}{d}\frac{\rho v^2}{2} \tag{3-3-8}$$

式中：v 为液流的平均流速；ρ 为液体的密度；λ 为沿程阻力系数。

式(3-3-8)为液体在直管中做层流流动时的沿程压力损失。对于圆管层流，理论值 $\lambda=64/Re$，考虑到实际圆管截面可能有变形以及靠近管壁处的液层可能冷却，阻力略有加大，实际计算时对金属管应取 $\lambda=75/Re$，橡胶管取 $\lambda=80/Re$。

在液压传动中，因为液体的自重和位置变化对压力的影响很小，可以忽略，所以在水平管道的条件下推导出的公式也适用于非水平管道。

(2) 液流为紊流状态时的压力损失

层流流动中液体各质点只有沿管路轴向的规则运动，无横向运动。但紊流是非稳定流动，流动中各质点互相碰撞、混杂，并形成脉动和漩涡，因而紊流时的能量损失要比层流时的能量损失大得多。由于紊流机理比较复杂，紊流时的能量损失一般采用经验公式计算。

紊流时计算沿程压力损失的公式形式与层流时的计算公式相同，即

$$\Delta p_{\lambda}=\lambda \frac{l}{d} \frac{\rho}{2} v^{2} \tag{3-3-9}$$

但公式(3-3-9)中的沿程阻力系数 λ 与层流时不同,紊流时沿程阻力系数 λ 除与雷诺数有关外,还与管壁的粗糙度有关,即 $\lambda=f(Re,\Delta/d)$,这里的 Δ 为管壁的绝对粗糙度(图 3-3-3),是指管壁的粗糙凸出部分的平均高度,Δ/d 称为相对粗糙度,d 为管子直径。

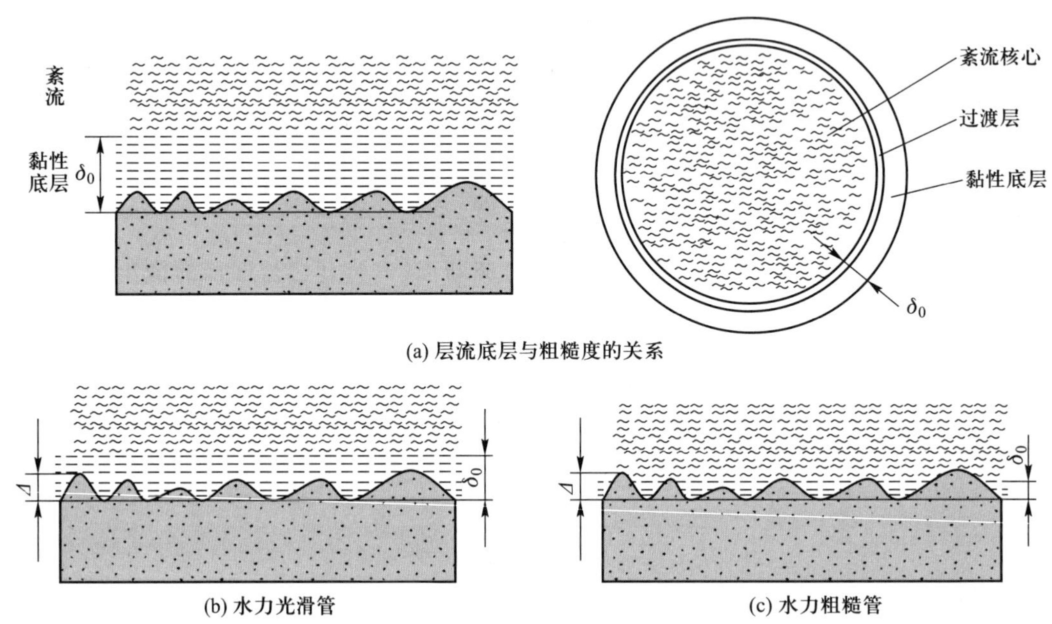

图 3-3-3　水力光滑管与水力粗糙管示意图

图 3-3-3 中,δ_0是指流体的边界层厚度,其与管子的直径 d、雷诺数 Re 及沿程阻力系数 λ 有关,可由公式 $\delta_0=30\frac{d}{Re\sqrt{\lambda}}$计算。

当 $\delta_0>\Delta$ 时,管壁的粗糙部分完全淹没在层流边界层中,管壁绝对粗糙度对液流的能量损失影响较小,这种流动状态下的管路称为水力光滑管,如图 3-3-3b 所示。

当 $\delta_0<\Delta$ 时,管壁的粗糙部分穿越层流边界层,从而给流动液体带来很大的阻力,并产生涡流,对能量损失影响很大,这种流动状态下的管路称为水力粗糙管,如图 3-3-3c 所示。

管壁表面绝对粗糙度 Δ 的值与管道的材料有关。计算时表面绝对粗糙度 Δ 可参考下列数值:钢管 Δ 为 0.04 mm,铜管 Δ 为 0.001 5~0.01 mm,铝管 Δ 为 0.001 5~0.06 mm,橡胶软管 Δ 为 0.03 mm。

由 $\delta_0=30\frac{d}{Re\sqrt{\lambda}}$知,即使是同一根管子,当流速小时可能为水力光滑管,流速大时可能为水力粗糙管。

利用公式(3-3-9)进行紊流状态下沿程压力损失计算时,特别是在雷诺数较大的情况下,可通过相应经验公式或图表来确立沿程阻力系数。当 $4\ 000<Re<10^5$时,可取 $\lambda\approx0.316\ 4Re^{-0.25}$;当 $10^5<Re<3\times10^6$时,可取 $\lambda\approx0.032+0.221Re^{-0.237}$。不同数值的 Re,也可通过查阅相关手册来计算沿

程阻力系数 λ。图 3-3-4 为常见的雷诺数-沿程阻力系数图,该图是在尼古拉兹等人的大量实验的基础上拟合出来的。

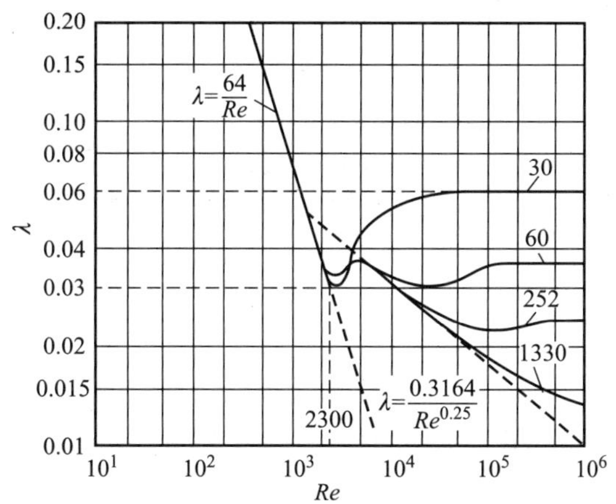

图 3-3-4 雷诺数-沿程阻力系数图(图中曲线上方 30、60、252、1 330 为管径 d 与管道绝对粗糙度 Δ 值的比值)

因而计算沿程压力损失时,先判断流态,取得正确的沿程阻力系数 λ 值,然后再按式(3-3-8)进行计算。

(3) 进口起始段的流动

流动的液体并不是一流进管口就形成层流状态,而是流过一段距离后,其流速才会按抛物线规律分布。从液流一入管口到完全形成层流状态的这段距离称为层流起始段,如图 3-3-5 所示。

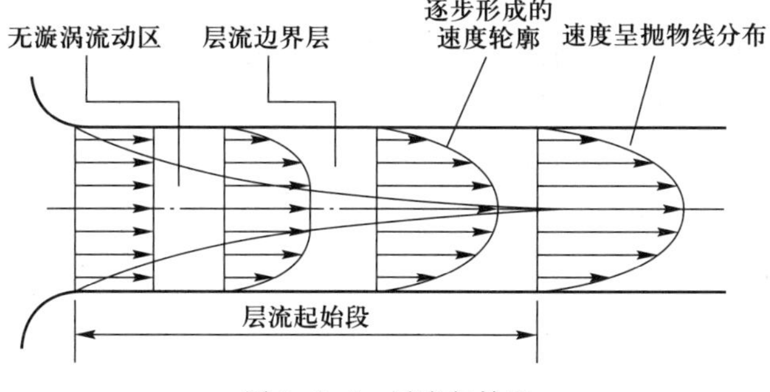

图 3-3-5 层流起始段

由实验求得光滑金属管中层流起始段长度 $l \leqslant 133d$。在液压系统中,由于管道不长,在计算沿程压力损失时,应考虑层流起始段的影响。

3.3.3 局部压力损失

液体在流经管道的弯头、接头、突变截面以及阀口时,会致使流速的方向和大小发生剧烈变化,从而形成漩涡、脱流,使液体质点间相互撞击,造成能量损失,这种能量损失称为局部压力损失。图 3-3-6 所示为一种突然扩大管路处的局部损失。

由于流动状况极为复杂,影响因素较多,局部压力损失的阻力系数一般要依靠实验来确定,局部压力损失计算公式为

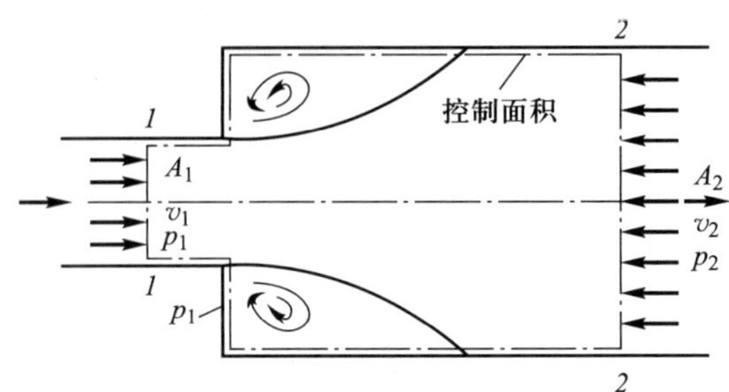

图 3-3-6 突然扩大处的局部损失

$$\Delta p_{\xi}=\xi\frac{\rho v^2}{2} \tag{3-3-10}$$

式中:ξ 为局部阻力系数,一般由实验求得,具体数值可查阅有关手册。

3.3.4 液体通过阀口的局部压力损失

液体流过各种液压阀的局部压力损失常用以下经验公式计算:

$$\Delta p_v=\Delta p_n\left(\frac{q}{q_n}\right)^2 \tag{3-3-11}$$

式中:q_n为液压阀的额定流量;Δp_n为液压阀在额定流量下的局部压力损失(从液压阀的样本手册中查阅);q 为通过液压阀的实际流量。

3.3.5 管道系统中的总压力损失

液压管路系统中的总压力损失等于所有沿程压力损失和所有局部压力损失之和,即

$$\sum\Delta p=\sum\Delta p_{\lambda}+\sum\Delta p_{\xi}+\sum\Delta p_v \tag{3-3-12}$$

液压传动中的压力损失绝大部分转变为热能造成油温升高,使油液泄漏量增多,液压传动效率降低,甚至影响系统的工作性能,所以应尽量减少压力损失。布置管路时尽量缩短管道长度,减少管路弯曲和截面的突然变化,管内壁力求光滑,选用合理管径,尽量采用较低流速,以提高整个系统的效率。

在液压设计手册中,推荐液压系统管路中的液流速度如下:

压油管路:$v=3.5\sim6$ m/s;

吸油管路:$v=0.5\sim1.5$ m/s;

回油管路:$v\leqslant3.5$ m/s。

【例 3-1】 如图 3-3-7 所示,液压泵从油箱吸油,液压泵的流量为 25 L/min,吸油管直径 $d=30$ mm,设滤网及管道内总的压降为 0.03 MPa,油液的密度 $\rho=880$ kg/m^3。要保证液压泵的进口真空度不大于 0.0336 MPa,试求液压泵的安装高度 h。

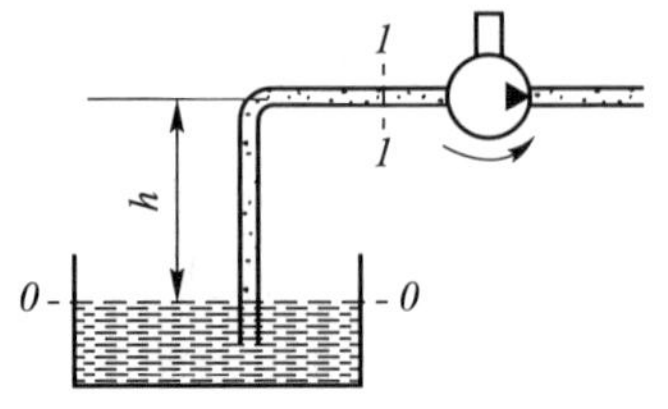

图 3-3-7 液压泵吸油工作示意图

解: 由油箱液面 0—0 至液压泵进口 1—1 建立伯努利方程:

$$\frac{p_a}{\rho}+\frac{\alpha_0v_0^2}{2}=\frac{p_1}{\rho}+\frac{\alpha_1v_1^2}{2}+gh+\frac{\Delta p}{\rho}$$

式中:p_a 为大气压力;p_1 为液压泵进口处绝对压力。

因为油箱截面远大于管道过流断面,所以 $v_0 \approx 0$,取 $\alpha_1 \approx 1$。

液压泵吸油管流速:

$$v_1 = \frac{4q}{\pi d^2} = \frac{4\times25\times10^{-3}}{\pi\times(30\times10^{-3})^2\times60}\text{m/s} = 0.589\ \text{m/s}$$

液压泵的安装高度:

$$h = \frac{p_a - p_1}{\rho g} - \frac{v_1^2}{2g} - \frac{\Delta p}{\rho g}$$

$$= \left(\frac{0.033\ 6\times10^6}{880\times9.8} - \frac{0.589^2}{2\times9.8} - \frac{0.03\times10^6}{880\times9.8}\right)\text{m} = 0.4\ \text{m}$$

【例 3-2】 L-HM32 号液压油在内径 $d=20$ mm 的光滑钢管内流动,$v=3$ m/s,判断其流态。若流经管长 $l=10$ m,求沿程压力损失。当 $v=4$ m/s 时,判断其流态,并求沿程压力损失。

解:(1)当 $v=3$ m/s 时,有

$$Re = \frac{vd}{\nu} = \frac{3\times20\times10^{-3}}{32\times10^{-6}} = 1\ 875 < 2\ 000$$

所以,液流为层流,于是有

$$\Delta p_\lambda = \lambda\ \frac{l}{d}\frac{\rho}{2}v^2 = (75/Re)\times(10/0.02)\times(900\times3^2/2)\ \text{Pa} = 0.81\times10^5\ \text{Pa}$$

(2)当 $v=4$ m/s 时,有

$$Re = \frac{vd}{\nu} = \frac{4\times20\times10^{-3}}{32\times10^{-6}} = 2\ 500 > 2\ 000$$

所以,液流为紊流,于是有

$$\Delta p_\lambda = \lambda\ \frac{l}{d}\frac{\rho}{2}v^2 = (0.316\ 4/Re^{0.25})\times(10/0.02)\times(900\times4^2/2) = 1.61\times10^5\ \text{Pa}$$

3.4 液体流经小孔及间隙的流量

在液压系统中,经常遇到液体流经小孔或配合间隙的情况。例如,液体通过各种控制阀的阀口和阻尼孔,高压油由高压腔经过相对运动零件表面间的缝隙向低压腔泄漏等。液体流经这些部位时,其压力、流量、流速及压力损失之间都有一定的规律。因此,合理利用这些规律,可以提高液压元件与系统的效率,改善工作性能,并可以利用这些规律进行流量和压力的调节。本节主要介绍液体流经小孔及间隙的流量公式。

3.4.1 液体流经小孔的流量

液压元件中的小孔,根据小孔的长度与直径的比例不同,可以分成三种类型:当小孔的通流长度 l 和孔径 d 之比 $l/d \leqslant 0.5$ 时,称为薄壁小孔;当 $l/d > 4$ 时,称为细长孔;当 $0.5 < l/d \leqslant 4$ 时,则称为短孔。

（1）液体流经薄壁小孔的流量

图 3-4-1 所示为液体通过薄壁小孔的情况。当液体流经薄壁小孔时，左边过流断面 *1—1* 处的液体均向小孔汇集，因 $D \gg d$，过流断面 *1—1* 的流速较低，流经小孔时液体质点突然加速，在惯性力作用下，使通过小孔后的液流形成一个收缩断面 c—c，然后再扩散。这一收缩和扩散过程会造成很大的能量损失，即压力损失。

现取小孔前断面 *1—1* 和收缩断面 c—c，然后列出伯努利方程，由于高度 h 相等，断面 *1—1* 的面积比断面 c—c 的面积大很多，则 $v_1 \ll v_c$，于是 v_1 很小可忽略不计，并设动能修正系数 $\alpha=1$，则有

$$p_1=p_c+\frac{\rho v_c^2}{2}+\xi\frac{\rho v_c^2}{2} \tag{3-4-1}$$

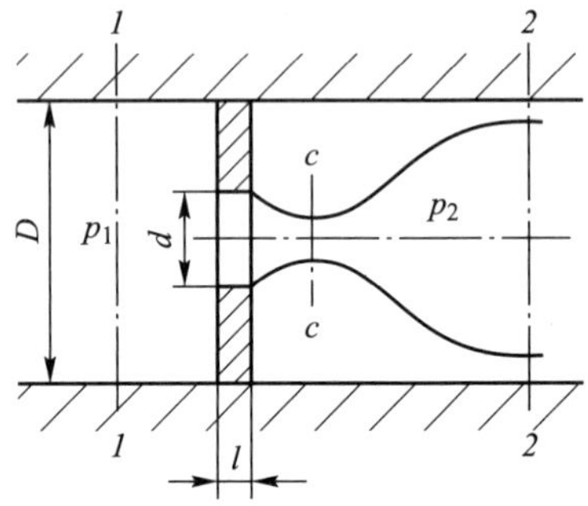

将上式整理后得

$$v_c=\frac{1}{\sqrt{1+\xi}}\sqrt{\frac{2}{\rho}(p_1-p_c)}=C_v\sqrt{\frac{2}{\rho}\Delta p} \tag{3-4-2}$$

图 3-4-1　液体在薄壁小孔中的流动

式中：C_v为速度系数，$C_v=\dfrac{1}{\sqrt{1+\xi}}$；$\xi$ 为收缩断面处的局部阻力系数；Δp 为小孔前、后压力差，$\Delta p=p_1-p_c$。

由此可得通过薄壁小孔的流量公式为

$$q=v_cA_c=C_vC_cA\sqrt{\frac{2}{\rho}\Delta p}=C_qA\sqrt{\frac{2}{\rho}\Delta p} \tag{3-4-3}$$

式中：A_c为收缩完成处的断面面积；A 为过流小孔断面面积；C_c为收缩系数，$C_c=A_c/A$；C_q为流量系数，$C_q=C_vC_c$，当液流为完全压缩（$D/d>7$）时，C_q为 0.60～0.62，当为不完全收缩时，C_q为 0.7～0.8。

由上式可知，流经薄壁小孔的流量与压力差 Δp 的平方根成正比。因孔短，摩擦阻力小，流量受温度和黏度变化的影响小，流量比较稳定，故薄壁小孔常用作流量控制阀中的节流孔。

（2）液体流经短孔和细长孔的流量

液体流经短孔的流量可用薄壁小孔的流量公式，但流量系数 C_q不同，一般取 $C_q=0.82$。短孔比薄壁小孔容易制造，适合作为固定节流元件使用。

液体流经细长孔时，如图 3-4-2 所示，一般都是层流，用前面的式（3-3-6）和式（3-3-7）求得通过细长孔的流量为

$$q=\frac{\pi d^4}{128\mu l}\Delta p=\frac{d^2}{32\mu l}A\Delta p \tag{3-4-4}$$

由式（3-4-3）和式（3-4-4）可以看出，当小孔的尺寸和液压油品种（黏度）确定以后，小孔两端压力差 Δp 对流量 q 有影响，但两种小孔两端 Δp 对 q 的影响程度不同。薄壁小孔流量公式中，q 与$\sqrt{\Delta p}$成正比，且与黏度无关。细长孔流量公式中 q 与 Δp 成正比。说明，若两种小孔两端的 Δp 发生同样的变化，细长孔的流量将随之变化得更大些，也就是薄壁孔流量相对要稳定一些。如果系统工作时间长，使油温上升，液压油黏度会下降，这也会对细长孔的流量产生影响，但对薄壁孔的流量却没有影响。从这点考虑，液流流经薄壁孔时流量相对稳定；液压阀中的一些阀口，

比如流量阀的阀口常做成薄壁小孔形式,主要原因就在于此。

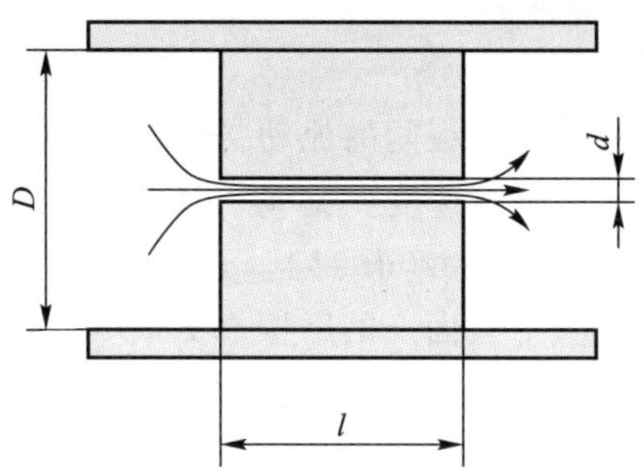

液体在薄壁小孔中的流动

图 3-4-2 液体在细长孔中的流动

(3) 小孔流量公式的应用

在一般情况下,薄壁小孔和细长孔的流量公式都可表示为

$$q = KA\Delta p^{m} \tag{3-4-5}$$

式中:K 为流量系数;A 为孔的横截面面积;Δp 为加在孔两端的压差;m 为系数。对薄壁小孔,$m=0.5$;对短孔,$m=0.5\sim1$;对细长孔,$m=1$。

该公式在液压系统中有以下应用:

① 作为流量控制阀调节的基本依据。当 Δp 不变时,通过调节阀口面积 A 的大小来实现流量 q 的调节,如阀孔流量调节。

② 作为压力控制阀中阀芯受力(运动)控制的依据。当小孔面积 A 不变时,通过调节通流流量大小,实现小孔前、后压力差 Δp 大小的改变,从而使阀芯位置发生变化,如压力阀中主阀芯的控制等。

③ 可以开展液阻理论的研究。常常把液体流过小孔产生的阻力称为液阻,液阻有静态液阻和动态液阻。静态液阻指液阻两端压差对流量的比值,即 $R=\Delta p/q$。动态液阻为压差变化相对于流量变化的比值,即 $R_{d}=\mathrm{d}\Delta p/\mathrm{d}q$。液阻与电路中的电阻相类似,多个液阻可以串联或并联使用,多个液阻串联或并联后可以用一个等效液阻来代替。在油路中,如果使用两个液阻串联分压,则两个液阻的内孔直径相差不能太大,否则起不到分压作用。在液压元件设计中,有时为了增大液阻的孔径,减少因孔太小而产生的堵塞现象,常采用两个液阻串联,两个孔径相同的液阻串联后,其等效液阻孔径为原孔径的 0.84 倍。

3.4.2 液体流经间隙的流量

液压元件内各零件间要保持正常的相对运动,就必须有适当的间隙,间隙大小对液压元件的性能影响极大。间隙太小,会使零件卡死;间隙过大,会使泄漏量增大,系统效率降低等。油液通过间隙产生泄漏的原因有两个:一是间隙两端存在压力差,此时称为压差流动;二是组成间隙的两配合表面有相对运动,此时称为剪切流动。这两种流动同时存在的情况也较为常

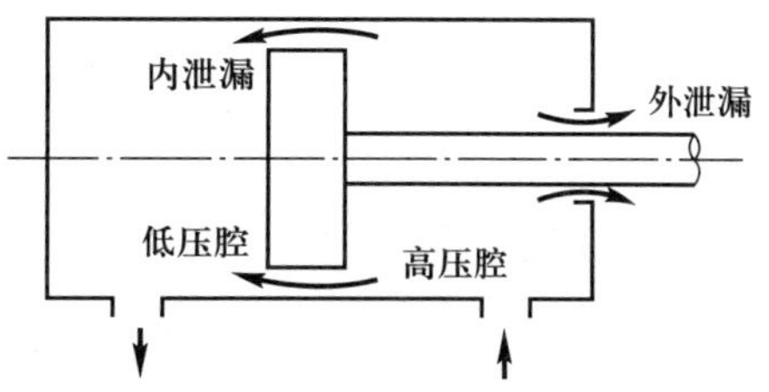

图 3-4-3 内泄漏与外泄漏示意图

见。图3-4-3所示为液压缸的间隙泄漏分布示意图,油液在缸体内部泄漏称之为内泄漏,油液由腔体内部泄漏到大气中称之为外泄漏。

(1)流经平行平板间隙的流量

图3-4-4所示为液体通过两平行平板间的流动,假定间隙为h,宽度为b,长度为l,两端的压力分别为p_1和p_2;下平板固定,上平板以速度u_0运动。从间隙中取出一个微小的平行六面体,平行于三个坐标方向的长度分别为$\mathrm{d}x$、$\mathrm{d}y$、$\mathrm{d}z(\mathrm{d}z=b)$。这个微小六面体在$x$方向上所受的作用力有$p$和$p+\mathrm{d}p$,以及作用在六面体上、下表面上的摩擦力$\tau+\mathrm{d}\tau$和$\tau$,其受力平衡方程式为

$$pb\mathrm{d}y-(p+\mathrm{d}p)b\mathrm{d}y-\tau b\mathrm{d}x+(\tau+\mathrm{d}\tau)b\mathrm{d}x=0 \tag{3-4-6}$$

整理后得

$$\frac{\mathrm{d}\tau}{\mathrm{d}y}=\frac{\mathrm{d}p}{\mathrm{d}x} \tag{3-4-7}$$

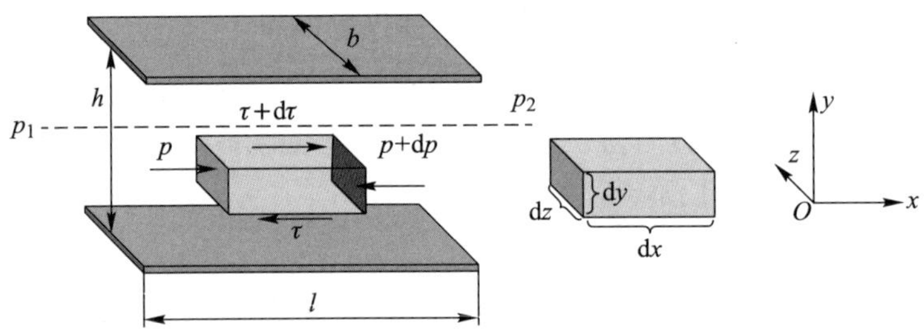

图3-4-4 相对运动平行平板间隙的流动

由于$\tau=\mu\dfrac{\mathrm{d}u}{\mathrm{d}y}$,则式(3-4-7)变为

$$\frac{\mathrm{d}^2u}{\mathrm{d}y^2}=\frac{1}{\mu}\frac{\mathrm{d}p}{\mathrm{d}x} \tag{3-4-8}$$

将式(3-4-8)对y进行两次积分,得

$$u=\frac{1}{2\mu}\frac{\mathrm{d}p}{\mathrm{d}x}y^2+C_1y+C_2 \tag{3-4-9}$$

式中,C_1、C_2为由边界条件所确定的积分常数。

由边界条件:当$y=0$时,$u=0$;当$y=h$时,$u=u_0$,求出C_1、C_2,并分别代入式(3-4-9),得

$$u=-\frac{1}{2\mu}\frac{\mathrm{d}p}{\mathrm{d}x}(h-y)y+\frac{u_0}{h}y \tag{3-4-10}$$

从式(3-4-10)可知速度沿间隙断面的分布规律。式中,$\dfrac{\mathrm{d}p}{\mathrm{d}x}$为一常数,即在间隙中沿$x$方向的压力梯度是一常数。如果长度为$l$的间隙两端的压力由$p_1$降至$p_2$,则

$$-\frac{\mathrm{d}p}{\mathrm{d}x}=-\frac{p_2-p_1}{l}=\frac{p_1-p_2}{l}=\frac{\Delta p}{l} \tag{3-4-11}$$

将式(3-4-11)代入式(3-4-10)得

$$u=\frac{\Delta p}{2\mu l}(h-y)y+\frac{u_0}{h}y \tag{3-4-12}$$

式中：$\frac{\Delta p}{2\mu l}(h-y)y$ 是由压力差造成的流动；$\frac{u_0}{h}y$ 是由上平板运动造成的流动。在图 3-4-4 中，如果上平板的运动方向向左，则式(3-4-12)中$\frac{u_0}{h}y$ 前的符号取“-”。所以，当压力差造成的流动方向一定时，根据上、下平板相对运动的情况，可将流速公式表示为：

$$u=\frac{\Delta p}{2\mu l}(h-y)y\pm\frac{u_0}{h}y \tag{3-4-13}$$

通过平行平板间的流量，可按式(3-4-14)求得。取沿 z 方向的宽度为 b，沿 y 方向的高度为 dy 的过流断面，通过此断面的微小流量 $dq=ubdy$，积分得

$$q=b\int_0^h u\mathrm{d}y=b\int_0^h\left[\frac{\Delta p}{2\mu l}(h-y)y\pm\frac{u_0}{h}y\right]\mathrm{d}y=\frac{bh^3}{12\mu l}\Delta p\pm\frac{u_0}{2}bh \tag{3-4-14}$$

当两个平行平板间没有相对运动时，即 $u_0=0$，通过的液流仅由压力差引起，称为压差流动，其流量值为：

$$q=\frac{bh^3}{12\mu l}\Delta p \tag{3-4-15}$$

从上式可知，在压力差作用下，流过间隙的流量与间隙高度 h 的三次方成正比，所以液压元件间隙的大小对泄漏量的影响很大，因此在要求密封的地方应尽可能缩小间隙，以便减小泄漏量。

当平行平板间有相对运动而两端无压力差时，即 $\Delta p=0$，通过的液流仅由平板的相对运动引起，称为剪切流动，其流量值为：

$$q=\frac{u_0}{2}bh \tag{3-4-16}$$

剪切流动与压差流动同向时 u_0取正，剪切流动与压差流动反向时 u_0取负。

图 3-4-5a、b 所示为液体在平行平板间隙中既有压差流动又有剪切流动的状态。图 3-4-5a 所示为剪切流动和压差流动方向相同，图 3-4-5b 所示为剪切流动和压差流动方向相反。在间隙中流速的分布规律和流量是上述两种情况的叠加。

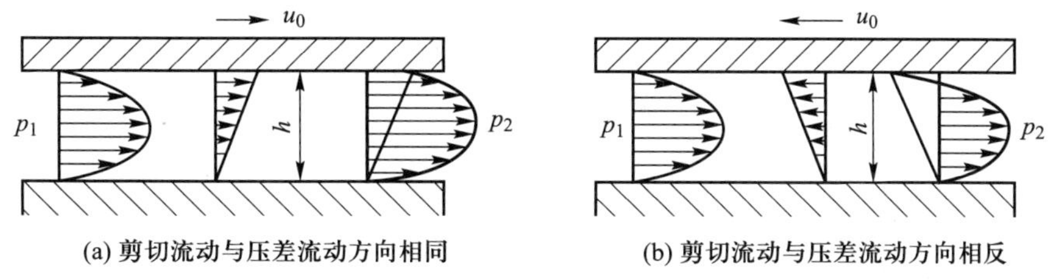

(a) 剪切流动与压差流动方向相同　(b) 剪切流动与压差流动方向相反

图 3-4-5　相对运动平行平板间隙的流动

(2) 流经环状间隙的流量

在液压元件中，如液压缸与活塞之间的间隙、换向阀的阀芯和阀孔之间的间隙均属环状间

隙。实际上由于阀芯自重和制造上的原因等,孔和圆柱体的配合不易保证同心,而是存在一定的偏心度,这对液体的流动(泄漏)是有影响的。

1) 流经同心环状间隙的流量

图 3-4-6 所示为液流通过同心环状间隙的流动情况,设其柱塞直径为 d,间隙为 h,柱塞长度为 l。

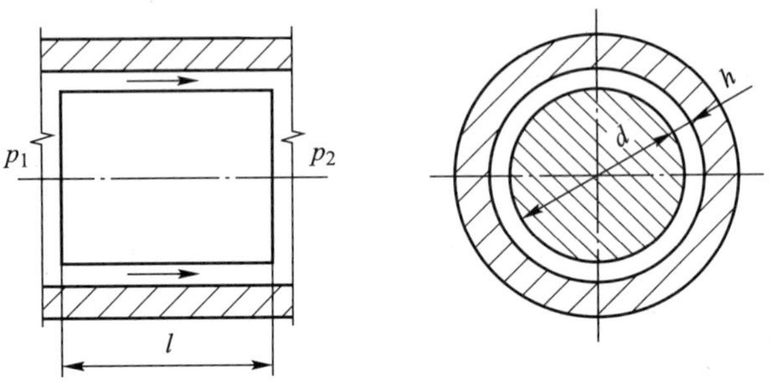

图 3-4-6 同心环状间隙的流动

图 3-4-6 中,如果将圆环间隙沿圆周方向展开,就相当于一个平行平板间隙,因此只要用 πd 替代式(3-4-14)中的 b,就可得到通过同心环状间隙的流量公式:

$$q=\frac{\pi d h^3}{12\mu l}\Delta p \pm \frac{\pi d h}{2}u_0 \tag{3-4-17}$$

2) 流经偏心环状间隙的流量

图 3-4-7 所示为偏心环状间隙,设内、外圆的偏心量为 e,在任意角度 θ 处的间隙为 h,因间隙很小,故 $r_1 \approx r_2 = r$,可把微小圆弧 db 所对应的环形间隙间的流动近似地看成是平行平板间隙的流动。将 db=rdθ 代入式(3-4-14)得

$$\mathrm{d}q=\frac{h^3 r \mathrm{d}\theta}{12\mu l}\Delta p \pm \frac{h r \mathrm{d}\theta}{2}u_0 \tag{3-4-18}$$

由图中几何关系可知

$$h \approx h_0 - e\cos\theta \approx h_0(1-\varepsilon\cos\theta) \tag{3-4-19}$$

式中:h_0为内、外圆同心时半径方向的间隙值;ε 为相对偏心率,$\varepsilon = e/h_0$。

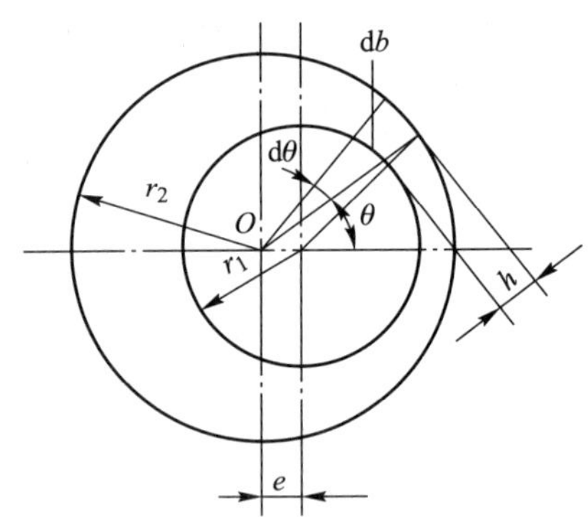

图 3-4-7 偏心环状间隙的流动

将式(3-4-19)代入式(3-4-18)并积分,可得流量公式:

$$q=\frac{\pi d h_0^3}{12\mu l}\Delta p(1+1.5\varepsilon^2) \pm \frac{\pi d h_0}{2}u_0 \tag{3-4-20}$$

从式(3-4-20)可以看出,当 $\varepsilon=0$ 时,即为同心环状间隙的流量。随着相对偏心率 ε 的增大,通过的流量也随之增加。当 $\varepsilon=1$,即 $e=h_0$时,为最大偏心,其压差流量为同心环状间隙压差流量的 2.5 倍。由此可见保持阀芯与阀体高的配合同轴度的重要性,为此常在阀芯上开有环形压力平衡槽,通过压力作用使其能自动对中,减小偏心量,从而减小泄漏量。

3）流经圆环平面间隙的流量

如图 3-4-8 所示，上圆盘与下圆盘形成间隙，液流自上圆盘中心孔流入，在压力差作用下沿径向呈放射状流出。

采用柱坐标形式求解，在半径为 r 处取 dr，沿半径方向的流动可近似看作是固定平行平板间隙流动，按照速度分布公式有

$$u_r=-\frac{(h-y)y}{2\mu}\times\frac{\mathrm{d}p}{\mathrm{d}r} \tag{3-4-21}$$

则

$$q=\int_0^h u_r 2\pi r\mathrm{d}y=-\frac{\pi rh^3}{6\mu}\frac{\mathrm{d}p}{\mathrm{d}r} \tag{3-4-22}$$

其中

$$\frac{\mathrm{d}p}{\mathrm{d}r}=-\frac{6\mu q}{\pi rh^3} \tag{3-4-23}$$

对式(3-4-23)进行积分，得

$$p=\int -\frac{6\mu q}{\pi rh^3}\mathrm{d}r=-\frac{6\mu q}{\pi h^3}\ln r+C \tag{3-4-24}$$

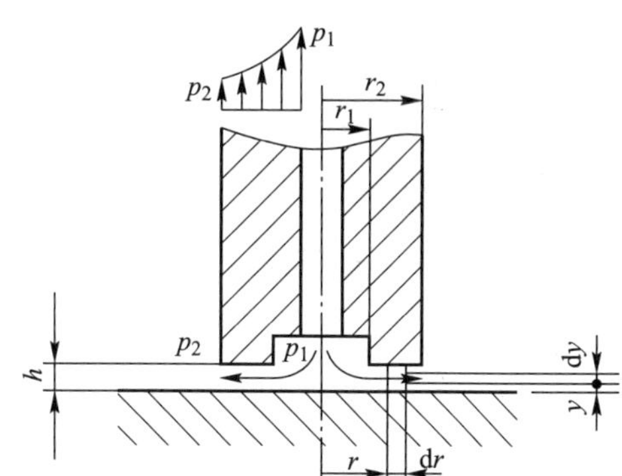

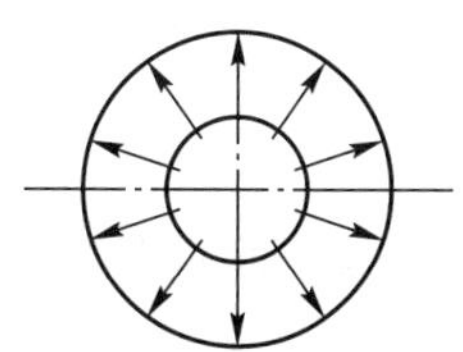

图 3-4-8　圆环平面间隙

当 $r=r_2$ 时，$p=p_2$，则 $C=\frac{6\mu q}{\pi h^3}\ln r_2+p_2$。

将 C 代入式(3-4-24)得

$$p=\frac{6\mu q}{\pi h^3}(\ln r_2-\ln r)+p_2=\frac{6\mu q}{\pi h^3}\ln\frac{r_2}{r}+p_2 \tag{3-4-25}$$

当 $r=r_1$ 时，$p=p_1$，于是有

$$\Delta p=p_1-p_2=\frac{6\mu q}{\pi h^3}\ln\frac{r_2}{r_1} \tag{3-4-26}$$

则流经圆环平面间隙的流量为

$$q=\frac{\pi h^3}{6\mu\ln\frac{r_2}{r_1}}\Delta p \tag{3-4-27}$$

上式即为液体流经圆环平面间隙的流量的计算公式。

综上所述，从流体静力学、动力学、压力损失、小孔流量以及间隙流量的计算等方面可以得出：液压技术的基本规律、常用的计算公式，有些是从一些理想化的状态下推导出来的，有些是从试验中归纳出来的，作为分析是很有用的。但若用于计算，则计算结果会由于忽略了很多因素而不准确，如超过了适用范围，就会产生谬误。随着计算机仿真和仿真软件的广泛应用，很多计算都可以通过软件来实现，但仿真计算一定要结合测试，要重视测试，否则，仿真计算的结果将会与实际结果相差很大。

3.5　液压冲击和气穴现象

液压系统在工作中,由于会受到一些干扰因素的影响,如负载的突变、油液中气泡过多等,常会表现出一些共性的现象。因此,了解这些现象产生的机理和过程,可以更好地理解和使用液压系统。

3.5.1　液压冲击现象

(1) 液压冲击

液压系统在工作过程中,当快速地换向或切断液压油路时,会致使液流速度急速地改变(变向或停止)。由于流动液体的惯性或运动部件的惯性,系统内的压力会突然升高或降低,这种现象称为液压冲击(水力学中也称为水锤现象)。液压冲击对液压系统工作性能的影响很大,需引起重视。在理论分析液压冲击过程时,要把液体当作弹性物体,同时还要考虑管壁的弹性等因素。

图 3-5-1 所示为某液压油路的局部,管路 A 的入口端安装有蓄能器 1,出口端安装有快速电磁换向阀 2。当换向阀打开时,假设管中的流速为 v_0,压力为 p_0,下面来分析当阀门突然关闭时,阀门前及管中压力变化的规律。

液压冲击

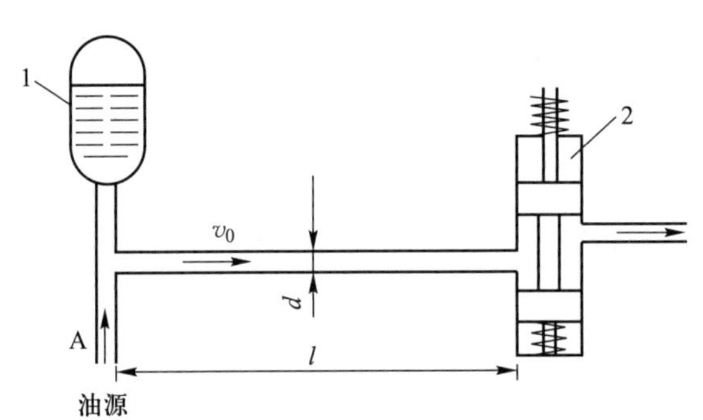

1—蓄能器;2—换向阀

图 3-5-1　产生液压冲击的液压油路分析

当阀门突然关闭时,如果认为液体是不可压缩的,则管中整个液体将如同刚体一样,在阀门突然关闭时液体会静止下来。但事实上并非如此,实际状况是当阀门突然关闭时,只有紧邻着阀门的一层厚度为 Δl 的液体在 Δt 时间内首先停止流动。由于液体的流动,瞬间动能转化为压力能,紧邻阀门的厚度为 Δl 的液体被压缩,压力增高 Δp,此即为冲击压力,同时管壁亦发生膨胀,如图 3-5-2 所示。在下一个无限小时间段 Δt 后,紧邻着的第二层液体层又停止下来,其厚度亦为 Δl,也受压缩,同时这段管子也发生膨胀。依此类推,第三层、第四层液体逐层停止下来,并产生增压。这样就形成了一个高压区和低压区分界面(称为增压波面),它以速度 c 从阀门处

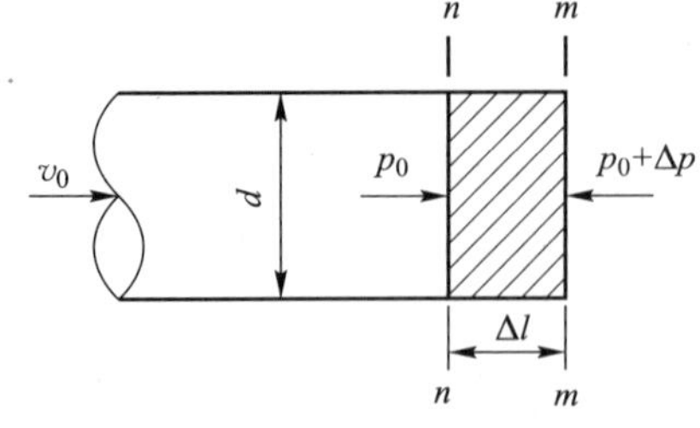

图 3-5-2　阀门突然关闭时的受力分析

开始向蓄能器方向传播。称 c 为水锤波的传播速度，该速度实际上等于液体中的声速。

假设管长为 l，在阀门关闭后 $t_1=l/c$ 时刻，如图 3-5-2 所示，水锤压力波面到达管路入口处。这时，在管长 l 中全部液体都已依次停止了流动，而且液体处在压缩状态下。这时来自管内方面的压力较大，而在蓄能器内的压力较小。显然这种状态是不能平衡的，可见管中紧邻入口处第一层的液体将会以速度 v_0 流向蓄能器。与此同时，第一层液体层结束了受压状态，水锤压力 Δp 消失，恢复到正常情况下的压力值，管壁也恢复了原状。这样，管中的液体高压区和低压区的分界面即减压波面，将以速度 c 自蓄能器向阀门方向传播。

在阀门关闭后 $t_2=2l/c$ 时刻，油管全长 l 内的液体压力和体积都已恢复了原状。

但此时，当在 $t_2=2l/c$ 的时刻末，紧邻阀门的液体由于惯性作用，仍然会以速度 v_0 向蓄能器方向继续流动。就好像受压的弹簧，当外力取消后，弹簧会伸长得比原来还要长，因而处于受拉状态。这样就使得紧邻阀门的第一层液体松弛开，因而使压力突然降低 Δp。同样第二层、第三层依次松弛，这就形成了减压波面，仍以速度 c 向蓄能器方向传去。当阀门关闭后的 $t_3=3l/c$ 时刻，减压波面到达油管入口处，全管长的液体处于低压而且是静止状态。此时蓄能器中的压力高于管中压力，平衡不能保持。在压力差的作用下，液体必然又由蓄能器流向管路中去，使紧邻管路入口的第一层液体首先恢复到原来正常情况下的速度和压力。这种情况依次一层一层地以速度 c 由蓄能器向阀门方向传播，直到经过 $t_4=4l/c$ 时传到阀门处。这时管路内的液体完全恢复到原来的正常情况，液流仍以速度 v_0 由蓄能器流向阀门。这种情况和阀门未关闭之前完全相同。因为现在阀门仍在关闭状态，故此后将重复上述四个过程，如此周而复始地传播下去。但由于液压阻力和管壁变形会消耗能量，这种情况持续一段时间后逐渐衰减而趋向稳定。

图 3-5-3 表示的是紧邻阀门处的压力随时间变化的图形。由图看出，该处的压力每经过 $2l/c$ 时间段，互相变换一次，这是理想情况。实际上由于液压阻力及管壁变形需要消耗一定的能量，因此它是一个逐渐衰减的复杂曲线，如图 3-5-4 所示。

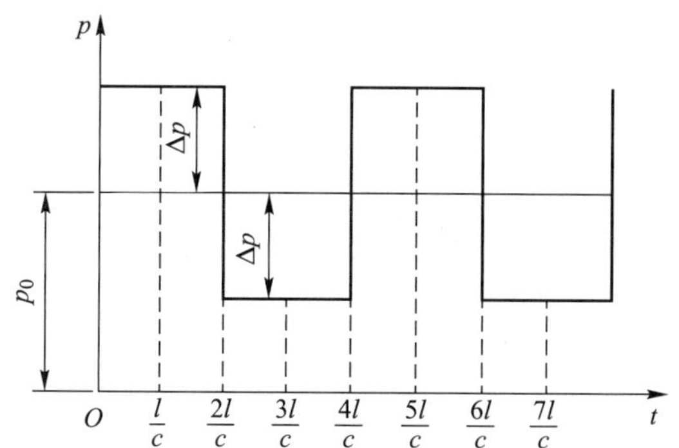

图 3-5-3　理想情况下冲击压力的变化规律

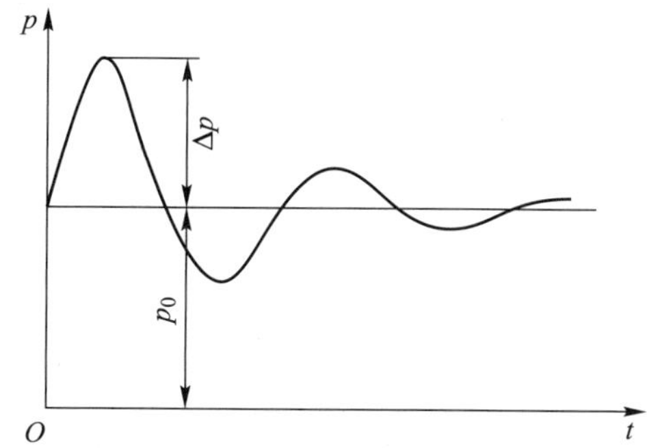

图 3-5-4　实际情况下冲击压力的变化规律

（2）液压冲击压力

现在定量分析阀门突然关闭时所产生的冲击压力。如图 3-5-2 所示，设当阀门突然关闭时，在某一瞬间 Δt 内，与阀门紧邻的一段液体 mn 先停止下来，其厚度为 Δl，体积为 $A\Delta l$，质量为 $\rho A\Delta l$，此小段液体在 Δt 时间内受前面液层的影响而压缩，管路中尚在流动中的液体将以速度 v_0 流入该层压缩后所空出的空间。

若以 p_0 代表阀前初始压力，而以 $(p_0+\Delta p)$ 代表骤然关闭后的压力。若 $m—m$ 断面上的压力为$(p_0+\Delta p)$，而 $n—n$ 断面上的压力为 p_0，则在 Δt 时间内，轴线方向作用于液体外力的冲量为$(-\Delta pA\Delta t)$。同时在液体层 mn 的动量的增量值为$(-\rho A\Delta lv_0)$。对此液体段运用动量定理，得

$$\Delta pA\Delta t=\rho A\Delta lv_0 \tag{3-5-1}$$

则有

$$\Delta p=\rho\frac{\Delta l}{\Delta t}v_0=\rho cv_0 \tag{3-5-2}$$

如果阀门不是立即全闭，而是突然使流速从 v_0下降为 v，则 Δp 的形式为

$$\Delta p=\rho c\Delta v=\rho c(v_0-v) \tag{3-5-3}$$

式中：c 为冲击波传播速度（又称水锤波速度），$c=\Delta l/\Delta t$。

（3）液流通道关闭迅速程度与液压冲击

对于图 3-5-1，假设通道关闭的时间为 t_s，冲击波从起始点开始再反射到起始点的时间为 T，则 T 可用下式表示：

$$T=2l/c \tag{3-5-4}$$

式中：l 为冲击波传播的距离，相当于从冲击的起始点（即通道关闭的地方）到蓄能器或油箱等液体容量比较大的区域之间的导管长度。

如果通道关闭的时间 $t_s<T$，这种情况称为瞬时关闭，这时液流由于速度改变所引起的能量变化全部转变为液压能，这种液压冲击称为完全冲击（即直接液压冲击），冲击压力可按式(3-5-2)计算。

如果通道关闭的时间 $t_s>T$，则这种情况称为逐渐关闭。实际上，一般阀门关闭时间还是较大的，此时冲击波折回到阀门时，阀门尚未完全关闭，所以液流由于速度改变所引起的能量变化仅有一部分（相当于 T/t_s 的部分）转变为液压能，这种液压冲击称为非完全冲击（即间接液压冲击）。这时液压冲击的冲击压力可按下述公式近似计算：

$$\Delta p=\frac{T}{t_s}\rho c(v_0-v) \tag{3-5-5}$$

由上式可知，非完全冲击时的冲击压力比完全冲击时的冲击压力小，而且 t_s越大，Δp 将越小。

从以上各式可以看出，要减小液压冲击，可以增大通道关闭的时间 t_s，或者减少冲击波从起始点开始再反射到起始点的时间 T，也就是减小冲击波传播的距离 l。

（4）液体和运动件惯性联合作用而引起的液压冲击

图 3-5-5 所示为采用换向阀控制液压缸运动的液压回路。活塞拖动负载以起始速度 v_0向右移动，活塞及负载的总重量为 G。如换向阀突然关闭，活塞及负载在换向阀关闭后时间 t 内停止运动，由于液体及运动件的惯性作用而引起的冲击压力可按以下方法计算。

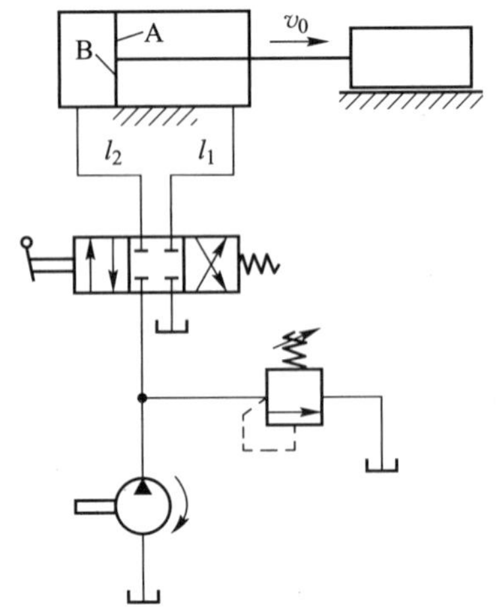

图 3-5-5　换向阀控制的油路

当活塞及负载停止运动时，从换向阀到液压缸及从液压缸回油到换向阀的整个液压回路中的油液均停止流动。因活塞及负载原有动量作用于 A 腔油液上，所以 A 腔及 l_1管路中的压力高于 B 腔及 l_2管路中的压力。但是在计算液压冲击最

大压力升高值时,应计算管路中由于油液惯性而产生的最大压力升高值。计算由于油液惯性在管路中产生的液压冲击而引起的冲击压力为

$$\Delta p' = \sum \frac{\gamma}{g} \frac{A v_0 l_i}{A_i t} \tag{3-5-6}$$

式中:A 为液压缸活塞截面积;l_i为第 i 段管道的长度;A_i为油液第 i 段管道的有效作用面积;v_0为产生液流变化前的活塞速度;t 为活塞由速度 v_0到停止的变化时间;g 为重力加速度;γ 为重度。

因液压缸长度和活塞速度与管道长度及管中流速相比是很小的,故式(3-5-6)中忽略液压缸中油液的惯性。

活塞及负载惯性所引起 A 腔油液压力升高值,根据动量定理应为

$$\Delta p'' A t = \frac{G}{g} v_0 \tag{3-5-7}$$

则有

$$\Delta p'' = \frac{G v_0}{g t A} \tag{3-5-8}$$

所以 A 腔及管路 l_1中最大压力升高值为

$$\Delta p = \Delta p' + \Delta p'' = \left(\sum \frac{\gamma}{g} \frac{A l_i}{A_i} + \frac{G}{gA} \right) \frac{v_0}{t} \tag{3-5-9}$$

式(3-5-9)中如在时间 t 内活塞的速度不是从 v_0降到零,而是由 v_0降到 v_1,只要用 v_0-v_1代替式中 v_0即可。

工程中液压冲击的危害很大,发生液压冲击时管路中的冲击压力往往急剧增加,是正常压力的好几倍。液压冲击会导致管道破裂,管路中产生的液压冲击波还会引起液压系统的振动和冲击噪声等。因此在设计液压系统时要考虑这些因素,应当尽量减少液压冲击的影响。为此,一般可采用如下措施:

① 缓慢关闭阀门,削减冲击波的强度。

② 在阀门前设置蓄能器,以减小冲击波传播的距离。

③ 应将管中流速限制在适当范围内,或采用橡胶软管,这样也可以减小液压冲击。

④ 在系统中装置安全阀,可起卸载作用。

3.5.2 气穴现象

空气在液体中有溶解和游离两种状态。水中约溶解有 2%(体积分数)的空气,液压油中溶解有 6%~12%(体积分数)的空气。呈溶解状态的气体对油液体积模量没有影响,但是呈游离状态的小气泡会对油液体积模量产生显著影响。空气在油液中的溶解度与油液的压力成正比,当压力降低时,原先在压力较高时溶解于油液中的气体将成为过饱和状态,就会在油液中分解出游离状态的微小气泡。当油液的压力继续降低,低于空气分离压 p_g 时,溶解在油液中的气体就会以很高速度分解出来,成为油液中的游离微小气泡,并聚合长大,使原来充满油液的管道变为混有许多气泡的不连续状态,这种现象称为气穴(空穴)现象。油液的空气分离压随油温及空气溶解度而变化,当油温 $T=50$ ℃时,空气分离压 $p_g<0.4\times10^5$ Pa(绝对压力)。

在液压系统中,由于流速突然变大或供油不足等因素,压力迅速下降至低于空气分离压时,原来溶解于油液中的空气游离出来形成气泡,这些气泡夹杂在油液中形成气穴。当液压系统中出现气穴时,大量的气泡破坏了液流的连续性,造成流量和压力脉动。当气泡随液流进入高压区时又急剧破灭,引起局部液压冲击,使系统产生强烈的噪声和振动。当附着在金属表面上的气泡破灭时,它所产生的局部高温和高压作用,以及油液中逸出的气体的氧化作用,会使金属表面剥蚀或出现海绵状的小洞穴,该现象也称之为气蚀,这种因气穴造成的腐蚀作用将导致元件使用寿命的下降。

液压泵吸入管路连接密封不严会使空气进入管道;回油管高出液面会使空气进入油中而被液压泵的吸油管吸入油路,导致液压泵吸油管道阻力过大,流速过高;油液流经节流部位时,流速增高,压力降低,导致节流部位前后压差过大;若吸油管直径太小,则吸油阻力大;滤油器阻塞等,均可造成气穴的发生。气穴现象将引起系统的振动,产生冲击、噪声、工作状况恶化等。

为减少气穴和气蚀的危害,一般采取下列措施:

① 减少液流在阀口处的压力降,一般希望阀口前后的压力比为 $p_1/p_2<3.5$。

② 降低吸油高度(一般 $H<0.5$ m),适当加大吸油管内径,限制吸油管的流速(一般可限制在 $v<1$ m/s);及时清洗过滤器;对高压泵可采用辅助泵供油。

③ 管路要有良好密封,防止空气进入。

习 题

1. 压力的定义是什么? 静压力有哪些特性? 压力是如何传递的?

2. 伯努利方程的物理意义是什么? 该方程的理论式与实际式有什么区别?

3. 简述层流与紊流的物理现象及两者的判别方式。

4. 管路中的压力损失有哪几种? 分别受哪些因素影响?

5. 如题图 3-1 所示。直径为 d,重量为 G 的柱塞浸没在液体中,并在力 F 作用下处于静止状态。若液体的密度为 ρ,柱塞浸入深度为 h,试确定液体在测压管内上升的高度 x。

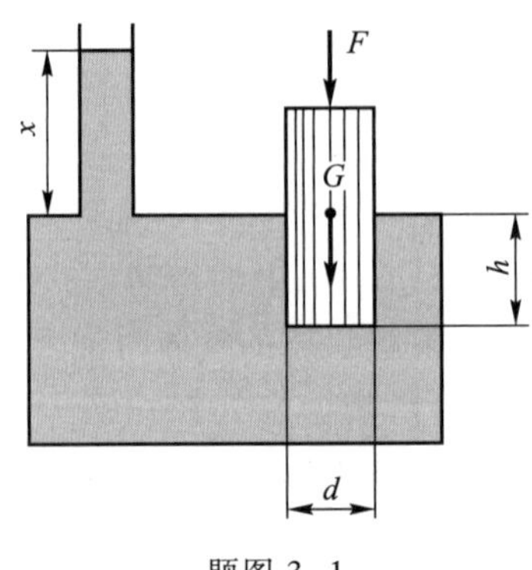

题图 3-1

6. 如题图 3-2 所示,油管水平放置,截面 1—1、2—2 处的直径分别为 d_1、d_2,液体在管路内做连续流动,若不考虑管路内能量损失:

（1）截面 *1—1*、*2—2* 处哪一点压力高？为什么？

（2）若管路内通过的流量为 q，试求截面 *1—1* 和 *2—2* 两处的压力差 Δp。

7. 如题图 3-3 所示，液压泵流量 $q=25\ \mathrm{L/min}$，吸油管直径 $d=25\ \mathrm{mm}$，液压泵吸油口比油箱液面高 $h=0.4\ \mathrm{m}$。若只考虑吸油管中的沿程压力损失，液压泵吸油口处的真空度为多少？（液压油的密度 $\rho=900\ \mathrm{kg/m^3}$，运动黏度 $\nu=20\ \mathrm{mm^2/s}$）

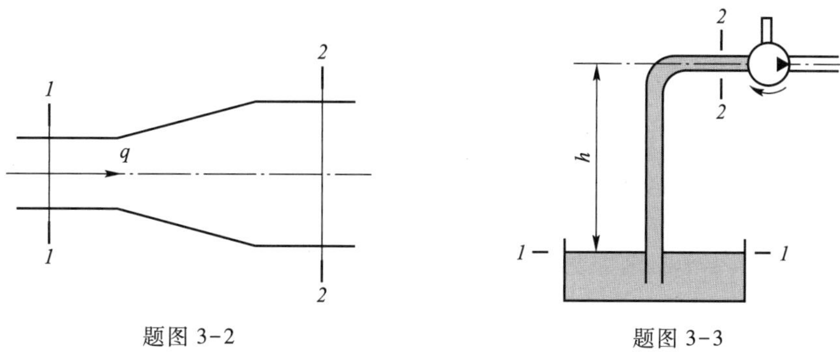

题图 3-2　　　　题图 3-3

8. 如题图 3-4 所示，液压泵输出流量可变，当 $q_1=0.417\times10^{-3}\ \mathrm{m^3/s}$ 时，测得阻尼孔前的压力为 $p_1=5\times10^5\ \mathrm{Pa}$，如液压泵的流量增加到 $q_2=0.834\times10^{-3}\ \mathrm{m^3/s}$，试求阻尼孔前的压力 p_2。（阻尼孔分别以细长孔和薄壁孔进行计算）

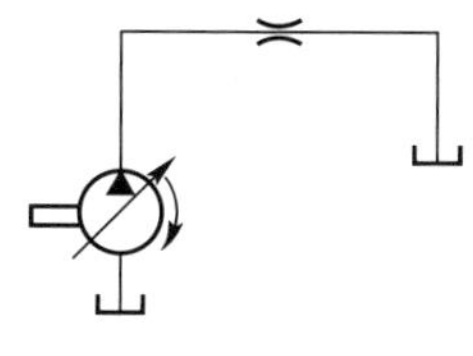
题图 3-4

9. 如题图 3-5 所示，柱塞上受固定力 $F=100\ \mathrm{N}$ 的作用而下落，缸中油液经间隙 $\delta=0.05\ \mathrm{mm}$ 泄出。设柱塞和缸处于同心状态，间隙长度 $l=70\ \mathrm{mm}$，柱塞直径 $d=20\ \mathrm{mm}$，油液的黏度 $\mu=50\times10^{-3}\ \mathrm{Pa\cdot s}$，试计算柱塞下落 0.1 m 所需的时间为多少？

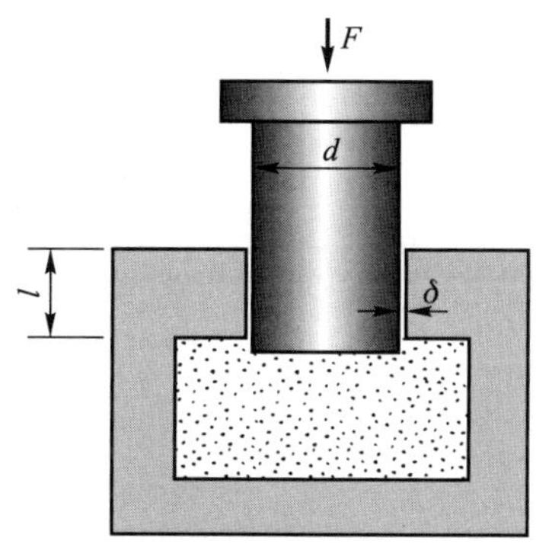

题图 3-5

10. 如题图 3-6 所示，液压泵的流量 $q=25\ \mathrm{L/min}$，吸油管直径 $d=25\ \mathrm{mm}$，油液密度 $\rho=900\ \mathrm{kg/m^3}$，液压泵吸油口距液面高 $h=1\ \mathrm{m}$，滤油网的压力损失 $p_r=0.1\times10^5\ \mathrm{Pa}$，油液的运动黏度 $\nu=1.42\times10^{-5}\ \mathrm{m^2/s}$，油液的空气分离压为 $0.4\times10^5\ \mathrm{Pa}$，求液压泵入口处的最大真空度，并回答在入口处是否会出现空穴现象（即析出空气）。

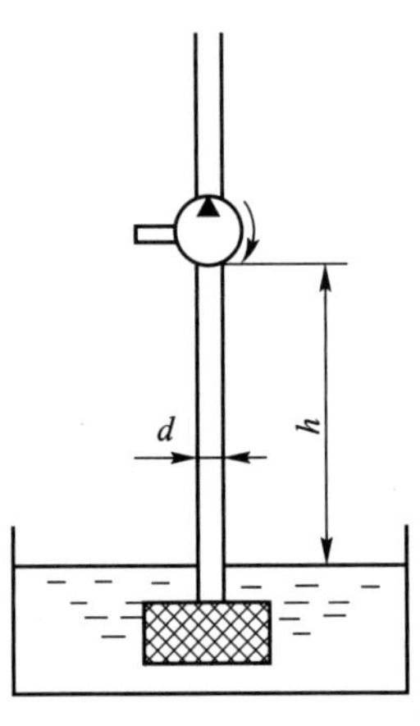

题图 3-6

第 4 章　液压动力元件

液压动力元件即液压泵，它是接收电动机、发动机等原动机输出的机械能（电动机或发动机轴上的转矩 T_p 和角速度 ω_p 的乘积）并转变为液压能（液压泵的出口压力 p_p 和输出流量 q_p 的乘积）。液压泵能够为系统提供一定的流量并与系统中的负载建立相应的压力，是液压系统中的动力源，能量传递关系如图 4-0-1 所示。

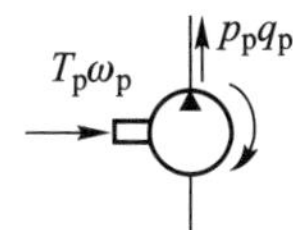

图 4-0-1　液压泵能量转换示意图

在液压传动中，液压马达在能量传递上正好与液压泵相反，液压马达是将系统的液压能转变为机械能来驱动负载运动的。因此从原理上讲，液压泵和液压马达是可逆的，在结构上也很类似，液压泵和液压马达也称为可逆式机械。但由于二者功用不同，在内部结构细节上还是有一定差别的。本章主要介绍常用的液压泵的结构、工作原理及使用中应注意的问题。液压马达的相关内容将在第 5 章中讲解。

4.1　概述

4.1.1　液压泵的分类

液压泵的类型很多。按其排量 V 能否调节分成定量泵和变量泵两类，排量 V 不可调节的为定量泵，排量 V 可以调节的为变量泵。按结构形式分为齿轮泵、叶片泵和柱塞泵三大类，每类中还有很多种形式，如齿轮泵有外啮合式和内啮合式，叶片泵有单作用式和双作用式，柱塞泵有径向式和轴向式等。此外，还有其他一些形式的液压泵。

液压泵的具体分类如下：

- 液压泵
  - 齿轮泵
    - 按啮合形式分：内啮合、外啮合
    - 按侧板结构分：固定侧板（无侧板）、浮动侧板（或浮动轴套）
    - 按级数分：单级、多级
    - 按齿面形式分：直齿、斜齿、圆弧齿和非对称齿形、人字齿
    - 按齿形分：渐开线、非渐开线（摆线）

- 液压泵
  - 叶片泵
    - 按作用方式分：单作用（非平衡式）、双作用（平衡式）
    - 按级数分：单级、双级
    - 按连接方式分：单泵、双联泵
    - 按变量反馈形式分：内反馈、外反馈
  - 柱塞泵
    - 按柱塞排列方式分：轴向、径向、直列式
    - 按配流（配油）方式分：轴配流、盘配流、阀配流
    - 按柱塞传动方式分：斜盘式、斜轴式、凸轮盘式
    - 按缸体的形式分：转动缸式、固定缸式
    - 按轴的结构形式分：通轴式、非通轴式
  - 螺杆泵
  - 凸轮转子泵

液压泵的图形符号如图 4-1-1 所示。

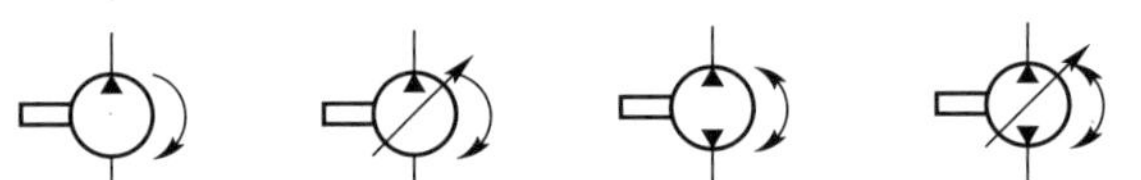

(a) 单向定量泵　(b) 单向变量泵　(c) 双向定量泵　(d) 双向变量泵

图 4-1-1　液压泵图形符号

4.1.2　液压泵的工作原理

液压泵的基本工作原理以图 4-1-2 所示的单柱塞泵为例进行介绍。其工作原理为：柱塞 2 安装在泵体 3 内，柱塞在弹簧 4 的作用下与偏心轮 1 接触。当偏心轮不停地转动时，柱塞做往复运动。柱塞向下运动时，柱塞和泵体所形成的密封容腔的容积 V 增大，形成局部真空，油箱中的油液在大气压力作用下，通过单向阀 6 进入泵体 V 腔，即液压泵吸油。柱塞向上运动时密封容腔的容积 V 减小，由于单向阀 6 封住了吸油口，避免 V 腔油液流回油箱，于是 V 腔的油液经单向阀 5 压向系统，即液压泵压油。偏心轮不停地转动，液压泵便不断地吸油和压油。

从上述单柱塞泵的工作过程可以看出：液压泵是靠密封容腔容积的变化来进行工作的，所以称为容积式液压泵。泵的输油量取决于工作油腔的数目以及容积变化的大小和频率。单向阀 5、6 是保证液压泵正常工作所必需的，称为配流装置，不同的液压泵有不同的配流装置。

由此，可总结出构成容积式液压泵必须具备的三个条件：

（1）在工作过程中，要能形成两个密封容腔，即液压泵的吸油腔（区）和压油腔（区）。

（2）所有密封容腔的容积可逐渐变大或变小。能逐渐变大者，腔内可形成一定的真空度，大气压通过插入油箱油面以下的密封管路将油箱内的油液压入有一定真空度的腔内，此过程称为“吸油”；容积变小的密封容腔，利用油液的不可压缩特性，将油液从压油口压出，输往液压传动系统，此过程称为“排油”或“压油”。

（3）吸油腔与压油腔要能彼此隔开。液压泵在吸油区、压油区之间多采用一段密封区将二者隔开，如采用端面的盘配流（配油）方式，或者采用阀配流或轴配流的方式将吸、压油区隔开。未被隔开或隔开效果不好而出现吸油区、压油区相通，则吸油腔形成不了一定程度的真空度而吸

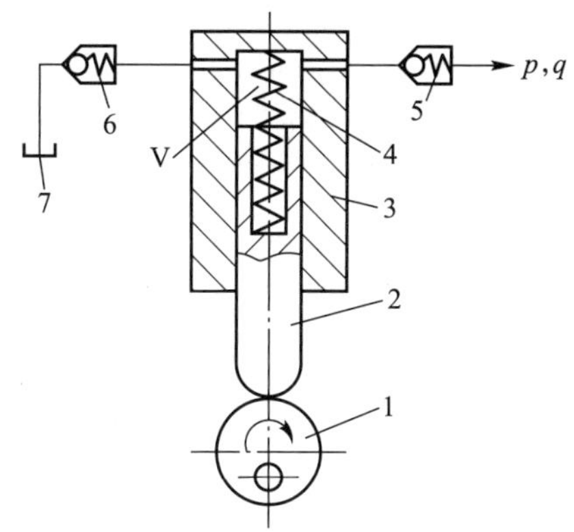

液压泵工作原理

1—偏心轮;2—柱塞;3—泵体;4—弹簧;5、6—单向阀;7—油箱

图 4-1-2 液压泵工作原理

不上油,或者不能吸足油液(油中带气泡),压油腔则不能输出压力油或输出的油液压力、流量不够。

上述液压泵的三个必要条件在泵的设计中都应设法进行满足。

4.1.3 液压泵的主要性能参数

液压泵的主要性能参数包括排量(V)、流量(q)、压力(p)、转速(n)、功率(P)、转矩(T)、容积效率(η_V)、机械效率(η_M)和总效率(η_p)。性能参数反映了液压泵的工作能力和适应的工作条件,是使用和检验元件的依据。在液压泵的铭牌上,一般都有型号、额定压力、转速、旋向等参数。

1. 压力

液压泵的压力有工作压力、额定压力和最大压力之分。

(1) 工作压力 液压泵的工作压力指泵实际工作时的压力,由负载决定。

(2) 额定压力 指液压泵在正常工作条件下,按试验标准规定能连续运转的最高压力,其大小受液压泵寿命限制。若泵长期超过额定压力工作,其寿命将会比设计寿命短。

(3) 最大压力 指液压泵按试验标准规定,允许短暂运转的最高压力,由液压系统中的安全阀限定。安全阀的调定值不允许超过液压泵的最大压力。例如某液压泵额定压力为 21 MPa,最大压力为 28 MPa,在最大压力下可短暂运转的时间为 6 s。

由于液压传动的用途不同,系统所需压力也不相同。为了便于液压元件的设计、生产和使用,将压力分成几个等级,见表 4-1-1。

表 4-1-1 压力分级

压力等级	低压	中压	中高压	高压	超高压
压力/MPa	≤2.5	>2.5~8	>8~16	>16~31.5	>31.5

为便于液压元、辅件的设计、生产,表 4-1-2 中摘录了部分国家标准规定的液压系统及元件公称压力系列值(GB/T 2346—2003)。

表 4-1-2 液压传动系统及元件公称压力系列值(部分) 单位:kPa

1.0	1.6	2.5	4.0	6.3	10.0	16.0
25.0	40.0	63.0	100	160	250	400

2. 转速

液压泵的转速有额定转速和最高转速之分。额定转速指在额定工况下,液压泵能长时间持续正常运转的最高转速。最高转速指在额定工况下,液压泵能超过额定转速允许短暂运转的最高转速。若泵的转速超过最高转速,则会使泵吸油不足,产生振动和较大的噪声,零件遭受气蚀损伤,寿命降低。转速用 n 表示,单位为 r/min。

3. 排量、流量和容积效率

(1) 排量 液压泵的排量是指泵每转一圈,按其几何尺寸计算所应排出或需输入的工作液体体积,也称几何排量,用 V 表示,单位为 mL/r。

(2) 理论流量 指在单位时间内,由其密闭容积的几何尺寸变化计算而得到的泵输出工作液体体积的平均值,用 q_t表示,单位为 L/min。其理论值为:

$$q_t = Vn\times10^{-3} \tag{4-1-1}$$

由上式可知,理论流量等于排量与其转速的乘积,与工作压力无关。

(3) 实际流量 由于泵内部都有泄漏量 Δq,则液压泵的实际流量 q 为:

$$q = q_t - \Delta q \tag{4-1-2}$$

对液压泵来说,实际流量为其输出流量。

(4) 容积效率 液压泵内部泄漏的程度,用容积效率表示。容积效率为实际流量与理论流量的比值,即

$$\eta_V = \frac{q}{q_t} \tag{4-1-3}$$

$$\eta_V = \frac{q}{q_t} = \frac{q_t - \Delta q}{q_t} = 1 - \frac{\Delta q}{q_t} \tag{4-1-4}$$

因此,液压泵的实际流量为:

$$q = q_t\eta_V = Vn\eta_V \tag{4-1-5}$$

容积效率 η_V的高低,是评价液压泵能否继续使用的主要依据。当泵的容积效率低于某一规定值时,系统就会出现故障,就应对泵进行维修了。

由式(4-1-4)可知,液压泵容积效率 η_V的高低取决于泄漏量 Δq 和理论流量 q_t。由泄漏量公式 $\Delta q = \frac{bh^3}{12\mu l}\Delta p$ 及 $q_t = Vn$ 可知,液压泵的结构型号选定后,元件内部间隙的 l、b、h 及 V 都已确定,而液压油黏度 μ、转速 n 和工作油压 p 会随着工作条件的变化而变化。因此,黏度、转速、压力对容积效率 η_V有很大的影响。在实际工作中,合理控制使用因素,可以提高泵的容积效率 η_V。根据以上公式分析可知,转速升高则容积效率 η_V提高,反之则降低;黏度增大,则容积效率 η_V提高,反之则降低;压力变大则容积效率 η_V降低,反之则增加。

4. 转矩与机械效率

(1) 转矩 设外界动力装置带动液压泵旋转的角速度为 ω。若忽略液压泵在能量转换过程

中的功率损失，则输入液压泵的机械功率 $T_0\omega$ 全部转化为液压泵输出的液压功率 pq_t。根据能量守恒定律，可得

$$T_0\omega=pq_t \tag{4-1-6}$$

其中

$$\begin{cases}\omega=2\pi n\\ q_t=Vn\end{cases} \tag{4-1-7}$$

故

$$2\pi nT_0=pVn \tag{4-1-8}$$

进而

$$T_0=\frac{pV}{2\pi}\times10^{-6} \tag{4-1-9}$$

式中：p 为压力，单位为 Pa；V 为排量，单位为 mL/r；T_0为理论转矩，单位为 N · m。

（2）机械效率　由于实际的液压油是有黏度的，在液压泵内部各相对运动零件表面的液层之间存在着摩擦力 F。摩擦力形成摩擦阻力转矩 ΔT，使泵的输入转矩增大。把泵的输入转矩作为实际转矩 T，则

$$T=T_0+\Delta T \tag{4-1-10}$$

理论转矩与实际转矩之比称为机械效率，用 η_M表示。

$$\eta_M=\frac{T_0}{T}=\frac{T_0}{T_0+\Delta T}=\frac{1}{1+\dfrac{\Delta T}{T_0}} \tag{4-1-11}$$

液压泵使用以后，各相对运动零件表面间的间隙增大，摩擦力减小，ΔT 将变小，机械效率增加。但由于间隙增大，泄漏量 Δq_V增加，容积效率将下降。

（3）总效率　液压泵的总效率

$$\eta_p=\eta_V\eta_M \tag{4-1-12}$$

液压泵的容积效率和机械效率在总体上与油液的泄漏和摩擦副的摩擦损失有关，而泄漏及摩擦损失则与泵的工作压力、油液黏度、泵的转速有关。

【例 4-1】　已知定量泵转速 $n=1\ 500$ r/min，在输出压力为 63×10^5 Pa 时，输出流量为 53 L/min，这时实测泵轴消耗功率为 7 kW；当泵空载卸荷运转时，输出流量为 56 L/min，试求该泵的容积效率 η_V及总效率 η_p。

解：取空载流量作为理论流量 q_t，可得：

$$\eta_V=\frac{q}{q_t}=\frac{53}{56}=0.946$$

泵的输出功率可由下式求得：

$$P_{sc}=pq=63\times10^5\times53\times\frac{10^{-3}}{60}\ \text{W}=5\ 565\ \text{W}=5.565\ \text{kW}$$

总效率 η_p 为输出功率 P_{sc}和输入功率 P_{sr}之比：

$$\eta_p=\frac{P_{sc}}{P_{sr}}=\frac{5.565}{7}=0.795$$

4.2　齿轮泵

由机械相关知识可知，齿轮的啮合形式有外啮合式和内啮合式两种。因此，齿轮泵也有外啮合式和内啮合式两种形式。其中外啮合式齿轮泵在工程机械、车辆等设备中应用得较为广泛，下面主要介绍在工程中应用较多的几种外啮合式齿轮泵。

4.2.1　齿轮基本概念

齿轮是指轮缘上有齿且能连续啮合传递运动和动力的机械元件，它在机械传动及整个机械领域中的应用极为广泛。在学习齿轮泵前应了解齿轮及齿轮传动的一些相关术语。

1. 相关术语

齿轮的结构及参数如图 4-2-1、图 4-2-2 所示。

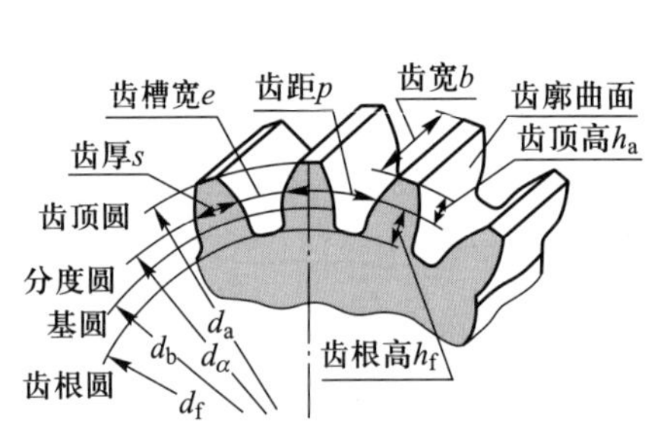

图 4-2-1　齿轮的结构

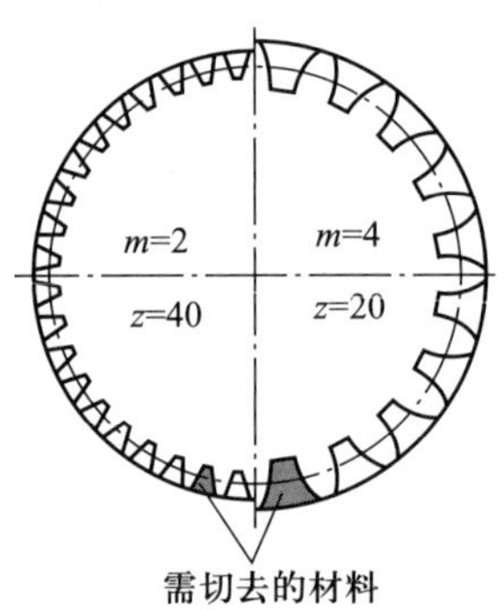

图 4-2-2　齿轮的模数和齿数

相关术语如下：

轮齿——齿轮上的每一个用于啮合的凸起部分。一般说来，这些凸起部分呈辐射状排列，配对齿轮上轮齿互相接触，导致齿轮的持续啮合运转。

齿槽——齿轮上两相邻轮齿之间的空间。

端面——在圆柱齿轮或圆柱蜗杆上垂直于齿轮或蜗杆轴线的平面。

法面——在齿轮上，法面指的是垂直于轮齿齿线的平面。

齿顶圆——齿顶端所在的圆。

齿根圆——槽底所在的圆。

基圆——形成渐开线的发生线在其上作纯滚动的圆。

分度圆——在端面内计算齿轮几何尺寸的基准圆。对于直齿轮，在分度圆上模数和压力角均为标准值。

节圆——两齿轮啮合时，齿廓的接触点称为节点。以齿轮中心到节点的距离为半径所作的圆称为节圆。当两齿轮转动时，两节圆相对滚动而无滑动。在标准中心距条件下，啮合的一对渐开线齿轮，其节圆与分度圆重合。

齿面——轮齿上位于齿顶圆柱面和齿根圆柱面之间的侧表面。

齿廓——齿面被一指定曲面(对圆柱齿轮是平面)所截的截线。

齿线——齿面与分度圆柱面的交线。

端面齿距(周节)p_t——相邻两齿同侧端面齿廓之间的分度圆弧长。

法节 p_n——在齿轮相邻两齿同侧齿廓间沿法线所量得的距离。对于渐开线齿,其与基圆上周节相等。

齿数 z——一个齿轮的轮齿总数。闭式齿轮传动一般转速较高,为了提高传动的平稳性,减小冲击振动,以齿数多一些为好,小齿轮的齿数可取为 $z=20\sim40$。开式(半开式)齿轮传动,由于轮齿失效形式主要为磨损失效,为使齿轮不致过小,故小齿轮不宜选用过多的齿数,一般可取 $z=17\sim20$。

模数 m——齿距除以 π 所得到的商,以 mm 计。模数 m 是决定齿轮尺寸的一个基本参数,齿数相同的齿轮模数大,则其尺寸也大。为了便于制造、检验和互换使用,齿轮的模数值已经标准化了,直齿、斜齿和锥齿轮的模数皆可参考标准模数系列表(GB/T 1357—2008),如表 4-2-1 所示。

表 4-2-1 齿轮模数系列表

单位:mm

优选模数	1	1.25	1.5	2	2.5	3	4	5	6	8	10	12
	16	20	25	32	40	50						
可选模数	1.125	1.375	1.75	2.25	2.75	3.5	4.5	5.5	7	9	11	14
	18	22	28	36	45							
很少用的模数	6.5											

模数和齿数是齿轮最主要的参数。在齿数不变的情况下,模数越大则轮齿越大,抗折断能力越强,当然齿轮轮坯也越大,其空间尺寸越大。在模数不变的情况下,齿数越大则渐开线越平缓,齿顶圆齿厚、齿根圆齿厚也相应地增加。

齿厚 s——在端面上一个轮齿两侧齿廓之间的分度圆弧长。

齿槽宽 e——在端面上一个齿槽两侧齿廓之间的分度圆弧长。

齿顶高 h_a——齿顶圆与分度圆之间的径向距离。

齿根高 h_f——分度圆与齿根圆之间的径向距离。

全齿高 h——齿顶圆与齿根圆之间的径向距离。

齿宽 b——轮齿沿轴向的尺寸。

压力角 α——在两齿轮节圆相切点 P 处,两齿廓曲线的公法线(即齿廓的受力方向)与两节圆的公切线(即 P 点处的瞬时运动方向)所夹的锐角称为压力角,也称啮合角。对单个齿轮即为齿形角。标准齿轮的压力角一般为 20°。小压力角齿轮的承载能力也较小。

传动比——相啮合两齿轮的转速之比,齿轮的转速与齿数成反比,一般以 n_1、n_2 表示两啮合齿数的转速。

啮合线——齿轮传动中,两轮齿齿廓接触点的轨迹。

重叠系数(重合度)——通常把实际啮合线与齿轮法节的比值称为齿轮传动的重合度,也即表示一对齿轮传动过程中同时在啮合线上啮合的对数。重合度等于 1 表示齿轮传动过程中始终只有一对轮齿参与啮合。重合度越大,表明同时参与啮合的轮齿越多。

2. 型号和分类

按规格或尺寸大小分类,齿轮型号分为标准和非标准两种;按国内外计量单位不同,齿轮型号分为米制和英制两种。

国内一般采用米制齿轮型号,即用模数表示齿轮型号,形式为M模数。表4-2-2所列为米制齿轮主要型号。

表4-2-2 米制齿轮主要型号(部分)

M1	M1.25								M1.5
M1.75	M2	M2.25	M2.5	M2.75	M3	M3.5	M4	M4.5	M5
M5.5	M6	M7	M8	M9	M10	M12	M14	M16	M18
M20	M22	M25	M28	M32					

欧美等国一般采用英制齿轮型号。DP齿轮是欧美等国采用的英制齿轮(径节齿轮),是指每一英寸分度圆直径上的齿数,该值越大齿越小。它与米制的换算关系为 $m=25.4/DP$,也就是说它和我们常用的模数是可以互换的。表4-2-3所示为英制齿轮主要型号。

表4-2-3 英制齿轮主要型号

DP1	DP1.25	DP1.5	DP1.75	DP2	DP2.25	DP2.5	DP2.75	DP3	DP4
DP4.5	DP5	DP6	DP7	DP8	DP9	DP10	DP12	DP14	DP16

齿轮可按齿形、齿轮外形、齿线形状、轮齿所在的表面和制造方法等分类。

齿轮的齿形包括齿廓曲线、压力角、齿高和变位。渐开线齿轮制造容易,因此现代使用的齿轮中,渐开线齿轮占绝大多数,而摆线齿轮和圆弧齿轮应用得较少。

在压力角方面,小压力角齿轮的承载能力较小;而大压力角齿轮,虽然承载能力较高,但在传递转矩相同的情况下轴承的载荷增大,因此仅用于特殊情况。而齿轮的齿高已标准化,一般均采用标准齿高。变位齿轮的优点较多,已遍及各类机械设备中。

另外,齿轮还可按其外形分为圆柱齿轮、锥齿轮、非圆齿轮、齿条、蜗杆蜗轮;按齿线形状分为直齿轮、斜齿轮、人字齿轮、曲线齿轮;按轮齿所在的表面分为外齿轮、内齿轮;按制造方法可分为铸造齿轮、切制齿轮、轧制齿轮、烧结齿轮等。

齿轮的制造材料和热处理过程对齿轮的承载能力、尺寸和重量有很大的影响。齿轮材料多采用碳钢,也可用合金钢和表面硬化钢。按使用材料硬度不同,齿面可分为软齿面和硬齿面两种。

软齿面的齿轮承载能力较低,但制造比较容易,跑合性好,多用于对传动尺寸和重量无严格限制,以及一般生产机械中。配对的齿轮中,小齿轮负担较重,因此为使大小齿轮工作寿命大致相等,小齿轮齿面硬度一般要比大齿轮齿面硬度高。

硬齿面齿轮的承载能力高,它是在齿轮精切之后再进行淬火、表面淬火或渗碳淬火处理,以提高硬度。但在热处理中,齿轮不可避免地会产生变形,因此在热处理之后须进行磨削、研磨或精切,以消除因变形产生的误差,提高齿轮的精度。

在外啮合齿轮泵中,一般常采用一对大小一样、齿数相同的渐开线直齿圆柱齿轮,也有使用圆弧齿形的齿轮。而内啮合齿轮泵一般是由一个具有渐开线齿形的小齿轮和一个大的内齿环构成;但也可采用齿廓为共轭摆线的内、外转子的结构形式(这种结构称为摆线转子泵)。

4.2.2 外啮合齿轮泵

1. 结构组成

图 4-2-3 为外啮合齿轮泵外形图,图 4-2-4 为齿轮泵工作原理图。两个相互啮合的直齿圆柱齿轮、泵体和端盖(两个),是组成齿轮泵的主要工作零件。

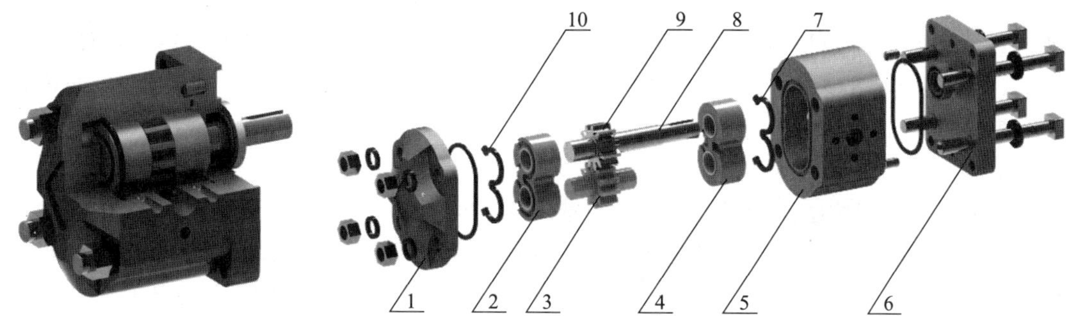

1、6—端盖;2、4—浮动轴套;3—从动齿轮;5—泵体;7、10—密封圈;8—传动轴;9—主动齿轮

图 4-2-3 外啮合齿轮泵外形图

外啮合齿轮泵结构组成

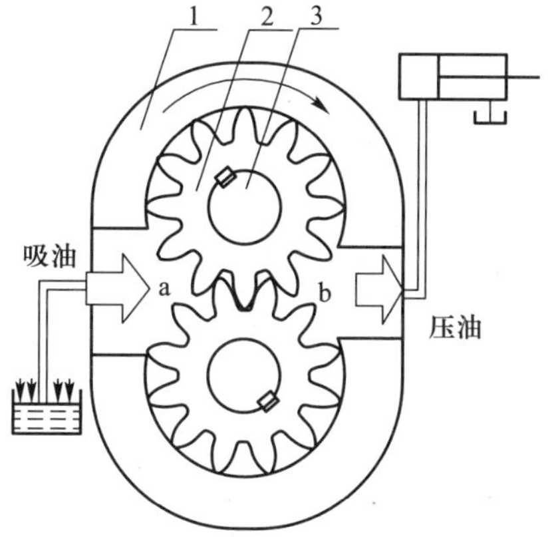

1—泵体;2—齿轮;3—传动轴

图 4-2-4 齿轮泵工作原理图

外啮合齿轮泵工作原理

2. 工作原理

密封的工作容腔由泵体、端盖和两个直齿圆柱齿轮形成。该密封的工作容腔以相互啮合的两齿轮的轮齿开始接触的啮合线为界,分隔成左、右两个密封的容腔,即 a 腔和 b 腔,分别与吸油口和压油口相通。当主动轴带动齿轮按图 4-2-4 所示的方向旋转时,在 a 腔中,啮合的两轮齿逐渐脱开,工作容积逐渐增大,形成局部真空,使油箱中的油液在大气压力作用下经吸油口进入 a 腔,故 a 腔为吸油腔;然后,被吸到齿间的油液随齿轮转动沿带尾箭头所示的流向流到右侧 b 腔。在 b 腔中,两齿轮的轮齿逐渐啮合,使工作容积逐渐减小,b 腔的油液被挤压经压油口输出,故 b 腔为压油腔。这样,齿轮不停地转动,吸油腔不断地从油箱中吸油,压油腔不断地排油,这就是齿轮泵的工作原理。

3. 结构性能分析

外啮合齿轮泵具有结构简单、紧凑,体积小,重量轻,转速高,自吸性能好,对油液污染不敏感,工作可靠,寿命长,便于维修以及成本低等优点。但它在工作过程中存在着一些不利现象,给齿轮泵的工作带来一定影响。

(1) 困油现象　为了保证齿轮泵的齿轮平稳地啮合运转,吸、压油腔应严格地隔开,必须使齿轮啮合的重叠系数 $\varepsilon>1$。也就是说,要求在前一对轮齿尚未脱开啮合时,后一对轮齿又进入啮合,所以在这段时间内,同时啮合的就有两对轮齿,这时在两对轮齿之间形成了一个和吸、压油腔均不相通的单独的密封容积 V_a、V_b,见图 4-2-5a。在齿轮连续转动时,这一密封容积便逐渐减小。当两啮合点 A、B 处于中心线两侧的对称位置时(图 4-2-5b),密封容积最小。齿轮再继续转动,密封容积又逐渐增大,直到到达图 4-2-5c 所示的位置时,密封容积又变为最大。当密封容积减小时,被困油液受到挤压,压力急剧上升,使轴承受到很大的冲击载荷,使泵剧烈振动,这时高压油从一切可能泄漏的缝隙中挤出,造成功率损失,使油液发热等。当密封容积增大时,由于没有油液补充,因此形成局部真空,使原来溶解于油液中的气体分离出来形成气泡,引起噪声、气蚀等,以上情况就是齿轮泵的困油现象。这种困油现象严重地影响了齿轮泵的工作平稳性和使用寿命。

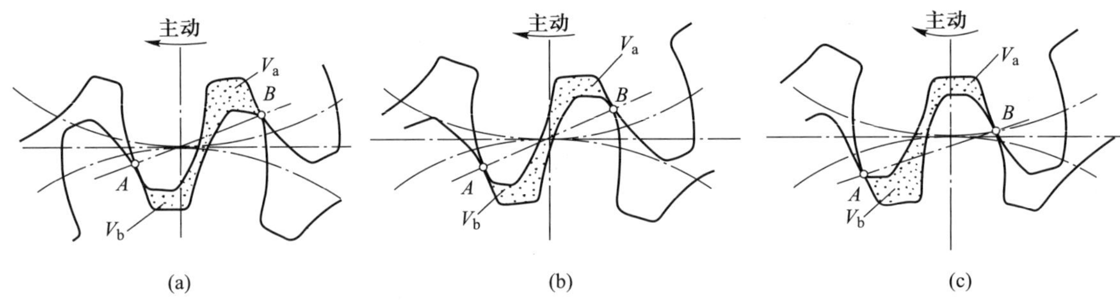

图 4-2-5　齿轮泵困油现象示意图

为了减轻困油现象的影响,一般采用在齿轮泵的端盖上开卸荷槽的方法。虽然卸荷槽的结构形式多种多样,但其卸荷原理是相同的,即在保证吸、压油腔互不沟通的前提下,设法使密封容积与吸油腔或压油腔相通。当密封容腔增大时,与吸油腔沟通,补充油液;当密封容腔减小时,与压油腔沟通,排出油液。

常用的卸荷槽有两种,均以中心线为基准:① 对称双矩形卸荷槽,见图 4-2-6a;② 不对称双矩形卸荷槽,见图 4-2-6b。

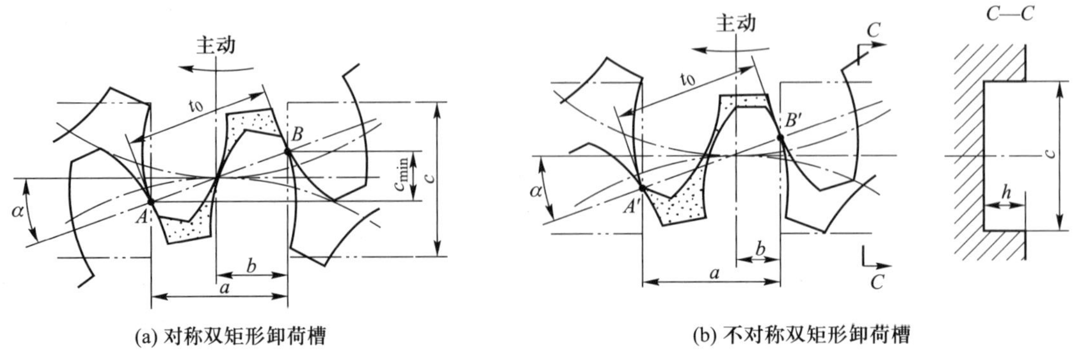

图 4-2-6　齿轮泵的困油卸荷槽

（2）径向力不平衡 齿轮泵工作时，主动齿轮、从动齿轮的啮合会产生相互间的啮合力。同时，齿轮和轴承要承受径向液压力的作用。如图 4-2-7 所示，泵的左侧为吸油腔，油压力小，一般稍低于大气压力；右侧为压油腔，油压力大，通常为泵的工作压力。由于泵体内表面与齿顶外圆面间有径向间隙，故在此间隙中由压油腔到吸油腔的油压力是逐步分级降低的，这些力的合力与齿轮上所受的啮合力共同作用，就会使齿轮和轴承受到很大的不平衡的径向力。而且泵的工作压力越大，这个不平衡力就越大，其结果是不仅加速了轴承的磨损，还降低了轴承的寿命，甚至使轴变形，造成齿顶和泵体内表面磨损等。

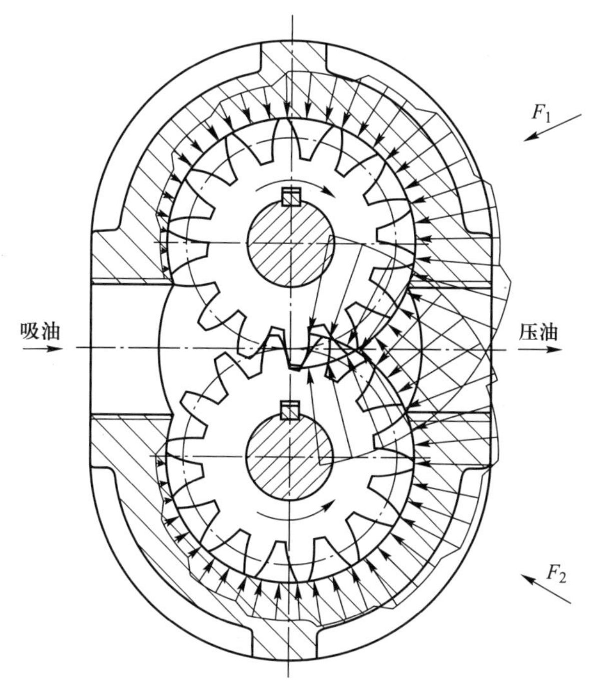

图 4-2-7 齿轮泵的径向力分布图

解决径向力不平衡的方法有：① 减小压油口，以减少高压区接触的齿数来减小不平衡的径向力。② 开径向力平衡槽，见图 4-2-8。该结构可使作用在轴承上的径向力大大减小，但会使内泄漏量增加，容积效率下降。③ 加大齿轮轴和轴承的承载能力等。

（3）泄漏 外啮合齿轮泵工作时，从吸油口吸进来的液压油，并不是全部从压油口排出的，有一部分沿着泵内各零件间的间隙，从压油腔又泄漏到吸油腔，即泵内存在泄漏油的途径。齿轮泵内高压油的泄漏途径有三条：一是沿着轮齿啮合线（即啮合点）的啮合间隙泄漏；二是沿着齿轮的齿顶与泵体内圆间的径向间隙泄漏；三是沿着齿轮端面与侧板（或泵盖）之间的端面间隙泄漏。啮合间隙泄漏量很少，一般不予考虑；通过径向间隙的泄漏为压差和剪切复合型泄漏，由于剪切泄漏的方向与压差泄漏的方向相反，所以泄漏量不大，占总泄漏量的 15%~20%；端面间隙泄漏也属于压差和剪切复合型泄漏，但在压力最高区域（压油口附近），剪切泄漏和压差泄漏的方向相同，泄漏量为二者之和，泄漏量最大，占总泄漏量的 75%~80%。

（4）流量脉动 齿轮在转动时，随着轮齿啮合点位置的移动，工作容积的变化率是不同的。故在每一瞬间，压出油液的体积也不相同，这样就造成了齿轮泵流量的脉动。理论研究表明，外啮合齿轮泵齿数愈小，脉动率就愈大，其值最高可达 20%。内啮合齿轮泵的流量脉动率相对于外啮合齿轮泵要小得多。由于齿轮泵的流量脉动会造成输出油压的脉动，当系统的管路、阀等与泵发生共振时，将产生激烈振动，而振源就是齿轮泵。通常讲齿轮泵的流量是指泵的平均流量。

4. 排量和流量

外啮合齿轮泵的排量 V 相当于一对齿轮所有齿间工作容积之和。假设齿间工作容积（齿间容积减去径向齿隙容积）等于轮齿的体积，则齿轮泵的排量就等于一个齿轮的齿间工作容积和轮齿体积的总和。这样，齿轮每转一转排出的液体体积可近似等于外径为 $D+2m$、内径为 $D-2m$、厚度为 B 的圆环的体积 V，如图 4-2-9 所示。

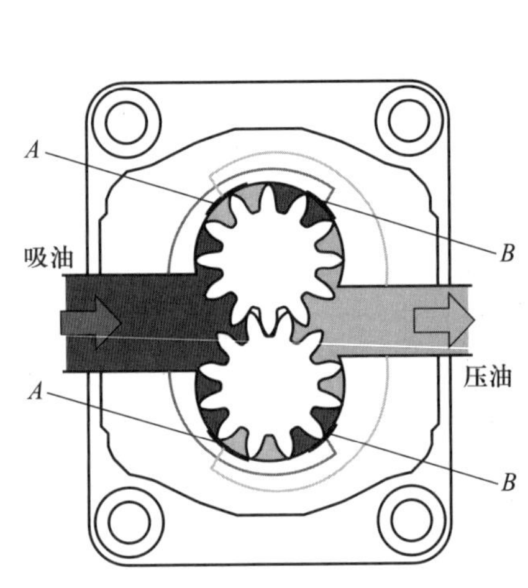

图 4-2-8　齿轮泵径向力平衡槽

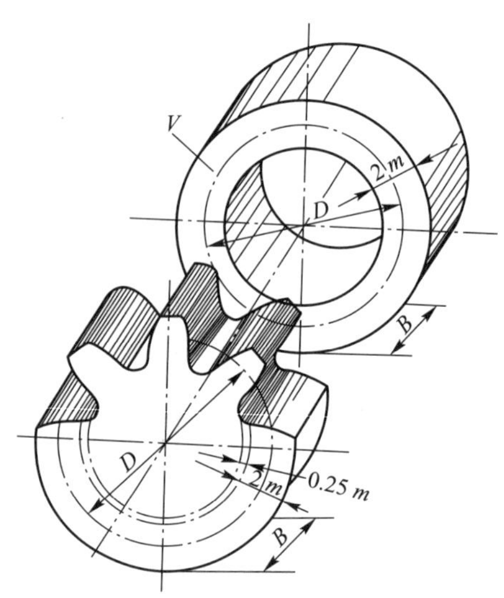

图 4-2-9　齿轮泵流量计算示意图

于是齿轮泵的排量 V（m^3/r）为

$$V=\frac{\pi}{4}[(D+2m)^2-(D-2m)^2]B=2\pi m^2 zB \tag{4-2-1}$$

式中：D 为齿轮分度圆直径，$D=mz$，单位为 m；m 为齿轮模数，单位为 m；z 为齿数；B 为齿宽，单位为 m。

实际上，齿间容积比轮齿的体积稍大，故式（4-2-1）可写成

$$V=6.66m^2 zB \tag{4-2-2}$$

齿轮泵的理论流量 q_t（m^3/s）为

$$q_t=Vn=6.66m^2 zBn \tag{4-2-3}$$

式中：n 为齿轮泵转速，单位为 r/s。

齿轮泵的实际输出流量 q（m^3/s）为

$$q=q_t\eta_V=6.66m^2 zBn\eta_V \tag{4-2-4}$$

式中：η_V 为齿轮泵的容积效率。

【例 4-2】　某齿轮泵的额定流量 $q_s=100$ L/min，额定压力 $p_s=25\times10^5$ Pa，泵的转速 $n=1\ 450$ r/min，泵的机械效率 $\eta_M=0.9$，由实验测得，当泵的出口压力 $p=0$ 时，其流量 $q_1=107$ L/min，

试求:

(1) 该泵的容积效率 η_V;

(2) 当泵的转速 $n'=500$ r/min 时,估计泵在额定压力下工作时的流量 q'及该转速下泵的容积效率 η_V分别为多少?

(3) 求出两种不同转速下泵所需的驱动功率。

解:(1) 通常将零压下泵的输出流量视为理论流量。故该泵的容积效率为

$$\eta_V=\frac{q_s}{q_t}=\frac{100}{107}=0.93$$

(2) 泵的排量是不随转速变化的,可得 $V=\frac{q_t}{n}=\frac{107}{1\ 450}$ L/r = 0.074 L/r。故当 $n'=500$ r/min 时,其理论流量为

$$q_t'=Vn'=0.074\times500\ \text{L/min}=37\ \text{L/min}$$

齿轮泵的泄漏渠道主要是端面间隙泄漏,这种泄漏属于两平行圆盘间隙的压差流动(忽略齿轮端面与端盖间圆周运动所引起的端面间隙中的液体剪切流动)。由于转速变化时,其压差 Δp、轴向间隙 δ 等参数均未改变,故其泄漏量与 $n=1\ 450$ r/min 时相同,其值 $\Delta q=q_t-q_s=107$ L/min−100 L/min = 7 L/min。所以,当 $n'=500$ r/min 时,泵在额定压力下工作时的流量 $q'=q_t'-\Delta q=(37-7)$ L/min = 30 L/min

其容积效率

$$\eta_V'=\frac{q'}{q_t'}=\frac{30}{37}=0.81$$

(3) 泵所需的驱动功率如下:

当 $n=1\ 450$ r/min 时,有

$$P=\frac{p_sq_s}{\eta_M\eta_V}=\frac{25\times10^5\times100\times10^{-3}}{60\times0.9\times0.93}\ \text{W}=4\ 978\ \text{W}\approx4.98\ \text{kW}$$

当 $n=500$ r/min 时,假设机械效率不变,$\eta_M=0.9$,则有

$$P'=\frac{p_sq'}{\eta_M\eta_V'}=\frac{25\times10^5\times30\times10^{-3}}{60\times0.9\times0.81}\ \text{W}=1\ 715\ \text{W}\approx1.72\ \text{kW}$$

5. 常见外啮合齿轮泵的结构

齿轮泵的端面间隙泄漏是影响齿轮泵容积效率的关键因素之一。解决齿轮泵端面间隙泄漏的不同方法,是各系列齿轮泵的主要特征。一般低压齿轮泵采用端面间隙控制方式;高压齿轮泵则倾向于采用端面间隙自动补偿方式。

(1) CB 系列齿轮泵

CB-D 系列齿轮泵如图 4-2-10 所示,额定压力为 9.8 MPa,最大压力为 13.5 MPa,使用转速范围为 1 300~1 625 r/min,按其排量大小共有四个规格(排量有 10 mL/r、32 mL/r、46 mL/r、98 mL/r),各规格齿轮泵零件的尺寸大小都不一样。目前,该系列泵多用在各种工程机械的转向、变速液压系统中。

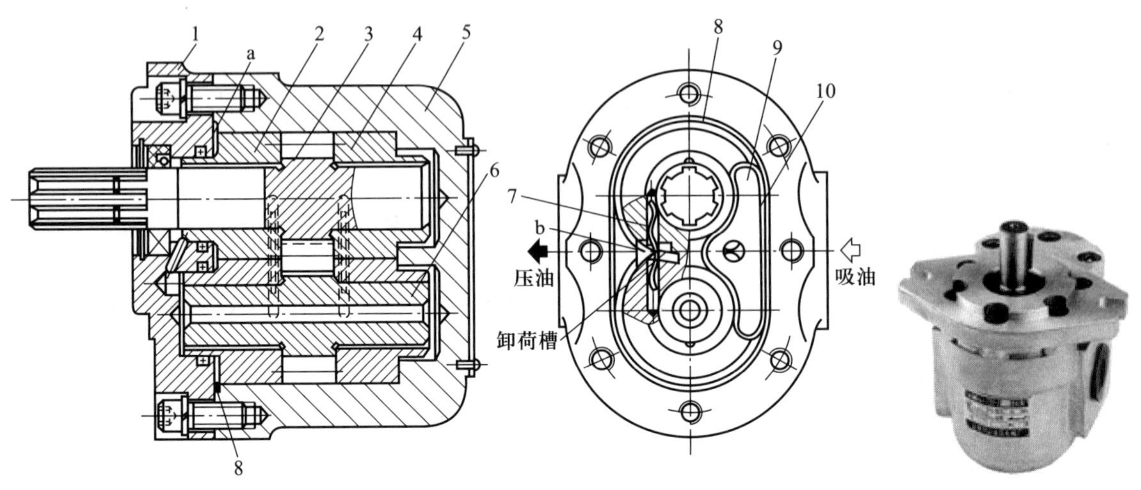

1—泵盖；2—前轴套；3—主动齿轮；4—后轴套；5—泵体；6—从动齿轮；7—钢丝；8、10—O形密封圈；9—卸压片

图 4-2-10 CB-D系列齿轮泵

该齿轮泵由泵盖1、泵体5、主动齿轮3、从动齿轮6、前轴套2和后轴套4等组成。前、后轴套用耐磨青铜或铝合金制成。它既是主、从动齿轮的滑动轴承，又是泵的侧板。每个轴套都由两半组成，两个半轴套尺寸、形状完全相同，都是在圆柱体上切一平面。每个半轴套上都开有两个卸荷槽，并钻有两个穿钢丝弹簧的孔。当将两个半轴套穿好钢丝7，以平面端相对压进泵体内时，在弹簧钢丝作用下，两个半轴套将沿同一方向（从动齿轮轴的旋向）转动一个角度，从而使其平面互相压紧，将泵的吸、压油腔隔开并保证具有良好的密封。

该泵的轴套是浮动的，齿轮泵工作时，高压油通过泵体与前轴套之间的空隙b被引导至泵盖与前轴套端面之间的a腔（图4-2-10）。在泵盖和前轴套之间还装有O形密封圈10和支承该密封圈的卸压片9，卸压片上开有圆孔将吸油腔的油引入O形密封圈10所围成的空间，这里是低压油，而此圈外是高压油。高压油对轴套的轴向作用力与轴套和齿轮接触面上所受油压作用力共线，且前者比后者稍大，轴套被轻轻压向齿轮，因而能使轴套磨损均匀，磨损后的间隙也可得到补偿，即该泵采用全浮动轴套来减小端面（轴向）间隙泄漏。当轴套磨损太多，前轴套2的前端面与泵盖之间的间隙过大时，O形密封圈10就起不到密封作用了，为此在装配时须测量此间隙，保证间隙为2.4~2.5 mm，若太大可在后轴套与泵体之间加铜皮。

该齿轮泵重新装配后可改变齿轮泵的转动方向。因为主动齿轮顺时针转动和逆时针转动时，密封容腔的形状是不同的。当两个半轴套压进泵体后的转动方向不同时，所形成的卸荷槽的形状也不相同，故齿轮转向与轴套转向必须配合得当。在一般情况下，半轴套的转动方向必须与从动齿轮旋向一致，如果发生错误，将会使齿轮泵的进、压油腔连通，使其容积效率大大降低，甚至不能工作，这一点在拆装时须特别注意。

图4-2-11所示为CB-G系列齿轮泵的结构图，该齿轮泵主要由前泵盖4、泵体11、后泵盖16、主动齿轮8、从动齿轮17、前侧板13、后侧板15等组成。主、从动齿轮均与传动轴制成一体。

该齿轮泵采用固定侧板，前侧板13和后侧板15被前、后泵盖压紧在泵体上，轴向不能活动。侧板材料为钢，但在钢表面上压有一层铜合金或高锡铝合金，耐磨性好。可通过控制泵体厚度与

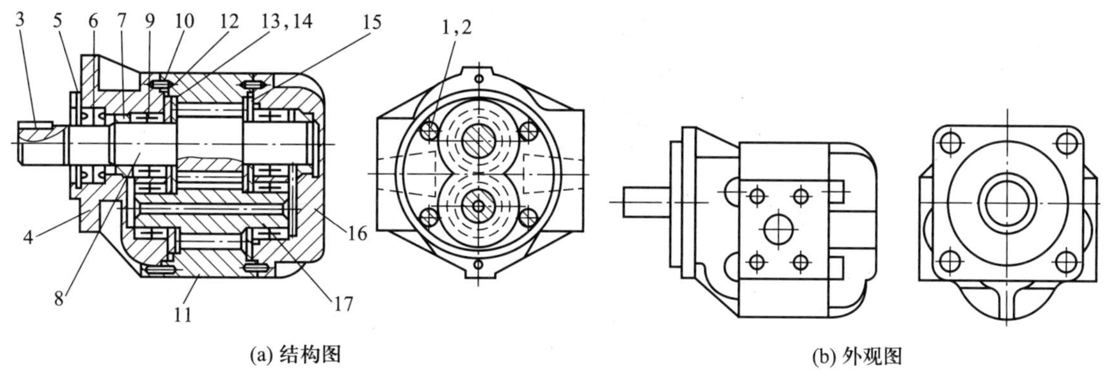

(a) 结构图 (b) 外观图

1—螺栓;2—垫片;3—平键;4—前泵盖;5—挡圈;6—密封圈;7—密封环;8—主动齿轮;9—滚动轴承;10—圆柱销;11—泵体;12—O 形密封圈;13—前侧板;14—挡圈;15—后侧板;16—后泵盖;17—从动齿轮

图 4-2-11 CB-G 系列齿轮泵

齿轮宽度的加工精度,保证齿轮与侧板间的端面(轴向)间隙为 0.05~0.11 mm。采用固定侧板虽然容积效率稍低,但使用中磨损少,工作可靠。与之相比,采用浮动侧板虽可自动补偿端面间隙,但侧板在油压作用下始终贴紧在齿轮端面上,磨损较快。虽然从理论上讲,侧板两面所受压力基本相等,但实际上很难控制,油压作用力合力的作用线也不可能始终重合,这些都是造成侧板磨损快而且经常发生磨偏的原因。

在传动轴和前泵盖之间装有两个旋转轴密封圈 6,里侧密封圈的唇口向内,防止轴承腔内的油向外泄漏;外侧密封圈的唇口向外,防止外部的空气、尘土和水等污物进入泵内。

(2) 多联齿轮泵

多联齿轮泵主要用于需要双泵或多泵同时供油的液压系统中。多联齿轮泵可以用一台原动机直接驱动多泵运行,无需通过齿轮箱等分动装置,更不需要使用多台原动机,可简化液压动力源的结构,减少空间。尤其是在行走式车辆液压系统上使用时更能显示出其优越性。多联齿轮泵有双联和三联等多种结构形式。

双联齿轮泵就是两个齿轮泵合成一个泵。双联齿轮泵由连在一起的两个齿轮泵组成,两个泵共用一根动力输入轴,其结构参见图 4-2-12。两个泵的排量可以相同,也可以不同。其中一个泵的主动齿轮由电动机或发动机取力器带动,而另一个泵的主动齿轮由前一个泵的主动齿轮轴通过联轴器驱动。两个泵可以分别为不同的回路供油,也可合流供油。如某起重机液压传动系统主泵为双联齿轮泵,其最大工作转速为 1 800 r/min,两个泵的排量分别为 52 mL/r 和 66 mL/r。排量为 52 mL/r 的泵可给起重机各个回路供油,而排量为 66 mL/r 的泵只给起重机起升回路供油。

图 4-2-13 为三联齿轮泵外形图,也为同轴驱动形式。

在汽车起重机中使用三联齿轮泵时,三个泵可以同时工作,但供油回路不一样。三联齿轮泵中排量为 45 mL/r 的泵主要为下车各机构动作提供高压油,同时又可以通过中心回转接头将高压油引至上车,驱动上车回转机构工作。三联齿轮泵中有两个排量为 63 mL/r 的泵,中间的排量为 63 mL/r 的泵专门为起升机构提供高压油(19 MPa),另外一个排量为 63 mL/r 的泵为伸缩臂机构以及变幅机构提供高压油。两个排量为 63 mL/r 的泵可通过起升换向阀实现双泵合流,以提高起升速度和工作效率。三只齿轮泵各有自己独立的吸油和压油管路。

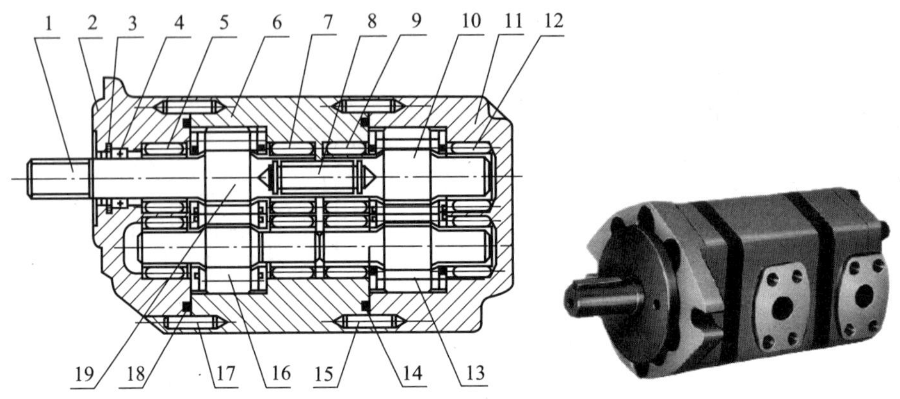

1—输入轴;2、11—端盖;3、14、18—密封圈;4—轴承;5、7、9、12—轴套;6—泵体;
8—联轴器;10、19—主动齿轮;13、16—从动齿轮;15、17—连接螺栓

图 4-2-12 双联齿轮泵结构图

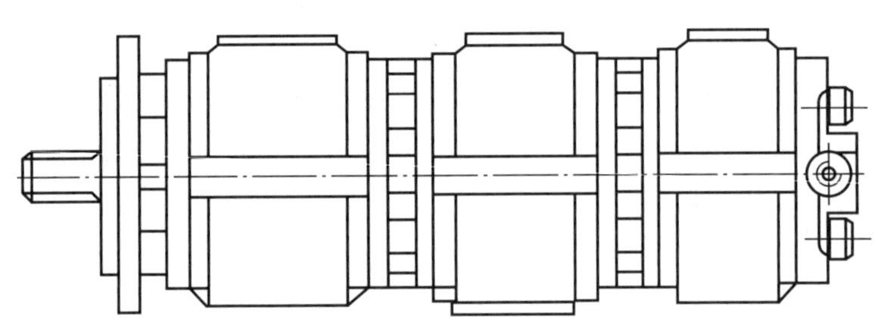

图 4-2-13 三联齿轮泵外形图

4.2.3 内啮合齿轮泵

内啮合齿轮泵有渐开线齿形和摆线齿形两种,如图 4-2-14 所示。其工作原理和主要特点与外啮合齿轮泵相同,只是两个齿轮的大小不一样,且相互偏置。其中小齿轮(外齿轮)是主动齿轮,小齿轮带动大(内)齿轮以各自的中心同方向旋转,吸油腔和压油腔相互隔开。当小齿轮带动大齿轮顺时针转动时,右半部轮齿退出啮合,形成真空,进行吸油。进入齿槽的油液被带到压油腔,左半部轮齿进入啮合将油液挤出,从压油口压油。

(a) 渐开线齿形

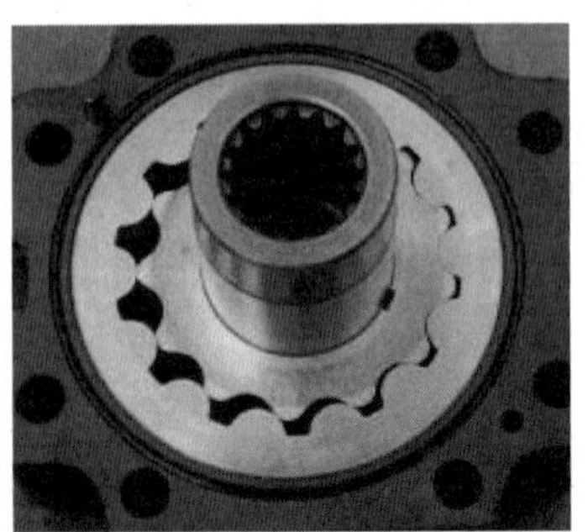

(b) 摆线齿形

图 4-2-14 内啮合齿轮泵

在摆线式内啮合齿轮泵(又称摆线转子泵)中,小齿轮(内转子)与大齿轮(外转子)相差一个齿,如图 4-2-15 所示,当内转子带动外转子转动时,所有内转子的轮齿都进入啮合,形成几个独立的密封容腔,不需设置密封块。随着内、外转子的啮合旋转,各密封容腔的容积发生变化,从而进行吸油和压油。

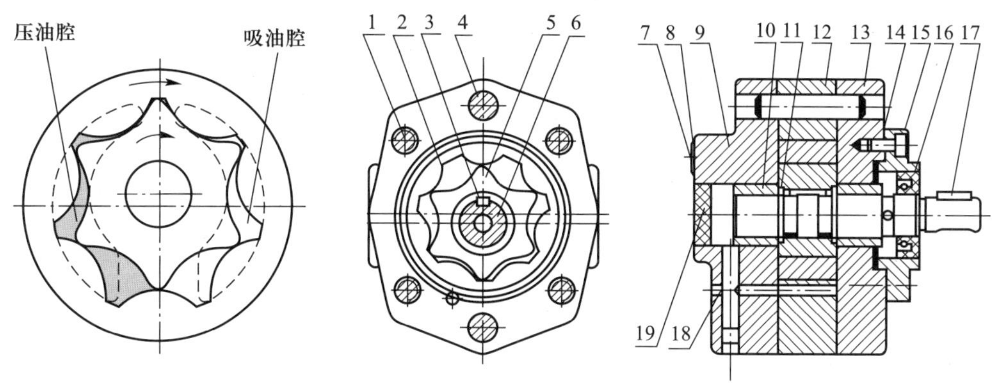

1、14—螺钉;2—外转子;3、17—平键;4—圆柱销;5—内转子;6—转子轴;7—铆钉;8—标牌;9—后盖;10—轴承;11—挡圈;12—泵体;13—前盖;15—法兰;16—密封环;18—塞子;19—压盖

图 4-2-15 摆线式内啮合齿轮泵工作原理

在渐开线式内啮合齿轮泵中,内、外齿轮节圆紧靠一边,另一边被泵盖上“月牙板”隔开,如图 4-2-16 所示。主轴上的主动内齿轮带动外齿轮同向转动,在吸油口处齿轮相互分离形成真空而吸入液体,齿轮在压油口处不断嵌入啮合而将液体挤压输出。

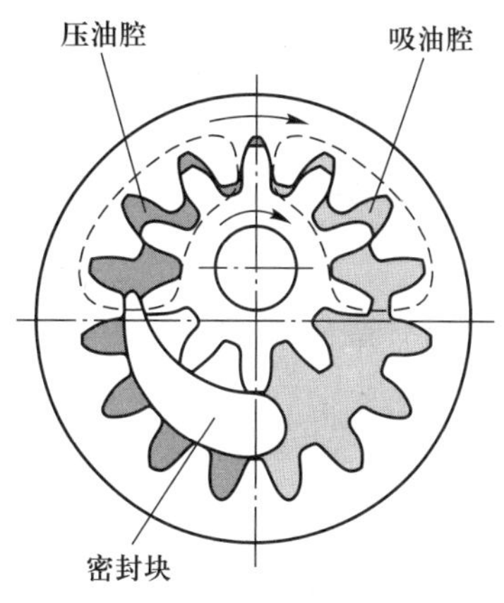

图 4-2-16 渐开线式内啮合齿轮泵工作原理

内啮合齿轮泵结构紧凑、体积小、重量轻,由于啮合的重合度大,故传动平稳,噪声小,流量脉动小,但内齿轮的齿形加工复杂,价格较高。

4.2.4 螺杆泵

螺杆泵实质上是一种外啮合摆线齿轮泵。螺杆泵具有结构紧凑、体积小、重量轻、流量压力无脉动、噪声低、自吸能力强、允许较高转速、对油液污染不敏感、使用寿命长等优点,故在许多领域得到广泛应用。螺杆泵的缺点是加工工艺复杂、加工精度要求高,所以其应用受到一定的限制。螺杆泵按其具有的螺杆根数来分,有单螺杆泵、双螺杆泵、三螺杆泵、四螺杆泵和五螺杆泵;按螺杆的横截面齿形来分,有摆线齿形螺杆泵、摆线-渐开线齿形螺杆泵和圆形齿形螺杆泵。

液压系统中的螺杆泵一般都采用摆线三螺杆泵,其结构及工作原理如图 4-2-17 所示。

图 4-2-17 中,在壳体(或衬套)2 中平行地放置三根双头螺杆,中间为主动螺杆 3(凸螺杆),上、下为两根从动螺杆 4 和 6(凹螺杆)。互相啮合的三根螺杆与壳体之间形成密封容腔。壳体左端为吸油口,右端为压油口。当凸螺杆按顺时针方向(面对轴端观察)旋转时,螺杆泵便从吸

油口吸入油液，经压油口压出油液。

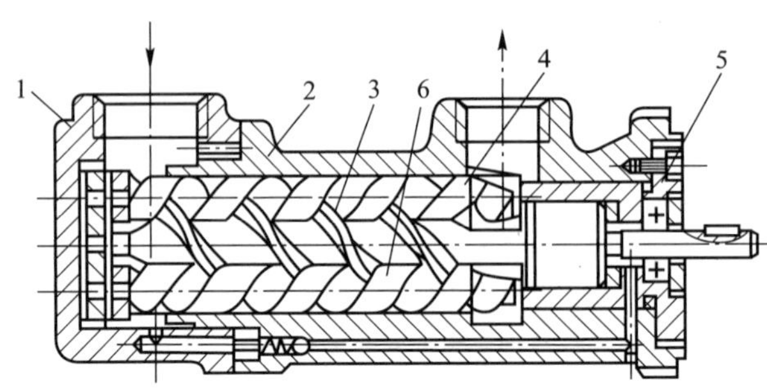

1—后盖；2—壳体（或衬套）；3—主动螺杆（凸螺杆）；4、6—从动螺杆（凹螺杆）；5—前盖

图 4-2-17　LB 型摆线三螺杆泵

4.3　叶片泵

叶片泵是液压系统中的另一种液压泵，其结构较齿轮泵复杂，具有结构紧凑、噪声低、寿命长、排量可以变化、能充分利用发动机功率等优点，因此在工程机械运动精度要求高的转向系统中，一般采用叶片泵作为动力元件。其主要缺点是：结构复杂、吸油特性差、对油液的污染较敏感、价格也比齿轮泵高。

叶片泵按其排量是否可变分为定量叶片泵和变量叶片泵两类，按转子每转一周吸压油次数可分为单作用叶片泵和双作用叶片泵。单作用叶片泵可以做成各种变量型液压泵，双作用叶片泵一般做成定量型液压泵。

4.3.1　单作用叶片泵

1. 单作用叶片泵的工作原理和结构特点

图 4-3-1 所示为单作用叶片泵的结构分解图，图 4-3-2 所示为单作用叶片泵的工作原理图。单作用叶片泵主要由变量机构 1、转子 7、定子 8、叶片 3、配流盘 2 和 5、传动轴 4 及泵体 6 等组成。转子和定子偏心安置，偏心距为 e。定子具有圆柱形的内表面。转子上开有均布槽，矩形叶片安置在转子槽内，并可在槽内滑动。当转子旋转时，叶片在自身离心力的作用下紧贴定子内表面起密封作用。这样，在转子、定子、叶片和配流盘之间就形成了若干个密封容腔。当转子按图 4-3-2 所示方向旋转时，右边的叶片逐渐伸出，相邻两叶片间的工作容积逐渐增大，形成局部真空，从配流盘上的吸油口吸油；左边的叶片被定子的内表面逐渐压进槽内，两相邻叶片间的工作容积逐渐减小，将工作油液从配流盘上的压油口压出；在吸油口和压油口之间有一段封油区，把吸油腔和压油腔隔开，这是过渡区。转子转一周两叶片间的工作容积完成一次吸油和压油，所以称为单作用叶片泵。由于泵的转子受到来自压油腔的径向单向力，使轴承受较大载荷，因此也称为单作用非卸荷式叶片泵。

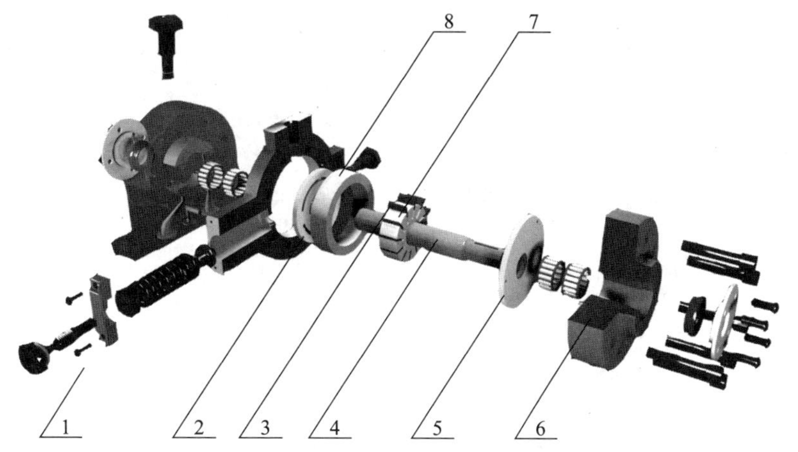

单作用叶片泵结构组成

1—变量机构;2、5—配流盘;3—叶片;4—传动轴;6—泵体;7—转子;8—定子

图 4-3-1 单作用叶片泵的结构分解图

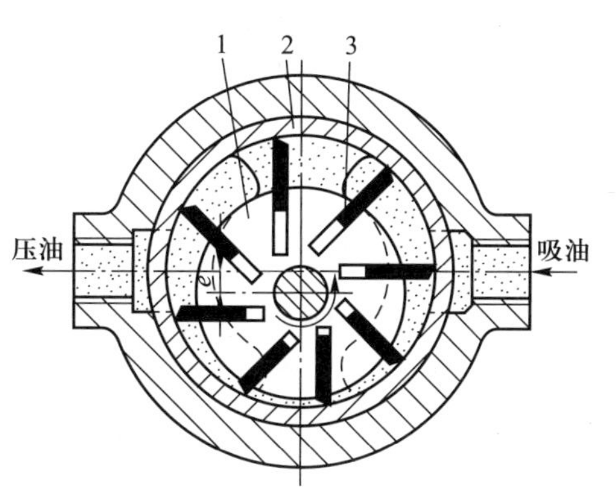

单作用叶片泵工作原理

1—转子;2—定子;3—叶片

图 4-3-2 单作用叶片泵工作原理图

单作用叶片泵有如下结构特点:

(1) 定子和转子相互偏置　只有定子和转子中心存在偏心距,在转子转动时,密封容积才能发生周期变化,因此要使单作用叶片泵正常工作,定子和转子必须偏置。改变定子和转子之间的偏心距,可以调节泵的流量。

(2) 叶片沿旋转方向向后倾斜　如图 4-3-3 所示,单作用叶片泵工作时,要保证相邻叶片间形成密封容腔,必须保证叶片在高速旋转过程中始终紧贴定子内表面。对叶片进行受力分析可知,由于叶片受到离心力、科氏力和摩擦力的作用,高速旋转时叶片受力并不指向转子中心。因此,为了使叶片受力方向和伸出方向一致,将叶片沿旋转方向向后倾斜。

(3) 叶片底部通油孔　叶片在高速旋转的同时沿转子槽伸缩,为了避免叶片底部形成闭死容腔,将叶片底部与吸油口或压油口相通。

(4) 存在困油现象　为了保证叶片泵工作时,吸油腔和压油腔不相互沟通,要求吸、压油口形成的密封角略大于相邻叶片的夹角。但是这种设计会导致在某一时刻某个相邻叶片密封容腔

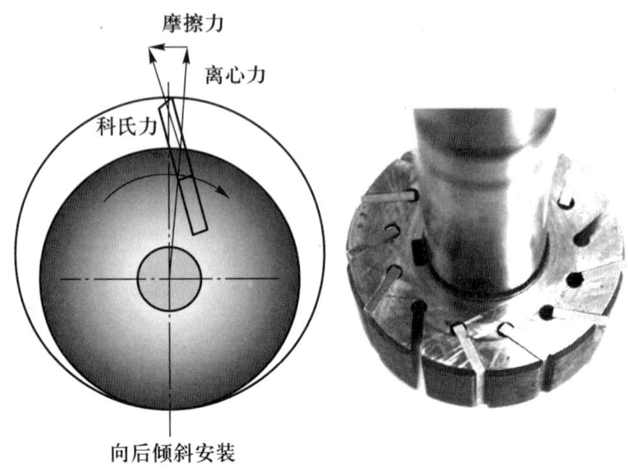

图 4-3-3 叶片沿旋转方向向后倾斜

位于密封角中间,既不与吸油腔相通,也不与压油腔相通,存在困油现象。为了解决困油现象,在配流盘吸、压油口边缘开三角槽,起到预升压、预降压的目的。

(5) 存在径向力不平衡 由于高压区和低压区非对称分布,使转子轴受到由高压区指向低压区的液压力,造成径向力不平衡。单作用叶片泵的这一特点,使泵的工作压力受到限制,所以这种泵不适用于高压场合,属于非平衡式叶片泵。

2. 单作用叶片泵的排量和流量计算

单作用叶片泵的排量为所有相邻叶片旋转一周容积变化的总和,由于相邻叶片旋转一周容积的变化量相等,对于某相邻叶片,如图 4-3-4 所示,其容积变化为最大容积 V_{I} 与最小容积 V_{II} 之差,即

$$V_{\mathrm{I}}=\frac{\pi}{z}\left[(R+e)^{2}-r^{2}\right]B \tag{4-3-1}$$

$$V_{\mathrm{II}}=\frac{\pi}{z}\left[(R-e)^{2}-r^{2}\right]B \tag{4-3-2}$$

式中:z 为叶片数;R 为定子半径;r 为转子半径;e 为偏心距;B 为叶片宽度。

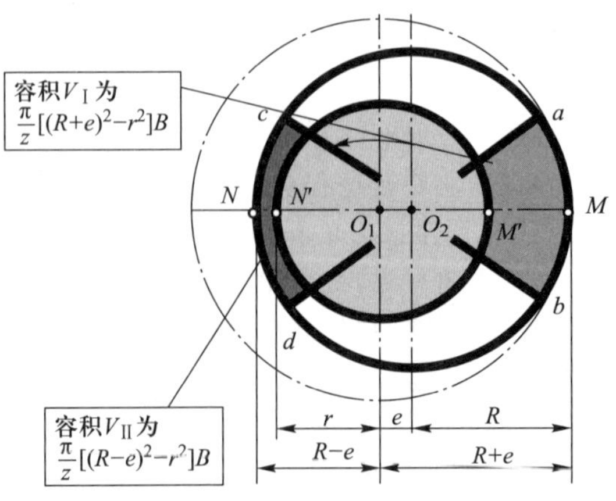

图 4-3-4 单作用叶片泵排量计算

因此,单作用叶片泵的排量

$$V=z\Delta V=z(V_{\mathrm{I}}-V_{\mathrm{II}})=4\pi eRB \tag{4-3-3}$$

单作用叶片泵的实际输出流量

$$q=Vn\eta_V=4\pi eRBn\eta_V \tag{4-3-4}$$

式中:n 为转速;η_V为容积效率。

由于定子和转子偏心安置,单作用叶片泵的容积变化是不均匀的,因此存在流量脉动。若在结构上把转子和定子的偏心距 e 做成可调节的,就成为变量泵。在实际应用中,单作用叶片泵往往做成变量叶片泵。

3. 变量原理及机构

按变量原理来分,单作用变量叶片泵有内反馈式和外反馈式两种。

(1) 限压式内反馈变量叶片泵

限压式内反馈变量叶片泵的操纵力来自泵本身的压油压力,其配流盘的吸、压油口的布置如图 4-3-5 所示。由于存在偏角 θ,压油压力对定子环的作用力可以分解为垂直于轴线 OO_1 的分力 F_1及与之平行的调节分力 F_2。调节分力 F_2与调节弹簧的压缩恢复力、定子运动的摩擦力及定子运动的惯性力相平衡。定子相对于转子的偏心距、泵的排量大小可由力的相对平衡来决定,变量特性曲线如图 4-3-6 所示。

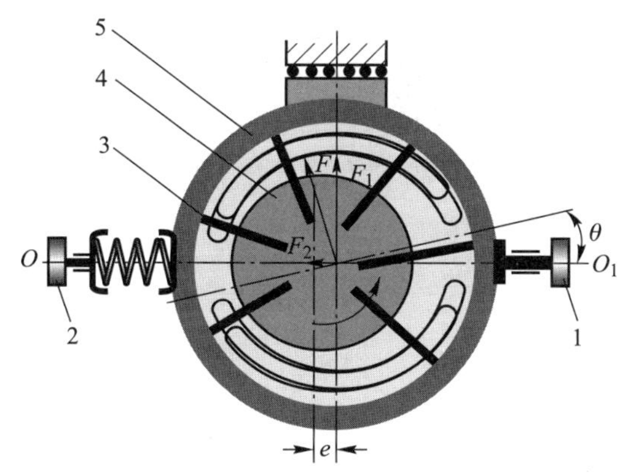

1—最大流量调节螺钉;2—弹簧预压缩量调节螺钉;
3—叶片;4—转子;5—定子

图 4-3-5 限压式内反馈变量叶片泵工作原理图

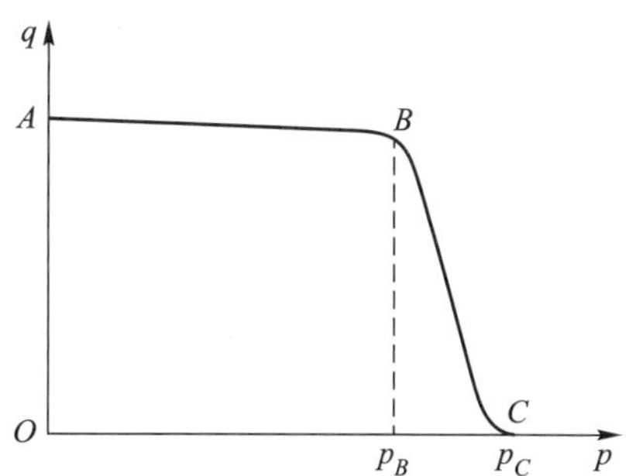

图 4-3-6 变量特性曲线

当泵的工作压力所形成的调节分力 F_2小于弹簧预紧力时,泵的定子环对转子的偏心距保持在最大值,不随工作压力的变化而变化。由于泄漏,泵的实际输出流量随其压力增加而稍有下降,如图 4-3-6 中 AB 线所示;当泵的工作压力超过 p_B后,调节分力 F_2大于弹簧预紧力,随工作压力的增加,F_2增加,使定子环向减小偏心距的方向移动,泵的排量开始下降。当工作压力到达 p_C时,与定子环的偏心距所对应的泵的理论流量等于它的泄漏量,泵的实际排出流量为零,此时泵的输出压力最大。

改变调节弹簧的预紧力可以改变泵的特性曲线,增加调节弹簧的预紧力使 p_B点向右移,BC 线则平行右移。更换调节弹簧,改变其弹簧刚度,可改变 BC 段的斜率。调节弹簧刚度增加,BC 线变平坦;调节弹簧刚度减弱,BC 线变陡。调节最大流量调节螺钉,可以调节曲线 A 点在纵坐标上的位置。

限压式内反馈变量叶片泵利用泵本身的出口压力和流量推动变量机构，在泵的理论排量接近零的工况时，泵的输出流量为零，因此不可能继续推动变量机构来使泵的流量反向，所以限压式内反馈变量叶片泵仅能用于单向变量。

(2) 限压式外反馈变量叶片泵

图 4-3-7 为限压式外反馈变量叶片泵的工作原理，它能根据泵出口负载压力的大小自动调节泵的排量。图中转子 1 的中心 O 是固定不动的，定子 3 可沿滑块滚针轴承 4 左右移动。定子右边有反馈柱塞 5，它的油腔与泵的压油腔相通。设反馈柱塞的受压面积为 A_x，当作用在定子上的反馈力 pA_x 小于作用在定子上的弹簧力 F_x 时，弹簧 2 把定子推向最右边。反馈柱塞 5 和流量调节螺钉 6 用以调节泵的原始偏心距 e_0，进而调节流量，此时偏心距达到预调值 e_0，泵的输出流量最大。当泵的压力升高到 $pA_x>F_x$ 时，反馈力克服弹簧预紧力，推动定子左移距离 x，偏心距减小，泵输出流量随之减小。压力愈大，偏心距愈小，输出流量也愈小。当压力达到使泵的偏心距所产生的流量全部用于补偿泄漏时，泵的输出流量为零，不管外负载再怎样加大，泵的输出压力不会再升高，所以这种泵被称为限压式外反馈变量叶片泵。

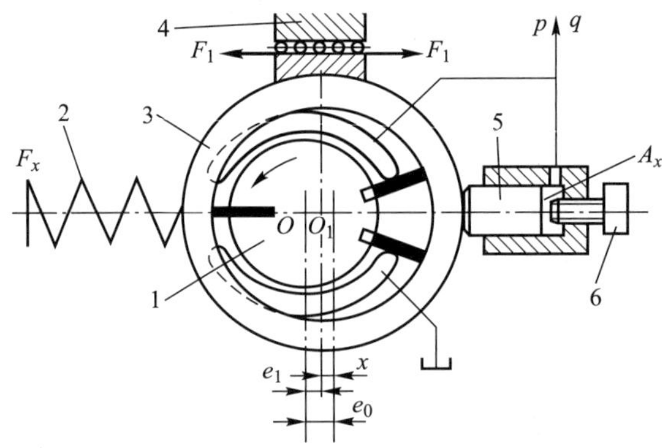

1—转子；2—弹簧；3—定子；4—滑块滚针轴承；5—反馈柱塞；6—流量调节螺钉

图 4-3-7　限压式外反馈变量叶片泵工作原理图

限压式外反馈变量叶片泵的变量特性为：设泵转子和定子间的最大偏心距为 e_{max}，此时弹簧的预压缩量为 x_0，弹簧刚度为 k_x，泵的偏心距预调值为 e_0。当压力逐渐增大，使定子开始移动时的压力为 p_0，则有 $p_0A_x=k_x(x_0+e_{max}-e_0)$。

当 $pA_x<F_x$ 时，定子处于最右端位置，弹簧的总压缩量等于其预压缩量，定子偏心距为 e_0，泵输出一定流量。

而当 $pA_x>F_x$ 时，定子左移，泵的流量减小。

限压式外反馈变量叶片泵的静态特性曲线参见图 4-3-6，在 AB 段，泵输出流量不变，压力增加，实际输出流量因压差泄漏而减小；BC 段是泵的变量段，这一区段内泵的实际流量随着压力增大而迅速下降，叶片泵处于变量泵工况。B 点称为曲线的拐点，拐点处的压力 $p_B=p_0$ 值主要由弹簧预紧力确定。

限压式外反馈变量叶片泵对既要实现快速行程，又要实现保压和工作进给的执行元件来说是一种合适的动力元件。快速行程需要大的流量，负载压力较小，正好使用其 AB 段部分；保压和工作进给时负载压力升高，需要的流量减小，正好使用其 BC 段部分。

（3）变量叶片泵的结构

图 4-3-8 为限压式外反馈变量叶片泵的结构图，转子 4 由泵轴 7 带动旋转，叶片在定子 5 内转动，转子 4 的中心固定，定子 5 可在泵体 3 内左右移动，改变转子与定子之间的偏心距 e。滑块 6 用于支撑定子 5，承受定子 5 内壁的液压作用力，并跟随定子一起移动。滑块顶部采用滚针轴承，可减小摩擦阻力，增加定子移动的灵活性和油压变化时反应的灵敏度。柱塞 8 装在定子右侧容腔内，此容腔与泵体的压油区通过油道相连。容腔中的压力油作用在柱塞 8 上，与定子环左侧的弹簧力联合控制定子与转子间的偏心距。调节螺钉 1 用来调整弹簧 2 的预紧力，螺钉 9 用于调节定子的最大偏心距。

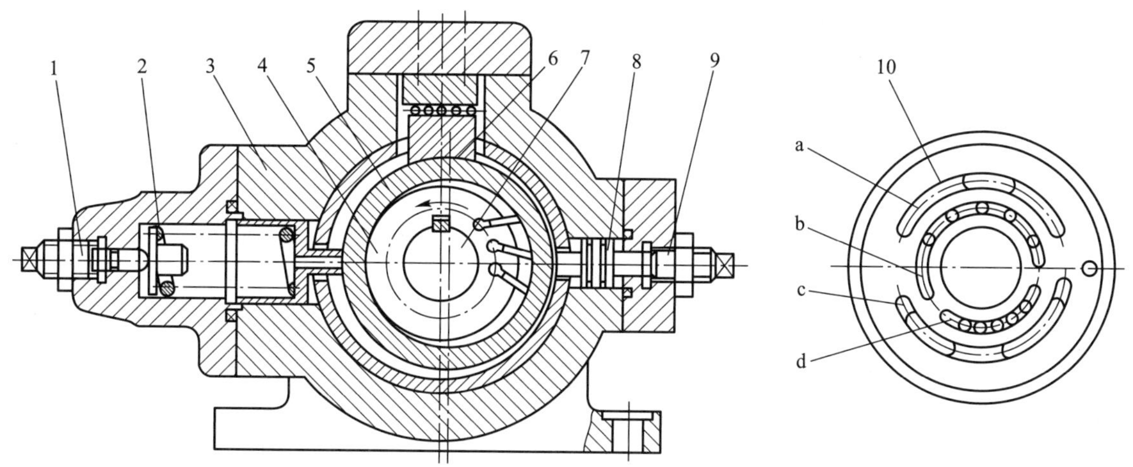

1—调节螺钉；2—弹簧；3—泵体；4—转子；5—定子；6—滑块；7—泵轴；8—柱塞；9—螺钉；10—配流盘

图 4-3-8　限压式外反馈变量叶片泵

该变量叶片泵的叶片有一个倾角。为了提高定子移动的灵敏度，在吸油腔侧的叶片根部不通压力油，这时叶片的伸缩要靠叶片离心力的作用。为了保证叶片的甩出，叶片向后倾斜了一个角度（倾角 24°）。这样增大了压力角，但由于定子和转子间的偏心距很小，仅为 2~3 mm，所以叶片伸出量很小，而定子内表面又是易加工的圆弧，所以磨损问题并不突出。

4.3.2　双作用叶片泵

1. 工作原理

图 4-3-9 所示为双作用叶片泵的外形及结构分解图。双作用叶片泵的工作原理如图 4-3-10 所示。双作用叶片泵主要由转子、定子、叶片、泵体及配流盘等组成。转子和定子同心安放。定子内表面是一个近似椭圆，由两段长半径圆弧、两段短半径圆弧以及四段过渡曲线所组成。转子上开有均布槽，矩形叶片安装在转子槽内，并可在槽内滑动。

当转子旋转时，叶片在自身的离心力和根部压力油（当叶片泵中充满压力油后）的作用下，紧贴定子内表面，起密封作用。这样，在转子、定子、叶片和配流盘之间就形成了若干个密封容腔。当两叶片由定子短半径 r 处向定子长半径 R 处转动时，两叶片间的工作容积逐渐增大，形成局部真空而吸油；当两叶片由定子长半径 R 处向定子短半径 r 处转动时，两叶片间的工作容积逐

双作用叶片泵结构组成

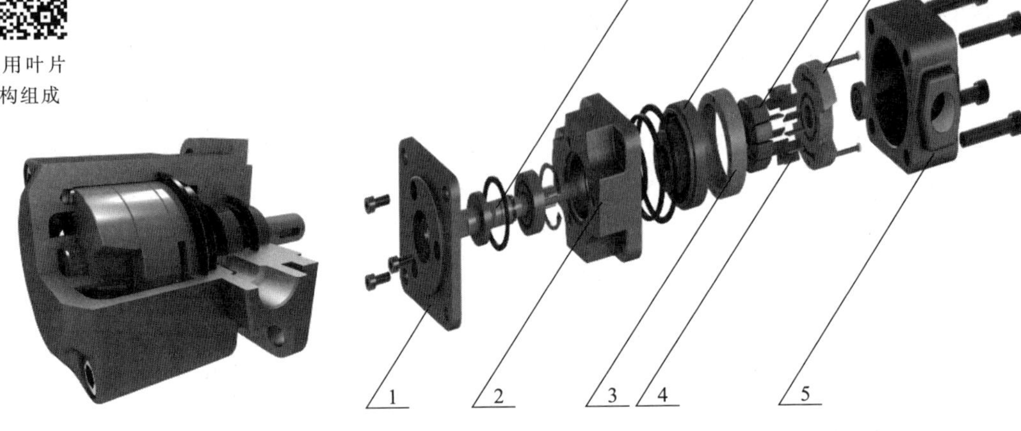

1—端盖(压盖);2、5—泵体;3—定子;4—叶片;6、8—配流盘;7—转子;9—传动轴

图 4-3-9　双作用叶片泵外形及结构分解图

渐减小而压油。转子转一周,两叶片间的工作容积完成两次吸油和压油,所以称为双作用叶片泵。这种泵有两个对称的吸油腔和压油腔,作用在转子上的径向液压力互相平衡,因此也称为双作用卸荷式叶片泵。为了使径向力完全平衡,工作油腔数(叶片数)应当是偶数。双作用卸荷式叶片泵一般做成定量叶片泵。

双作用叶片泵工作原理

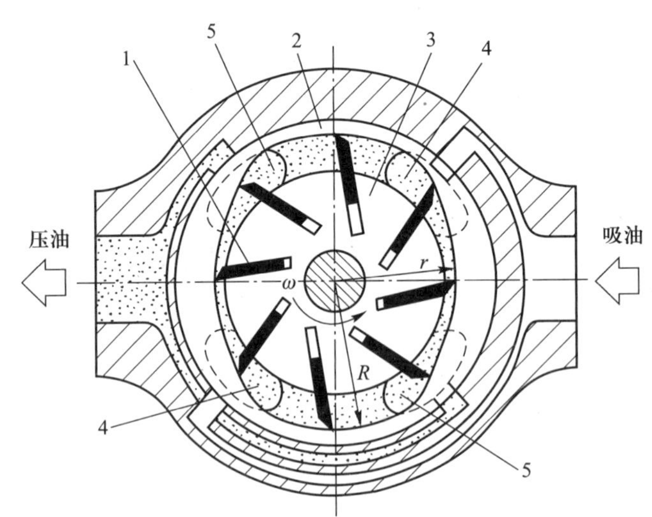

1—叶片;2—定子;3—转子;4—吸油腔;5—压油腔

图 4-3-10　双作用叶片泵工作原理图

2. 双作用叶片泵的流量、排量计算

双作用叶片泵的排量

$$V=\left[2\pi B\cdot(R^2-r^2)-\frac{2(R-r)}{\cos\theta}\delta zB\right] \tag{4-3-5}$$

式中：B 为叶片的宽度；R 为定子的长半径；r 为定子的短半径；z 为叶片数；δ 为叶片的厚度；θ 为叶片的倾角。

双作用叶片泵的实际流量

$$q=Vn\eta_V=2B\left[\pi(R^2-r^2)-\frac{(R-r)\delta z}{\cos\theta}\right]n\eta_V \tag{4-3-6}$$

式中：n 为转速；η_V为容积效率。双作用叶片泵的流量均匀，流量脉动较小。

3. 双作用叶片泵的结构特点

（1）定子过渡曲线　定子曲线是由四段圆弧和四段过渡曲线组成的，定子所采用的过渡曲线必须保证叶片在转子槽中滑动时的速度和加速度均匀变化，以减小叶片对定子内表面的冲击和噪声。目前双作用叶片泵定子过渡曲线广泛采用性能良好的等加速-等减速曲线，但在相邻的不同曲线之间的过渡区，叶片还是会对定子内表面产生一些柔性冲击。为了更好地改善这种情况，有些叶片泵定子过渡曲线采用了三次以上的高次曲线。

（2）径向液压力平衡　由于吸、压油口对称分布，转子和轴承所受到的径向压力是平衡的，所以这种泵又称为平衡式叶片泵。

（3）端面间隙自动补偿　图 4-3-11 所示为双作用叶片泵的一种典型结构。它由传动轴 1、转子 7、叶片 8、定子 4、左右配流盘 5 和 9、左右泵体 6 和 3 等零件组成。叶片泵的叶片、转子、定子和左右配流盘可先组装成一个部件后再整体装入泵体。为了减小端面间隙泄漏量，采取的间隙自动补偿措施是将右配流盘的右侧与压油腔相通，使配流盘在液压推力作用下压向定子。叶片泵的工作压力越高，配流盘就会越贴紧定子，这样使容积效率得到一定的提高。

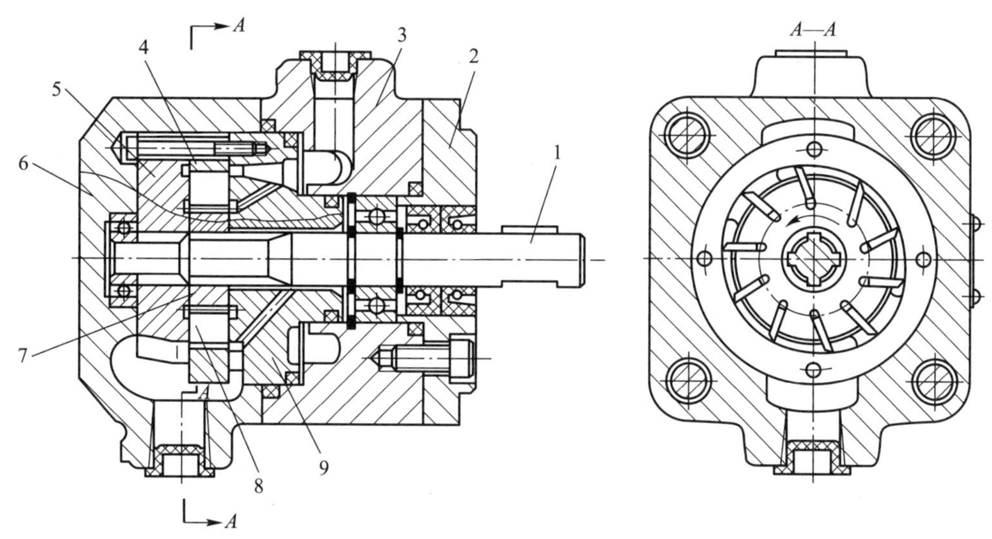

1—传动轴；2—泵盖；3—右泵体；4—定子；5—左配流盘；6—左泵体；7—转子；8—叶片；9—右配流盘

图 4-3-11　双作用叶片泵的典型结构

（4）提高工作压力的措施　在双作用叶片泵中，为了使叶片顶部与定子内表面具有良好的接触，所有叶片底部均与压油腔相通。这样会造成在吸油区内，叶片底部和顶部受到的液压力不平衡，压力差使叶片以很大的压力压向定子内表面，加速了吸油区内定子内表面的磨损，叶片泵的工作压力越大磨损越严重,这是影响双作用叶片泵工作压力提高的主要因素。因此,要提高叶片泵的工作压力,必须从结构上采取措施改善此种状况。可以采取的措施很多,其目的都是减小吸油区内叶片压向定子内表面的作用力,如常用的有双叶片、子母叶片(又称复合叶片)结构、阶梯叶片、弹簧叶片等特殊叶片结构形式。

4. 双作用叶片泵的组合形式

双作用叶片泵除单级叶片泵形式外,还有双级叶片泵和双联叶片泵等组合形式。

(1) 双级叶片泵 双级叶片泵由两个单级叶片泵串联组成。在一个泵体内安装两套双作用叶片泵的定子、转子,用一根泵轴驱动。一级泵的压油口作为二级泵的吸油口,二级泵将一级泵油液再加压后输出。为使两级转子载荷均等,保证一级泵压力为二级泵压力的1/2,在泵内配置平衡阀,阀芯两端面积为2∶1,小端接二级泵出口,大端接一级泵出口。双级泵输出压力可达14 MPa。

(2) 双联叶片泵 双联叶片泵由两个单级叶片泵并联组成。在一个泵体内安装两套双作用叶片泵的定子和转子,用一根泵轴驱动。两套泵吸油口共用,压油口则分开;两套转子可按流量相等或不等的形式组合;各泵输出流量可单独使用,也可汇合使用。

4.4 柱塞泵

柱塞泵是利用柱塞在缸体的柱塞孔中做往复运动时所产生的密封容积变化来实现泵的吸油和压油的。而柱塞和柱塞孔的配合是最易保证加工精度的圆柱面配合,因而配合间隙可以控制得很小。柱塞泵与齿轮泵、叶片泵相比,在高压下工作仍有较高的效率,且易于实现流量调节及液流方向的改变,常用于高压大流量及流量需要调节的液压机、起重机、挖掘机等大型设备或机械上。

柱塞泵按柱塞排列方向的不同,分为轴向柱塞泵和径向柱塞泵两大类。轴向柱塞泵的柱塞都平行于缸体中心线;径向柱塞泵的柱塞与缸体中心线垂直。按配流方式不同,可分为阀配流(缸体不动)、端面配流和轴配流(缸体转动)。轴向柱塞泵又分为斜盘式和斜轴式两类。

4.4.1 斜盘式轴向柱塞泵

1. 结构组成和工作原理

图4-4-1所示为斜盘式轴向柱塞泵外形及结构分解图。斜盘式轴向柱塞泵由斜盘10、柱塞2、缸体3和配流盘4等主要零件组成,斜盘与缸体间有一倾斜角。斜盘和配流盘固定不动,柱塞连同滑履(滑靴)靠中心弹簧、回程盘在压力油的作用下压在斜盘上。斜盘式轴向柱塞泵的工作原理如图4-4-2所示。当传动轴按图示方向旋转时,柱塞在其自下而上回转的半周内逐渐外伸,使缸体孔内密封容腔容积不断增大,产生局部真空,油液经配流盘中的配流窗口吸入;柱塞在其自上而下回转的半周内逐渐缩回,使缸体孔内密封容腔容积不断减小,油液经配流盘中的配流窗口压出。缸体每转一转,每个柱塞往复运动一次,完成一次吸油和压油动作。

为了保证柱塞泵的吸油窗口和压油窗口可靠隔离,应使配流盘吸、压油窗口间隔略大于缸体底窗口宽度,使当某个柱塞运动到吸、压油窗口间隔处的封油区时,既不与吸油窗口相通,也不与

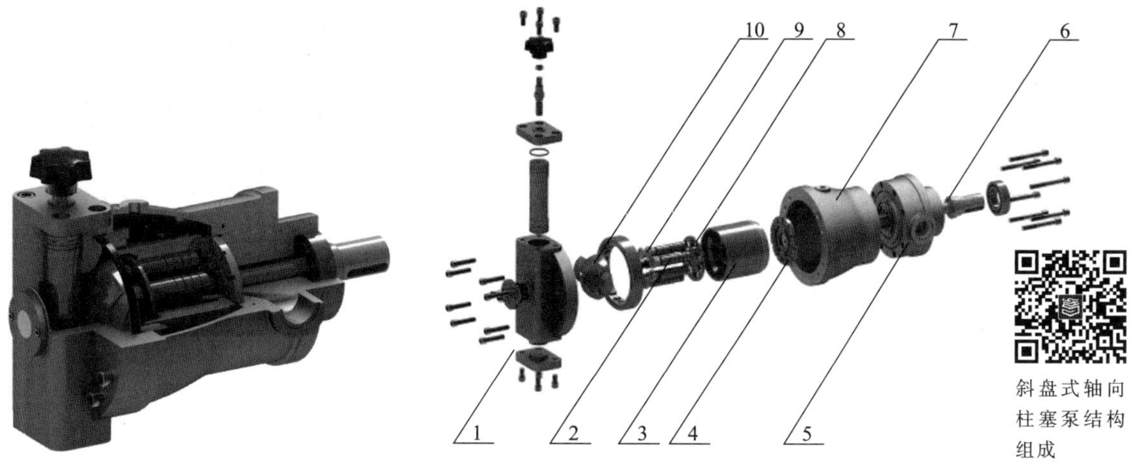

1—变量机构；2—柱塞；3—缸体；4—配流盘；5、7—泵体；6—传动轴；8—回程盘（压盘）；9—滑履（滑靴）；10—斜盘

图 4-4-1 斜盘式轴向柱塞泵外形及结构分解图

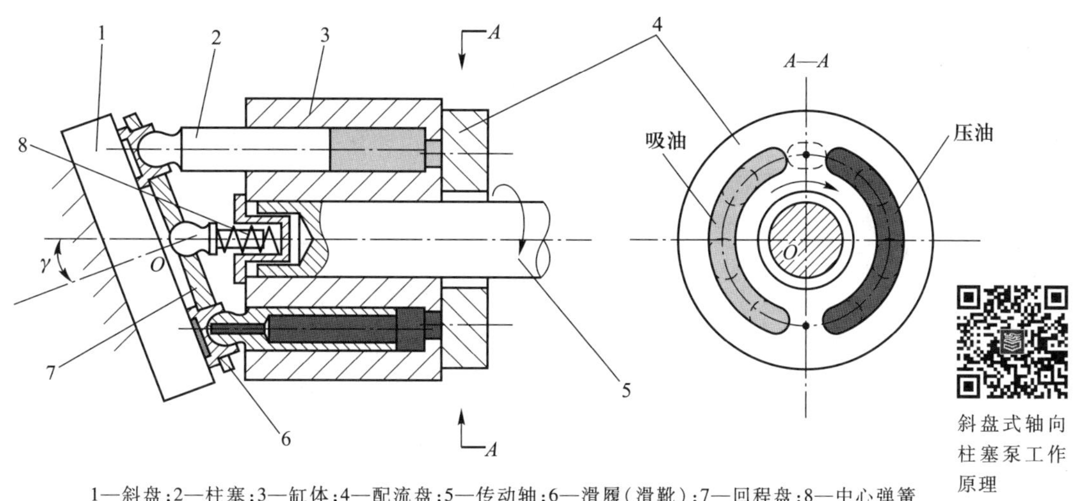

1—斜盘；2—柱塞；3—缸体；4—配流盘；5—传动轴；6—滑履（滑靴）；7—回程盘；8—中心弹簧

图 4-4-2 斜盘式轴向柱塞泵的工作原理图

压油窗口相通，从而形成困油现象。为了解决困油现象，一般在设计柱塞泵时，在配流盘吸、压油窗口边缘开设卸荷槽，达到预卸荷的目的。

如果改变斜盘倾角的大小，则可以改变柱塞往复行程的大小，也就改变了泵的排量。如果改变斜盘倾角的方向，就能改变吸油、压油的方向，就成为双向变量柱塞泵。

2. 摩擦副在高速运动情况下的磨损

柱塞泵在工作过程中，缸体带动柱塞滑履组件做高速运动，会产生三对相对运动摩擦副：滑履与斜盘之间、缸体与配流盘之间和柱塞与缸体之间。在高速运动情况下，要保证泵的性能必须有效地解决三对摩擦副的密封和磨损问题。

（1）高速运动下滑履与斜盘的密封和磨损问题

为了减小高速运动下滑履与斜盘的磨损，引入液压油作为润滑油，起到静压支承的作用。如图 4-4-3 所示，在柱塞底部和滑履中心开设阻尼孔，当柱塞泵工作时，柱塞底部的压力油经阻尼孔流到滑履底部的油室，使滑履和斜盘之间形成一层润滑油膜，从而使金属部件不直接接触产生摩擦，从而起到减小磨损、带走热量的目的。为了保证润滑油膜设计的可靠性，使油液不因阻尼孔的作用产生过多泄漏，要求油膜的撑开力略小于滑履作用在斜盘上的压紧力，即 $m=F_{压紧}/F_{撑开}=1.05\sim1.15$。

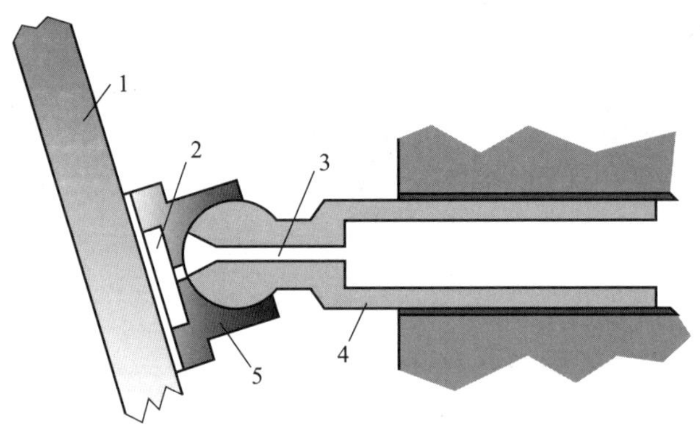

1—斜盘；2—油室；3—阻尼孔；4—柱塞；5—滑履

图 4-4-3 柱塞泵的静压支承

(2) 高速运动下缸体与配流盘的密封和磨损问题

为了减小高速运动下缸体与配流盘的磨损，引入液压油作为润滑油，起到热楔支承作用。如图 4-4-4所示，一方面，在配流盘上开设环形槽，缸体和配流盘缝隙的泄漏油形成润滑油膜，而且缸体在高速旋转过程中，对润滑油尤其是环形槽中的油液产生剪切力，剪切摩擦产生热量使油液膨胀，从而对缸体底面起到支承的作用。另一方面，在缸体柱塞孔底部使进、出油口面积不相等，形成"台阶"，从而使油液通过"台阶"对缸体产生一个指向配流盘的轴向推力，与机械装置或中心弹簧的预压紧力共同作用，使缸体与配流盘可靠密封。油液产生的轴向液压力比弹簧力大得多，而且随着液压泵的工作压力增大而增大，使缸体端面与配流盘之间的间隙得到了自动补偿。

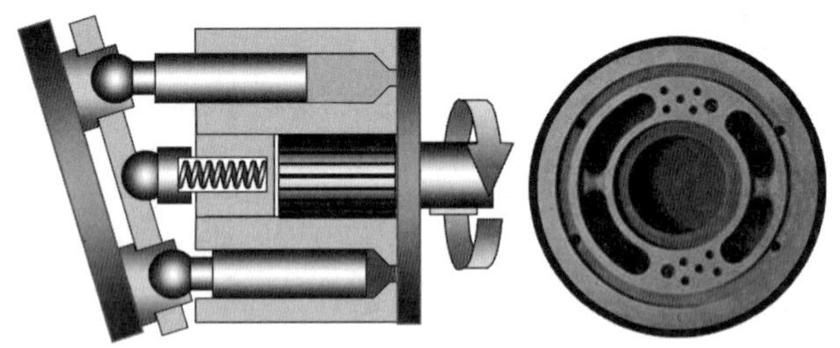

图 4-4-4 柱塞泵的热楔支承

(3) 高速运动下柱塞与缸体的密封和磨损问题

柱塞泵工作时，柱塞与缸体孔之间存在配合间隙。间隙过大，内泄漏量变大，流量变小，压力小；间隙过小，柱塞与缸体相对运动时会产生较大的摩擦阻力。因此，加工时，配合间隙应控制为 0.01~0.015 mm。为了防止柱塞在运动过程中产生液压卡紧现象，一般在柱塞周向开设均压槽来消除偏磨，同时，要合理控制油液的清洁度。

3. 斜盘式轴向柱塞泵的排量和流量

如图 4-4-5 所示，设柱塞直径为 d，柱塞数为 z，柱塞孔分布圆直径为 D，斜盘工作面倾角为 γ。

缸体旋转一周，单个柱塞移动的距离为 $s=D\tan\gamma$，改变的容积即为单个柱塞旋转一周的排量，因此，柱塞泵的排量

$$V=\frac{\pi}{4}d^2sz=\frac{\pi}{4}d^2Dz\tan\gamma \tag{4-4-1}$$

流量

$$q=\frac{\pi}{4}Dd^2zn\eta_V\tan\gamma \tag{4-4-2}$$

式中：d 为柱塞直径；s 为柱塞行程；D 为缸体上柱塞分布圆直径；γ 为斜盘倾角；z 为柱塞数；n 为柱塞泵转速；η_V 为泵的容积效率。

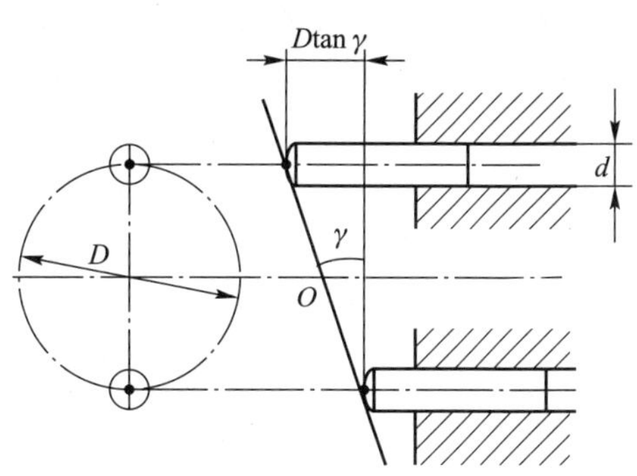

图 4-4-5 斜盘式轴向柱塞泵的流量计算

由式(4-4-1)可知，改变斜盘倾角 γ 的大小，可以改变柱塞泵的排量，使其成为变量泵，斜盘倾角 γ 越大，泵的排量就越大；改变倾角 γ 的方向，可以改变泵的吸油、压油的方向，使其成为双向变量柱塞泵。斜盘式轴向柱塞泵的瞬时流量是脉动的，通过理论计算分析可以知道，当柱塞数为奇数时，脉动较小，故斜盘式轴向柱塞泵的柱塞数一般为 7 个或 9 个。

4. SCY14-1B 型斜盘式轴向柱塞泵

(1) 结构组成和工作原理

图 4-4-6 为 SCY14-1B 型斜盘式轴向柱塞泵结构图，泵的右边为主体部分，左边为变量机构。在主体内装有缸体 7 和配流盘 8 等。

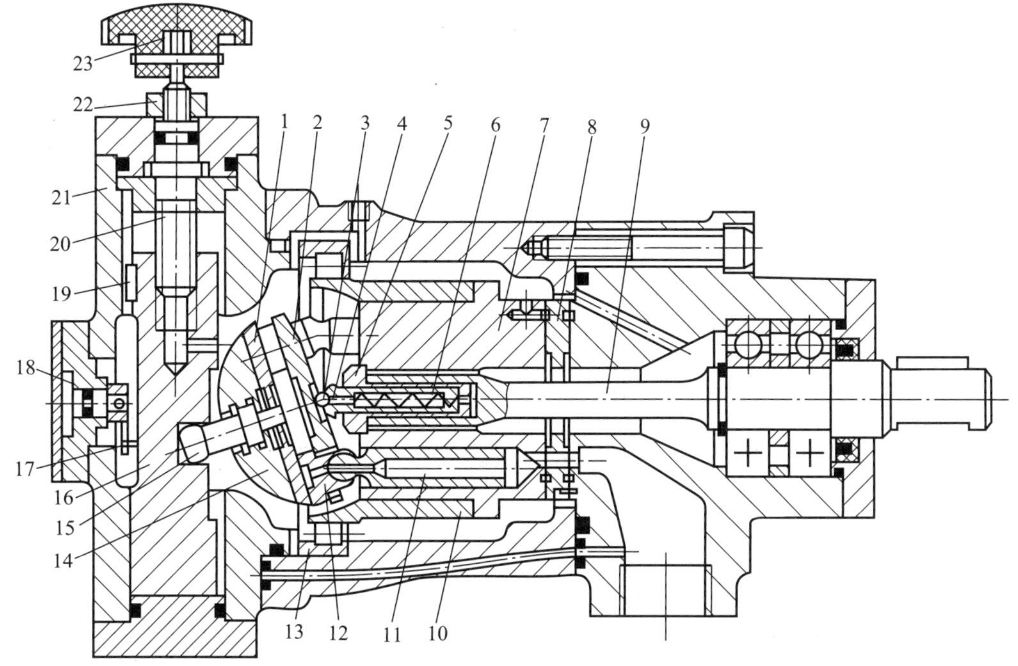

1—斜盘；2—压盘；3—钢球；4—内套；5—外套；6—定心弹簧；7—缸体；8—配流盘；9—传动轴；10—钢套；11—柱塞；12—滑履；13—滚柱轴承；14—变量头；15—轴销；16—变量柱塞；17—销子；18—刻度盘；19—导向键；20—螺杆；21—变量壳体；22—锁紧螺母；23—手轮

图 4-4-6 SCY14-1B 型斜盘式轴向柱塞泵结构图

斜盘式轴向柱塞泵缸体7由传动轴9通过花键带动旋转。缸体的七个轴向孔中各装有一个柱塞11,柱塞的球状头部装有一个滑履12,抵在斜盘1上。柱塞头部和滑履用球面配合,外面加以铆合,使两者不会脱离,但相互配合的球面间可以相对转动。滑履的端面和斜盘的平面接触,为了减少它们之间的滑动磨损,在柱塞和滑履的中心都加工有直径为1 mm的小孔。缸中的压力油可经过小孔通到柱塞与滑履及滑履与斜盘的相对滑动表面之间,起到静压支承的作用。定心弹簧6装在内套4和外套5中,在弹簧力的作用下,一方面内套通过钢球3和压盘2将滑履压向斜盘,使柱塞处于吸油位置时具有自吸能力;同时弹簧力又使外套压在缸体的左端面上,与缸体孔内的压力油产生的作用力一起使缸体与配流盘接触良好、密封可靠,并使缸体和配流盘在磨损后能得到自动补偿,从而提高了泵的容积效率。当传动轴带动缸体回转时,柱塞就在缸体孔中做往复运动,于是密封容积发生变化,这时油液通过缸体孔底部月牙形的通油孔、配流盘上的配流窗口以及前泵体的进、出油口,完成吸、压油工作。

(2) 变量机构

斜盘式轴向柱塞泵容易做成变量泵,只要改变斜盘的倾角就能改变液压泵的排量。如图4-4-6所示,SCY14-1B斜盘式轴向柱塞泵的左边部分为手动变量机构。转动手轮23,使螺杆20转动,带动变量柱塞16做轴向移动。通过变量头14与轴销15,使支承在变量壳体21上的斜盘1绕钢球3的中心摆动,从而改变了斜盘的倾角,也就改变了泵的流量。同时,当变量柱塞移动时,通过装在变量柱塞上的销子17和拨叉带动左端的刻度盘18旋转,从而知道所调节流量的大小。调节好后,用锁紧螺母22锁紧。泵主体与不同的变量机构配合使用,可以得到各种控制方式的变量泵。

图4-4-7是手动伺服变量泵结构图,该变量泵的变量机构采用手动伺服变量机构,由拉杆、变量活塞、伺服活塞等组成。

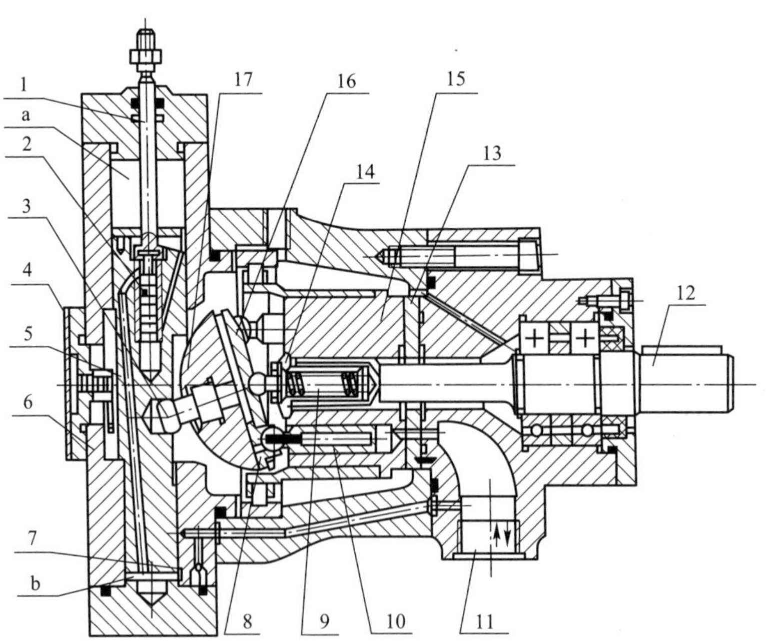

1—拉杆;2—伺服活塞;3—销轴;4—刻度盘;5—变量活塞;6—变量壳体;7—单向阀;8—滑履;9—弹簧;10—柱塞;11—进口或出口;12—传动轴;13—配流盘;14—外套;15—缸体;16—回程盘;17—变量头(斜盘)

图4-4-7　手动伺服变量泵

该变量泵变量活塞的内腔构成了伺服阀的阀体,并有三个孔道分别沟通变量活塞下腔 b、上腔 a 和油箱。泵上的斜盘(即变量头 17,与斜盘一体)通过拨叉机构与变量活塞下端铰接,利用变量活塞的上下移动来改变斜盘倾角。当用拉杆使伺服活塞(阀芯)向下移动时,上面的阀口打开,b 腔中的压力油经孔道通向 a 腔。变量活塞因上腔有效作用面积大于下腔的有效面积而移动,变量活塞移动时又使伺服阀上的阀口关闭,最终使变量活塞自身停止运动。同理,当用拉杆使伺服活塞(阀芯)向上移动时,下面的阀口打开,a 腔接通油箱,变量活塞在 b 腔压力油的作用下向上移动,并在该阀口关闭时自行停止运动。变量机构就是这样依照伺服阀的动作来实现其控制的。

4.4.2 斜轴式轴向柱塞泵

斜轴式轴向柱塞泵在一些大型设备上应用得较多。斜轴式轴向柱塞泵也有定量式和变量式之分。

斜轴式轴向柱塞泵的工作原理如图 4-4-8 所示。它由传动轴盘 1、连杆 2、柱塞 3、缸体 4、配流盘 5 和中心轴 6 等主要零件组成。传动轴盘中心轴线与缸体的轴线间有一倾角 γ,故称为斜轴式轴向柱塞泵。连杆是传动轴盘和缸体之间传递运动的连接件,依靠连杆的锥体部分与柱塞内壁接触并带动缸体旋转。连杆的两端为球头,一端的球头用压板与传动轴盘连在一起形成球铰,另一端的球头铰接于柱塞上。配流盘固定不动,中心轴起支承缸体的作用。

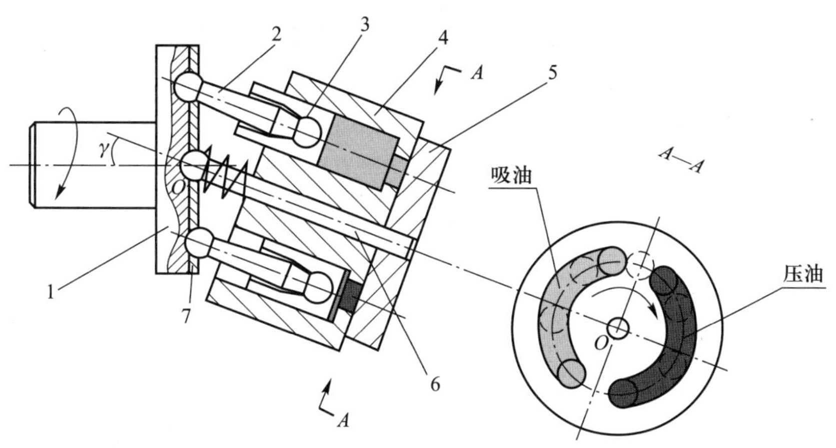

1—传动轴盘(法兰盘);2—连杆;3—柱塞;4—缸体;5—配流盘;6—中心轴;7—压板

图 4-4-8 斜轴式轴向柱塞泵的工作原理图

当传动轴盘按图示方向旋转时,连杆就带动柱塞连同缸体一起转动,柱塞同时在柱塞孔内做往复运动,使柱塞底部的密封容腔的容积不断地增大和缩小,通过配流盘上的吸、压油窗口吸油和压油。

改变流量是通过摆动缸体改变 γ 角来实现的。在实际结构中,缸体装在后泵体(也称摇架)内,摇架可以摆动,从而改变 γ 角的大小。摇架可以在一个方向上摆动,也可以在两个方向上摆动,因此既可以做成单向变量泵,也可以做成双向变量泵。

图 4-4-9 为 A2F 型斜轴式轴向定量柱塞泵的结构。A2F 型泵的型号意义表示如下:

A2F　　63　　W　　6.1　　A　　4

①　　②　　③　　④　　⑤　　⑥

① 名称:斜轴式定量泵(马达)。

② 公称排量(mL/r)。Ⅰ系列:12,23,28,56,80,107,160;Ⅱ系列:16,32,45,63,90,125,180。

③ 旋向(面对轴端):R—右旋;L—左旋;W—双向。

④ 结构形式编码:1,2,3,4,5,6,6.1。

⑤ 轴伸结构:P—平键;Z、A—花键(DIN);S—花键(GB)。

⑥ 后盖形式:1,2—用于液压马达中;3,4—用于闭式系统的泵中;5,6—用于开式系统的泵中。

例如 A2F63W6.1A4 表示 A2F 类型的斜轴式定量泵,公称排量为 63 mL/r,传动轴可双向旋转,结构形式为 6.1,轴伸采用花键(DIN),后盖形式用于闭式系统的泵中。

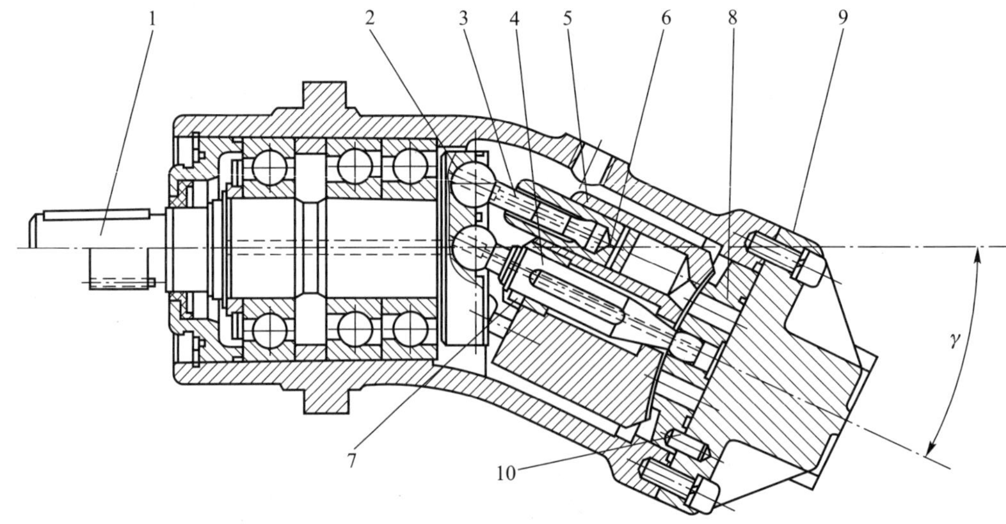

1—输入轴;2—传动盘;3—连杆;4—中心连杆;5—缸体;6—柱塞;7—压紧弹簧;8—配流盘;9—泵盖;10—定位销

图 4-4-9　A2F 型斜轴式轴向定量柱塞泵结构(20°倾角)

斜轴式轴向柱塞泵与斜盘式轴向柱,塞泵不同的是,传动轴轴线与柱塞缸体轴线间倾斜了一定的角度 γ。斜轴式轴向柱塞泵的工作原理如下:原动机的动力由输入轴 1 输入,通过传动盘 2、连杆 3 和柱塞 6 带动缸体 5 旋转。由于输入轴 1 和缸体 5 的中心线存在着夹角 γ,所以传动盘 2 通过连杆 3,迫使柱塞 6 在带动缸体旋转的同时,自身也在缸体 5 的柱塞孔内做往复直线运动。面对轴端,若动力输入轴顺时针方向运转,当柱塞 6 行至左半周时,柱塞底部密封容积增大,通过配流盘 8 的吸油窗口从油箱吸油;当柱塞 6 行至右半周时,柱塞底部密封容积减小,通过配流盘 8 的压油窗口将油液压出。输入轴连续运转,斜轴式轴向柱塞泵可实现连续吸、压油。A2F 型斜轴式轴向柱塞泵具有转速高、压力高、体积小、重量轻等特点。

与斜盘式轴向柱塞泵相比,斜轴式轴向柱塞泵由于柱塞和缸体所受的径向作用力较小,允许的倾角较大,所以变量范围较大。一般斜盘式轴向柱塞泵的最大倾角约为 20°,而斜轴式轴向柱塞泵的最大倾角可达 40°。由于靠摆动缸体来改变流量,故其体积和变量机构的惯量较大,变量机构动作的响应速度较低。

4.4.3 径向柱塞泵

图 4-4-10 为径向柱塞泵工作原理图,其由定子 2、转子 3、柱塞 7、配流轴套 4 和配流轴 5 等主要零件组成。柱塞沿径向均匀分布地安装在转子上。配流轴套和转子紧密配合,并套装在配流轴上。配流轴是固定不动的,转子连同柱塞由电动机带动一起旋转。柱塞靠离心力(有些结构是靠弹簧或低压补油作用)紧压在定子的内壁面上。由于定子和转子间有一偏心距 e,所以当转子按图示方向旋转时,柱塞在上半周内向外伸出,其底部的密封容积逐渐增大,产生局部真空,于是通过固定在配流轴上的窗口 a 吸油。当柱塞处于下半周时,柱塞底部的密封容积逐渐减小,通过配流轴窗口 b 把油液压出。转子转一周,每个柱塞各吸、压油一次。若改变定子和转子的偏心距 e,则泵的输出流量也改变,即为径向柱塞变量泵;若偏心距 e 从正值变为负值,则进油口和压油口互换,即为双向径向柱塞变量泵。

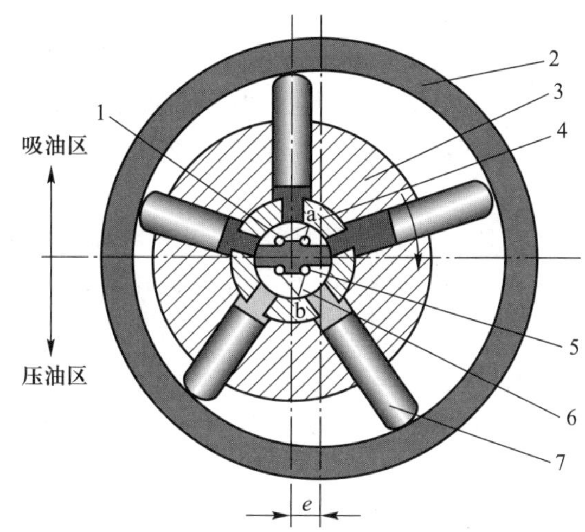

1—吸油口;2—定子;3—转子;4—配流轴套;5—配流轴;6—压油口;7—柱塞

图 4-4-10 径向柱塞泵工作原理图

4.5 液压泵的选择及使用

4.5.1 液压泵的工作特点

1. 液压泵的工作压力取决于负载情况。若负载为零,则液压泵的工作压力为零。随着负载的增加,液压泵的工作压力自动增加。液压泵的最高工作压力受液压泵结构强度和使用寿命的限制。为了防止压力过高而使液压泵损坏,要采取限压措施。

2. 液压泵的吸油腔压力过低会产生吸油不足,当吸油腔压力低于油液的空气分离压时,将出现气穴现象,造成液压泵内部分零件的气蚀,同时产生噪声。因此,除了在液压泵的结构设计时尽可能减小吸油流道的液阻外,为了保证液压泵的正常运行,应使液压泵的安装高度不超过允许值,并且避免吸油腔过滤器及吸油管路形成过大的压降。

3. 变量液压泵可以通过调节排量来改变流量,定量液压泵只有用改变转速的办法来调节流量。但转速的增高受到液压泵的吸油能力、使用寿命的限制;转速降低虽然对寿命有利,但会使液压泵的容积效率降低。所以,应使液压泵的转速限定在合适的范围内。

4. 液压泵的输出流量具有一定的脉动,其脉动的程度取决于液压泵的形式及结构设计参数。为了减少脉动对液压泵工作的影响,除了从选型上考虑外,必要时可在系统中设置蓄能器以吸收脉动。

4.5.2 液压泵的优缺点及应用

1. 齿轮泵的主要优缺点及应用

(1) 优点。结构简单,工艺性较好,成本较低;与同样流量的其他各类液压泵相比,其结构紧凑,体积小;自吸性能好,无论在高、低转速甚至在手动情况下都能可靠地实现自动吸油;转速范围大,因液压泵的传动部分以及齿轮基本上都是平衡的,在高转速下不会产生较大的惯性力;对油液污染不敏感,油液中污物对其工作影响不严重,不易咬死,维护方便,工作可靠。

(2) 缺点。困油现象严重,工作压力较低,容积效率较低,径向不平衡力大,流量脉动大,泄漏量大,噪声较高。

(3) 应用。低压齿轮泵广泛地应用在各种补油、润滑和冷却装置等低压的液压系统中。中压齿轮泵主要应用在机床等设备的液压系统中,中高压和高压齿轮泵主要应用在农业机械、工程机械、船舶机械和航空航天技术中。

2. 叶片泵的主要优缺点及应用

(1) 优点。对于双作用叶片泵,其流量均匀,运转平稳,噪声小;转子所受径向液压力彼此平衡,使用寿命长,耐久性好;容积效率较高,可达95%以上;工作压力较高,目前双作用叶片泵的工作压力为6.86~10.3 MPa,有时可达20.6 MPa;结构紧凑,外形尺寸小且排量大。

(2) 缺点。叶片易咬死,自吸能力差,工作可靠性差;对油液污染较敏感,故要求工作环境清洁,油液要求严格过滤;结构较齿轮泵复杂,零件制造精度要求较高;要求吸油的可靠转速为8.3~25 r/s,如果转速低于8.3 r/s,因离心力不够,叶片不能紧贴在定子内表面,不能形成密封良好的密封容腔,从而吸不上油,如果转速太高,由于吸油速度太快,会产生气穴现象,也吸不上油或吸油不连续。

(3) 应用。叶片泵在中低压液压系统尤其是在机床行业中应用得最多。其中单作用叶片泵常做变量泵使用,其额定压力较低(6.3 MPa),常用于组合机床、压力机械等;双作用叶片泵只能做定量泵使用,其额定压力可达14~21 MPa,在注塑机、运输装卸机械及工程机械等中压液压系统中得到广泛应用。

3. 柱塞泵的主要优缺点及应用

(1) 优点。额定压力高,转速高,泵的驱动功率大;效率高,容积效率约为95%,总效率约为90%;寿命长;变量方便,形式多;单位功率的重量轻;柱塞泵主要零件均受压应力,材料强度性能可得以充分利用。

(2) 缺点。结构较复杂,零件数较多;自吸性差;制造工艺要求较高,成本较高;油液对污染较敏感,要求较高的过滤精度,对使用和维护要求较高。

(3) 应用。柱塞泵在高压、大流量、大功率的液压系统中和流量需要调节的场合,如压力机械、工程机械、矿山机械、船舶机械等机械中得到广泛应用。

综上所述,从使用角度看,上述三大类液压泵的优劣次序是柱塞泵、叶片泵、齿轮泵。从结构的复杂程度、价格及抗污染能力等方面来看,齿轮泵最好,而柱塞泵结构最复杂、价格最高、对油液的清洁度要求也最苛刻。因此,每种液压泵都有自己的特点和使用范围,使用时应根据具体工况,结合各类液压泵的性能、特点及适用场合合理选择。

4.5.3 液压泵的主要性能和选用

表 4-5-1 列出了各类液压泵的主要性能,使用时应根据所要求的实际工作情况和液压泵的性能合理地进行选择。

表 4-5-1 各类液压泵的主要性能和选用

项目	齿轮泵	双作用叶片泵	单作用叶片泵	轴向柱塞泵	径向柱塞泵
工作压力/MPa	≤20	6.3~20	≤6.3	20~35	10~20
流量调节	不能	不能	能	能	能
容积效率	0.70~0.95	0.80~0.95	0.80~0.95	0.90~0.98	0.85~0.95
总效率	0.60~0.85	0.75~0.85	0.70~0.85	0.85~0.95	0.75~0.92
流量脉动率	大	小	中等	中等	中等
对油液的污染敏感性	不敏感	敏感	敏感	敏感	敏感
自吸特性	好	较差	较差	较差	差
噪声	大	小	较大	大	较大
应用范围	机床、工程机械、农机、航空、船舶、一般机械	机床、工程机械、航空、注塑机、起重运输机械	注塑机、机床	工程机械、起重运输机械、矿山机械、冶金机械、航空、船舶	机床、船舶机械、矿山机械

4.5.4 液压泵常见故障的分析和排除方法

液压泵是液压系统的心脏,它一旦发生故障就会立即影响系统的正常工作。液压泵常见故障的分析和排除方法见表 4-5-2。

表 4-5-2 液压泵常见故障的分析和排除方法

序号	故障现象	故障原因	排除方法
1	轴不转动	① 电气或电动机故障 ② 溢流阀或单向阀故障 ③ 传动轴上的连接键漏装或折断 ④ 内部滑动副因配合间隙过小而卡死 ⑤ 油液太脏,液压泵的吸油管进入脏物而卡死 ⑥ 油温过高使零件产生热变形	① 检查电气或电动机故障原因并排除 ② 检查溢流阀和单向阀,合理调节溢流阀的压力值 ③ 补装新键或更换键 ④ 拆开检修,按要求选配间隙,使配合间隙达到要求 ⑤ 过滤或更换油液,拆开清洗并在吸油口安装吸油过滤器 ⑥ 检查冷却器的冷却效果和油箱油量
2	噪声大	① 吸油位置太高或油箱液位过低 ② 过滤器或吸油管部分被堵塞或通过面积小 ③ 泵或吸油管密封不严 ④ 泵吸入腔通道不畅 ⑤ 油的黏度过高 ⑥ 油箱空气滤清气孔被堵 ⑦ 泵的轴承或配合零件磨损严重 ⑧ 泵的结构设计不佳 ⑨ 吸入气泡 ⑩ 泵安装不良,泵与电动机同轴度差	① 降低泵的安装高度或加油至液位线 ② 清洗滤芯或吸油管,更换合适的过滤器或吸油管 ③ 检查连接处和接合面的密封性,并紧固 ④ 拆泵清洗检查 ⑤ 检查油质,按要求选用油的黏度 ⑥ 清洗通气孔 ⑦ 拆开修复或更换 ⑧ 改进设计,消除困油现象 ⑨ 进行空载运转,排除空气;吸油管和回油管隔开一定距离,使回油管口插入油面下一定深度 ⑩ 重新安装,达到安装要求
3	不吸油或吸油不足	① 泵轴反转 ② 见本表序号2中①~⑤ ③ 泵的转速太低 ④ 变量泵的变量机构失灵 ⑤ 叶片泵叶片未伸出,卡死在转子槽内	① 纠正转向 ② 见本表序号2中①~⑤ ③ 控制在规定的最低转速以上使用 ④ 拆开检查,调整、修配或更换 ⑤ 拆开清洗,合理选配间隙,检查油质,过滤或更换油液
4	输油不足或压力升不高	① 泵滑动零件严重磨损 ② 装配间隙过大,叶片和转子反装等造成的装配不良 ③ 用错油液或油温过高造成油的黏度过低 ④ 电动机有故障或驱动功率过小 ⑤ 泵排量选得过大或压力调得过高造成驱动功率不足	① 拆开清洗、修理或更换 ② 重新装配,达到技术要求 ③ 更换油液,找出油温过高的原因,提出降温措施 ④ 检查电动机并排除故障,核算驱动功率 ⑤ 重新计算匹配压力、流量和功率,使之合理

续表

序号	故障现象	故障原因	排除方法
5	压力和流量不稳定	① 吸油过滤器部分堵塞 ② 吸油管伸入油面较浅 ③ 油液过脏,个别叶片被卡住或伸出困难 ④ 泵的装配不良(个别叶片在转子槽内间隙过大或过小,或个别柱塞与缸体柱塞孔配合间隙过大) ⑤ 泵结构不佳,困油严重 ⑥ 变量机构不工作	① 清洗或更换过滤器 ② 适当加长吸油管长度 ③ 过滤或更换油液 ④ 修配后使间隙达到要求 ⑤ 改进设计,消除困油现象 ⑥ 拆开清洗、修理,过滤或更换油液

1. 容积式液压泵的工作原理是什么？如果油箱完全封闭,不与大气相通,液压泵是否还能工作？

2. 如何理解“液压泵的压力升高会使流量减少”的说法？

3. 液压泵的工作压力取决于什么？泵的工作压力和额定压力有何区别？两者的关系如何？

4. 各类液压泵中哪些泵可以实现变量？

5. 齿轮泵压力的提高主要受哪些因素的影响？可以采取哪些措施来提高齿轮泵的压力？

6. 什么是齿轮泵的困油现象？有何危害？如何解决？

7. 齿轮泵为什么有较大的流量脉动？

8. 说明叶片泵的工作原理。试述单作用叶片泵和双作用叶片泵各有什么优缺点。

9. 为何要限制叶片泵的转速？过高或过低有哪些不良影响？

10. 为什么轴向柱塞泵适用于高压？

11. 轴向柱塞泵在启动前为什么要向壳体内灌满液压油？

12. 斜盘式轴向柱塞泵结构中有几对摩擦副？从结构上如何解决摩擦问题？

13. 某液压泵铭牌上标有转速 $n=1\ 450$ r/min,其额定流量 $q=60$ L/min,额定压力 $p_H=80\times10^5$Pa,泵的总效率 $\eta=0.8$,试求：

1) 该液压泵应选配的电动机功率。

2) 若该液压泵使用在特定的液压系统中,该系统要求泵的工作压力 $p=40\times10^5$Pa,计算该液压泵应选配的电动机功率。

14. 已知某液压泵的转速为 950 r/min,排量为 $V=168$ mL/r,在额定压力 29.5 MPa 和同样的转速下,测得的实际流量为 150 L/min,额定工况下的总效率为 0.87,求：

1) 液压泵的理论流量 q_t。

2) 液压泵的容积效率 η_V 和机械效率 η_M。

3) 液压泵在额定工况下,所需电动机的驱动功率 P。

4) 驱动液压泵的转矩 T。

15. 已知斜盘式轴向柱塞泵的斜盘倾角 $\gamma=22°3'$,柱塞直径 $d=22$ mm,柱塞分布圆直径 $D=68$ mm,柱塞数 $z=7$。设容积效率 $\eta_V=0.98$,机械效率 $\eta_M=0.9$,转速 $n=960$ r/min,输出压力 $p=10$ MPa,求该柱塞泵的理论流量、实际流量和输入功率。

16. 已知液压泵的额定压力和额定流量,若不计管道内的压力损失,试说明题图 4-1 所示各种工况下液压泵出口处的工作压力值。

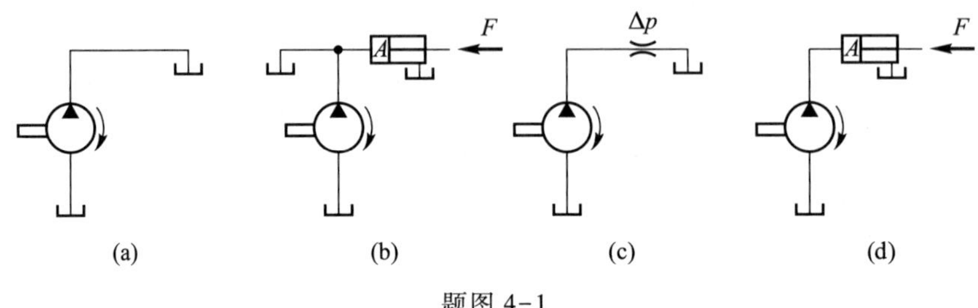

题图 4-1

第 5 章　液压执行元件

液压执行元件包括液压缸和液压马达。液压缸和液压马达都是将液体的压力能转变为机械能的能量转换装置。液压缸用来实现工作机构的直线往复运动或小于 360°的摆动,输出的是力和速度(摆动时输出的是转矩和角速度);液压马达用来实现工作机构的连续旋转运动,输出相应的转矩和转速。

液压缸在结构形式上常见的有活塞式、柱塞式和摆动式三大类。液压马达在结构形式上可分为齿轮式、叶片式和柱塞式三大类。本章主要介绍常见液压缸、液压马达的结构、原理及使用等问题。

5.1　液压缸的类型及特点

5.1.1　液压缸的分类

液压缸的核心零部件主要有缸筒、活塞及活塞杆(或柱塞)、端盖等,主要作用是驱动负载实现直线往复运动。按照油液对液压缸的作用方式不同,液压缸可分为单作用式和双作用式两大类;按不同的使用压力,又可分为中低压、中高压和高压液压缸;按照结构形式的不同又可分为活塞式液压缸(称为活塞缸)、柱塞式液压缸(称为柱塞缸)和摆动式液压缸(称为摆动缸),又根据活塞缸活塞两侧有无活塞杆,分为单杆活塞缸和双杆活塞缸,摆动缸是实现小于 360°往复摆动的一种装置,输出转矩和角速度。

液压缸的分类见表 5-1-1。其结构形式有活塞缸、柱塞缸、摆动缸(也称摆动液压马达)三大类。液压缸结构简单、工作可靠,在液压系统中得到广泛的应用。其中,双作用单杆活塞缸可形成差动缸,达到增速减力的作用。柱塞缸缸筒与柱塞只有很小一部分接触,缸筒内大部分只需进行粗加工或不加工,其工艺性能好,特别适用于工作行程很长的场合,但柱塞缸只能靠外力回程,若想完成双向运动,则需两个柱塞缸组合使用。摆动缸分单叶片式与双叶片式。单叶片式摆动缸转动轴所受径向力不平衡,在流量和压力相同的条件下,双叶片式摆动缸的输出转矩是单叶片式的两倍,但其输出角速度是单叶片式摆动缸的一半。增速缸实际上是由一个柱塞缸和一个双作用单杆活塞缸组合而成的,它和顺序阀配合使用具有增速减力的作用。伸缩套筒缸中的单作用多级缸,其回程要靠外力。串联缸具有增力减速的作用。增压缸与顺序阀配合使用,当负载力增加时,系统压力也随之升高,做到系统压力与负载相适应。

柱塞缸

两个柱塞缸实现双向运动

单作用伸缩套筒缸

双作用单杆活塞缸

缸筒固定双杆活塞缸

活塞杆固定双杆活塞缸

双作用伸缩套筒缸

增压缸

双叶片摆动缸

表 5-1-1 液压缸的分类

名称			图形	符号	说明
液压缸	单作用液压缸	活塞缸	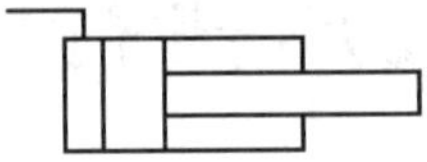	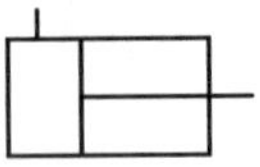	只可单向运动，靠外力使活塞反向运动
		柱塞缸	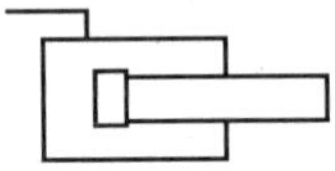	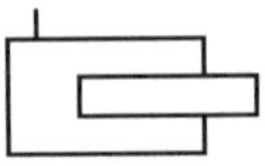	只可单向运动，靠外力使柱塞反向运动
		伸缩套筒缸（多级缸）	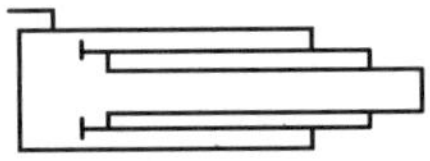	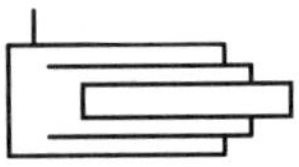	有多个连接的活塞，行程较长，靠外力使活塞缩回
	双作用液压缸	单杆活塞缸	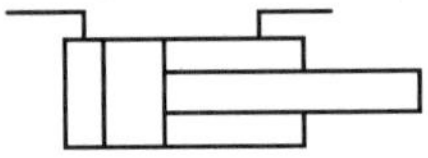	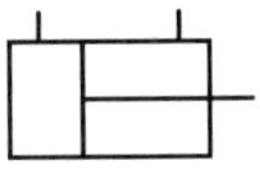	活塞双向运动，行程终端不减速
		单杆带缓冲装置活塞缸	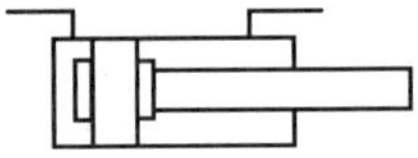	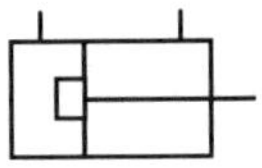	活塞双向运动，行程终端减速
		双杆活塞缸		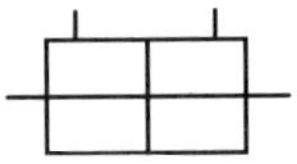	活塞左右移动速度和行程皆相等
		伸缩套筒缸（多级缸）	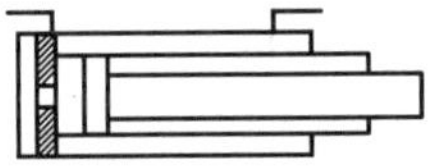	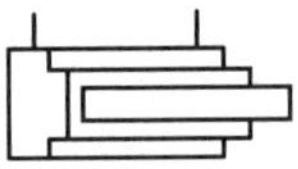	互相连动的活塞双向运动，能够增加行程
	组合液压缸	串联缸	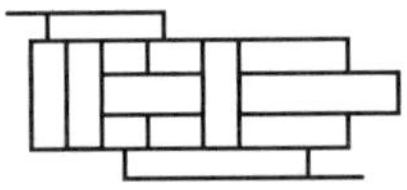	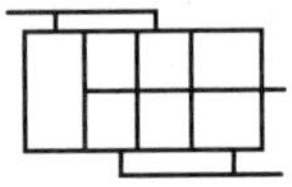	当液压缸直径受限而长度不受限制时，可获得较大的推力
		增压缸	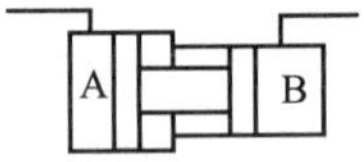 A B	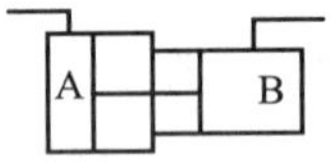 A B	由两个不同的压力室 A 和 B 组成，可提高 B 室的压力
		增速缸	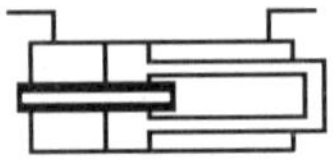		具有增速作用
	摆动缸	单叶片式		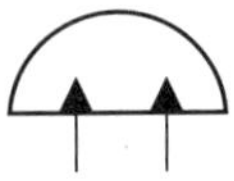	输出轴摆动角度小于 360°，径向力不平衡
		双叶片式			输出轴摆动角度小于 180°，径向力平衡

5.1.2 液压缸输出参数的计算

液压缸输出参数的计算主要是指液压缸输出力和输出速度的计算。

5.1.2.1 双作用单杆活塞缸

图 5-1-1 为双作用单杆活塞缸工作原理图。活塞一侧安装有活塞杆,活塞两侧面积不同,分别为 A_1、A_2。工作时,活塞与活塞杆相对于缸筒可以伸出(伸程),也可以缩回(回程)。其他参数见图 5-1-1 上的标识。

(1) 力的计算。

$$F_1 = p_1A_1 - p_2A_2 \text{(伸程推力)} \tag{5-1-1}$$

$$F_2 = p_2A_2 - p_1A_1 \text{(回程拉力)} \tag{5-1-2}$$

(2) 速度的计算。

$$v_1 = \frac{q_1}{A_1} \text{(伸程速度)} \tag{5-1-3}$$

$$v_2 = \frac{q_2}{A_2} \text{(回程速度)} \tag{5-1-4}$$

(3) 差动连接时的力和速度的计算。

双作用单杆活塞缸最大的特点是能形成差动连接,如图 5-1-2 所示,差动连接具有增速减力作用,输出的力和速度为:

$$F = p_1A_1 - p_2A_2 = p_1A_1 - p_1A_2 = p_1(A_1 - A_2) = p_1\frac{\pi}{4}d^2 \tag{5-1-5}$$

式中:d 为活塞杆直径。而

$$v = \frac{q_1'}{A_1} = \frac{q_1 + q_2}{A_1} = \frac{q_1 + vA_2}{A_1} \tag{5-1-6}$$

解得

$$v = \frac{q_1}{A_1 - A_2} = \frac{4q_1}{\pi d^2} \tag{5-1-7}$$

所以,差动连接相对于非差动连接,在输入压力和流量不变的情况下,活塞杆伸出速度大,而推力较小。在液压系统中,常常通过控制阀来改变单杆活塞缸的油路连接,使活塞缸有不同的连接方式,从而获得快进、工进等工作方式。

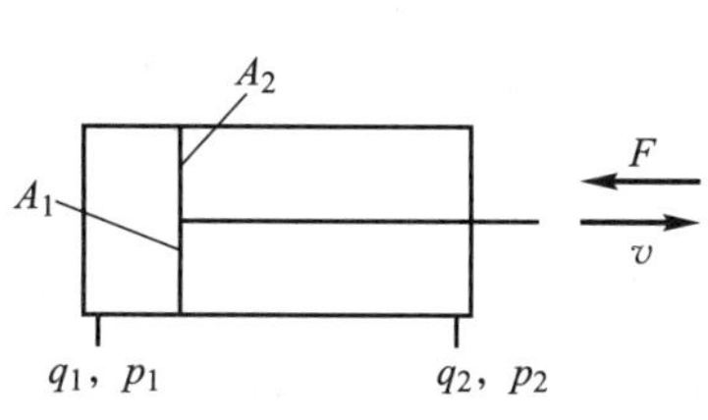

图 5-1-1 双作用单杆活塞缸工作原理图

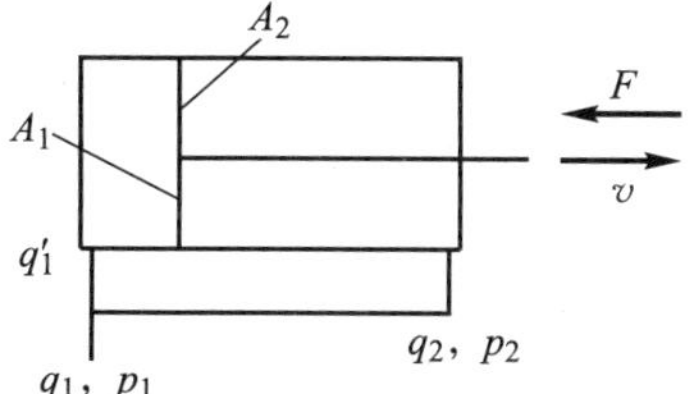

图 5-1-2 双作用单杆活塞缸的差动连接

差动连接

5.1.2.2 双作用双杆活塞缸

图 5-1-3 为双作用双杆活塞缸工作原理图,在活塞两侧都有活塞杆伸出。两活塞杆直径可以相同,也可做成不同。安装时可根据所驱动负载的要求采用缸筒固定,活塞杆运动形式,如图 5-1-3a 所示;也可采用活塞杆固定,缸筒运动的形式,如图 5-1-3b 所示。

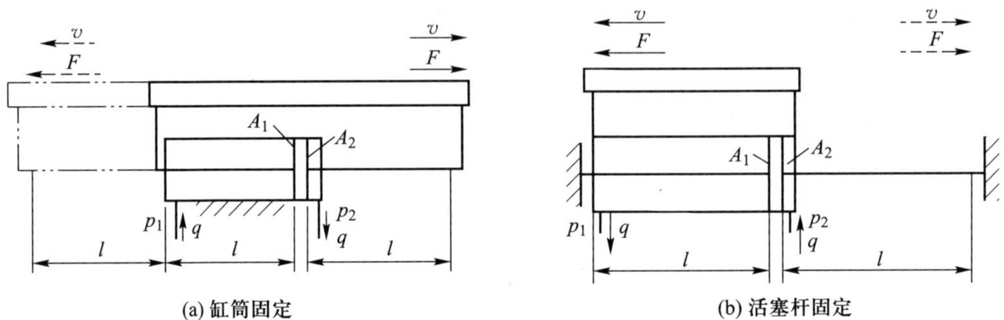

(a) 缸筒固定 (b) 活塞杆固定

图 5-1-3 双作用双杆活塞缸工作原理图

液压缸的运动速度 v 为

$$v=\frac{q}{A}=\frac{4q}{\pi(D^2-d^2)}$$

液压缸的输出力 F 为

$$F=(p_1-p_2)A=\frac{\pi}{4}(D^2-d^2)(p_1-p_2)$$

式中:D 为活塞直径;d 为活塞杆直径;p_1为进油压力;p_2为回油压力。

5.1.2.3 柱塞缸

图 5-1-4 所示为柱塞缸,主要由缸筒、柱塞、导向套、密封圈、端盖等组成。由于柱塞和缸筒内壁接触长度短,缸筒内壁只需进行粗加工,而且结构简单,相对于活塞缸工艺性好,但单柱塞缸只能实现一个方向的运动,反向运行需要靠外力。柱塞缸的输出速度 v 和输出力 F 可以由如下公式计算。

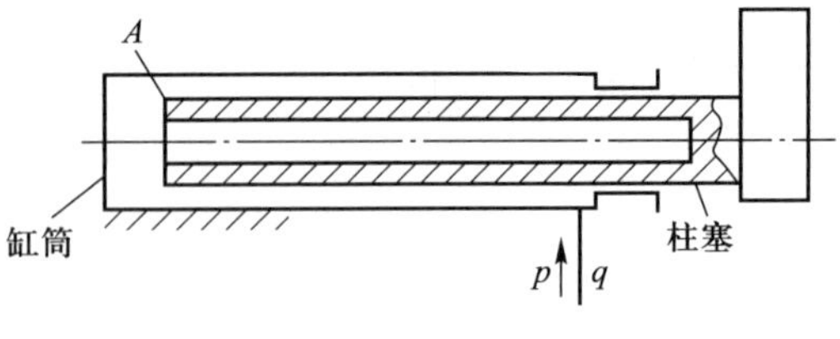

图 5-1-4 柱塞式液压缸

输出速度为

$$v=\frac{q}{A}=\frac{4q}{\pi d^2}$$

式中:d 为柱塞的直径。

输出力为

$$F=pA=p\frac{\pi}{4}d^2$$

为保证柱塞缸有足够的推力和稳定性,一般将柱塞做得较粗,但为了减轻柱塞的重量,有时将柱塞做成空心式。柱塞缸适宜于垂直安装使用,常用于工程行程较长、输出力较大的场合。

5.1.2.4 伸缩套筒式液压缸(伸缩套筒缸)

图 5-1-5 所示为伸缩套筒式液压缸(称为多级缸)的结构图,它由两级或多级活塞缸套装而成,主要组成零件有缸体 5、活塞 4、套筒活塞 3 等。

缸体两端有进、出油口 A 和 B。当 A 口进油,B 口回油时,先推动一级活塞(套筒活塞)3 向右运动。由于一级活塞的有效作用面积大,所以运动速度低而推力大。一级活塞 3 与二级活塞 4 一起右行至终点时,二级活塞 4 在压力油的作用下继续向右运动,因其有效作用面积小,所以运动速度快,但推力小。套筒活塞 3 既是一级活塞,又是二级活塞 4 的缸体,有双重作用(在多级缸中,前一级缸的活塞就是后一级缸的缸套)。若 B 口进油,A 口回油,则二级活塞 4 先退回至终点,然后一级活塞 3 带动二级活塞 4 一起退回。

多级缸工作原理

二级缸结构

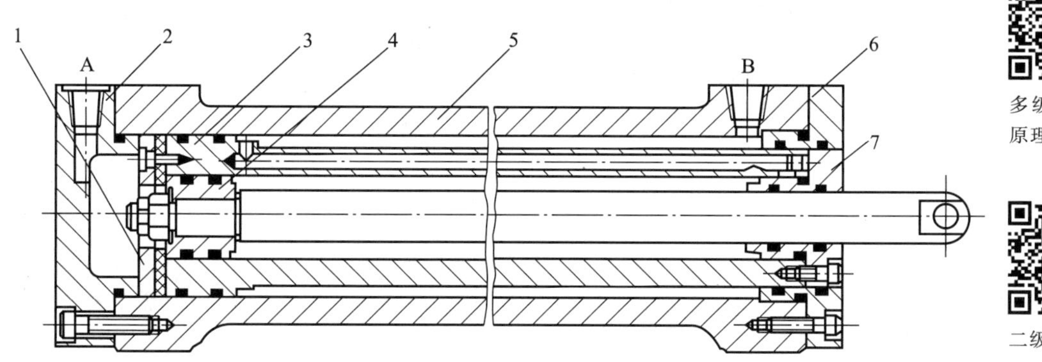

1—压板;2、6—端盖;3—套筒活塞;4—活塞;5—缸体;7—套筒活塞压盖

图 5-1-5 伸缩套筒式液压缸的结构图

二级缸工作原理

对伸缩套筒式液压缸的输出速度和输出力进行计算时,主要需确定有效作用面积。第一级伸出时,其有效作用面积为套筒活塞的总面积,也即缸筒的内截面积;第二级伸出时,有效作用面积为第二级活塞的面积;后面几级以此类推。所以,当供给液压缸的流量不变时,各级伸出速度是不同的,杆越细,速度越快。

伸缩套筒式液压缸的特点是:活塞杆伸出的行程长,收缩后的结构尺寸小,适用于翻斗汽车、起重机的伸缩臂等。

5.1.2.5 摆动缸

摆动缸能实现小于 360°的往复摆动,由于可以直接输出转矩,故又称为摆动液压马达,主要有单叶片式、双叶片式和三叶片式结构形式。

图 5-1-6a 所示为单叶片摆动缸,主要由定子块 1、缸体 2、摆动轴 3、叶片 4、左右支承盘和左右盖板等主要零件组成。两个工作腔之间的密封靠叶片和隔板外缘所嵌的框形密封件来保证。定子块固定在缸体上,叶片和摆动轴固连在一起,当两油口相继通以压力油时,叶片即带动摆动轴做往复摆动。当考虑到机械效率时,单叶片摆动缸摆动轴的输出转矩为

$$T=\frac{b}{8}(D^2-d^2)(p_1-p_2)\eta_M \tag{5-1-8}$$

式中:D 为缸体内孔直径;d 为摆动轴直径;b 为叶片宽度。

其输出角速度为

$$\omega=\frac{8q\eta_V}{b(D^2-d^2)} \tag{5-1-9}$$

单叶片摆动缸的摆角一般不超过 280°,双叶片摆动缸的摆角一般不超过 150°。当输入压力和流量不变时,双叶片摆动缸摆动轴输出转矩是相同参数单叶片摆动缸的两倍,而摆动角速度则是单叶片摆动缸的一半,如图 5-1-6b 所示。

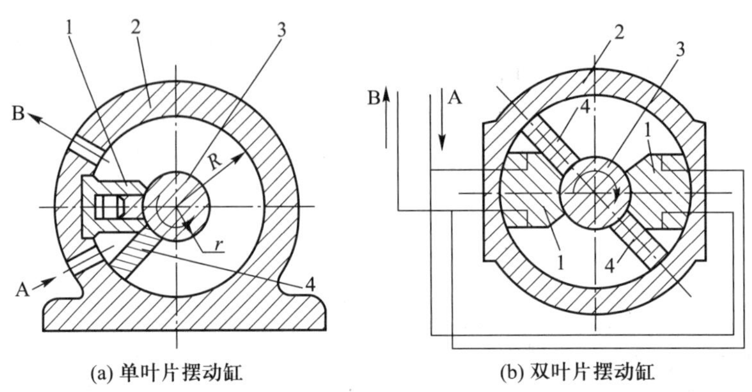

(a) 单叶片摆动缸　(b) 双叶片摆动缸

1—定子块;2—缸体;3—摆动轴;4—叶片

图 5-1-6　摆动缸

摆动缸结构紧凑,输出转矩大,但密封困难,一般只用于中、低压液压系统中需进行往复摆动、转位或间歇运动的部位。

【例 5-1】 如图 5-1-7 所示为两液压缸,缸内径为 D,活塞杆直径均为 d,若输入缸中的流量都是 q,压力为 p,出口处的油直接通油箱,且不计摩擦损失,比较它们的推力、运动速度和运动方向。

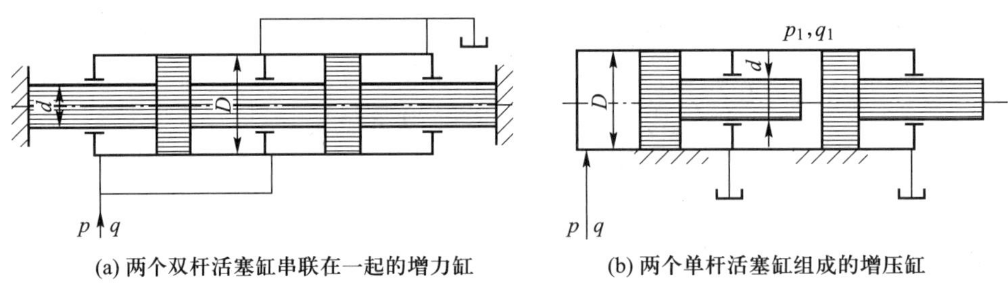

(a) 两个双杆活塞缸串联在一起的增力缸　(b) 两个单杆活塞缸组成的增压缸

图 5-1-7　液压缸推力和速度的计算

解:图 5-1-7a 为两个双杆活塞缸串联在一起的增力缸,活塞杆固定,缸筒运动,所产生的推力

$$F=2pA=\frac{\pi}{2}p(D^2-d^2)$$

输入两缸的总流量为 q,故输入每一缸的流量为 $0.5q$,故运动速度

$$v=\frac{1}{2}\frac{q}{A}=2q/[\pi(D^2-d^2)]$$

因活塞杆固定,故缸筒运动方向向左。

图 5-1-7b 为两个单杆活塞缸组成的增压缸,输出的压力

$$p_1=p(D/d)^2$$

输出的流量

$$q_1=(\pi/4)d^2 4q/(\pi D^2)=q(d/D)^2$$

以增压后的压力 p_1 输入另一单杆的无杆腔，产生的推力

$$F=p_1(\pi/4)D^2=(\pi/4)D^2p(D/d)^2$$

以流量 q_1 输入单杆缸的无杆腔，活塞移动的速度

$$v=q_1/[(\pi/4)D^2]=(4q/\pi D^2)(d/D)^2$$

活塞运动方向向右。

【例 5-2】 如图 5-1-8 所示，流量为 5 L/min 的液压泵驱动两个并联液压缸，已知活塞 A 负载重 10 000 N，活塞 B 负载重 5 000 N，两个液压缸活塞工作面积均为 100 cm^2，溢流阀的调整压力为 20×10^5 Pa，设初始状态时两活塞都处于缸体下端，试求两活塞的运动速度和液压泵的工作压力。

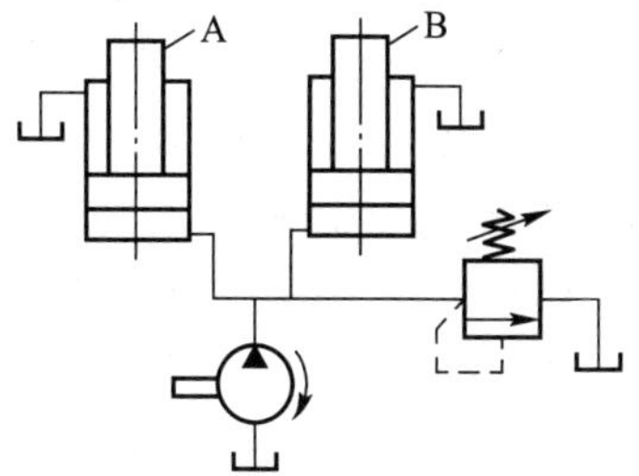

图 5-1-8 液压泵驱动两个并联液压缸

解：根据液压系统的压力取决于外负载这一结论，由于活塞 A、B 负载重量不同，可知活塞 A 的工作压力

$$p_A=\frac{G_A}{A_A}=\frac{10\ 000}{100\times10^{-4}}\ \text{Pa}=10\times10^5\ \text{Pa}$$

活塞 B 的工作压力

$$p_B=\frac{G_B}{A_B}=\frac{5\ 000}{100\times10^{-4}}\ \text{Pa}=5\times10^5\text{Pa}$$

故两活塞不会同时运动，运动过程如下：

（1）活塞 B 先动，此时 A 不动，流量全部进入液压缸 B，此时

$$v_B=\frac{q}{A_B}=\frac{5\times10^{-3}}{100\times10^{-4}}\ \text{m/min}=0.5\ \text{m/min}$$

$$v_A=0$$

$$p=p_B=5\times10^5\text{Pa}$$

（2）活塞 B 运动到顶端后，活塞 A 开始运动，流量全部进入液压缸 A，此时

$$v_A=\frac{q}{A_A}=\frac{5\times10^{-3}}{100\times10^{-4}}\ \text{m/min}=0.5\ \text{m/min}$$

$$v_B=0$$

$$p=p_A=10\times10^5\text{Pa}$$

（3）活塞 A 运动到顶端后，系统压力 p 继续升高，直至溢流阀打开，流量全部通过溢流阀回油箱，液压泵压力稳定在溢流阀的调整压力，即

$$p=20\times10^5\ \text{Pa}$$

5.2 液压缸的结构组成

液压缸的种类很多，结构也各不相同，一般由缸筒组件、活塞组件、密封装置、缓冲装置、排气装置等组成。下面介绍各种液压缸结构上的特点。

5.2.1 缸筒组件

缸筒组件由缸筒、缸盖、密封件及连接件等组成。工程机械液压缸的缸筒通常用无缝钢管制成，缸筒内径需较高的加工精度，外部表面可不加工。缸盖材料一般用 35、45 钢锻件或 ZG35、ZG45 铸件。一般来说，缸筒和缸盖的结构形式与其使用的材料有关。当工作压力 $p \leqslant 10$ MPa 时，使用铸铁；当 10 MPa$<p<$20 MPa 时，使用无缝钢管；当 $p \geqslant 20$ MPa 时，使用铸钢或锻钢。

缸筒与缸盖的连接形式有法兰连接式、半环连接式、螺纹连接式、拉杆连接式和焊接连接式等。图 5-2-1 所示为缸筒和缸盖的常见连接结构形式。图 5-2-1a 所示为法兰连接式，结构简单，加工容易，也容易拆装，但外形尺寸和重量都较大，常用于铸铁制的缸筒上。图 5-2-1b 所示为半环连接式，缸筒壁部因开了环形槽而削弱了强度，为此有时要加厚缸壁。该连接形式容易加工和装拆，重量较轻，常用于无缝钢管或锻钢制的缸筒上。图 5-2-1c 所示为螺纹连接式，缸筒端部结构复杂，外径加工时要求保证内、外径同心，拆装要使用专用工具，优点是外形尺寸和重量都较小，常用于无缝钢管或铸钢制的缸筒上。图 5-2-1d 所示为拉杆连接式，结构的通用性大，容易加工和拆装，但外形尺寸较大，且较重。图 5-2-1e 所示为焊接连接式，结构简单，尺寸小，缸底与缸筒焊为一体，缸底处内径不易加工，且可能会引起变形。

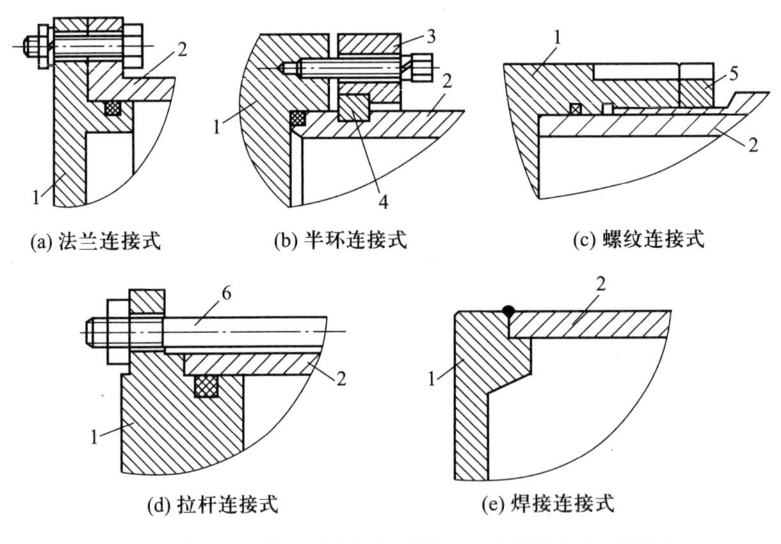

1—缸盖；2—缸筒；3—压板；4—半环；5—防松螺帽；6—拉杆

图 5-2-1 缸筒和缸盖的常见连接结构

5.2.2 活塞组件

活塞组件由活塞、活塞杆、密封元件及其连接件组成。活塞材料通常采用钢或铸铁；活塞杆可用 35、40 钢或无缝钢管制成，为了提高耐磨性和防锈性，活塞杆表面需镀铬并抛光。对工程机械用的液压缸活塞杆，由于碰撞机会多，工作表面需先经过高频淬火，然后再镀铬。可以把短行程液压缸的活塞杆与活塞做成一体，这是最简单的形式。但当行程较长时，这种整体式活塞组件的加工较烦琐，所以常把活塞与活塞杆分开制造，然后再连接成一体。活塞与活塞杆的连接形式有螺纹连接、卡环式连接等。图 5-2-2 所示为几种常见的活塞与活塞杆的连接形式。

图 5-2-2a 所示活塞与活塞杆之间采用螺纹连接,它适用于负载较小、受力无冲击的液压缸中。螺纹连接虽然结构简单,安装方便可靠,但在活塞杆上加工螺纹将削弱其强度。图 5-2-2b、c 所示为卡环式连接方式。图 5-2-2b 中活塞杆上开有一个环形槽,槽内装有两个半环以夹紧活塞。半环由轴套套住,而轴套的轴向位置用弹簧卡圈来固定。图 5-2-2c 中的活塞杆,使用了两个半环,它们分别由两个圆形密封圈座套住,活塞(活塞为两个半圆形结构)安放在密封圈座的中间。图 5-2-2d 所示是一种径向销式连接结构,用锥销把活塞固连在活塞杆上,这种连接方式特别适用于双杆式活塞。

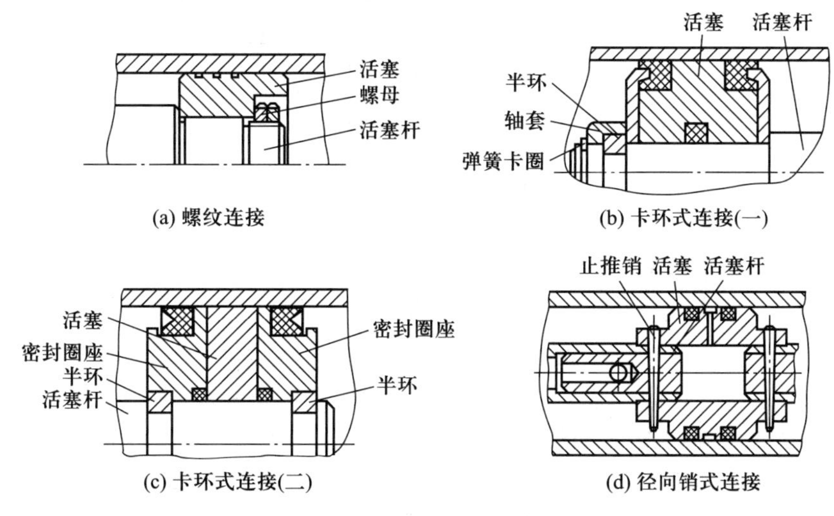

图 5-2-2 常见活塞组件连接结构形式

5.2.3 密封装置

液压缸中常见的密封装置如图 5-2-3 所示。图 5-2-3a 所示为间隙密封,它依靠运动间的微小间隙来防止泄漏。为了提高这种装置的密封能力,常在活塞的表面上加工几条细小的环形槽,以增大油液通过间隙时的阻力。它的结构简单,摩擦阻力小,可耐高温,但泄漏量大,加工要求高,磨损后无法恢复原有性能,只有在尺寸较小、压力较低、相对运动速度较高的缸筒和活塞间使用。图 5-2-3b 所示为摩擦环密封,它依靠套在活塞上的摩擦环(尼龙或其他高分子材料制成)在 O 形密封圈弹力作用下贴紧缸壁而防止泄漏。这种形式效果较好,摩擦阻力较小且稳定,可耐高温,磨损后有自动补偿能力,但加工要求高,拆装较不便,适用于缸筒和活塞之间的密封。图 5-2-3c、d 所示为密封圈(O 形密封圈、V 形密封圈等)密封,它利用橡胶或塑料的弹性使各种截面的环形圈贴紧在静、动配合面之间来防止泄漏。该密封形式结构简单,制造方便,磨损后有自动补偿能力,性能可靠,在缸筒和活塞之间、缸盖和活塞杆之间、活塞和活塞杆之间、缸筒和缸盖之间都能使用。

对于活塞杆外伸部分来说,由于它很容易把脏物带入液压缸,使油液受污染,使密封件磨损,因此常在活塞杆密封处增添防尘圈,并安装在活塞杆外伸的一端。

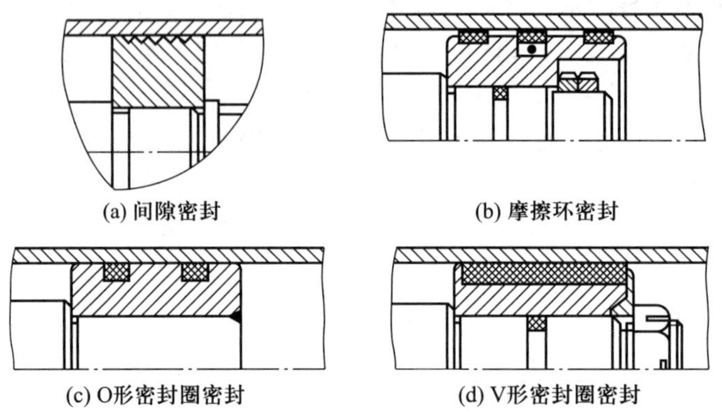

图 5-2-3 密封装置

5.2.4 缓冲装置

液压缸中一般都设置缓冲装置,特别是对大型、高速或要求高的液压缸,为了防止活塞在行程终点时和缸盖相互撞击,引起噪声、冲击,必须设置缓冲装置。

缓冲装置的工作原理是利用活塞或缸筒在其走向行程终端时封住活塞和缸盖之间的部分油液,强迫它从小孔或缝隙中挤出,以产生很大的阻力,使工作部件受到制动,逐渐减慢运动速度,达到避免活塞和缸盖相互撞击的目的。

如图 5-2-4a 所示,当缓冲柱塞进入与其相配的缸盖上的内孔时,孔中的液压油只能通过间隙 δ 排出,使活塞速度降低。由于配合间隙不变,故随着活塞运动速度的降低,起缓冲作用。如图 5-2-4b 所示,当缓冲柱塞进入配合孔之后,油腔中的油只能经节流阀排出。由于节流阀是可调的,因此缓冲作用也可调节,但仍不能解决速度降低后缓冲作用减弱的缺点。如图 5-2-4c 所示,在缓冲柱塞上开有三角槽,随着柱塞逐渐进入配合孔中,其节流面积越来越小,解决了在行程最后阶段缓冲作用过弱的问题。

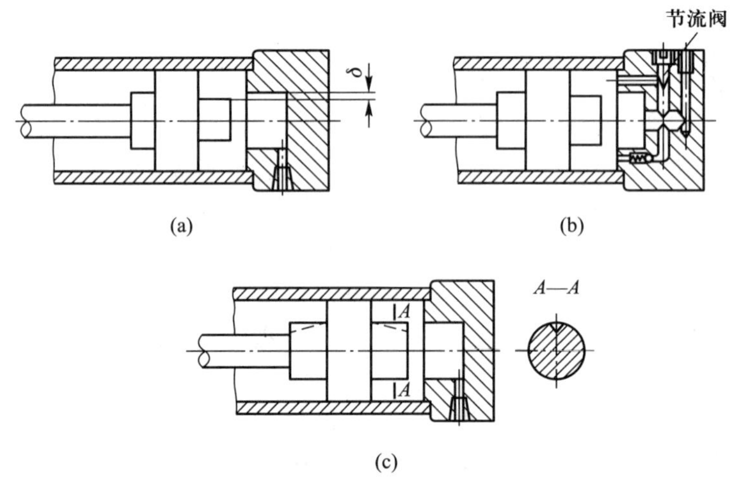

图 5-2-4 液压缸的缓冲装置

5.2.5　排气装置

液压缸在安装过程中或长时间停放重新工作时,液压缸里和管道系统中会渗入空气,为了防止执行元件出现爬行、噪声和发热等不正常现象,需把液压缸和系统中的空气排出。一般可在液压缸的最高处设置进、出油口把气体带走,也可在最高处设置如图 5-2-5a 所示的排气孔或专门的排气阀,如图 5-2-5b、c 所示。

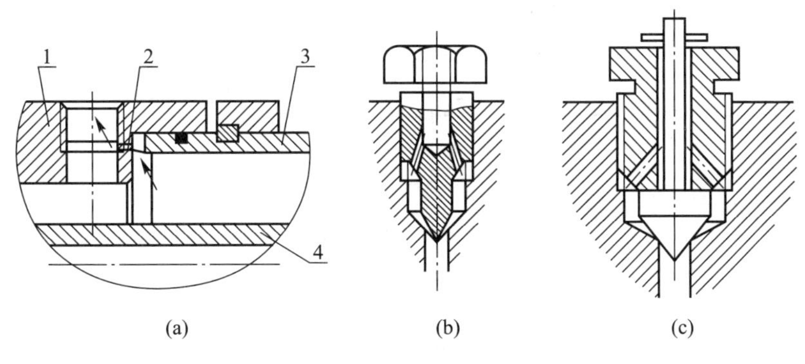

1—缸盖;2—排气小孔;3—缸体;4—活塞杆

图 5-2-5　排气装置

5.3　常见液压缸的结构及特点

5.3.1　活塞缸

图 5-3-1 所示为工程机械用液压缸结构,此液压缸为双作用单杆活塞缸,它由缸底 2、缸筒 11、缸盖 15 以及活塞 8、活塞杆 12 等主要零件组成。缸筒一端与缸底焊接,另一端则与缸盖采用螺纹连接,以便拆装检修,两端设有油口 A 和 B。利用卡环 5、挡环 4 和弹簧卡圈 3 使活塞与活塞杆构成卡键连接,结构紧凑便于拆装。缸筒内壁表面粗糙度 Ra 值为 0.4 μm,为了避免与活塞直接发生摩擦造成拉缸事故,活塞上套有支承环 9。它通常由聚四氟乙烯或尼龙等耐磨材料制成,不起密封作用。缸内两腔之间的密封是靠活塞内孔的 O 形密封圈 10 以及外缘两组背靠背安置的小 Y 形密封圈 6 和挡圈 7 来保证。当工作腔油压升高时,小 Y 形密封圈的唇边就会张开贴紧活塞和缸筒内表面,压力越高贴得越紧,从而防止内漏。活塞杆表面同样具有较小的表面粗糙度 Ra 值为 0.4 μm。为了确保活塞杆的一端不偏离中轴线,以免损伤缸壁和密封件,并改善活塞杆与缸盖孔的摩擦,特在缸盖一端设置导向套 13。它是用青铜或铸铁等耐磨材料制成的。导向套外缘有 O 形密封圈 14,内孔则有防止油液外漏的小 Y 形密封圈 16 和挡圈 17。考虑到活塞杆外露部分会黏附尘土,故缸盖孔口处设有防尘圈 19。缸底和活塞杆顶端的耳环 21 上,有供安装用或与工作机构连接用的销轴孔,缸底 2 上也有销轴孔,销轴孔必须保证液压缸为中心受压。销轴孔由油嘴 1 和 23 供给润滑油。此外,为了减轻活塞在行程终端时对缸底或缸盖的撞击,两端设有缝隙节流缓冲装置,当活塞快速运行至临近缸底时(如图示位置),活塞杆端部的缓冲柱塞将

回油口堵住，迫使剩余的油只能从柱塞周围的缝隙挤出，于是速度迅速减慢而实现缓冲，回程也以同样原理获得缓冲。

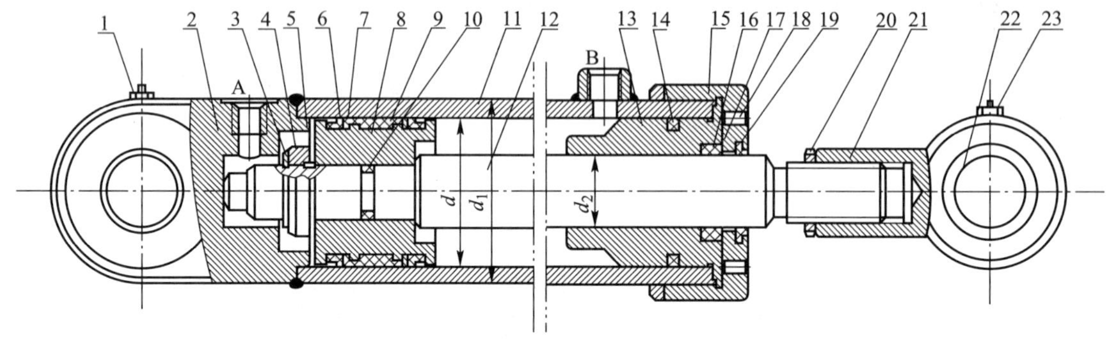

1、23—油嘴；2—缸底；3—弹簧卡圈；4—挡环；5—卡环（由 2 个半圆组成）；6—Y 形密封圈；7—挡圈；8—活塞；9—支承环；10—活塞与活塞杆之间的 O 形密封圈；11—缸筒；12—活塞杆；13—导向套；14—导向套和缸筒之间的 O 形密封圈；15—缸盖；16—导向套和活塞杆之间的 Y 形密封圈；17—挡圈；18—锁紧螺钉；19—防尘圈；20—锁紧螺帽；21—耳环；22—耳环衬圈

图 5-3-1　双作用单杆活塞缸结构图

如图 5-3-2 所示为一空心双杆活塞缸的结构。由图可见，液压缸的左、右两腔分别通过油口 b 和 d 经活塞杆 1 和 15 的中心孔与左、右径向孔 a 和 c 相通。由于活塞杆固定，缸体 10 与工作台相连，当径向孔 c 接通压力油，径向孔 a 接通回油时工作台向右移动；反之则向左移动。在这里，缸盖 18 和 24 是通过螺钉（图中未画出）与压板 11 和 20 相连，并经钢丝环 12、21 相连。左缸盖 24 空套在托架 3 的孔内，可以自由伸缩。空心活塞杆的一端用堵头 2 堵死，并通过锥销 9 和 22 与活塞 8 相连。缸筒相对于活塞的运动由左右两个导向套 6 和 19 导向。活塞与缸筒之间、缸盖与活塞杆之间以及缸盖与缸筒之间分别用 O 形密封圈 7、V 形密封圈 4 和 17 以及纸垫 13 和 23 进行密封，以防止油液的内、外泄漏。缸筒在接近行程的左右终端时，径向孔 a 和 c 的开口逐渐减小，对移动部件起制动缓冲作用。为了排除液压缸中残留的空气，缸盖上设置有排气孔 5 和 14，经导向套环槽的侧面孔道（图中未画出）引出与排气阀相连。

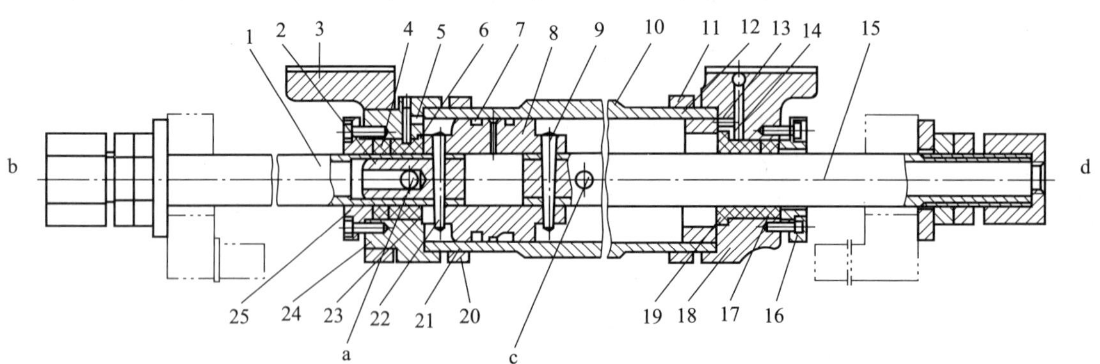

1、15—活塞杆；2—堵头；3—托架；4、17—V 形密封圈；5、14—排气孔；6、19—导向套；7—O 形密封圈；8—活塞；9、22—锥销；10—缸体；11、20—压板；12、21—钢丝环；13、23—纸垫；16、25—压盖；18、24—缸盖

图 5-3-2　空心双杆活塞缸结构图

5.3.2 伸缩套筒式液压缸

1. 伸缩套筒式液压缸的结构

对于行程较长的场合,需要采用伸缩套筒式液压缸(称为多级缸)。如图 5-3-3 所示为四级双作用伸缩套筒式液压缸,它由缸筒 3,一级缸 7,二级缸 8,三级缸 9,四级缸 10,压盖 12,连接耳轴 1、15 及密封圈等组成。

连接耳轴 1 与缸底 2 连接在一起,缸底 2 与缸筒 3 焊接在一起,一级缸 7 安装于缸筒 3 内,二级缸 8、三级缸 9、四级缸 10 依次按顺序套装在一起。各伸缩套筒缸上开有密封圈沟槽并安装相应的密封圈。各套筒装配在一起时起相互密封作用,四个伸缩套筒缸中部位置开有周向小孔起通油作用。

2. 工作特点

当向液压缸正腔进油口供油时一级缸伸出,当一级缸外沿凸肩和缸筒内沿凸肩接触后,一级缸到位,这时二级缸伸出。当二级缸伸出到凸肩碰到一级缸凸肩时,二级缸到位。缸筒和一级缸、一级缸和二级缸之间的液压油从两配合面间挤到供油腔。继续向正腔供油,三级缸伸出,三级缸反腔的液压油经过周向节流孔进入四级缸,由回油口流回油箱。三级缸到位后,四级缸伸出,四级缸的液压油经四级缸四个油孔进入四级缸中心孔,从连接耳轴油口流回油箱。

当反向供油时,液压油从连接耳轴的口进入四级缸中心孔,再经过四级缸凸肩上四个油道进入三、四级缸之间的环槽内,四级缸缩回。当四级缸上的连接耳凸肩顶到三级缸上时,四级缸回收到位。继续供油,油从三级缸上的节流孔进入三级缸,三级缸也收回,到位后座在二级缸的弹性挡圈上。二级缸和一级缸靠负载的重量将其压回,正腔液压油从缸底接管口流回油箱,另有少部分液压油经间隙挤回到一、二级油缸反腔。

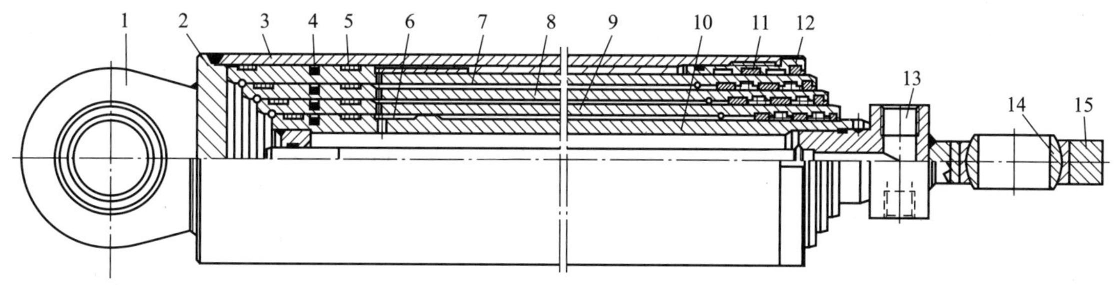

1、15—连接耳轴;2—缸底;3—缸筒;4—密封圈;5—滑环;6—油道;7——一级缸;8—二级缸;9—三级缸;10—四级缸;11—密封圈;12—压盖;13—油口;14—铰接套

图 5-3-3 四级双作用伸缩套筒式液压缸

3. 同伸缩缸

图 5-3-4 为另一种形式的多级缸,可以使缸的有效作用面积保持一致。工作时,各级会同时均匀伸出,工作比较平稳。这种结构的液压缸也被称为同伸缩缸。

工作时,油液首先通过缸底 1 上的油口进入 A 腔,当压力升高时会打开单向阀 5、8、11,然后进入 B、C、D 四个容腔,推动一级活塞 2 及一级缸筒 6、二级活塞 7 及二级缸筒 9、三级活塞 10 及三级缸筒 12、活塞杆 13 同步伸出。回程时,缸的活塞杆及各级缸筒在外力作用下缩回。

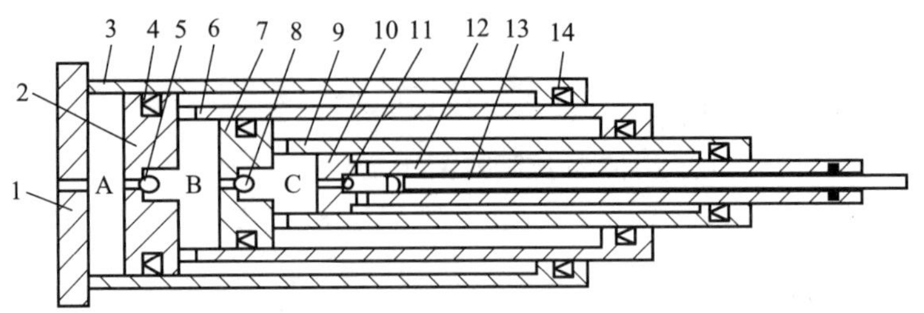

1—缸底;2—一级活塞;3—外缸筒;4、14—密封圈;5、8、11—单向阀;6—一级缸筒;7—二级活塞;9—二级缸筒;10—三级活塞;12—三级缸筒;13—活塞杆

图 5-3-4 同伸缩缸

5.3.3 内挤压式机械锁紧液压缸

内挤压式机械锁紧液压缸主要由缸筒1、缸盖2和10、活塞杆8、左活塞3和右活塞6及锁紧套5等部分组成,正腔油口A和开锁腔油口B位于缸筒底部,反腔油口C位于缸筒前部,如图5-3-5所示。锁紧套位于左右活塞之间,表面加工有螺旋槽。锁紧套表面的螺旋槽与缸筒内表面之间的封闭空间为开锁腔,开锁油口通过中心油管及活塞杆和锁紧套上的径向孔与开锁腔相通。这种液压缸的一个主要特点是缸筒与活塞之间为过盈配合,在开锁油口无压力的情况下,缸筒将活塞抱紧而无法运动。当开锁油口压力达到开锁压力时,开锁腔中的高压油使缸筒发生膨胀变形,锁紧套与缸筒间的径向挤压力消失,活塞才能正常运动。这种结构使液压缸在无开锁压力时,能够在任意位置锁紧。

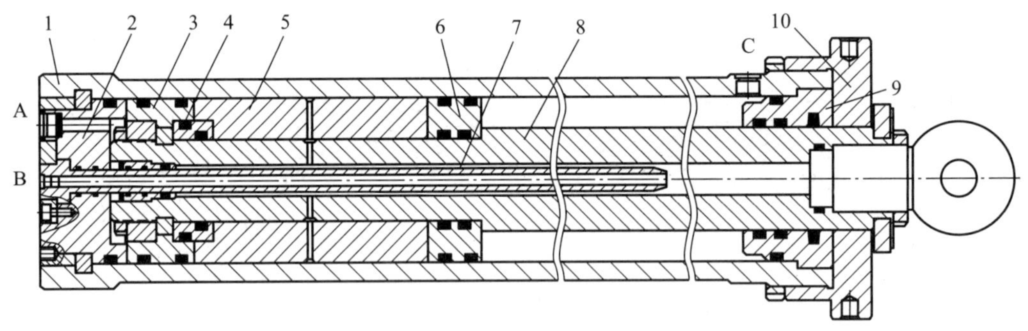

1—缸筒;2、10—缸盖;3—左活塞;4—密封环;5—锁紧套;6—右活塞;7—油管;8—活塞杆;9—导向套

图 5-3-5 内挤压式机械锁紧液压缸

5.3.4 钢球锁紧液压缸

钢球锁紧液压缸的结构如图5-3-6所示,主要由缸筒5、前缸盖3和后缸盖9、活塞8、活塞杆2、游塞6、钢球等部分组成。该液压缸的锁紧装置是一种机械式的锁紧装置,但只能在活塞杆2伸到位时将其锁紧,而不能像内挤压式机械锁紧液压缸那样能够在行程任意位置上锁紧。

当A口进高压油时,活塞杆2伸出到位后,游塞6的舌尖部分插入活塞的锁套中,将钢球顶入缸筒内表面的凹槽,把活塞8卡住使之无法运动。当B口进高压油时,可向后推动游塞6,使

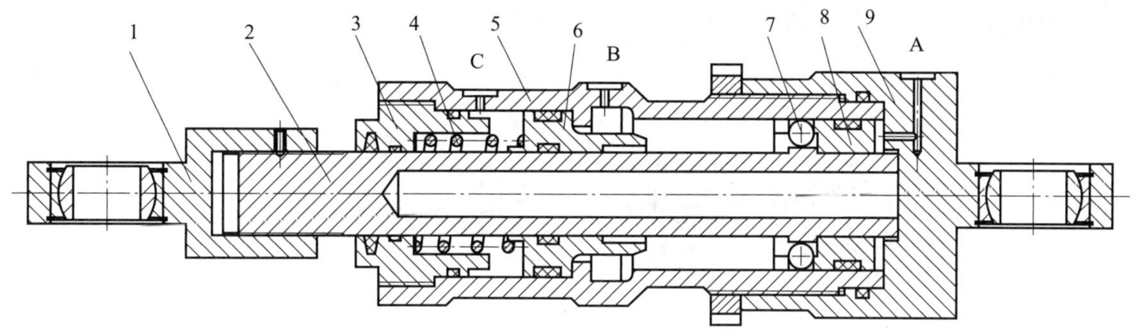

1—耳轴；2—活塞杆；3—前缸盖；4—弹簧；5—缸筒；6—游塞；7—钢球；8—活塞；9—后缸盖

图 5-3-6 钢球锁紧液压缸

其舌尖从活塞 8 的锁套中退出，解除锁紧状态，此时 B 口高压油在推动活塞杆缩回之前，起到了开锁的作用。C 口为回油腔。

5.3.5 电液作动器(EHA)

随着技术的发展，液压系统执行元件与电控的结合越来越紧密，集成化、紧凑型的执行器也就应运而生。电液作动器(EHA)就是一种集成了电动机、液压泵、油箱和液压缸的一体化装置，只要给该装置通电并给予相应指令，液压缸即可伸出推动负载工作。电液作动器本质上应该是一个闭式的液压系统，其结构如图 5-3-7 所示，主要由电动机 1、液压泵和油箱 2、阀组 3、液压缸 4 及活塞杆 5 等组成。

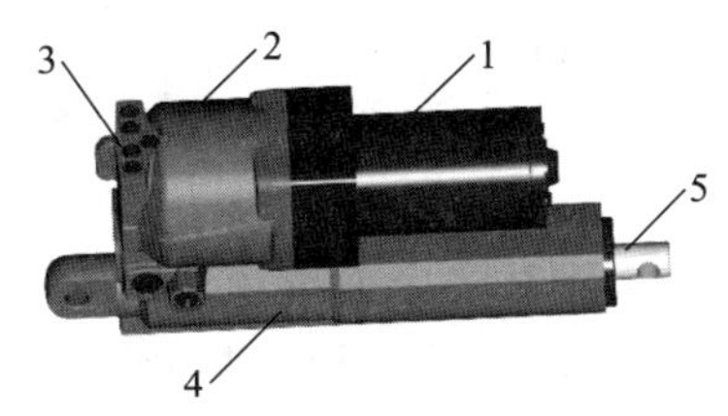

1—电动机；2—液压泵和油箱；3—阀组；4—液压缸；5—活塞杆

图 5-3-7 电液作动器结构图

液压泵可双向工作，并通过控制电动机的正反转使得液压缸活塞杆伸出和缩回。电液作动器的工作原理如图 5-3-8 所示。工作时，若电动机 1 通电后带动液压泵 2 逆时针运动，则 A 口吸油，B 口输出的高压油液至液压缸 4 的无杆腔，从而推动活塞杆 5 伸出。若电动机 1 通电后带动液压泵 2 顺时针运动，则 B 口吸油，A 口输出的高压油液至液压缸 4 的有杆腔，从而推动活塞杆 5 缩回；同时，液控单向阀在高压油液的作用下打开，蓄能器 3 开始充液。电液作动器结构中带有蓄能器 3，可用于补充液压泵 2 的泄漏量。通过控制电动机转速来控制液压缸活塞杆的运动速度。

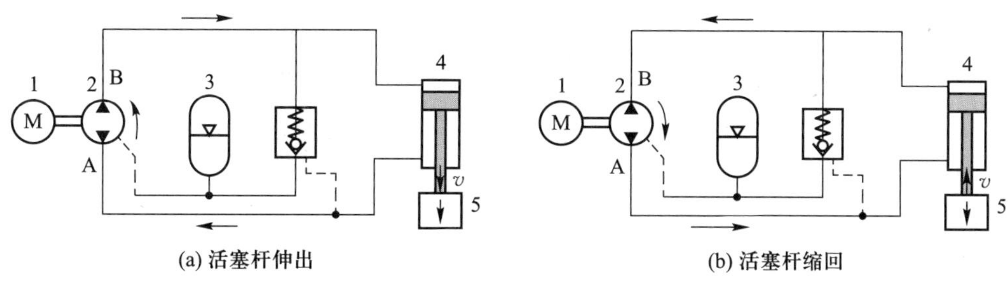

1—电动机；2—液压泵；3—蓄能器；4—液压缸；5—活塞杆

图 5-3-8 电液作动器工作原理图

电液作动器实物外形如图 5-3-9 所示。

(a) 电液作动器(派克)

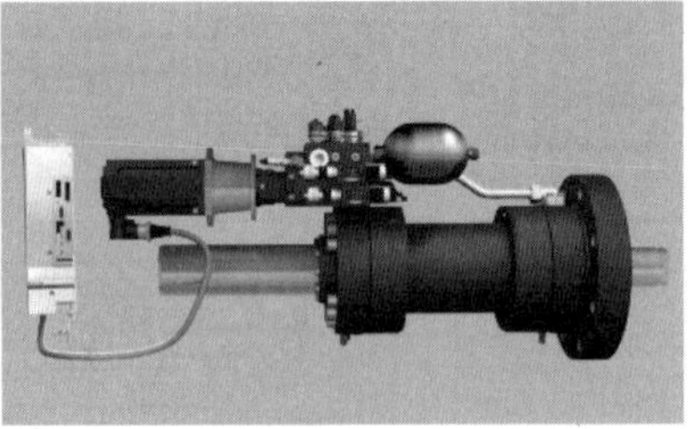
(b) 电液作动器(力士乐)

图 5-3-9　电液作动器实物图

5.3.6　电动缸

此外,近年来电动缸作为一种与液压缸具有类似功能的执行机构,在一些负载需要做直线运动的场合应用得也较多。作为一种技术比较,我们可以了解一下电动缸的结构特点和工作原理。电动缸是一种将电动机的旋转运动通过丝杠螺母副机构转变为推杆的直线往复运动的电力驱动装置。电动机常用伺服电动机或步进伺服电动机等,电动缸又称为伺服电动缸、电动执行器、电动推杆等。图 5-3-10 为电动缸结构示意图,其主要由电动机 1、制动器 2、减速器 3、丝杠 4、螺母 5、推杆 6、防回转装置 7 等构成。

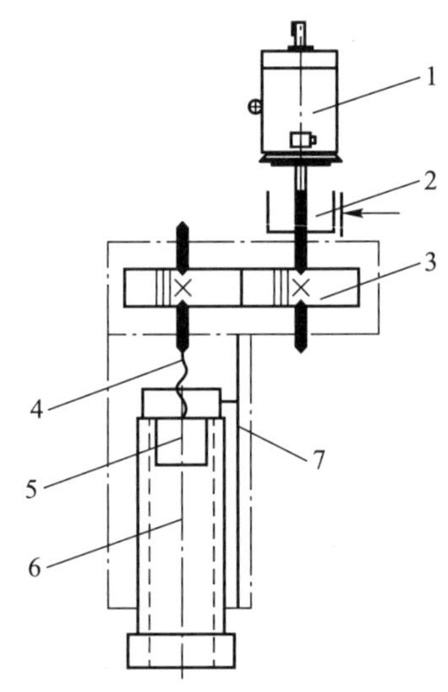

1—电动机;2—制动器;3—减速器;4—丝杠;5—螺母;6—推杆;7—防回转装置

图 5-3-10　电动缸结构示意图

电动缸的工作原理为:当电动机 1 通电后,驱动减速器 3 运动;减速器 3 通过齿轮驱动丝杠 4 旋转运动,通过构件间的旋转转化为螺母 5 的直线运动;再由螺母 5 带动推杆 6 做往复直线运动。电动机 1 正反转实现推杆的伸出和缩回动作。防回转装置 7 保证推杆 6 伸缩时不产生旋转。当电动缸垂直安装、负载重量较大并且需要用到断电保持功能时,必须要安装制动器 2。一般地,在小推力电动缸结构中没有减速器。如图 5-3-11 所示为不带减速器的平行式滚珠丝杠式电动缸。图 5-3-12 所示为平行式行星滚珠丝杠式电动缸。

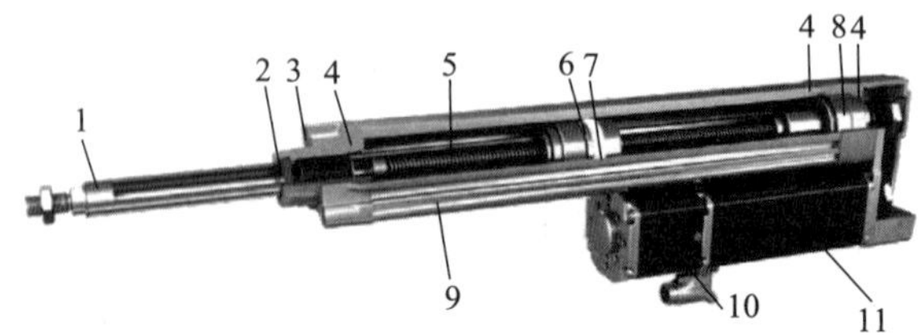

1—推管;2—推管密封;3—粉末冶金过滤器;4—轴承座之间的平面密封;5—滚珠和滑动丝杠;6—接近传感器磁环;7—防回转装置;8—轴承座之间的平面密封;9—保护外管;10—驱动器;11—电动机

图 5-3-11　平行式滚珠丝杠式电动缸(平行式,不带减速器)

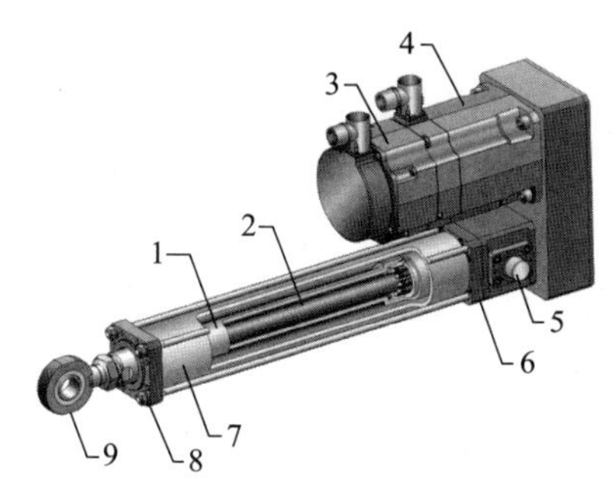

1—推管；2—滚珠丝杠；3—驱动器；4—电动机；
5—耳轴；6—轴承箱；7—外管；8—导向和密封；9—杆端

图 5-3-12 平行式行星滚珠丝杠式电动缸(平行式)

电动缸作为推动负载做功的执行器件，具有结构紧凑，与电气控制系统连接方便，易于实现电动控制等优势，近年来在一些中、高功率场合应用得越来越多。但是由于电动缸采用电动机和丝杠螺母副机构将旋转运动转变为直线运动，在结构设计与实际应用中也存在着润滑、磨损、散热、锈蚀等问题，这些问题解决不好，将影响中、高功率条件下电动缸的性能和寿命。

5.4 液压缸结构参数的计算与选择

设计液压缸时，必须对整个系统工况进行分析，确定最大负载力；然后根据使用要求确定结构形式、安装空间尺寸、安装形式；根据负载力和速度确定液压缸的主要结构尺寸；最后进行结构设计。由于单杆活塞缸在液压系统中应用得比较广泛，又由于其两腔有效作用面积不相等，因而它的有关参数计算具有一定典型性。目前，液压缸的供货品种、规格比较齐全，用户可以直接在市场上购置。另外，厂家也可以根据用户的要求进行设计、制造，用户只要提出液压缸的结构参数及安装形式即可。

5.4.1 液压缸结构参数的确定

1. 液压缸工作压力的确定

液压缸所能克服的最大负载 F 和有效作用面积可用下列关系式表示：

$$F=pA \tag{5-4-1}$$

式中：F 为液压缸最大负载，包括工作负载、摩擦力、惯性力等，N；p 为液压缸工作压力，Pa；A 为液压缸(活塞)有效作用面积，m^2。

由上式可见，液压缸最大负载给定时，液压缸工作压力 p 取得高，则活塞有效作用面积 A 就小，液压缸的结构紧凑。系统压力高，对液压元件的性能及密封要求也相应提高。在确定工作压力 p 和液压缸活塞直径 D 时，应根据机械工况要求、工作条件以及液压元件供货等因素综合考虑。

不同用途的液压设备，若工作条件不同，则工作压力范围也不同。如机床液压传动系统使用的压力一般为 2~8 MPa，组合机床液压缸工作压力为 3~4.5 MPa，液压机常用压力为 21~32

MPa,工程机械选用 16 MPa 较为合适。

液压缸额定压力系列见表 5-4-1。

表 5-4-1 液压缸额定压力系列 单位:MPa

1	(1.25)	1.6	(2)	2.5	(3.15)	4	(5)	6.3
(8)	10	12.5	16	20	25	31.5	(35)	40
(45)	50	63	80	100	125	160	200	250

注:括号中的数值尽量不采用。

液压缸结构参数包括液压缸的内径 D、活塞杆直径 d 和液压缸长度 L 等。这些参数可根据液压缸的最大工作负载、运动部件速度和液压缸行程决定。

2. 液压缸内径的确定

动力较大的液压设备(车床、组合机床、液压机、注塑机、起重机械等)的液压缸内径,通常根据最大工作负载来确定。

液压缸的有效作用面积为:

$$A=\frac{F}{p}=\frac{\pi}{4}D^2 \tag{5-4-2}$$

对于无活塞杆腔,液压缸内径

$$D=\sqrt{\frac{4F}{\pi p}} \tag{5-4-3}$$

对于有活塞杆腔,液压缸内径

$$D=\sqrt{\frac{4F}{\pi p}+d^2} \tag{5-4-4}$$

液压缸内径 D、活塞杆直径 d 应从表 5-4-2、表 5-4-3 中取标准值。

表 5-4-2 液压缸内径系列 单位:mm

8	10	12	16	20	25	32	40	50	63
80 (90)	100 (110)	125 (140)	160 (180)	200 (220)	250 (280)	320 (360)	400 (450)	500	

注:括号中的数值尽量不采用。

表 5-4-3 活塞杆直径系列 单位:mm

4	5	6	8	10	12	14	16	18	20
22	25	28	32	36	40	45	50	56	63
70	80	90	100	110	125	140	160	180	200
220	250	280	320	360					

动力较小的液压设备,除上述计算方法外,也可按往返速度的比值确定液压缸内径 D 和活塞杆直径 d。由式(5-1-3)和式(5-1-4)知,速度比

$$\varphi=\frac{v_2}{v_1}=\frac{D^2}{D^2-d^2} \tag{5-4-5}$$

液压缸速度比值系列见表 5-4-4。

表 5-4-4 液压缸速度比值系列

1.06	1.12	1.25	1.4	1.6	2	2.5	5

选定适当的活塞杆标准直径后,即可根据上式确定相应的液压缸内径。

活塞运动速度的最高值受活塞杆密封圈以及行程末端缓冲装置所承受的动能限制,一般不宜大于 1 m/s,而最低值则以液压缸无爬行现象为前提,通常最低值应为 0.1~0.2 m/s。

3. 液压缸行程

液压缸行程 L 从表 5-4-5 活塞行程系列中取值。

表 5-4-5 活塞行程系列(部分) 单位:mm

25	50	80	100	125	160	200	250	320	400	500

4. 液压缸长度的确定

液压缸长度根据工作部件的行程长度确定。从制造上考虑,一般液压缸的长度不大于液压缸直径的 20~30 倍。

5. 液压缸缸筒壁厚的确定

液压缸缸筒的壁厚可根据结构设计确定。当液压缸工作压力较高和液压缸内径较大时,还必须进行强度校核。

当$\frac{D}{\delta}\geqslant 10$时,按薄壁筒计算公式校核:

$$\delta\geqslant\frac{p_y D}{2[R]} \tag{5-4-6}$$

式中:δ 为液压缸缸筒壁厚;p_y 为试验压力,当液压缸额定压力 $p_n\leqslant 16$ MPa 时,$p_y=1.5p_n$,当 $p_n\geqslant$ 16 MPa 时,$p_y=1.25p_n$;$[R]$ 为液压缸材料许用应力,$[R]=\frac{R_m}{n}$,n 为安全系数,一般取 $n=5$,R_m 为材料的抗拉强度;D 为液压缸内径。

当液压缸缸筒壁较厚时,即$\frac{D}{\delta}<10$,应按厚壁筒的公式进行校核:

$$\delta\geqslant\sqrt{\frac{[R]}{[R]-\sqrt{3}p_y}}-1 \tag{5-4-7}$$

式中各符号意义同式(5-4-6)。

6. 活塞杆长度的确定

活塞杆直径 d 确定后,还要根据液压缸的长度确定活塞杆的长度。对于工作行程受压的活塞杆,当活塞杆长度与活塞杆直径之比大于 15 时,必须根据材料力学有关公式对活塞杆进行压杆稳定性验算。

5.4.2　液压缸的安装方式

ISO 标准中规定了单杆液压缸的安装方式，工程机械液压缸、冶金用液压缸、车辆用液压缸、船用液压缸的基本参数和安装形式可参阅有关设计手册。

5.5　液压马达

5.5.1　液压马达的分类

液压系统中使用的液压马达也都是容积式马达，液压马达是实现连续旋转运动的执行元件。从原理上讲，向容积式液压泵中输入压力油，使其轴转动，就成为液压马达，即容积式液压泵都可作液压马达使用。但在实际中，由于液压马达和液压泵的工作条件不同，对它们的性能要求也不一样，所以同类型的液压马达和液压泵之间仍存在许多差别。首先，液压马达应能够正、反转，因而要求其内部结构对称；液压马达的转速范围需要足够大，特别对它的最低稳定转速有一定的要求。因此，它通常都采用滚动轴承或静压滑动轴承。其次，液压马达由于在输入压力油条件下工作，因而不必具备自吸能力，但需要一定的初始密封性才能提供必要的启动转矩。由于存在着这些差别，使得许多同类型的液压马达和液压泵虽然在结构上相似，但不能可逆工作。

液压马达按其排量是否可以调节，可分成定量马达和变量马达，马达符号如图 5-5-1 所示；按其结构类型可分为齿轮式、叶片式和柱塞式等形式。液压马达也可以按其额定转速分为高速和低速两大类。额定转速高于 500 r/min 的属于高速液压马达，额定转速低于 500 r/min 的属于低速液压马达。

(a) 单向定量马达　(b) 双向定量马达　(c) 单向变量马达　(d) 双向变量马达

图 5-5-1　液压马达图形符号

高速液压马达的基本形式有齿轮式、叶片式和轴向柱塞式等。它们的主要特点是转速较高，转动惯量小，便于启动和制动，调节（调速及换向）方便。通常高速液压马达输出转矩不大（仅几十 N · m 到几百 N · m），所以又称为高速小转矩液压马达。低速液压马达的基本形式是径向柱塞式，此外在轴向柱塞式、叶片式和齿轮式中也有个别低速的结构形式。低速液压马达的主要特点是排量大、体积大、转速低（有时可达每分钟几转甚至零点几转），因此可直接与工作机构连接，不需要减速装置，使传动机构大为简化。通常低速液压马达输出转矩较大（可达几千N · m到几万 N · m），所以又称为低速大转矩液压马达。

液压马达的具体分类如下：

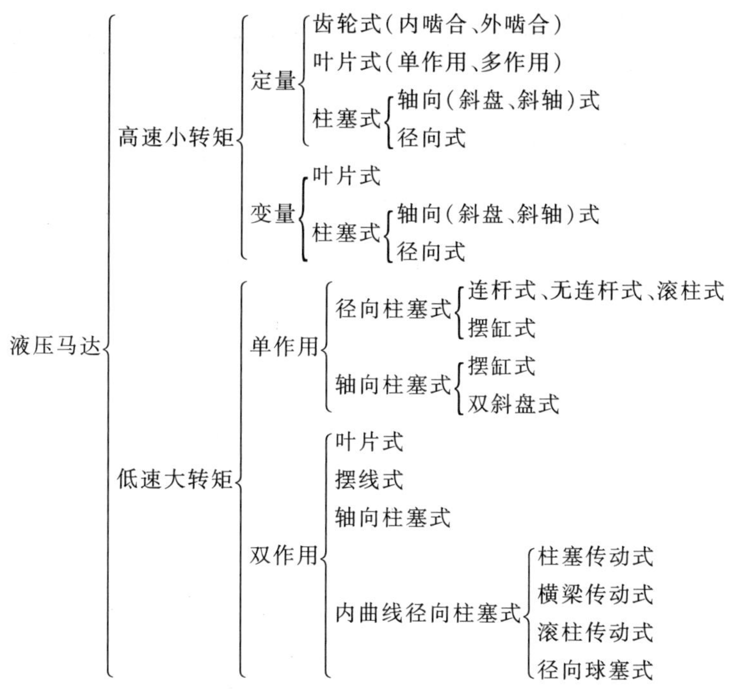

5.5.2 液压马达的主要性能参数

液压马达的主要性能参数包括排量(V)、流量(q)、压力(p)、转速(n)、功率(P)、转矩(T)、容积效率(η_V)、机械效率(η_M)和总效率(η)。性能参数反映了马达的工作能力和适应的工作条件,是使用和检验元件的依据。和液压泵一样,在液压马达的铭牌上,一般有型号、额定压力、转速等参数。

(1) 压力

液压马达的压力有工作压力、额定压力和最高压力之分。

1) 工作压力　液压马达的工作压力指马达实际工作时的压力,由负载决定。

2) 额定压力　液压马达在正常工作条件下,按试验标准规定能连续运转的最高压力,其大小受液压马达寿命限制。

3) 最大压力　指马达按试验标准规定,允许短暂运转的最高压力,一般由液压系统中的安全阀限定。安全阀的调定值不允许超过液压马达的最大压力。

(2) 转速

液压马达的技术规格中规定有最高转速和最低稳定转速。最高转速指液压马达受零件强度、惯性和液体最大流量等限制的转速最大值。最低稳定转速指液压马达在额定负载下不出现“爬行现象”的最低转速。“爬行现象”是指当给液压马达的供油量很小,以便得到很低的转速时,由于液压马达内泄漏量的变化导致马达不能连续转动,出现时转时停的现象。

(3) 排量、流量和容积效率

1) 排量 液压马达的排量是指马达每转一圈,按其几何尺寸计算所应输入的工作液体体积,也称几何排量,用 V 表示,单位为 mL/r。

2) 理论流量 指在单位时间内,由其密封容积的几何尺寸变化计算而得到的马达输入的工作液体体积的平均值。用 q_t表示,单位为 L/min。其理论值为:

$$q_t = Vn\times10^{-3} \tag{5-5-1}$$

可知,理论流量等于排量与其转速的乘积,与工作压力无关。

3) 实际流量 实际上,由于马达内部都有泄漏量 Δq,则液压马达的实际流量 q 应为:

$$q = q_t+\Delta q \tag{5-5-2}$$

对液压马达来说,实际流量为其输入流量。

4) 容积效率 马达内部泄漏的程度用容积效率表示。容积效率为理论流量与实际流量的比值,即

$$\eta_V=\frac{q_t}{q} \tag{5-5-3}$$

对于液压马达,有

$$\eta_V=\frac{q_t}{q}=\frac{q_t}{q_t+\Delta q}=\frac{1}{1+\dfrac{\Delta q}{q_t}} \tag{5-5-4}$$

因此,液压马达的实际输入流量为:

$$q=\frac{q_t}{\eta_V}=\frac{Vn}{\eta_V} \tag{5-5-5}$$

容积效率 η_V的高低是评价液压马达能否继续使用的主要依据,当液压马达的容积效率低于某一规定值时,系统就会出现故障,此时应该对液压马达进行维修了。

黏度、转速、压力对容积效率 η_V有很大的影响。在实际工作中,合理控制使用因素可以提高马达的容积效率 η_V。根据以上公式分析可知,转速升高则容积效率 η_V提高,反之则降低;黏度增大则容积效率 η_V提高,反之则降低;压力变大则容积效率 η_V降低,反之则增加。

(4) 转矩与机械效率

1) 转矩 设液压马达带动工作机构旋转的角速度为 ω。若不计马达本身的功率损失,则输入马达的液压功率 pq_t全部转化为马达所输出的机械功率 $T_0\omega$, T_0为理论转矩。根据能量守恒定律得

$$T_0\omega=pq_t \tag{5-5-6}$$

其中

$$\begin{cases}\omega=2\pi n\\ q_t=Vn\end{cases} \tag{5-5-7}$$

故

$$2\pi nT_0=pVn \tag{5-5-8}$$

进而理论转矩

$$T_0=\frac{pV}{2\pi}\times10^{-6} \tag{5-5-9}$$

式中:p 为压力,Pa;V 为排量,mL/r;T_0为理论转矩,N·m。

2) 机械效率 实际上液压油是有黏度的,在液压马达内部各相对运动零件表面的液层之间存在着摩擦力 F。摩擦力会形成摩擦阻力转矩 ΔT,使液压马达的输出转矩减小。把液压马达的输出转矩作为实际转矩 T,则

$$T=T_0-\Delta T \tag{5-5-10}$$

实际转矩与理论转矩之比称为机械效率,用 η_M 表示。

$$\eta_M=\frac{T}{T_0}=\frac{T_0-\Delta T}{T_0}=1-\frac{\Delta T}{T_0} \tag{5-5-11}$$

液压马达使用以后,各相对运动零件表面间的间隙增大,摩擦力减小,ΔT 也就变小,机械效率增加。但间隙增大,使泄漏量 Δq 增加,容积效率下降。因此,马达的使用寿命主要取决于容积效率。

液压马达的总效率

$$\eta_{总}=\eta_V\eta_M \tag{5-5-12}$$

事实上,作为容积式液压机械的液压马达,其容积效率和机械效率在总体上与油液的泄漏和摩擦副的摩擦损失有关,而泄漏及摩擦损失则与液压马达的工作压力、油液黏度、液压马达的转速有关。这与同样作为容积式液压机械的液压泵是一样的。为了更清楚地说明液压泵和液压马达的能量变化关系,给出了图 5-5-2 所示的液压泵、液压马达的能量流程图。假定液压泵与液压马达构成闭式回路,液压泵由外界动力驱动,液压马达带动负载做功,忽略管路损失。

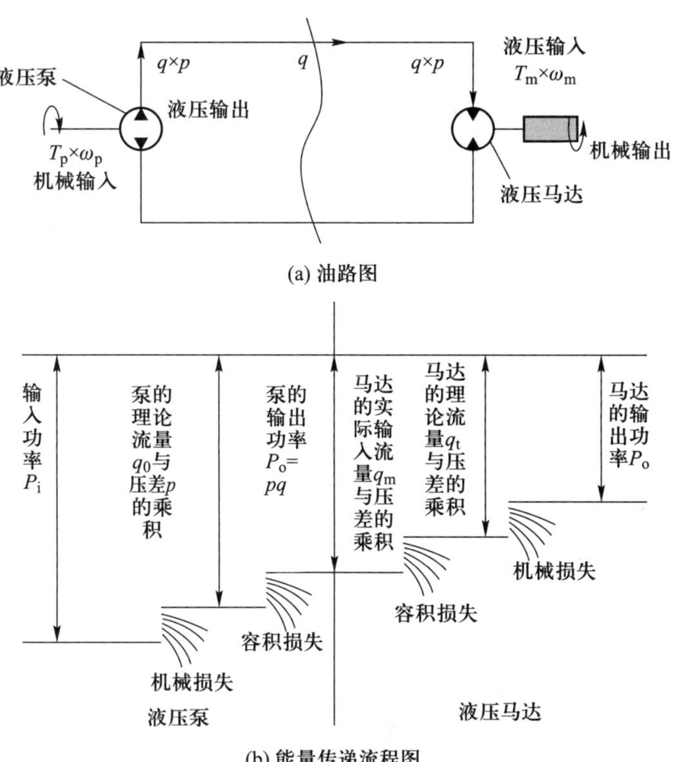

图 5-5-2 液压泵、液压马达的能量流程图

5.5.3 齿轮马达

齿轮式液压马达(称为齿轮马达)的工作原理如图 5-5-3 所示。当高压油输入进油腔(由轮齿 1、2、3 和 1′、2′、3′的表面以及壳体和端盖的部分内表面组成)时,由于圆心 O、O'到啮合点 A 的距离 OA 和 $O'A$ 小于齿顶圆半径,因而在轮齿 3 和 3′的齿面上便产生如箭头所示不能平衡的油压作用力。该油压作用力使两齿轮产生转矩,齿轮在此转矩的作用下旋转,带动外载做功。随着齿轮的旋转,轮齿 3 和 3′扫过的容积比轮齿 1 和 1′扫过的容积大,因而进油腔的容积增加,于是高压油便不断供入,齿轮连续旋转,供入的高压油便被带到排油腔而排至马达外。

齿轮马达工作原理

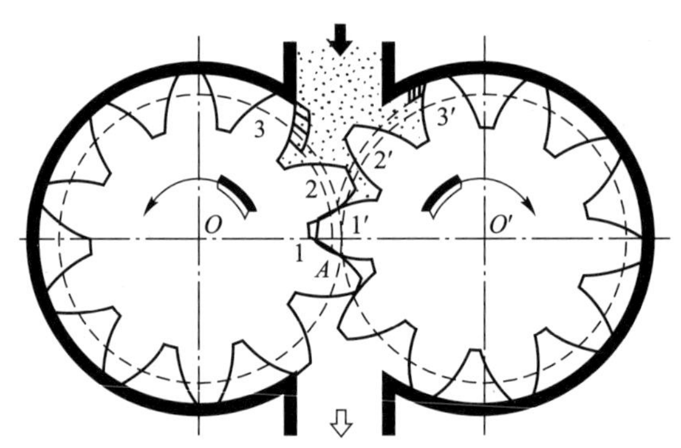

图 5-5-3 齿轮马达的工作原理图

因为马达的转速是由所供入的高压油的流量决定的,而齿轮泵的流量是脉动的,所以,当供入油的流量一定时,齿轮马达的转速也是脉动的,而且其脉动系数与齿轮泵的流量脉动系数相等。齿轮泵的流量脉动系数比其他类型液压泵都大,所以齿轮马达转速的均匀性很差。

实践证明,齿轮马达的转矩脉动也相当严重。当马达转速很高时,由于其转动部分的转动惯量起作用,可以大大减轻马达转矩的脉动程度;当转速很低时,转矩脉动就很明显,故它的最低稳定转速较高,因此,齿轮马达不适于作为低速马达使用,而只宜作为高速马达使用,且多用于转动惯量较大的传动中。

齿轮马达的转矩脉动表明其瞬时输出转矩时大时小,而瞬时输出转矩的大小与齿轮转动的角度有关。如果马达启动前,齿轮正处在瞬间转矩较小的位置上,则马达的启动转矩就小,因而齿轮马达的转矩脉动也直接影响着它的启动转矩。

齿轮马达的结构特征如下:

(1) 进、出油口孔径相同,以使其正反转时性能一样。

(2) 有外泄油口,因为齿轮泵只需单方向回转,进油口不变,油压低,所以齿轮泵的泄漏油可以引到进油口;而马达的两个油口都可能是高压状态,所以泄漏油不能引到任何一个油口,必须单独引出,以免冲坏密封圈。

(3) 在齿轮马达中去掉了在齿轮泵中存在的左右不对称的轴向间隙补偿结构,以适应正反转的需要并可减小摩擦以增大有效启动转矩。CM-F 齿轮马达就没有在 CB-F 齿轮泵中存在的两侧板,前、后泵盖的端面上也未开“弓”形槽。

由此可看出,从原理上来讲,向齿轮泵中输入压力油,可使齿轮泵作为液压马达使用,一般的齿轮泵都具有这种可逆性。齿轮式液压马达的结构原理和涉及的问题基本上与齿轮泵相同。齿轮马达的输入压力不高,输出转矩也小,且转矩和转速都随轮齿的啮合而脉动。齿轮马达多用于高转速、小转矩的场合。

5.5.4 摆线内啮合齿轮马达

摆线内啮合齿轮马达又称摆线内啮合转子马达,摆线内啮合齿轮马达与摆线内啮合齿轮泵的主要区别是其外齿圈固定不动,成为定子。如图 5-5-4 所示,摆线转子 7 在啮合过程中,一方面绕自身轴线自转,另一方面绕定子 6 的轴线反向公转,其速比 $i=-1/z_1$,z_1 为摆线转子的齿数。摆线转子公转一周,每个齿间密封容积各完成一次进油和排油,同时摆线转子自转一个齿。所以,摆线转子需要绕定子轴线公转 z_1 圈,才能使自身转动一周。因摆线转子公转一周,每个齿间密封容积完成一次进油和排油过程,其排量为 V,由摆线转子带动输出轴转一周时的排量等于 z_1V。在同等排量的情况下比较,此种马达体积更小、重量更轻。

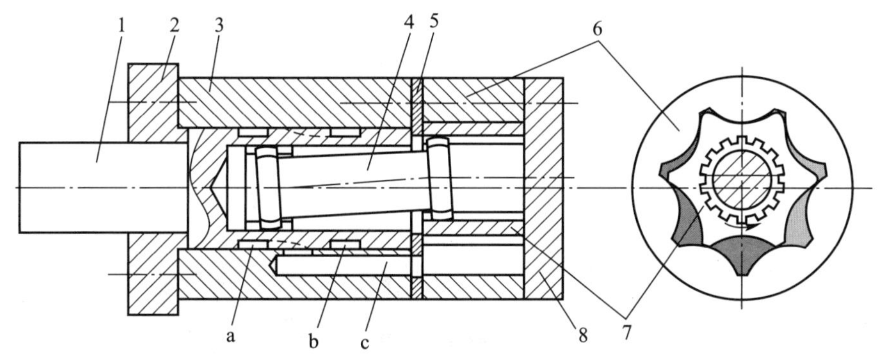

1—输出轴;2—前端盖;3—壳体;4—双球面花键联动轴;5—配流盘;6—定子;7—转子;8—后端盖

图 5-5-4 摆线内啮合齿轮马达工作原理图

由于外齿圈固定而摆线转子既要自转又要公转,所以此马达的配流装置和输出机构也有其自身的特色。如图 5-5-4 所示,壳体 3 内有七个孔 c,经配流盘 5 上相应的七个孔接通定子的齿底容腔,而配流轴与输出轴做成一体。在输出轴上有环形槽 a 和 b,分别与壳体上的进、出油口相通,配流轴上还开设十二条纵向配流槽,其中六条与槽 a 相通,六条与槽 b 相通,它们在圆周上按高、低压相间布置,并和转子的位置保持严格的相位关系,使得半数(三个或四个)齿间容积与进油口相通,其余的与出油口相通。当进油口输入压力油时,转子在压力油的作用下沿着使高压齿间容积扩大的方向转动。

转子转动时,通过双球面花键联动轴 4 带动配流轴(也是输出轴)同步旋转,保证了配流槽与转子间严格的相位关系,使得转子在压力油的作用下能够带动输出轴不断地旋转。

图 5-5-5 所示为摆线内啮合齿轮马达的配流原理。

轴配流式摆线内啮合齿轮马达的主要缺点是效率低,最高工作压力为 8~12 MPa。而采用端面配流方式的摆线内啮合齿轮马达,其容积效率有所提高,最高工作压力达 21 MPa,具体结构如图 5-5-6 所示。其中转子转动时通过右双球面花键联动轴 3 带动配流盘 4 同步旋转,实现端面配流。

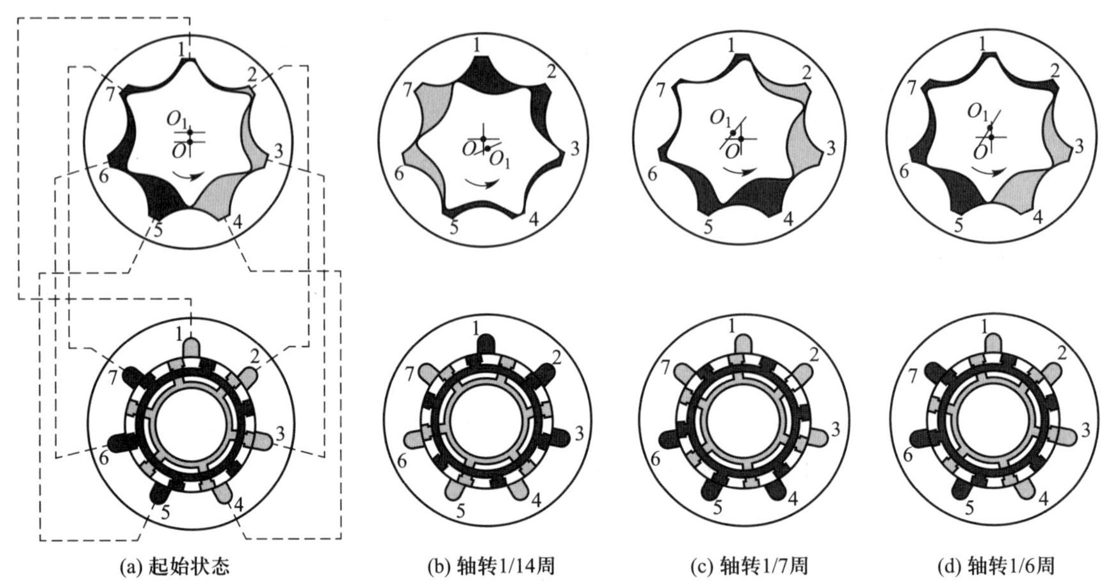

图 5-5-5　摆线内啮合齿轮马达的配流原理

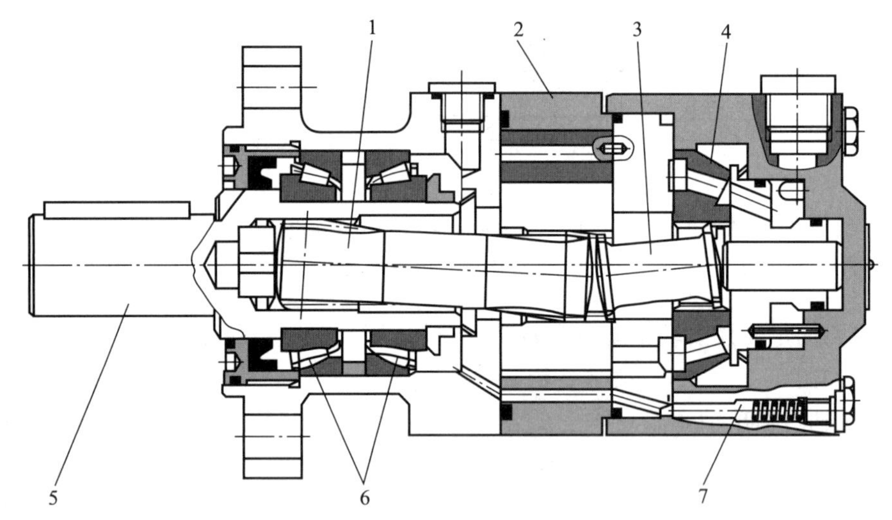

1—左双球面花键联动轴;2—定子;3—右双球面花键联动轴;4—配流盘;5—输出轴;6—轴承;7—单向阀

图 5-5-6　端面配流式摆线内啮合齿轮马达的结构

5.5.5　叶片马达

叶片马达与叶片泵相似,从原理上讲,叶片马达也可以做成单作用变量叶片马达和双作用定量叶片马达。但由于变量叶片马达结构复杂,相对运动部件多,泄漏量大,而且调节也不便,所以叶片马达通常只制成定量式,即常用的叶片马达都是双作用定量叶片马达。

双作用定量叶片马达的工作原理如图 5-5-7 所示,图中标号 1—8 为叶片。

如图 5-5-7 所示,通入高压油后,位于高压腔和低压腔之间的叶片 1、3、5、7 两面所受油压

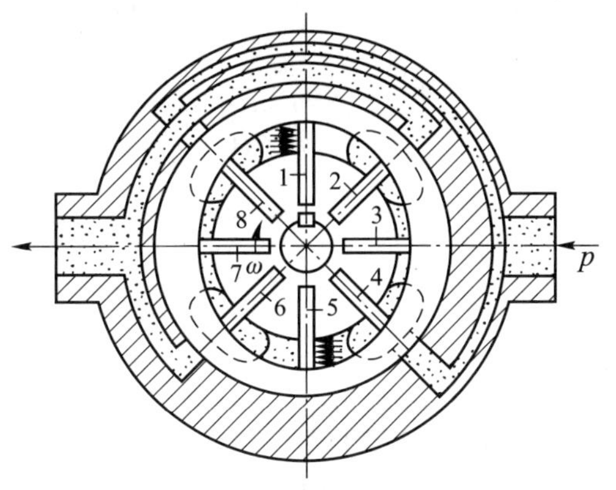

图 5-5-7 双作用定量叶片马达工作原理

叶片马达工作原理

不等,而且由于叶片 3、7 比叶片 1、5 伸出的面积大,因而便对转子产生顺时针方向的转矩,以克服外负载而使转子旋转。与其他类型液压马达相比,叶片马达的特点是转动部分惯量小,因而换向时动作灵敏,允许较高的换向频率(可在千分之几秒内换向)。此外,叶片马达的转矩及转速的脉动均比较小。其最大缺点是泄漏损失大,机械特性软。

与叶片泵相比,叶片马达的结构有下列特点:

(1) 为了在启动时保证叶片可靠地压向定子工作表面,叶片根部设置的扭力弹簧作用在叶片根部,使叶片始终紧贴定子,保证叶片马达顺利启动。同时,叶片底部还通以压力油,以提高其容积效率。

(2) 为适应叶片马达的正反转,叶片沿转子径向放置,叶片倾角等于零。

(3) 为使叶片马达在正反方向旋转时叶片根部都能受压力油作用,马达内装有单向阀(梭阀)。

5.5.6 柱塞马达

根据柱塞马达不同的结构形式,有径向式柱塞马达和轴向式柱塞马达。轴向式柱塞马达又分斜盘式和斜轴式两种。

1. 轴向柱塞马达

图 5-5-8 所示为斜盘式轴向柱塞马达工作原理图。斜盘 1 和配流盘 4 固定不动,缸体 3 及其上的柱塞 2 可绕缸体的水平轴线旋转。当压力油经配流盘通入缸孔进入柱塞底部时,柱塞受油压作用而向外顶出,紧紧压在斜盘上,这时斜盘对柱塞的反作用力为 F。由于斜盘有一倾角 γ,所以 F 可分解为两个分力:一个是轴向分力 F_x,平行于柱塞轴线,并与柱塞油压力平衡;另一个分力是 F_y,垂直于柱塞轴线。它们的计算值分别为:

$$F_x=p\frac{\pi}{4}d^2 \tag{5-5-13}$$

$$F_y=F_x\tan\gamma=p\frac{\pi}{4}d^2\tan\gamma \tag{5-5-14}$$

分力 F_y 对缸体轴线产生转矩,带动缸体旋转。缸体再通过主轴(图中未标明)向外输出转矩和转速,成为液压马达。由图 5-5-8 可见,处于压油区(半周)内每个柱塞上的 F_y 对缸体产生的瞬时转矩 T' 为

$$T' = F_y h = F_y R\sin\alpha \tag{5-5-15}$$

式中:h 为 F_y 与缸体轴线的垂直距离;R 为柱塞在缸体上的分布圆半径;α 为压油区内柱塞对缸体轴线的瞬时方位角。

斜盘式轴向柱塞马达工作原理

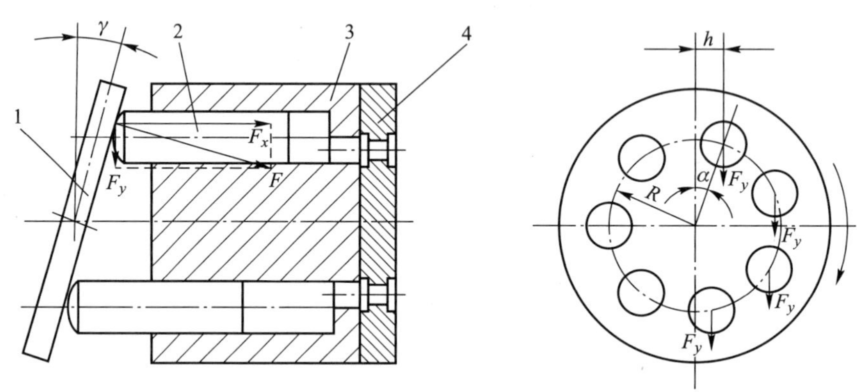

1—斜盘;2—柱塞;3—缸体;4—配流盘

图 5-5-8　斜盘式轴向柱塞马达工作原理图

液压马达的输出转矩,等于处在压油区(半周)内各柱塞瞬时转矩 T' 的总和。由于柱塞的瞬时方位角是变量,使总转矩也按正弦规律变化,所以液压马达输出的转矩也是脉动的。

2. 径向柱塞马达

径向柱塞马达用于驱动回转部件,带动负载装置回转。径向柱塞马达转速属于中速范围,但在低速(10 r/min 以下)情况下也能低速稳定运转并输出大转矩,这样就满足了装置所需的转速要求和大转矩。

图 5-5-9 所示为一种曲轴式径向柱塞马达结构。径向柱塞马达壳体为铸件,在壳体内沿径向双排分布 14 个柱塞。工作液压油进入柱塞腔,通过柱塞作用在正七边轮上,作用力被传递到曲轴上产生转矩,在柱塞顶部装有压缩弹簧,以保证柱塞始终贴合在下正七边轮平面上。曲轴支承在两个滚柱轴承上,其输出端可直接或间接同工作机械相连。马达输出端与一个谐波减速器相连。曲轴另一端带有偏心轮,外面套有配流盘。曲轴通过偏心轮带动配流盘,使之在密封环、壳体和配流盖之间做平面运动。壳体一端平面上有配流窗口,曲轴每转一周,14 个柱塞腔各进出油一次,完成一个配流过程。

该马达设计先进、结构合理、零部件少、互换性好、转速均匀、噪声低、工作可靠、使用寿命长,其中柱塞和正七边轮(代替连杆)间采用液力平衡结构,保证了优良的启动性能和较高的总效率。该马达除正反转外,还可作液压泵使用。

径向柱塞马达关键零件配合精密,所以必须正确使用,否则会造成过早磨损。使用或检修试验时必须注意保证工作液压油的清洁,系统中的过滤器不允许任意替换,工作液压油中不允许有大于 0.01 mm 的固体杂质。

3. 多作用内曲线径向柱塞马达

在低速大转矩马达中,多作用内曲线径向柱塞马达(以下简称内曲线马达)是一种比较主要

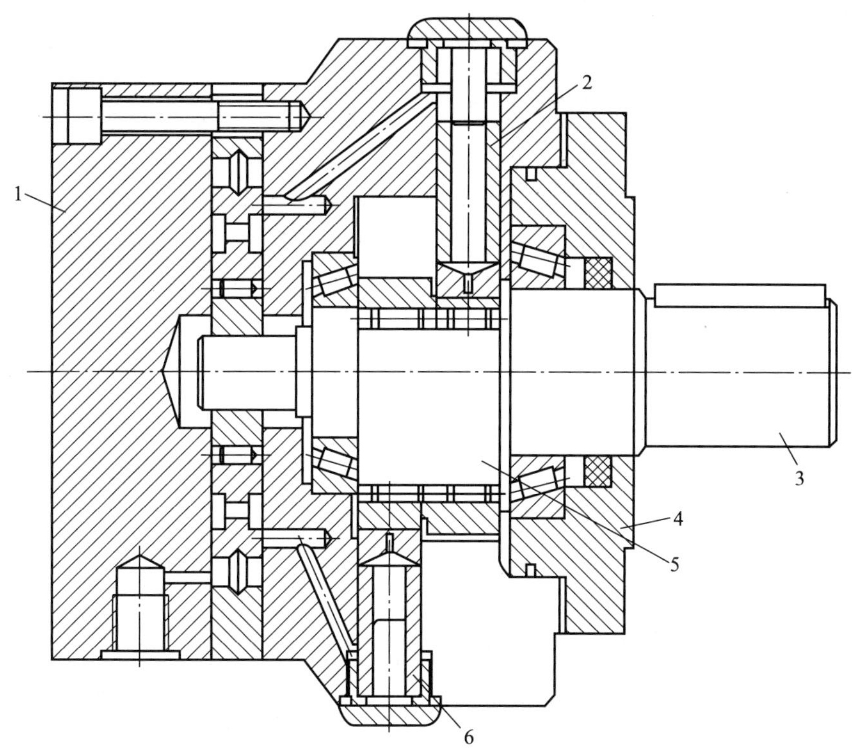

1—后端盖;2、6—柱塞;3—输出轴;4—前端盖;5—曲轴

图 5-5-9 曲轴式径向柱塞马达结构图

的结构形式。其具有结构紧凑、传动转矩大、低速稳定性好、启动效率高等优点,因而得到广泛的应用。

(1) 内曲线马达的工作原理

图 5-5-10 所示为内曲线马达工作原理,它由定子 1、转子 2、柱塞组 3 和配流轴 4 等主要部件组成。定子(凸轮环)1 的内表面由 x 个(图中 $x=6$)均匀分布的形状完全相同的曲面组成,每一个曲面又可分为对称的两边,其中柱塞组向外伸的一边称为工作段(进油段),与它对称的另一边称为回油段。马达转一转每个柱塞的往复次数就等于定子曲面数 x,故称 x 为该马达的作用次数。

转子(缸体)2 沿其径向均匀分布 z 个柱塞缸孔,每个缸孔的底部有一配流孔,并与配流轴 4 的配流窗口相通。

配流轴 4 上有 $2x$ 个均布的配流窗口,其中 x 个窗口与压力油相通,另外 x 个窗口与回油孔道相通,这 $2x$ 个配流窗口分别与 x 个定子曲面的工作段和回油段的位置相对应。

柱塞组 3 由柱塞、横梁和滚轮组成,作用在柱塞底部上的液压力经横梁和滚轮传递到定子的曲面上,如图 5-5-11 所示。

当压力油进入配流轴,经配流窗口进入处于工作段的各柱塞缸孔中,使相应的柱塞组顶在定子曲面上,在接触处定子曲面给予柱塞组一反作用力 F,此反作用力 F 作用在定子曲面与滚轮接触处的公法面上,此法向反作用力 F 可分解为径向力 F_r和切向力 F_t。径向力 F_r与柱塞底面的液压力相平衡,而切向力 F_t则通过横梁的侧面传递给转子,驱使转子旋转。在这种工作状况下,定

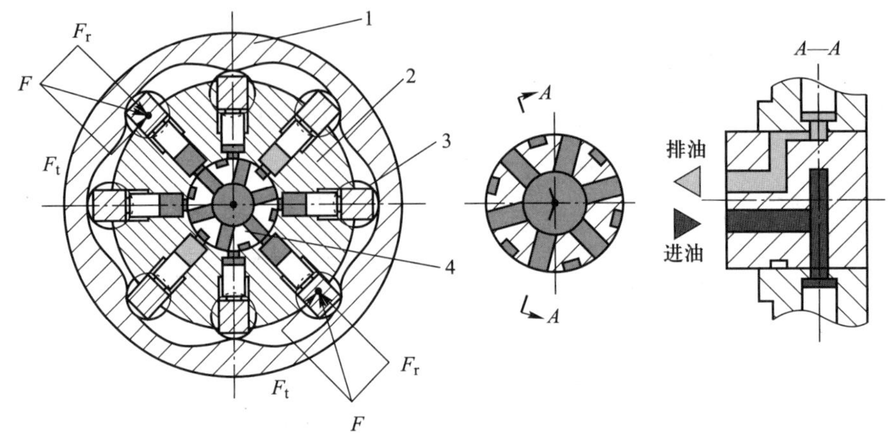

1—定子(凸轮环);2—转子(缸体);3—柱塞组;4—配流轴

图 5-5-10 内曲线马达工作原理

子和配流轴是不转的。此时,对应于定子曲面回油段的柱塞做反方向运动,通过配流轴将油液排出。当柱塞组 3 经定子曲面工作段过渡到回油段的瞬间,进油和回油通道被封闭。为了使转子能连续运转,内曲线马达在任何瞬间都必须保证有柱塞处在进油段工作,因此作用次数 x 和柱塞数 z 不能相等。

柱塞组 3 每经过定子的一个曲面,往复运动一次,进油和回油交换一次。当马达进出油方向对调时,马达将反转。若将转子固定,则定子和配流轴将旋转,成为壳转形式,其转向与前者(轴转)相反。

(2) 内曲线马达的排量

$$V_m = \frac{\pi}{4} d^2 sxyz \qquad (5-5-16)$$

式中:d 为柱塞直径:s 为柱塞行程;x 为作用次数;y 为柱塞的排数;z 为单排柱塞数。

通过分析,只要合理选择定子曲面的曲线形式及与其相适应的作用次数和柱塞数,理论上可以做到瞬时转矩无脉动。因此,内曲线马达的低速稳定性好,最低稳定转速可达 1 r/min。

图 5-5-11 所示为一种双排柱塞的内曲线马达的结构。

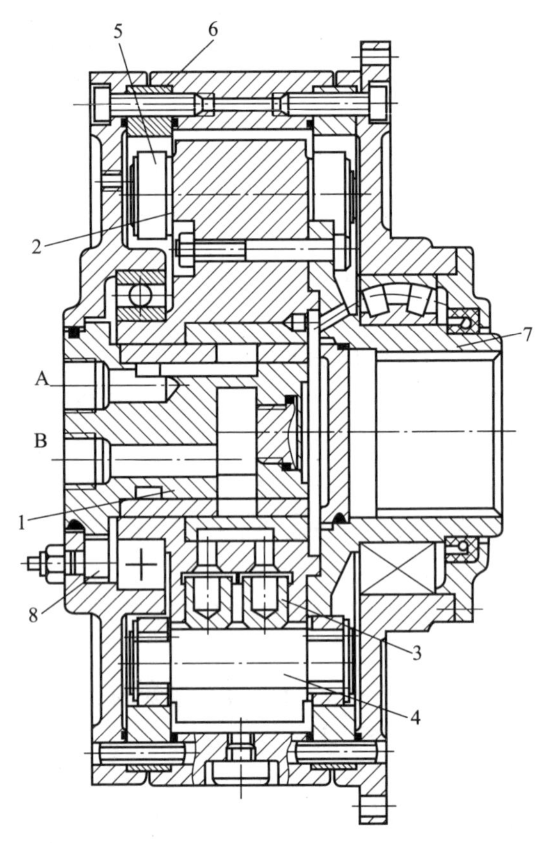

1—配流轴;2—转子;3—柱塞;4—横梁;

5—滚轮;6—定子;7—输出轴;8—微调螺钉

图 5-5-11 双排柱塞内曲线马达的结构

习题

1. 活塞式液压缸在结构上主要由哪几部分组成?

2. 当液压缸差动连接时,其速度和输出力如何计算?

3. 液压缸在结构上是如何实现缓冲的?

4. 试说明液压缸哪些部位需要安装密封圈。并说明其功用和装配方法。

5. 简述液压缸的常见故障类型。

6. 液压泵和液压马达在原理与结构方面有哪些相同点和不同点?

7. 题图 5-1 所示为两个结构相同、相互串联的液压缸。无杆腔的面积 $A_1=100\times10^{-4}\ \mathrm{m}^2$,有杆腔的面积 $A_2=80\times10^{-4}\ \mathrm{m}^2$,缸 1 输入压力 $p_1=0.9$ MPa,输入流量 $q_1=12$ L/min,不计损失和泄漏,求:

(1) 当两缸承受相同负载($F_1=F_2$)时,该负载的数值及两缸活塞的运动速度。

(2) 当缸 2 的输入压力是缸 1 的一半($p_2=0.5p_1$)时,两缸各能承受多少负载?

(3) 若缸 1 不承受负载($F_1=0$),那么缸 2 能承受多少负载?

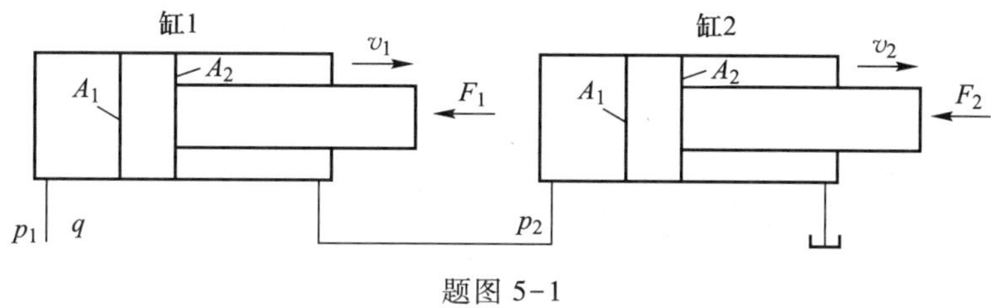

题图 5-1

8. 题图 5-2 所示为两个结构相同的并联的液压缸。两缸承受负载 $F_1>F_2$,试确定两活塞的速度 v_1、v_2和液压泵的出口压力 p_p。

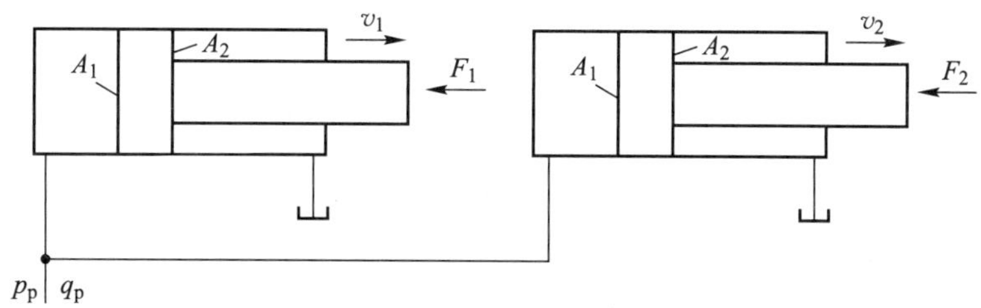

题图 5-2

9. 对于差动连接液压缸,当① $v_{快进}=v_{快退}$,② $v_{快进}=2v_{快退}$时,分别求活塞面积 A_1和活塞杆面积 A_2之比?

10. 题图 5-3a、b、c 所示三个液压缸的缸筒和活塞杆直径都为 D 和 d,当输入压力油的流量都为 q 时,试说明各缸筒的移动速度、移动方向和活塞杆的受力情况。

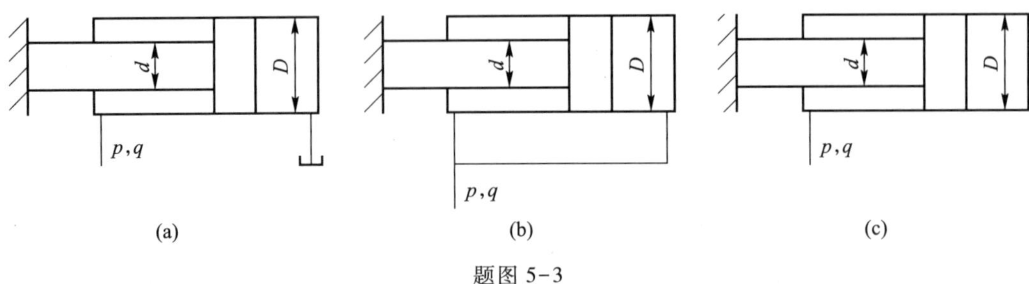

题图 5-3

11. 如题图 5-4 所示系统中,液压泵和液压马达的参数如下:泵的最大排量 $V_{pmax}=115$ mL/r,转速 $n_p=1\ 000$ r/min,机械效率 $\eta_{Mp}=0.9$,总效率 $\eta_p=0.84$;马达的排量 $V_m=148$ mL/r,机械效率 $\eta_{Mm}=0.9$,总效率 $\eta_m=0.84$,回路最大允许压力 $p_1=8.3$ MPa,若不计管道损失,试求:

(1) 液压马达最大转速及该转速下的输出功率和输出转矩。

(2) 驱动液压泵所需的转矩。

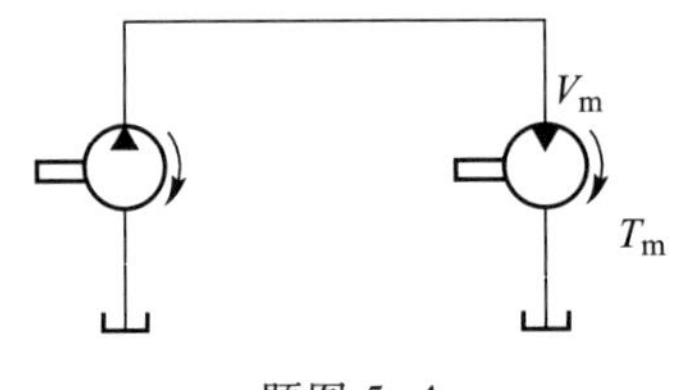

题图 5-4

12. 当液压泵工作时,当负载压力为 8 MPa 时,输出流量为 96 L/min,而当负载压力为 10 MPa时,输出流量为 94 L/min。用此泵带动一排量为 80 mL/r 的液压马达。当负载转矩为 120 N · m 时,液压马达的机械效率为 0.94,其转速为 1 100 r/min。试求此时液压马达的容积效率。(提示:先求液压马达的负载压力)

第 6 章　液压控制元件

液压控制元件主要指液压控制阀(简称液压阀或控制阀),用来控制液压系统中流体的压力、流量及流动方向,从而使之满足各类执行元件不同动作的要求。熟悉各种液压控制阀的性能,对于设计和分析液压系统极为重要。液压控制阀按其功用可分为方向控制阀、压力控制阀和流量控制阀三大类,相应地可由这些阀组成三种基本回路:方向控制回路、压力控制回路和速度控制回路。同时,按控制方式的不同,液压阀也可分为定值或开关控制阀、伺服控制阀、比例控制阀。根据安装形式不同,液压阀还可分为管式、板式和插装式等若干种。液压阀的基本工作参数是额定压力和额定流量,不同的额定压力和额定流量使得每种液压阀具有多种规格。本章将选取部分重点液压阀的结构及工作原理进行介绍。

6.1　液压阀概述

在液压系统中,液压阀是用来控制系统中油液的流动方向,调节系统压力和流量的控制元件。不同的液压阀,经过适当的组合,可以实现控制液压系统执行元件的输出力或转矩、速度与运动方向等目的。一个形状相同的液压阀,可以因为作用机制的不同而具有不同的功能。压力控制阀和流量控制阀利用过流断面的节流作用控制系统的压力和流量,而方向控制阀则利用通流通道的更换控制油液的流动方向。

6.1.1　液压阀的分类

液压阀的基本结构主要包括阀芯、阀体和驱动阀芯在阀体内做相对运动的操作控制机构。液压阀的基本工作原理是:利用阀芯相对于阀体的运动来控制阀口的通断及开度的大小(实质是对阀口的流动阻尼进行控制),实现对液流方向、压力和流量的控制。

液压阀的种类繁多,分类方法及名称也各不相同,下面列举几类分类方法。

(1) 按用途分类

根据使用目的的不同,液压阀可分为三大类:方向控制阀(如单向阀、换向阀等)、压力控制阀(如溢流阀、顺序阀、减压阀等)、流量控制阀(如节流阀、调速阀等),见图 6-1-1。

(a) 方向控制阀

(b) 压力控制阀

(c) 流量控制阀

图 6-1-1　按用途分类

（2）按连接和安装方式分类

根据液压阀的连接和安装方式不同，液压阀可分为管式阀、板式阀、叠加阀、插装阀，见图6-1-2。

(a) 管式阀　(b) 板式阀　(c) 叠加阀　(d) 插装阀

图6-1-2　按连接和安装方式分类

（3）按控制方式分类

按照对阀芯运动控制方式和控制精度的不同，液压阀可以分为定值或开关控制阀、比例控制阀、伺服控制阀，见图6-1-3。

(a) 定值或开关控制阀　(b) 比例控制阀　(c) 伺服控制阀

图6-1-3　按控制方式分类

（4）按操作方式分类

按照控制阀芯运动的操作方式不同，液压阀可以分为手动控制阀、机动控制阀、电动控制阀、液动控制阀、电液控制阀等，见图6-1-4。

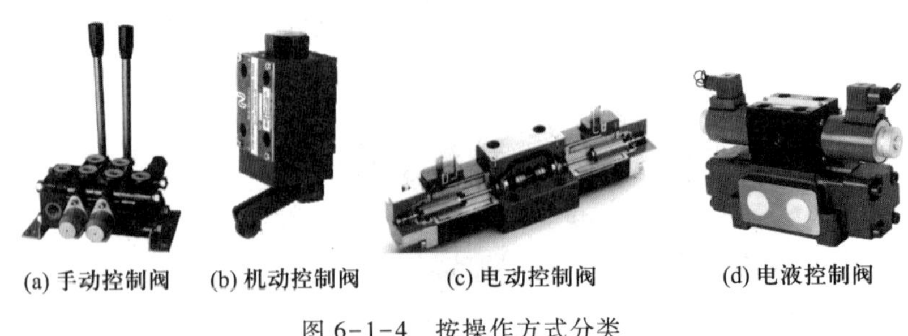

(a) 手动控制阀　(b) 机动控制阀　(c) 电动控制阀　(d) 电液控制阀

图6-1-4　按操作方式分类

液压阀的详细分类见表 6-1-1。

表 6-1-1 液压阀的分类

分类方法	种类	详细分类
按用途分	方向控制阀	单向阀、液控单向阀、换向阀、梭阀、比例方向阀
	压力控制阀	溢流阀、顺序阀、卸荷阀、平衡阀、减压阀、比例压力阀、压力继电器、缓冲阀
	流量控制阀	节流阀、调速阀、分流阀、集流阀、比例流量阀
按结构分	滑阀	圆柱滑阀、旋转阀、平板滑阀
	座阀	锥阀、球阀、喷嘴挡板阀
	射流管阀	射流阀
按操作方法分	手动控制阀	手柄、手轮、踏板、杠杆控制等
	机动控制阀	挡块、压块、弹簧、液压、气动控制等
	电动控制阀	电磁铁、伺服电动机、步进电动机控制等
按连接方式分	管式阀	螺纹式连接、法兰式连接
	板式阀及叠加阀	单层连接板式、双层连接板式、整体连接板式、叠加阀
	插装阀	螺纹式插装阀(二、三、四通插装阀)、法兰式插装阀(二通插装阀)
按其他方式分	开关或定值控制阀	压力控制阀、流量控制阀、方向控制阀
按控制方式分	电液比例阀	电液比例压力阀、电液比例流量阀、电液比例换向阀、电液比例复合阀、电液比例多路阀
	伺服阀	单、两级(喷嘴挡板式、动圈式)电液流量伺服阀、三级电液流量伺服阀
	数字控制阀	数字控制压力、流量、方向阀

6.1.2 液压阀常用阀口的压力、流量特性

各类液压阀都是由阀体、阀芯和驱动阀芯的元部件构成的,对于各种滑阀、锥阀、球阀、节流孔口,通过阀口的流量均可用下式表示:

$$q=C_{q}A\sqrt{\frac{2\Delta p}{\rho}} \tag{6-1-1}$$

式中:C_q为流量系数,它与阀口的形状以及判别流态的雷诺数 Re 有关,滑阀常取 $C_q=0.65\sim0.7$,锥阀在雷诺数 Re 较大时可取 $C_q=0.78\sim0.82$;A 为阀口的过流面积;Δp 为阀口的前、后压差;ρ 为油液密度。

6.1.2.1 滑阀的流量系数

如图 6-1-5a 所示的滑阀,设开口长度为 x,阀芯与阀体(或阀套)内孔的径向间隙为 Δ,阀芯

直径为 d,则阀口过流面积 A 为:

$$A=W\sqrt{x^2+\Delta^2} \tag{6-1-2}$$

式中:W 为面积梯度,它表示阀口过流面积随阀芯位移的变化率。对于孔口为全周边的圆柱滑阀,$W=\pi d$。若为理想滑阀(即 $\Delta=0$),则有 $A=\pi dx$,当孔口为部分周长时(如孔口形状为圆形、方形、弓形、阶梯形、三角形、曲线形等),为了避免阀芯受侧向作用力,都是沿圆周均布几个尺寸相同的阀口,此时只需将相应的过流面积 A 的计算式代入式(6-1-1),即可相应地算出通过阀口的流量。

式(6-1-1)中的流量系数 C_q 与雷诺数 Re 有关。当 $Re>260$ 时,C_q 为常数;若阀口为锐边,则 $C_q=0.6\sim0.65$;若阀口有不大的圆角或很小的倒角,则 $C_q=0.8\sim0.9$。

6.1.2.2　锥阀的流量系数

如图 6-1-5b 所示,具有半锥角 α 且倒角宽度为 s 的锥阀阀口,其阀座平均直径为 $d_m=(d_1+d_2)/2$。当阀口开度为 x 时,阀芯与阀座间过流间隙高度为 $h=x\sin\alpha$。在平均直径 d_m 处,阀口的过流面积为:

$$A=\pi d_m x\sin\alpha\left(1-\frac{x}{2d_m}\sin 2\alpha\right) \tag{6-1-3}$$

一般地,$x\ll d_m$,则

$$A=\pi d_m x\sin\alpha \tag{6-1-4}$$

锥阀阀口流量系数 $C_q=0.77\sim0.82$。

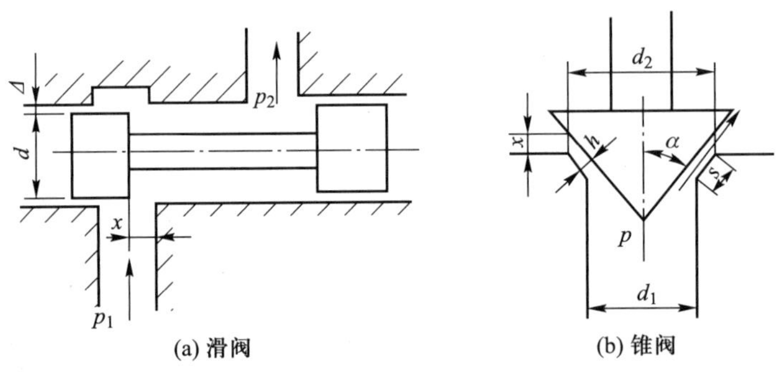

图 6-1-5　滑阀与锥阀阀口

6.1.3　液压阀上的作用力

驱动阀芯的方式有手动、机动、电磁驱动、液压驱动等多种。其中手动最简单,电磁驱动易于实现自动控制,但高压、大流量时手动和电磁驱动方式常常无法克服巨大的阀芯阻力,这时一般可采用液压驱动方式。稳态时,阀芯运动的主要阻力为液压不平衡力、稳态液动力和摩擦力(含液压卡紧力);动态时还有瞬态液动力、惯性力等。若阀芯设计时静压力不平衡,高压下阀芯可能无法移动,因此设计阀芯时应尽可能采取静压力平衡措施,如在阀芯上设置平衡活塞等。阀芯静压力平衡后,阀芯的稳态液动力和液压卡紧力又成为主要矛盾,高压、大流量时阀芯稳态液动力和液压卡紧力可达数百至数千牛,手动操作会感到困难。

6.1.3.1 液压力

在液压元件中，由于液体重力引起的液体压力差相对于液压力而言是极小的，可以忽略不计。因此，在计算时认为同一容腔中液体的压力相同。

作用在容腔周围固体壁面上的液压力 F_p 的大小为

$$F_p = \iint_A p\mathrm{d}A \tag{6-1-5}$$

① 当壁面为平面时，液压力 F_p 等于压力 p 与作用面积 A 的乘积，即

$$F_p = pA \tag{6-1-6}$$

② 当壁面为曲面时，曲面固壁上的液压力必须指明作用方向：曲面上的液压力在某一方向（例如水平 x 方向）的分力（F_{px}）等于压力 p 与曲面在该方向的垂直面内的投影面积即承压面积（A_x）的乘积，即

$$F_{px} = pA_x \tag{6-1-7}$$

对于如图 6-1-6 所示的锥阀，油液自下向上流动作用在锥阀上的液压力 F 等于锥阀底面的液压力 F_1 与阀座倒角（长度为 s）上的压力积分 F_2 之和，其中

$$F_1 = p_1 \frac{\pi d_1^2}{4} \tag{6-1-8}$$

$$F_2 = \int_{\frac{d_1}{2}}^{\frac{d_2}{2}} p2\pi r\mathrm{d}r = \frac{\pi}{4}p_s\left[1 - \left(\frac{d_2}{d_1}\right)^2\right](d_m^2 - d_1^2) \tag{6-1-9}$$

式中：d_1 为锥阀阀座孔直径；d_2 为锥阀阀座锥面大端直径；d_m 为锥阀阀座倒角的平均直径，$d_m = (d_1 + d_2)/2$；p_1 为锥阀入口处的压力；p 为锥阀倒角处的压力；p_s 为阀内孔道的压力。

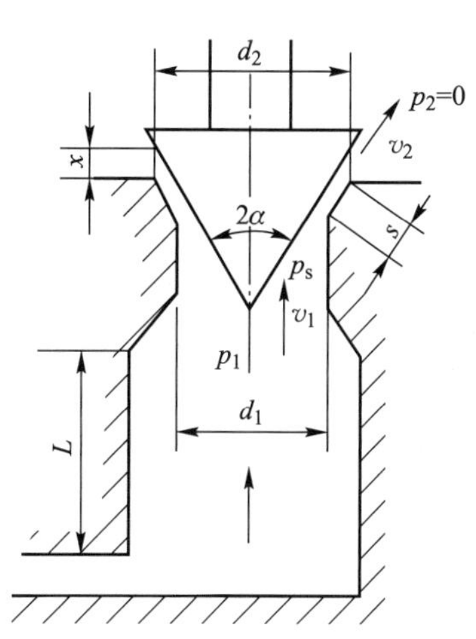

图 6-1-6 作用在锥阀上的液压力

6.1.3.2 液动力

液流经过阀口时，由于阀芯使得液体的流动方向和流速的大小发生改变，即流体动量发生变化，因此阀芯上会受到流体附加的作用力。在阀口开度一定的稳定流动情况下，液动力为稳态液动力。当阀口开度发生变化时，还有瞬态液动力的作用。这里仅研究稳态液动力。

稳态液动力可分解为轴向分力和径向分力。由于一般将阀体的油腔对称地设置在阀芯的周围，因此沿阀芯的径向分力互相抵消了，只剩下沿阀芯轴线方向的稳态液动力。

稳态液动力可写成

$$F_s = \pm K_s x \Delta p \tag{6-1-10}$$

式中：K_s 为液动力系数，$K_s = 2C_q C_v W\cos\theta$ = 常数；当压差 Δp 一定时，由式（6-1-10）可知，稳态液动力与阀口开度 x 成正比，此时液动力相当于刚度为 $K_s\Delta p$ 的液压弹簧的作用。因此，$K_s\Delta p$ 被称为液动力刚度。

液动力方向的判定方法：对带平衡活塞的完整阀腔而言，无论液流方向如何，稳态液动力总是朝着力图使阀口趋于关闭的方向。

6.1.3.3 液压侧向力

由于阀芯或阀孔的几何形状及相对位置均有误差，使液体在流过阀芯与阀孔间隙时产生了

径向不平衡力，称之为侧向力。由于这个侧向力的存在，从而引起阀芯移动时的轴向摩擦阻力，称之为卡紧力。如果阀芯的驱动力不足以克服这个阻力，就会发生所谓的卡紧现象。阀芯上的侧向力如图 6-1-7 所示。图中 p_1和 p_2分别为高、低压腔的压力。

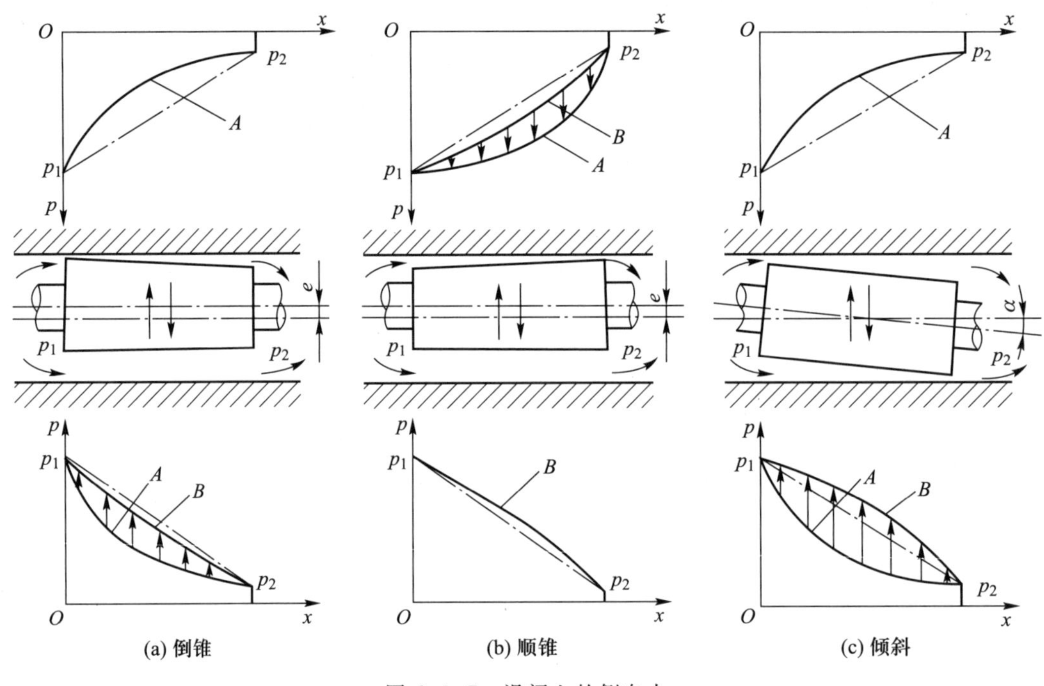

图 6-1-7　滑阀上的侧向力

图 6-1-7a 表示阀芯因加工误差而带有倒锥（锥部大端在高压腔），同时阀芯与阀孔轴线平行但不重合而向上有一个偏心距 e。如果阀芯不带锥度，在缝隙中压力呈三角形分布（图中点画线所示）。现因阀芯有倒锥，高压端的缝隙小，压力下降较快，故压力分布呈凹形，如图 6-1-7a 中实线所示；而阀芯下部间隙较大，缝隙两端的相对差值较小，所以曲线 B 比曲线 A 凹得较小。这样，阀芯上就受到一个不平衡的侧向力，且指向偏心一侧，直到阀芯与阀体接触为止。图 6-1-7b 所示为阀芯带有顺锥（锥部大端在低压腔），这时阀芯如有偏心，也会产生侧向力，但此力恰好使阀芯恢复到中心位置，从而避免了液压卡紧。图 6-1-7c 所示为阀芯（或阀体）因弯曲等原因而倾斜时的情况，由图可见，该情况下的侧向力较大。

根据流体力学对偏心渐扩环形间隙流动的分析，可计算出侧向力的大小。当阀芯完全偏向一边时，阀芯出现卡紧现象，此时的侧向力最大。最大液压侧向力为：

$$F_{max}=0.27ld(p_1-p_2) \tag{6-1-11}$$

则移动滑阀需要克服的液压卡紧力为

$$F_t\leqslant 0.27fld(p_1-p_2) \tag{6-1-12}$$

式中：f 为摩擦系数。当介质为液压油时，取 $f=0.04\sim0.08$。

为了减小液压卡紧力，可采取以下措施：

（1）阀芯为倒锥时，尽可能地减小即严格控制阀芯或阀孔的锥度，但这将给加工带来困难。

（2）在阀芯凸肩上开设均压槽，如图 6-1-8 所示。均压槽可使同一圆周上各处的压力油互

相沟通,并使阀芯在中心定位。开设均压槽后,引入液压卡紧力修正系数 K,可将式(6-1-12)修正为:

$$F_t \leqslant 0.27Kfld(p_1-p_2) \tag{6-1-13}$$

开设一条均压槽时,$K=0.4$;开设三条等距均压槽时,$K=0.063$;开设七条等距均压槽时,$K=0.027$。槽的深度和宽度至少为间隙的 10 倍,通常取宽度为 0.3~0.5 mm,深度为 0.8~1 mm,槽距为 1~5 mm。槽的边缘应与孔垂直,并呈锐缘,以防脏物挤入间隙。槽的位置尽可能靠近高压腔;如果没有明显的高压腔,则可均匀地开在阀芯表面上。开设均压槽虽会减小封油长度,但因减小了偏心渐扩环形间隙的泄漏,所以开设均压槽反而使泄漏量减小。

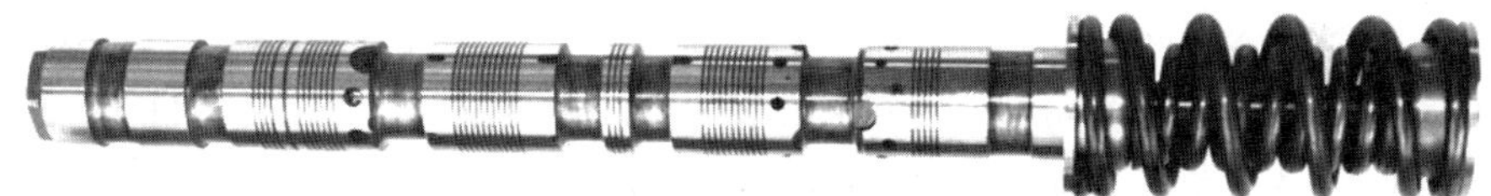

图 6-1-8 滑阀阀芯上的均压槽

(3) 采用顺锥。

(4) 在阀芯的轴向加适当频率和振幅的颤振。

(5) 精密过滤油液。

6.1.3.4 弹性力

在液压阀中,弹簧的应用极为普遍。与弹簧相接触的阀芯及其他构件上所受的弹性力

$$F_t = k(x_0 \pm x) \tag{6-1-14}$$

式中:k 为弹簧刚度;x_0为弹簧预压缩量;x 为弹簧变形量。

液压阀件中主要用到的是圆柱弹簧,非线性弹簧应用得很少,因此弹簧刚度可视为常数。

6.1.3.5 重力和惯性力

重力和惯性力均属质量力。一般液压阀的阀芯等运动件所受的重力与其他作用力相比可以忽略不计,除了有时在设计阀芯上的弹簧时要考虑阀芯自重及摩擦力的影响外,一般分析计算通常不考虑重力。

惯性力是指阀芯在运动时,因速度发生变化所产生的阻碍阀芯运动的力。在分析阀的静态特性时不考虑惯性力,但在进行动态分析时必须计算运动件的惯性力,有时还应考虑相关的液体质量所产生的惯性力,包括管道中液体质量的惯性力。惯性力的计算要视具体的液压阀及其具体结构而进行具体分析。

6.1.4 对液压阀的基本要求

对液压阀的基本要求为:

① 动作灵敏,使用可靠,工作时冲击和振动小。

② 油液流过时压力损失小。

③ 密封性能好。

④ 结构紧凑,安装、调整、使用、维护方便,通用性强。

6.2 方向控制阀

6.2.1 单向阀

单向阀包括普通单向阀、液控单向阀以及在二者基础上发展演化的双向液压锁和梭阀等。

6.2.1.1 普通单向阀

单向阀又称止回阀，它使液体只能沿一个方向通过。单向阀可用于液压泵的出口，防止系统油液倒流；用于隔开油路之间的联系，防止油路相互干扰；也可用作旁通阀，与其他类型的液压阀相并联，从而构成组合阀。对单向阀的主要性能要求是：油液向一个方向通过时压力损失要小；反向不通时密封性要好；动作灵敏，工作时无撞击和噪声。

（1）单向阀的工作原理和图形符号

图 6-2-1 为单向阀的工作原理图和图形符号。当液流由 A 腔流入时，克服弹簧力将阀芯顶开，于是液流由 A 流向 B；当液流反向流入时，阀芯在液压力和弹簧力的作用下关闭阀口，使液流截止，液流无法流向 A 腔。单向阀实质上是利用流向所形成的压力差使阀芯开启或关闭的。

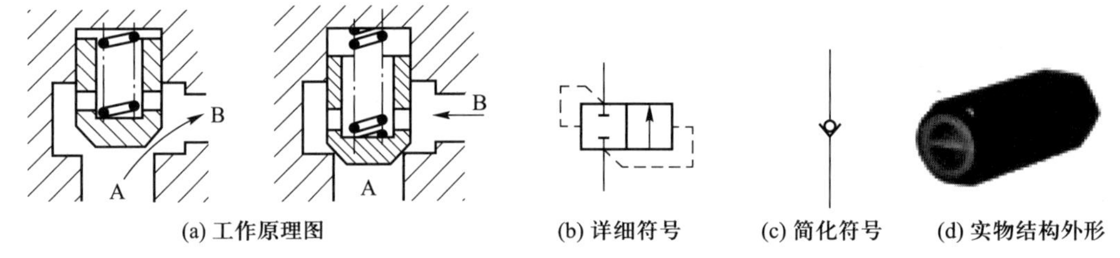

图 6-2-1 单向阀的工作原理图和图形符号

（2）典型结构与主要用途

单向阀的典型结构如图 6-2-2 所示。按进出口流道的布置形式，单向阀可分为直通式和直角式两种。直通式单向阀进口和出口流道在同一轴线上；而直角式单向阀进出口流道则成直角布置。图 6-2-2a、b 为管式连接的直通式单向阀，它可直接装在管路上，比较简单，但液流阻力损失较大，而且维修拆装及更换弹簧不便。图 6-2-2c 为板式连接的直角式单向阀，在该阀中，液流顶开阀芯后，直接从阀体内部的铸造流道流出，压力损失小，而且只要打开端部的螺塞，即可对内部进行维修。

按阀芯的结构型式不同，单向阀又可分为球阀式和锥阀式两种。图 6-2-2a 是阀芯为球阀的单向阀，其结构简单，但密封容易失效，工作时容易产生振动和噪声，一般用于流量较小的场合。图 6-2-2b 是阀芯为锥阀的单向阀，这种单向阀的结构较复杂，但其导向性和密封性较好，工作比较平稳。

单向阀开启压力一般为 0.035~0.05 MPa，所以单向阀中的弹簧很软。单向阀也可以用作背压阀，只要将软弹簧更换成合适的硬弹簧，就可成为背压阀。这种背压阀常安装在液压系统的回油路上，用以产生 0.2~0.6 MPa 的背压力。

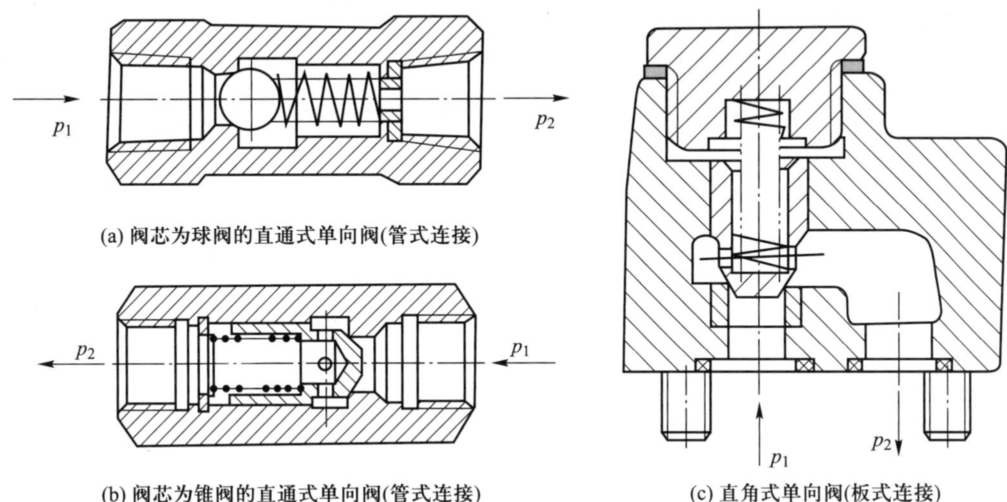

图 6-2-2　单向阀的典型结构

单向阀的主要用途如下：

① 安装在液压泵出口，防止系统压力突然升高而损坏液压泵，并防止系统中的油液在液压泵停机时倒流回油箱。

② 安装在回油路中作为背压阀。

③ 与其他阀组合成单向控制阀。

6.2.1.2　*液控单向阀*

液控单向阀是允许液流向一个方向流动，反向开启则必须通过液压控制来实现的单向阀。液控单向阀可用作二通开关阀，也可用作保压阀，用两个液控单向阀还可以组成“液压锁”。

(1) 液控单向阀的工作原理和图形符号

液控单向阀结构

图 6-2-3 为液控单向阀的工作原理图和图形符号。当控制油口 K 无压力油($p_K=0$)通入时，它和普通单向阀一样，压力油只能由 A 腔流向 B 腔，不能反向倒流。若从控制油口 K 通入控制油(压力为 p_K)时，即可推动控制活塞，将阀芯顶开，从而实现液控单向阀的反向开启，此时液流可从 B 腔流向 A 腔。

液控单向阀工作原理

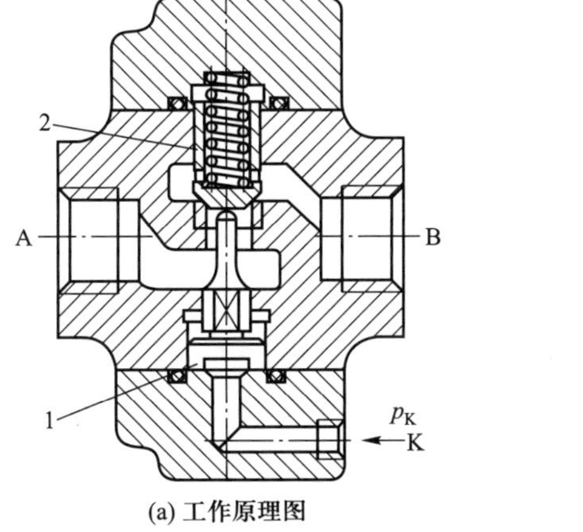

图 6-2-3　液控单向阀的工作原理图和图形符号

(2) 典型结构与主要用途

液控单向阀有不带卸荷阀芯的筒式液控单向阀(图 6-2-4)和带卸荷阀芯的卸载式液控单向阀(图 6-2-5)两种结构形式。图 6-2-4 中所示筒式液控单向阀的工作原理与图 6-2-3a 所示液控单向阀的工作原理基本相同,而图 6-2-5 所示卸载式液控单向阀中,当控制活塞上移时先顶开卸载阀的小阀芯,使主油路卸压,然后再顶开单向阀阀芯。这样可大大减小控制压力,使控制压力与工作压力之比降低到 4.5%,因此可用于压力较高的场合,同时可以避免筒式液控单向阀中当控制活塞推开单向阀阀芯时,高压封闭回路内油液的压力突然释放而产生的巨大冲击和噪声现象。

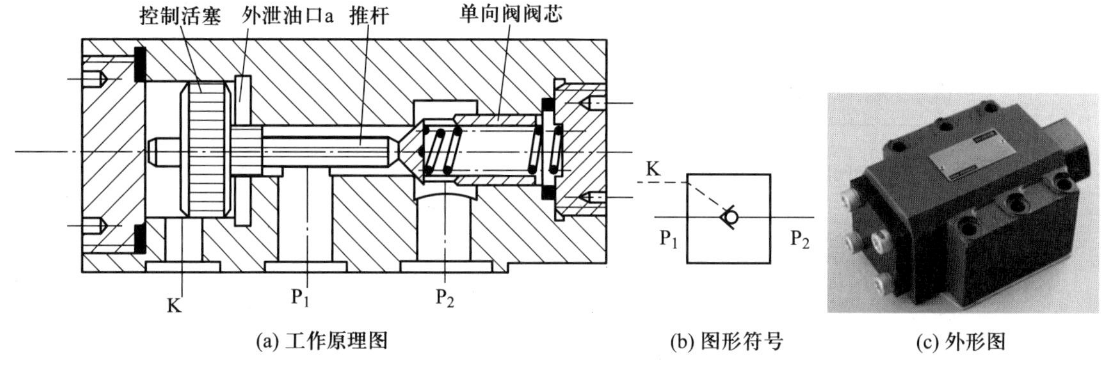

(a) 工作原理图　(b) 图形符号　(c) 外形图

图 6-2-4 不带卸荷阀芯的筒式液控单向阀原理图

带卸荷阀芯的卸载式液控单向阀按其控制活塞处的泄油方式,又有内泄式和外泄式之分。图 6-2-5a 为内泄式,其控制活塞的背压腔与进油口 P_1 相通。外泄式(图 6-2-4 和图 6-2-5b)的活塞背压腔直接通油箱,这样反向开启时就可减小 P_1 口压力对控制压力的影响,从而减小控制压力 p_K。故一般在反向出油口压力 p_1 较低时采用内泄式,高压系统采用外泄式。

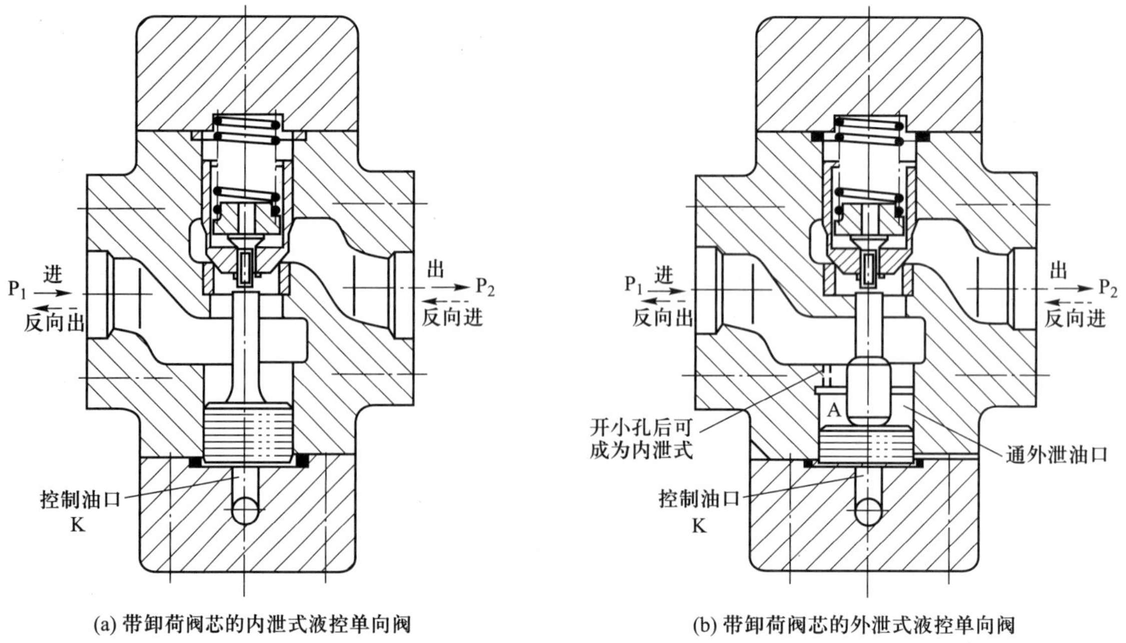

(a) 带卸荷阀芯的内泄式液控单向阀　(b) 带卸荷阀芯的外泄式液控单向阀

图 6-2-5 带卸荷阀芯的卸载式液控单向阀

6.2.1.3 双向液压锁

双向液压锁是将两个液控单向阀并在一起使用的液压元件，如图 6-2-6 所示。由于密封性能良好，广泛应用于汽车起重机、轮式挖掘机及泵车支腿油路中，用来锁紧支腿。

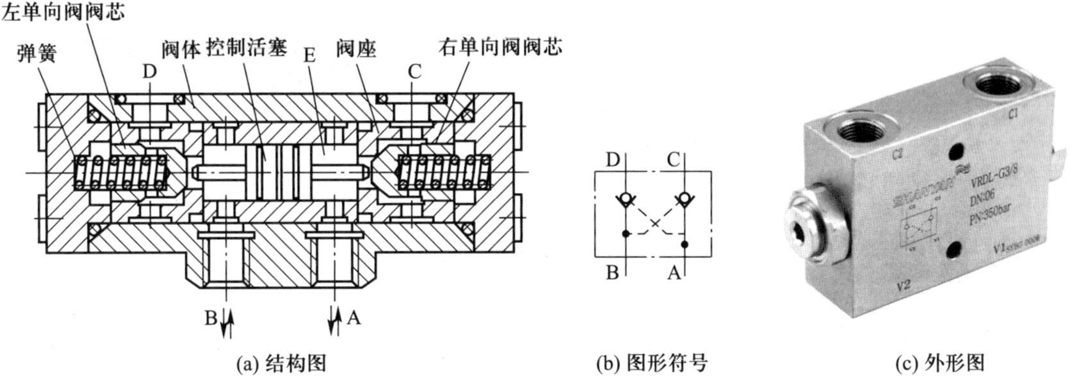

(a) 结构图　(b) 图形符号　(c) 外形图

图 6-2-6 双向液压锁

双向液压锁的工作原理是：油口 C、D 与液压缸的两腔相通，当压力油从油口 A 进入时，油口 B 与回油口相连接。压力油从油口 A 进入 E 腔后，一方面打开右单向阀阀芯进入油口 C，流入液压缸的一腔，推动液压缸运动；另一方面推动控制活塞左移，顶开左单向阀阀芯，使液压缸回油油液经油口 D、B 与回油口相连接；若压力油从油口 B 进入，则油口 A 与回油口相连接，双向液压锁的工作过程正好与上述相反。若 A、B 两油口同时接回油口，两个单向阀也同时处于关闭状态，C、D 油口关闭，即处于锁紧状态。

双向液压锁结构

在起重机液压系统中，双向液压锁可用于防止液压缸在重物作用下自行下滑。需要动作时，须向另一路供油，通过内部控制油路打开单向阀使油路接通，液压缸才能动作。当重物靠自重下落时，若控制油侧补油不及时，B 侧就会产生真空，使得控制活塞在弹簧的作用下退回，单向阀关闭；然后继续供油，使得工作腔压力上升再开启单向阀。这样频繁地发生打开、关闭动作，会使负载在下落的过程中出现断续前进的现象，产生较大的冲击和振动。因此，通常不推荐将双向液压锁用于高速重载工况，而常用于支撑时间较长，运动速度不高的闭锁回路。

双向液压锁双向导通原理

双向液压锁常见故障为：不能严格密封，泄漏较严重。主要原因有装配精度超差、阀芯与阀座配合面有污物、弹簧弯曲或折断。解决办法为：将阀芯取出清洗；若阀芯表面有拉沟、划伤则需重新研配；更换弹簧。

双向液压锁锁止原理

6.2.1.4 梭阀

如图 6-2-7 所示，梭阀相当于两个单向阀组合的阀，其作用相当于“或”门。梭阀有两个进油口 P_1 和 P_2，一个出油口 A，其中 P_1 和 P_2 口都可与 A 口相通，但 P_1 和 P_2 不相通。P_1 和 P_2 中的任一个有信号输入，A 都有输出；若 P_1 和 P_2 都有信号输入，则压力高侧的信号通过 A 输出，另一侧则被堵死；仅当 P_1 和 P_2 都无信号输入时，A 才无信号输出。梭阀在液压系统中应用较广，如用于起重机卷扬回路中。通过梭阀可将控制信号有次序地输入控制执行元件。

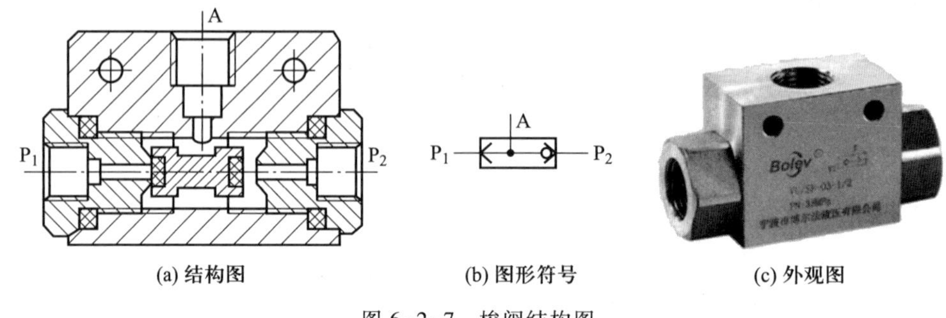

(a) 结构图　　(b) 图形符号　　(c) 外观图

图 6-2-7　梭阀结构图

6.2.2　换向阀

换向阀利用阀芯相对于阀体的相对运动，使油路接通、关断，或变换油液的流向，从而使液压执行元件启动、停止或变换运动方向。对换向阀的要求如下：

（1）油液流经换向阀时的压力损失要小。

（2）互不相通的油口间的泄漏量要小。

（3）换向要平稳、迅速且可靠。

换向阀有多种分类方法，按换向阀阀芯的操作方式分有手动、机动、电动、液动、电液动等；按阀芯工作位置分有两位阀、三位阀、多位阀等；按阀的工作位置数和控制的通道数分有二位二通阀、二位三通阀、二位四通阀、三位四通阀、三位五通阀等；按阀的安装方式分有管式螺纹连接、法兰连接、板式连接、叠加式连接、插装式连接等；按阀的结构分有滑阀式、转阀式、球阀式、锥阀式等。其中，滑阀式的换向阀应用得更为广泛。

图 6-2-8 所示为滑阀式换向阀的换向工作原理图和相应的图形符号，变换油液的流动方向是利用阀芯相对阀体的轴向位移来实现的。图上 P 口通液压泵来的压力油，T 口通油箱，A、B 口通液压缸的两个工作腔。当阀芯受操纵外力作用向左运动到如图 6-2-8a 所示最左端位置时，P 口与 B 口相通，A 口与 T 口相通，压力油通过 P 口、B 口进入液压缸的右腔，液压缸左腔回油经 A 口、T 口回油箱，液压缸活塞向左运动。反之，阀芯处于如图 6-2-8b 所示最右端位置时，压力油经 P 口、A 口进入液压缸左腔，液压缸右腔回油经 B 口、T 口回油箱，液压缸活塞向右运动。换向阀变换左、右位置，从而使执行元件变换了运动方向。此阀因有两个工作位置，四个通口，所以称为二位四通滑阀式换向阀。

6.2.2.1　换向阀的“位”和“通”

“位”和“通”是换向阀的重要概念。不同的“位”和“通”构成了不同类型的换向阀。通常所说的“二位阀”“三位阀”是指换向阀的阀芯有两个或三个不同的工作位置。所谓“二通阀”“三通阀”“四通阀”是指换向阀的阀体上有两个、三个、四个各不相通且可与系统中不同油管相连的油道接口，不同油道之间只能通过阀芯移位时阀口的开关来连通。不同“位”和“通”的滑阀式换向阀的图形符号如图 6-2-9 所示。

图 6-2-9 中图形符号的含义如下：

（1）用方框表示阀的工作位置，有几个方框就表示有几“位”。

（2）方框内的箭头表示油路处于接通状态，但箭头方向不一定表示液流的实际方向。

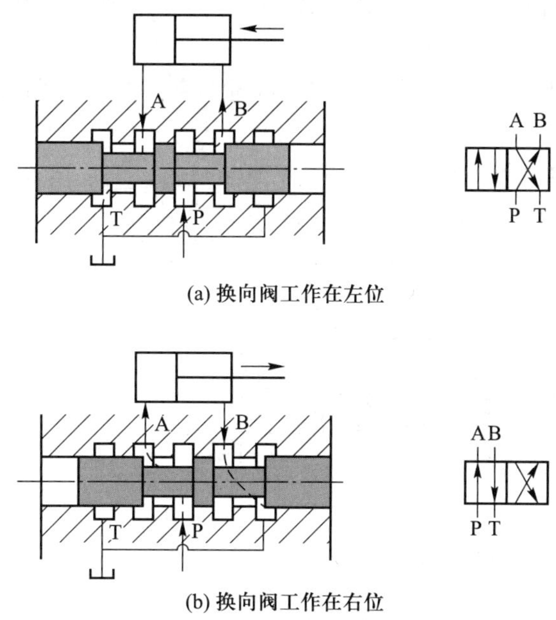

(a) 换向阀工作在左位

(b) 换向阀工作在右位

图 6-2-8 换向阀的工作原理图及图形符号

(a) 二位二通　(b) 二位三通　(c) 二位四通　(d) 三位四通　(e) 三位五通

图 6-2-9 换向阀的"位"和"通"

（3）方框内符号"┴"或"┬"表示该通路不通。

（4）方框外部连接的接口数有几个，就表示几"通"。

（5）一般，阀与系统供油路连接的进油口用字母 P 表示；阀与系统回油路连通的回油口用字母 T（也可用字母 O）表示；而阀与执行元件连接的油口用字母 A、B 等表示。有时在图形符号上用字母 L 表示泄漏油口。

（6）换向阀都有两个或两个以上的工作位置，其中一个为常态位，即阀芯未受到操纵力时所处的位置。图形符号中的中位是三位阀的常态位，利用弹簧复位的二位阀则以靠近弹簧的方框内的通路状态为其常态位。绘制系统图时，油路一般应连接在换向阀的常态位上。

6.2.2.2 三位换向阀的中位机能

三位换向阀的中位是指阀芯处于原始状态或初始状态时阀中各个油口的连接关系。图 6-2-10 所示为三位换向阀，当阀芯处于初始位置时，P、T、A、B 四个油口各不相连。换向阀不同的中位机能对液压系统影响较大，在选择换向阀时必须注意。

在分析和选择阀的中位机能时，通常考虑以下几点：

（1）系统保压。当 P 口被堵塞时，系统保压，液压泵能用于多缸系统。当 P 口不太通畅地与 T 口接通时（如 X 型），系统能保持一定的压力供控制油路使用。

（2）系统卸荷。P 口通畅地与 T 口接通时，系统卸荷。

（3）换向平稳性与精度。当液压缸 A、B 口均封闭时，换向过程中产生液压冲击，换向平稳性较差，但换向精度高。反之，A、B 口均与 T 口接通时，换向过程中液压冲击小，但工作部件不易制动，换向精度较低。

(4) 启动平稳性。阀在中位时，若液压缸某腔通油箱，则启动时因该腔内无油液起缓冲作用，启动不太平稳。

(5) 液压缸“浮动”和在任意位置上的停止。阀在中位，当 A、B 两口互通时，卧式液压缸呈“浮动”状态，可利用其他机构移动工作台，以调整其位置。当 A、B 两口堵塞或与 P 口连接（在非差动情况下）时，则可使液压缸在任意位置处停止。

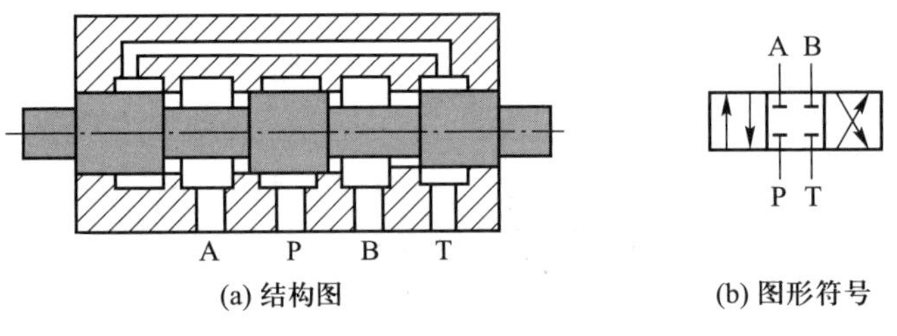

(a) 结构图　　(b) 图形符号

图 6-2-10 三位换向阀的中位机能（O 型）

表 6-2-1 中列出了三位四通换向阀常见的中位机能。三位阀除了中位有各种机能外，有时也把阀芯在某一位置时的油口连通情况设计成特殊机能，常用的有 OP 型和 MP 型等。OP 型和 MP 型机能主要用于差动连接回路，以实现快速运动。

表 6-2-1 三位四通换向阀常见的中位机能

滑阀机能	图形符号	中位油口状况、特点及应用
O 型	A B P T	P、A、B、T 四油口全封闭；液压泵不卸荷，液压缸闭锁；可用于多个换向阀的并联工作
H 型	A B P T	四油口全串通；活塞处于浮动状态，在外力作用下可移动；液压泵卸荷
Y 型	A B P T	P 口封闭，A、B、T 三油口相通；活塞浮动，在外力作用下可移动；液压泵不卸荷
K 型	A B P T	P、A、T 三油口相通，B 口封闭；活塞处于闭锁状态；液压泵卸荷
M 型	A B P T	P、T 口相通，A 与 B 口均封闭；活塞不动；液压泵卸荷，也可用多个 M 型换向阀并联工作

续表

滑阀机能	图形符号	中位油口状况、特点及应用
X 型		四油口处于半开启状态；液压泵基本上卸荷，但仍保持一定压力
P 型	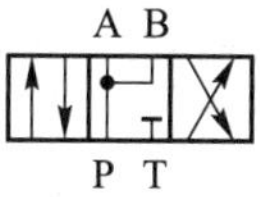	P、A、B 三油口相通，T 口封闭；泵与缸两腔相通，可组成差动回路
J 型		P 与 A 口封闭，B 与 T 口相通；活塞停止，外力作用下可向一边移动；液压泵不卸荷
C 型	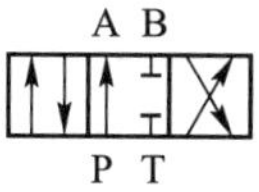	P 与 A 口相通，B 与 T 口皆封闭；活塞处于停止位置
N 型	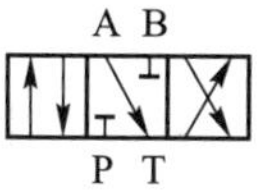	P 与 B 口皆封闭，A 与 T 口相通；与 J 型换向阀机能相似，只是 A 与 B 口互换了，功能也相似
U 型	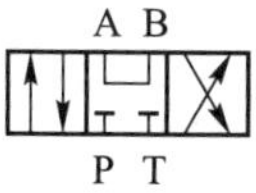	P 与 T 口皆封闭，A 与 B 口相通；活塞浮动，在外力作用下可移动；液压泵不卸荷

6.2.2.3 换向阀的操作方式

1. 手动换向阀

手动换向阀主要有钢球定位式和弹簧复位式两种形式。图 6-2-11b 为钢球定位式三位四通手动换向阀的图形符号，用手操作手柄推动阀芯相对阀体移动后，可以通过钢球使阀芯稳定在三个不同的工作位置上。图 6-2-11c 则为弹簧复位式三位四通手动换向阀的图形符号。通过手柄推动阀芯后，要想维持在极端位置，必须用手扳住手柄不放，一旦松开手柄，阀芯会在弹簧力的作用下自动弹回中位。图 6-2-11d 所示为旋转移动式手动换向阀，旋转手柄后螺杆推动阀芯从而改变工作位置。这种结构具有体积小、调节方便等优点，而且这种换向阀的手柄带有锁紧机构，锁紧状态时不能调节，因此使用安全。

2. 机动换向阀

机动换向阀又称行程换向阀，它是用挡铁或凸轮推动阀芯实现换向的。机动换向阀多为图 6-2-12 所示二位二通阀结构。

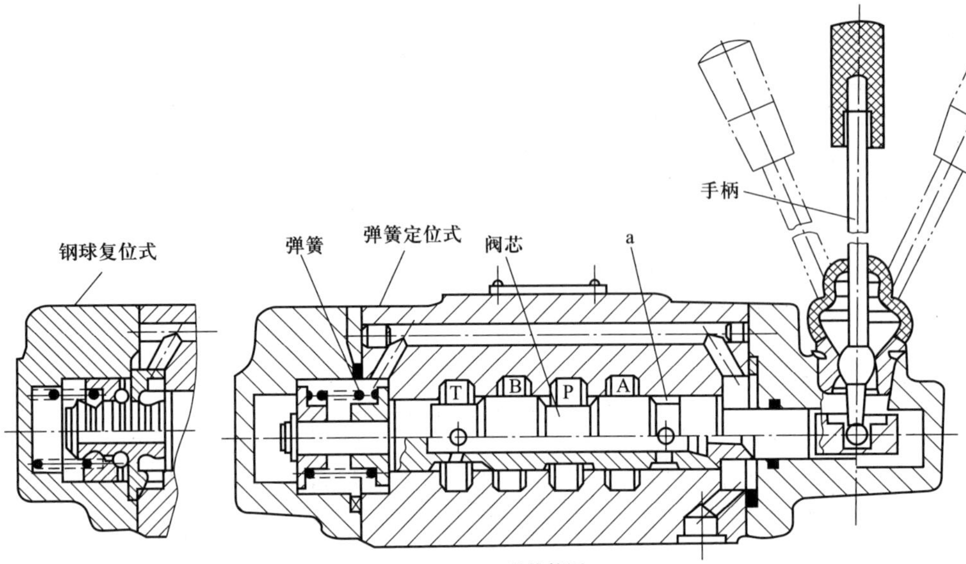

(a) 结构简图

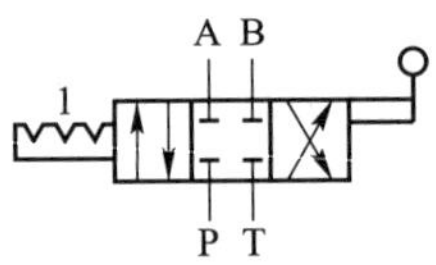

(b) 钢球定位式结构及符号

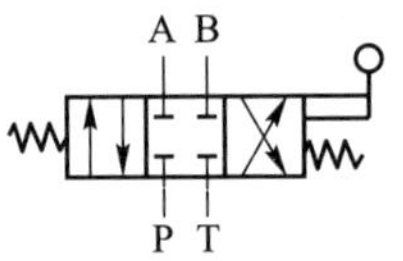

(c) 弹簧复位式结构及符号

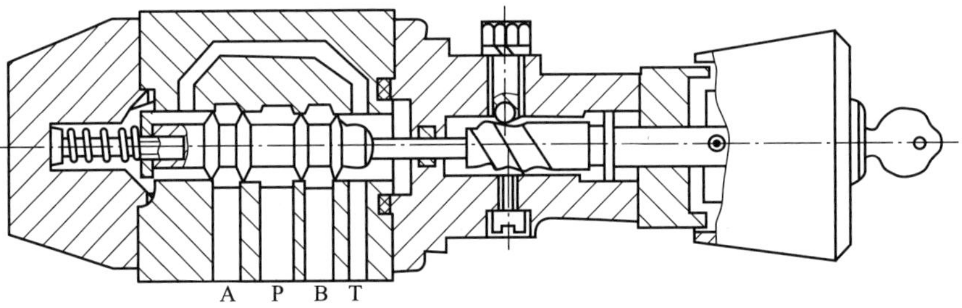

(d) 旋转移动式手动换向阀

图 6-2-11 三位四通手动换向阀

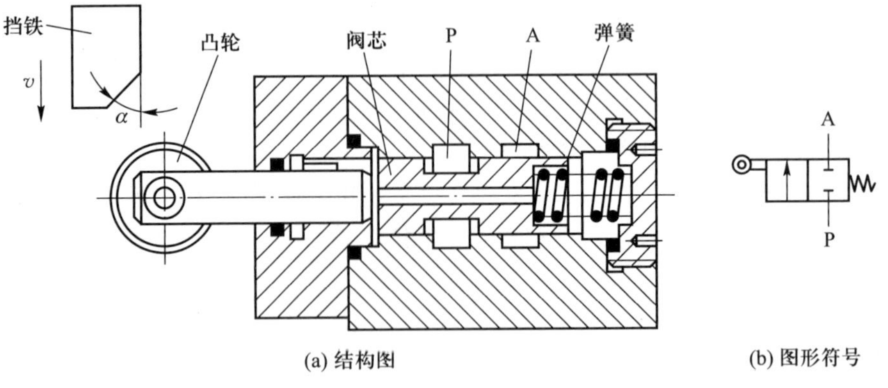

(a) 结构图

(b) 图形符号

图 6-2-12 二位二通机动换向阀

3. 电磁换向阀

电磁换向阀是利用电磁铁吸力推动阀芯来改变阀的工作位置的换向阀。由于它可借助于按钮开关、行程开关、限位开关、压力继电器等发出的信号进行控制，所以操作简便，易于实现自动化，因此应用广泛。

(1) 工作原理

电磁换向阀的品种规格很多，但其工作原理是基本相同的。现以图 6-2-13 所示三位四通 O 型中位机能的电磁换向阀为例来说明。

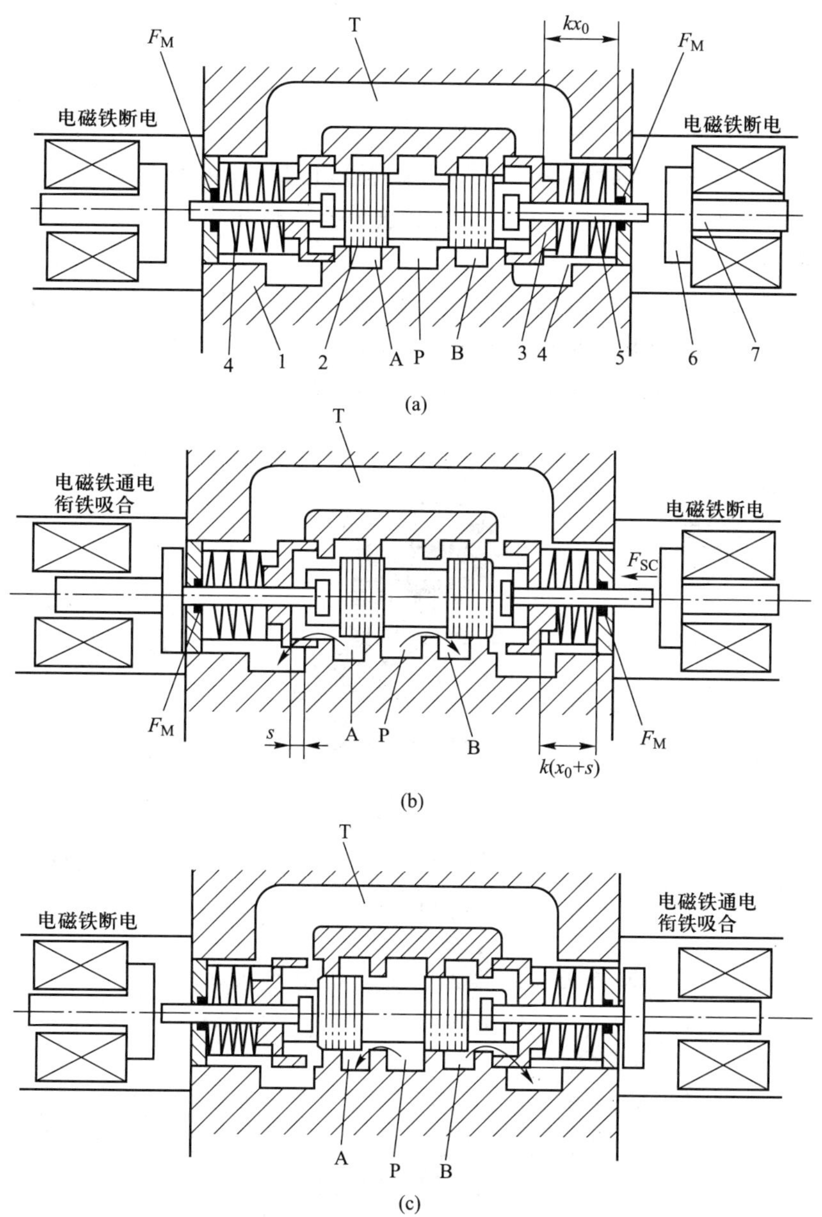

1—阀体；2—阀芯；3—弹簧座；4—复位弹簧；5—推杆；6—铁芯；7—衔铁

图 6-2-13 电磁换向阀的工作原理图

在图6-2-13中，阀体1内有三个环形沉割槽，中间为进油腔P，与其相邻的是工作油腔A和B。两端还有两个互相连通的回油腔T。阀芯两端分别装有弹簧座3、复位弹簧4和推杆5，阀体两端各装有一个电磁铁。

当两端电磁铁都断电时（图6-2-13a），阀芯处于中间位置。此时P、A、B、T各油腔互不相通；当左端电磁铁通电时（图6-2-13b），衔铁吸合，并推动阀芯向右移动，使P和B连通，A和T连通。当其断电后，右端复位弹簧的作用力可使阀芯回到中间位置，恢复原来四个油腔相互封闭的状态；当右端电磁铁通电时（图6-2-13c），其衔铁将通过推杆推动阀芯向左移动，P和A连通，B和T连通。电磁铁断电，阀芯则在左端复位弹簧的作用下回到中间位置。

（2）直流、交流和本整型电磁铁

阀用电磁铁结构如图6-2-14a所示，主要由线圈、衔铁、推杆、壳体、手动推杆等组成。

根据所用电源的不同，阀用电磁铁有以下三种：

① 直流电磁铁。直流电磁铁一般使用24 V直流电压，因此需要专用直流电源。其优点是不会因铁芯卡住而烧坏（故其圆筒形外壳上没有散热筋），体积小，工作可靠，允许切换频率为120次/min，换向冲击小，使用寿命较长。但起动力比交流电磁铁小，其外形见图6-2-14b。

② 交流电磁铁。阀用交流电磁铁的使用电压一般为交流220 V，电气线路配置简单。交流电磁铁启动力较大，换向时间短。但换向冲击大，工作时温升高（故其外壳设有散热筋）；当阀芯卡住时，电磁铁易因电流过大而烧坏，可靠性较差，所以切换频率不许超过30次/min；寿命较短。其外形见图6-2-14c。

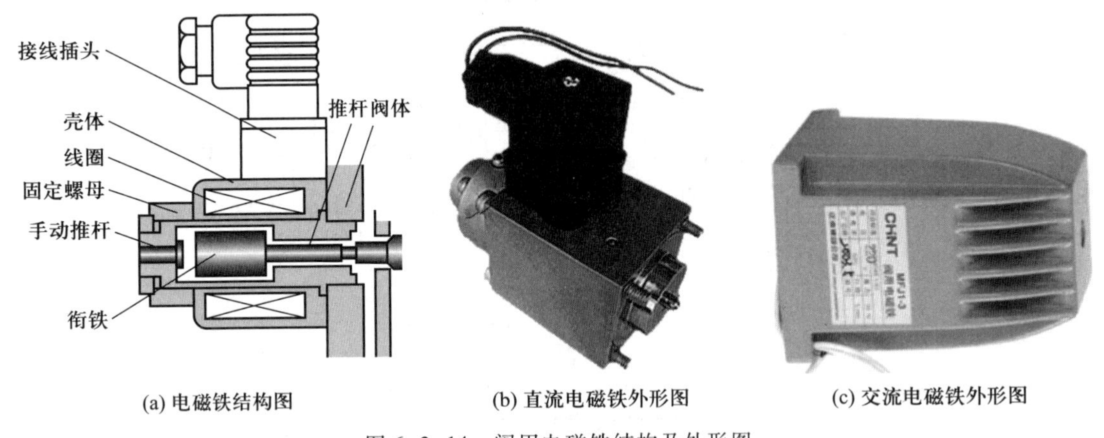

(a) 电磁铁结构图　(b) 直流电磁铁外形图　(c) 交流电磁铁外形图

图6-2-14　阀用电磁铁结构及外形图

③ 本整型电磁铁。本整型指交流本机整流型，这种电磁铁自身带有半波整流器，可以在直接使用交流电源的同时，具有直流电磁铁的结构和特性。

（3）干式、油浸式、湿式电磁铁

不管是直流还是交流电磁铁，都可做成干式、油浸式和湿式。

① 干式电磁铁。干式电磁铁的线圈、铁芯与衔铁处于空气中而不与油液接触，电磁铁与阀连接时，在推杆的外周有密封圈。由于回油有可能渗入对中弹簧腔中，所以阀的回油压力不能太高。干式电磁铁附有手动推杆，一旦电磁铁发生故障可使阀芯手动换位。此类电磁铁是简单液压系统中常用的一种形式。

② 油浸式电磁铁。油浸式电磁铁的线圈和铁芯都浸在无压油液中，推杆和衔铁端部都装有密封圈。油液可帮助线圈散热，且可改善推杆的润滑条件，所以寿命远比干式电磁铁长。因有多处密封，此种电磁铁的灵敏性较差，造价较高。

③ 湿式电磁铁。湿式电磁铁也称为耐压式电磁铁，其线圈和衔铁都浸在有压油液中，故散热好、摩擦小，还因油液的阻尼作用而减小了切换时的冲击和噪声。所以湿式电磁铁具有吸着声小、寿命长、温升低等优点，是目前应用最广的一种电磁铁。它和油浸式电磁铁不同之处是推杆处无密封圈，也有人将油浸式电磁铁和耐压式电磁铁都称为湿式电磁铁。

（4）电磁换向阀的典型结构

图 6-2-15 为交流式二位三通电磁换向阀结构图。当电磁铁断电时，阀芯 2 被弹簧 7 推向左端，P 和 A 接通；当电磁铁通电时，铁芯通过推杆 3 将阀芯 2 推向右端，使 P 和 B 接通。

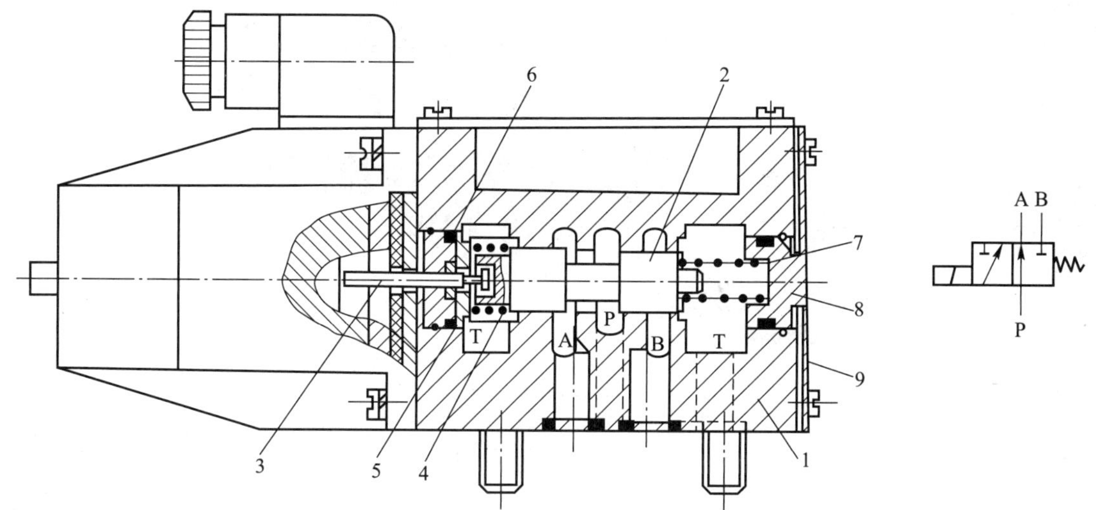

1—阀体；2—阀芯；3—推杆；4、7—弹簧；5、8—弹簧座；6—O 形圈；9—后盖

图 6-2-15　交流式二位三通电磁换向阀

图 6-2-16a 为直流湿式三位四通电磁换向阀结构图，图 6-2-16b 为其图形符号。当两边电磁铁都不通电时，阀芯 3 在两边对中弹簧 4、6 的作用下处于中位，P、T、A、B 口互不相通；当右边电磁铁通电时，推杆 7 将阀芯 3 推向左端，P 与 A 连通，B 与 T 连通；当左边电磁铁通电时，P 与 B 连通，A 与 T 连通。图 6-2-16c 为电磁换向阀实物内部结构。

在应用中应注意，由于电磁铁的吸力有限（120 N），因此电磁换向阀一般只适用于流量不太大的场合。当流量较大时，需采用液动或电液动控制方式的换向阀。

4. 液动换向阀

液动换向阀是通过控制压力油来改变阀芯位置的换向阀。对三位阀而言，按阀芯的对中形式，分为弹簧对中型和液压对中型两种。图 6-2-17a 所示为弹簧对中型三位四通液动换向阀，阀芯两端分别接通控制油口 K_1 和 K_2。当 K_1 通压力油时，阀芯右移，P 与 A 连通，B 与 T 连通；当 K_2 通压力油时，阀芯左移，P 与 B 连通，A 与 T 连通；当 K_1 和 K_2 都不通压力油时，阀芯在两端对中弹簧的作用下处于中位。

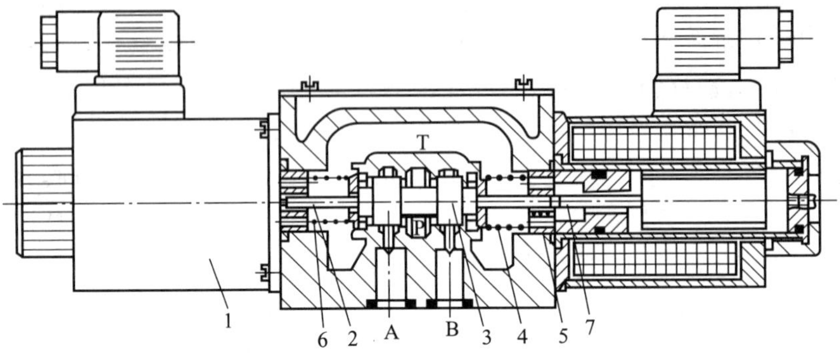

(a) 结构图 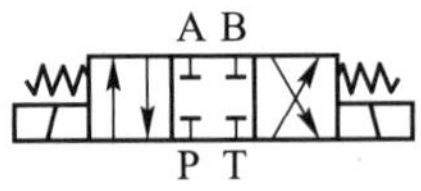　　(b) 图形符号

电磁换向阀结构

电磁换向阀工作原理

(c) 实物内部结构图

1—电磁铁;2、7—推杆;3—阀芯;4、6—弹簧;5—挡圈

图 6-2-16　直流湿式三位四通电磁换向阀

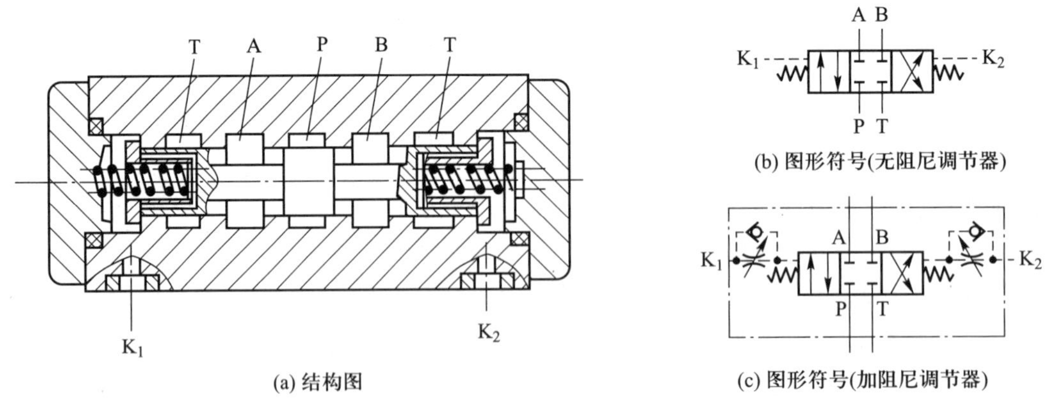

(a) 结构图　　(b) 图形符号(无阻尼调节器)　　(c) 图形符号(加阻尼调节器)

图 6-2-17　弹簧对中型三位四通液动换向阀

当对液动换向阀换向平稳性要求较高时,还应在液动换向阀两端 K_1、K_2 控制油路中加装阻尼调节器,见图 6-2-17c。阻尼调节器由一个单向阀和一个节流阀并联组成,单向阀用来保证换向阀端面进油畅通,而节流阀用于换向阀端面回油的节流,调节节流阀开口大小即可调整阀芯的动作时间。

5. 电液换向阀

电液换向阀是电磁换向阀(电磁阀)和液动换向阀(液动阀)的组合。其中,电磁换向阀起先导作用,控制液动换向阀的动作,改变液动换向阀的工作位置;液动换向阀作为主阀,用于控制液压系统中的执行元件。

由于液压力的驱动,主阀芯的尺寸可以做得很大,允许大流量通过。因此,电液换向阀主要用在流量超过电磁换向阀额定流量的液压系统中,从而用较小的电磁铁就能控制较大的流量。电液换向阀的使用方法与电磁换向阀相同。

电液换向阀有弹簧对中和液压对中两种形式。若按控制压力油及其回油方式进行分类则有外部控制、外部回油,外部控制、内部回油,内部控制、外部回油以及内部控制、内部回油四种类型。

图 6-2-18 为外部控制、外部回油弹簧对中型三位四通电液换向阀的结构图及图形符号。

液动阀为主阀,是一个三位四通 O 型机能的换向阀;控制阀是一个三位四通 Y 型中位机能的电磁换向阀。当电磁铁 3 通电后,控制阀换于左位,P 口压力油进入主阀阀芯左侧弹簧腔,主阀阀芯右侧弹簧腔的油液经右侧的节流阀口以及控制阀 B′口回到油箱,主阀阀芯右移换向,使主阀 P、A,B、T 接通。当电磁铁 5 通电后,过程分析同上。当电磁铁 3、5 都断电后,主阀阀芯左、右弹簧腔油液通过控制阀中位 Y 型机能的连通关系与油箱相通,主阀阀芯在两侧复位弹簧作用下处于中位,P、T、A、B 口断开,互不相通。

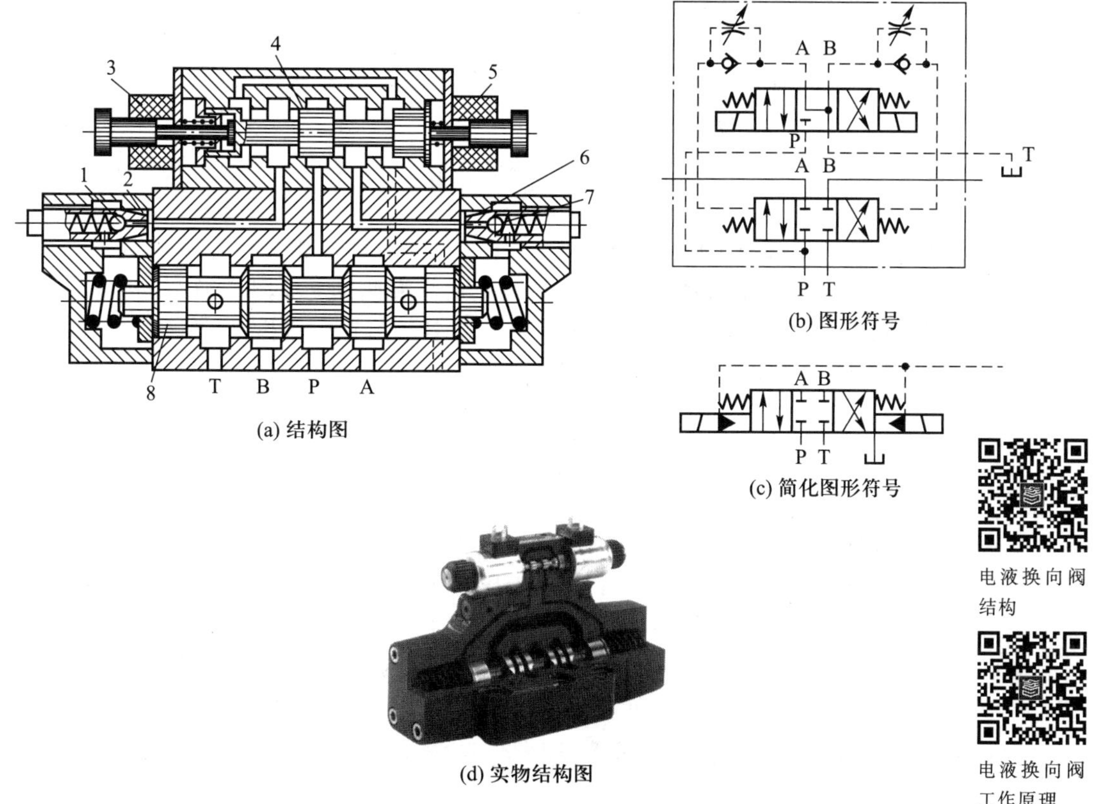

(a) 结构图

(b) 图形符号

(c) 简化图形符号

(d) 实物结构图

1、7—单向阀阀芯;2、6—节流阀阀芯;3、5—电磁铁;4—电磁阀阀芯;8—液动阀阀芯

图 6-2-18　外部控制、外部回油的弹簧对中型三位四通电液换向阀

6.2.2.4 换向阀的主要性能

换向阀的主要性能,以电磁换向阀为例进行介绍,它主要包括下面几项性能:

(1) 工作可靠性。工作可靠性指电磁铁通电后能否可靠地换向,而断电后能否可靠地复位。工作可靠性主要取决于设计和制造,和使用也有关系。液动力和液压卡紧力的大小对工作可靠性影响很大,而这两个力与通过阀的流量和压力有关。

(2) 压力损失大小。由于电磁换向阀的开口很小,故液流流过阀口时产生较大的压力损失。一般阀体铸造流道中的压力损失比机械加工流道中的损失小。

(3) 内泄漏量大小。在各个不同的工作位置,在规定的工作压力下,油液从高压腔泄漏到低压腔的泄漏量为内泄漏量。过大的内泄漏量不仅会降低系统的效率,引起发热,而且还会影响执行机构的正常工作。

(4) 换向时间和复位时间。换向时间指从电磁铁通电到阀芯换向终止的时间;复位时间指从电磁铁断电到阀芯回复到初始位置的时间。减小换向和复位时间可提高机构的工作效率,但会引起液压冲击。交流电磁换向阀的换向时间一般为 0.03~0.05 s,换向冲击较大;而直流电磁换向阀的换向时间为 0.1~0.3 s,换向冲击较小。通常复位时间比换向时间稍长。

(5) 换向频率。换向频率是指在单位时间内阀所允许的换向次数。目前电磁换向阀的换向频率一般为 60 次/min。

(6) 使用寿命。使用寿命指从开始使用到电磁换向阀某一零件损坏,不能进行正常的换向或复位动作,或从开始使用到电磁换向阀的主要性能指标超过规定指标时所经历的换向次数。

电磁换向阀的使用寿命主要取决于电磁铁的寿命。湿式电磁铁的寿命比干式电磁铁的长,直流电磁铁的寿命比交流电磁铁的长。

6.2.3 多路换向阀

多路换向阀是由两个或两个以上的换向阀为主体的组合阀。根据不同液压系统的要求,还可将安全阀、单向阀、补油阀等也组合在阀内,其特点是没有阀间接头和管件、结构紧凑、压力损失小、可集中操纵多个执行元件。多路换向阀主要用在各种起重运输机械、工程机械等行走机械上,进行多个执行元件的集中控制。

1. 多路换向阀的分类

多路换向阀有多种分类形式。

(1) 按照阀体的结构形式不同,多路换向阀可分为整体式和分片式。整体式多路换向阀是将各联换向阀及某些辅助阀装在同一阀体内。这种多路换向阀具有结构紧凑、质量轻、压力损失小、压力高、流量大等特点。但对阀体铸造技术要求高,比较适合在相对稳定及大批量生产的机械上使用。分片式多路换向阀是用螺栓将进油阀、各联换向阀、回油阀组装在一起,其中换向阀的片数可根据需要加以选择。分片式多路换向阀可按不同使用要求组装成不同的多路换向阀,通用性较强,但加工面多,出现渗油的可能性也较大。

(2) 根据油路连接方式不同,可分为并联式、串联式及串并联式多路换向阀,其原理如图 6-2-19 所示。

并联连接就是从进油口来的油可直接通到各联换向阀的进油口,各阀的回油口又直接通到多

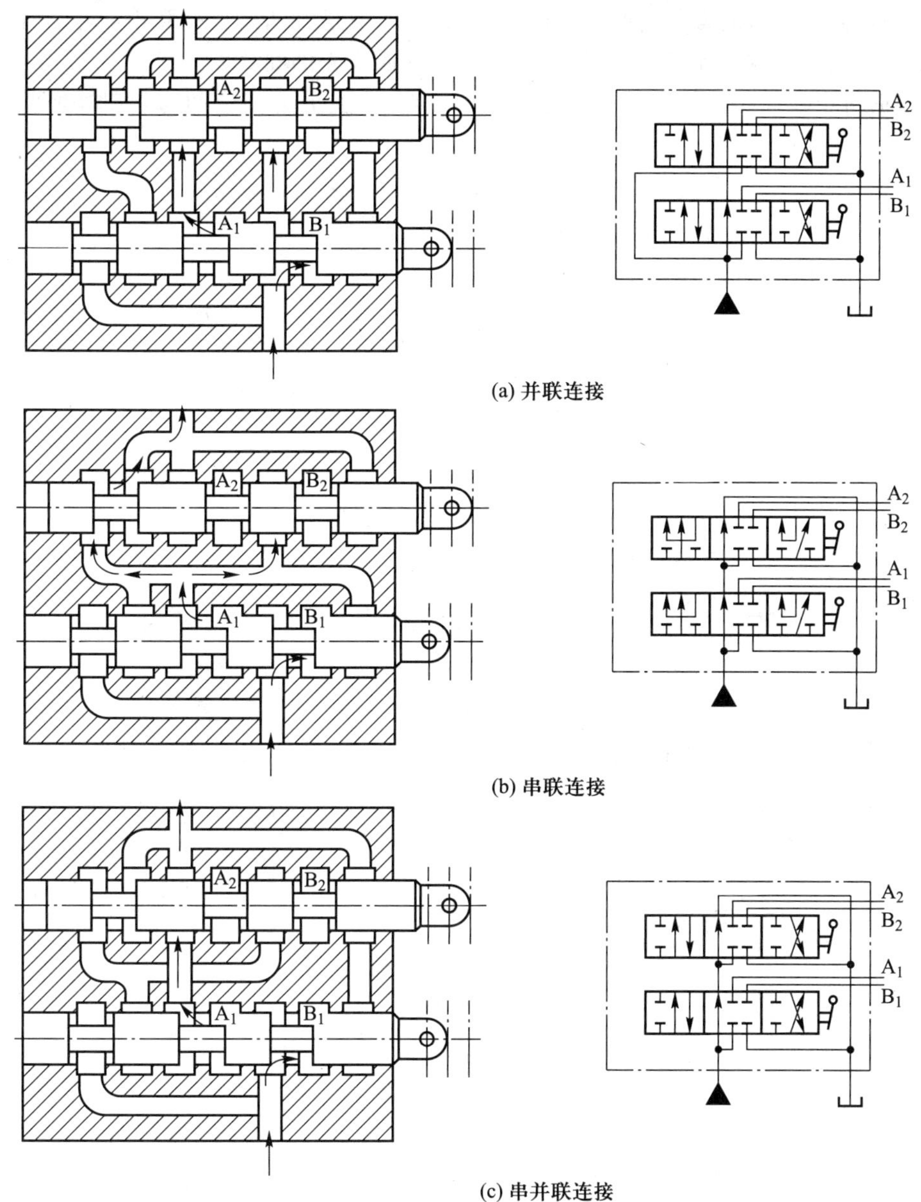

(a) 并联连接

(b) 串联连接

(c) 串并联连接

图 6-2-19　多路换向阀的油路连接方式

路换向阀的总回油口。采用这种油路连接方式,液压泵可同时向多个换向阀所控制的执行元件供油,每联阀可独立操纵,也可几个阀同时操作。当同时操作各换向阀时,负载小的执行元件先动作,并且各执行元件的流量之和等于液压泵的总流量。并联油路的多路换向阀的压力损失一般较小。

串联连接是后一联换向阀的进油口都和前一联换向阀的回油口相连,可实现各联换向阀所控制的执行元件同时工作,并且各个工作机构的工作压力是叠加的,即液压泵的出口压力是所有正在工作的执行元件工作压力的总和。该多路换向阀的压力损失一般较大。

串并联连接是每一联换向阀的进油腔均与前一联换向阀的中位回油道相通,而各联换向阀的回油腔又都直接与总回油道相通,各换向阀的进油腔串联,回油腔并联。若采用这种油路连接形式，则各联换向阀不可能有任何两联换向阀同时工作，故这种油路也称互锁油路。操纵上一联换向阀，下一联换向阀就不能工作，它保证前一联换向阀优先供油。

（3）根据每个换向阀的工作位置和所控制的油路不同，分为三位四通、三位六通、四位六通等形式。

（4）根据定位复位的方式不同，有弹簧对中式、钢球弹跳定位式等。

（5）根据控制方式不同，有手动控制和手动先导控制两种。

2. 多路换向阀的工作原理

图6-2-20所示为某叉车上采用的组合式多路换向阀。它是由进油阀体1、回油阀体4和中间两片换向阀2、3组成的，彼此间用螺栓5连接，其油路连接方式为并联连接。在相邻阀体间装有O形密封圈。进油阀体1内装有溢流阀(图中只画出溢流阀的进口K)。两换向阀为三位六通，其工作原理与一般手动换向阀相同。

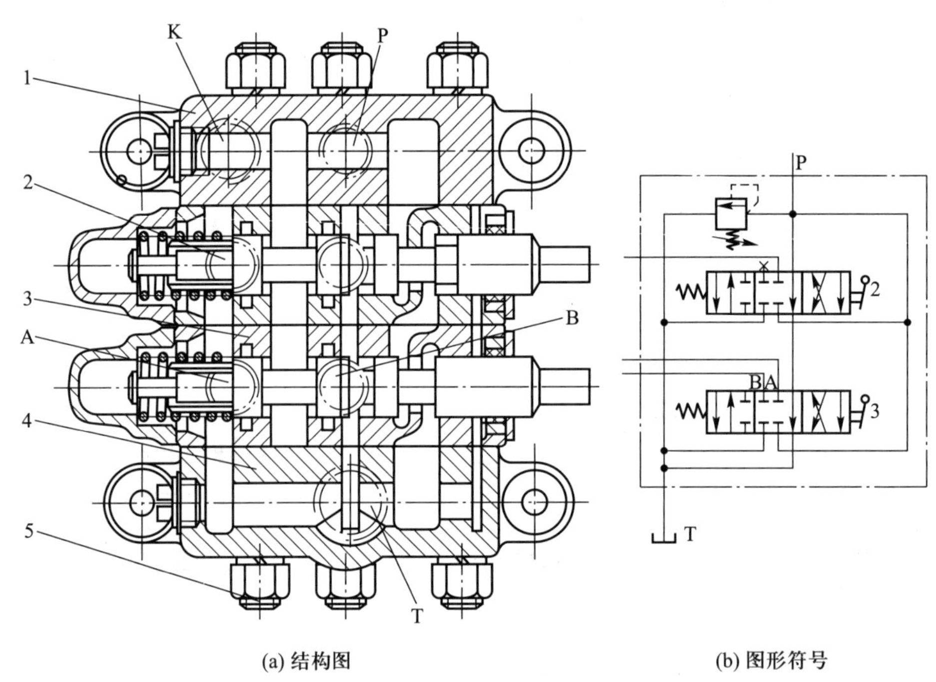

(a) 结构图　　(b) 图形符号

1—进油阀体；2—升降换向阀；3—倾斜换向阀；4—回油阀体；5—连接螺栓

图6-2-20 并联式多路换向阀

图6-2-20中，当换向阀2、3的阀芯均未操纵时(图示位置)，液压泵输出的压力油从P口进入，经阀体内部通道直通回油阀体4，并经回油口T返回油箱，液压泵处于卸荷状态，如图6-2-20a所示。当向右扳动换向阀3的阀芯时，阀内卸荷通道截断，油口A、B分别接通压力油口P和回油口T，倾斜缸活塞杆缩回。当反向扳动换向阀3的阀芯时，活塞杆伸出。

图6-2-21所示为中小型轮胎起重机和汽车起重机主油路中常采用的串联式多路换向阀。它由带溢流阀的进油阀体1和四个手动换向阀，即臂架伸缩换向阀2、臂架变幅换向阀3、回转换向阀4和起升换向阀5等组成。由于该多路换向阀的内部油路为串联式，液压泵输出的液压油与第一联换向阀的进油口相连，第一联的回油口再与下一联的进油口相连。这种串联多路换向

阀既能保证四个执行机构同时动作,也能保证它们单独动作。这种串联形式提高了液压泵的工作压力,但油液通过换向阀时的压力损失较大。

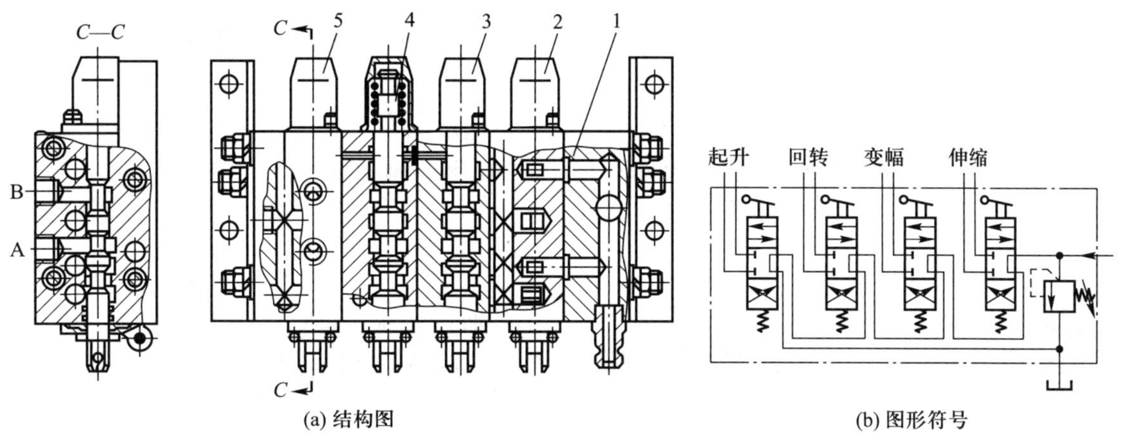

(a) 结构图　　(b) 图形符号

1—进油阀体;2—臂架伸缩换向阀;3—臂架变幅换向阀;4—回转换向阀;5—起升换向阀

图 6-2-21　串联式多路换向阀

6.3 压力控制阀

压力控制阀简称压力阀,主要包括用来控制液压系统的压力或利用压力变化作为信号来控制其他元件动作的阀类。按其功能和用途不同可分为溢流阀、减压阀、顺序阀、平衡阀和压力继电器等。

6.3.1 压力的调节与控制

在压力阀控制压力的过程中,一是需要解决压力可调的问题(即调压),二是需要解决压力反馈(即压力稳定)的问题。

6.3.1.1 调压原理

调压是指以负载为对象,通过调节控制阀阀口(或调节液压泵的变量机构)的大小,使系统输给负载的压力大小可调。调压方式主要有以下四种:

(1) 流量型油源并联溢流式调压

定量泵(供油流量为 q_0)是一种流量源(近似为恒流源),液压负载可以用一个带外部扰动的液压阻抗 Z 来描述,负载压力 p_L 与负载流量 q_L 之间的关系为:

$$p_L = q_L Z \tag{6-3-1}$$

显然,只有改变负载流量 q_L 的大小才能调节负载压力 p_L。用定量泵向负载供油时,如果将压力控制阀串联在液压泵和负载之间,则无论阀口是增大还是减小,都无法改变负载流量 q_L 的大小,因此也就无法调节负载压力 p_L。只有将压力控制阀与负载并联,通过阀口的溢流(分流)作用,才能使负载流量 q_L 发生变化,最终达到调节负载压力的目的。这种流量型油源并联溢流式调压回路如图 6-3-1a 所示。

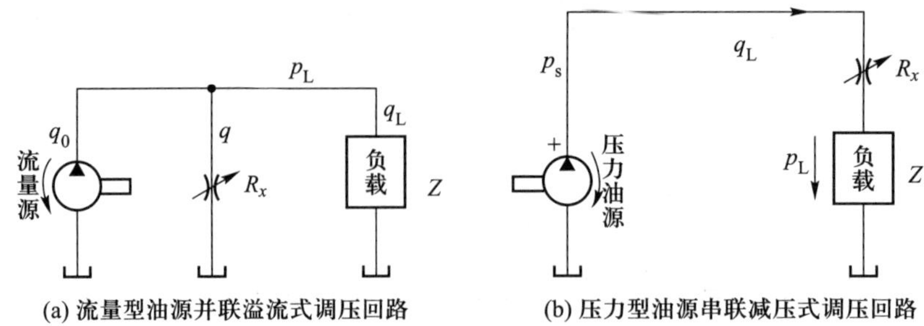

(a) 流量型油源并联溢流式调压回路　(b) 压力型油源串联减压式调压回路

图 6-3-1　不同油源的调压方式

(2) 压力型油源串联减压式调压

如果油源换成恒压源,压力为 p_s(例如用恒压泵供油),并联式(压力控制阀与负载并联)调节不能改变负载压力。这时可将控制阀串联在压力源 p_s 和负载之间,通过阀口的减压作用即可调节负载压力 p_L:

$$p_L = p_s / (R_x + Z) \tag{6-3-2}$$

或者写成:

$$p_L = p_s - \Delta p_R \tag{6-3-3}$$

式中,Δp_R 为控制阀口 R_x 上的压差。

压力型油源串联减压式调压回路如图 6-3-1b 所示。

(3) 半桥回路分压式调压

图 6-3-2 所示半桥回路实质上是由进、回油节流口串联而成的分压回路。为了简化加工,进油节流口多采用固定节流口来代替,由锥阀或滑阀构成可调的回油节流口,如图 6-3-2a、b 所示。将负载连接到半桥的 A 口(即分压回路的中点),通过调节回油节流口的液阻,可实现负载压力的调节。这种调压方式主要用于液压阀的先导级中。

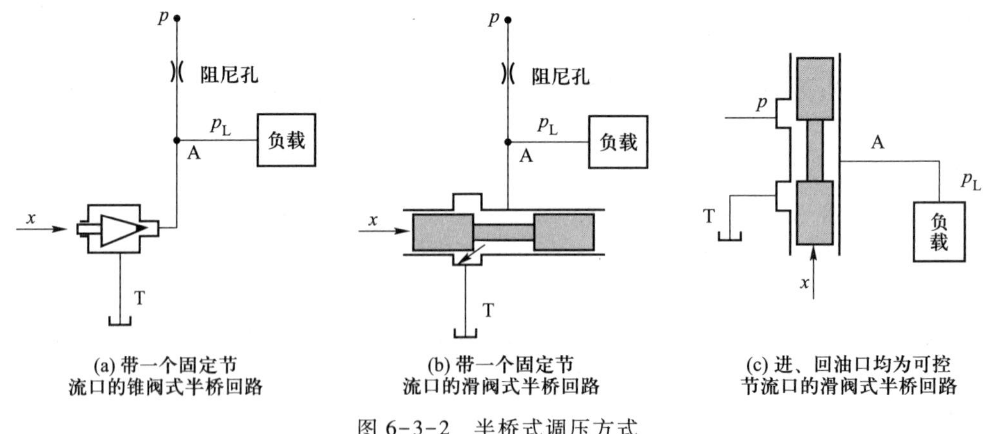

(a) 带一个固定节流口的锥阀式半桥回路　(b) 带一个固定节流口的滑阀式半桥回路　(c) 进、回油口均为可控节流口的滑阀式半桥回路

图 6-3-2　半桥式调压方式

(4) 液压泵变量调压

主要通过调节变量泵的变量机构来调节液压泵的输出流量即可达到改变负载压力的目的。

6.3.1.2　压力负反馈

压力负反馈的目的是稳定已调好的压力。压力大小能够调节并不等于能够稳压。当负载因扰动而发生变化时,负载压力会随之变化。压力的稳定是通过压力负反馈来实现的。

压力负反馈控制的核心是要构造一个压力比较器。压力比较器一般是一个减法器,将代表期望压力大小的指令信号与代表实际受控压力大小的压力测量信号相减后,使其差值转化为阀口液阻的控制量,并通过阀口的调节使期望压力与实际受控压力之间的误差趋于减小,这就是简单的压力负反馈过程。

构造压力负反馈系统时必须注意:① 如何产生期望压力的指令信号;② 在实际结构上构造易于实现的比较(减法)器;③ 实际受控压力 p_L 的测量问题,转换成什么信号才便于比较以及如何反馈到比较器中。

实际工作中力信号的比较易于实现。如图 6-3-3a 所示,在一个刚体的正、反两个方向上分别作用代表期望压力的指令力 $F_{指}$ 及代表实际受控压力 p_L 的反馈力 F_p,其合力 ΔF 就是比较结果。比较结果用于驱动压力阀阀芯,自动调节阀口的开度,从而完成自动控制。这种由力比较器直接驱动主阀芯的压力控制方式称为直动型压力控制,所构成的压力阀称为直动式压力阀。指令力可以通过手动调压弹簧来产生。由调压手柄调节弹簧的压缩量,改变弹簧预压缩力,即可提供不同的指令力。指令力也可以通过比例电磁铁产生,实际受控压力可以通过微型测量油缸(或带活塞的测量容腔)转化成便于比较的反馈力,并将反馈力作用在力比较器上。这里的测量油缸也称压力传感器。

当比较器驱动压力控制阀朝着使稳压误差增大的方向运动时,系统最终将失去控制,这种现象称为正反馈。发现正反馈时,改变反馈力的受力方向或阀口节流边的运动方向即可将其变为负反馈,如图 6-3-3d 所示。

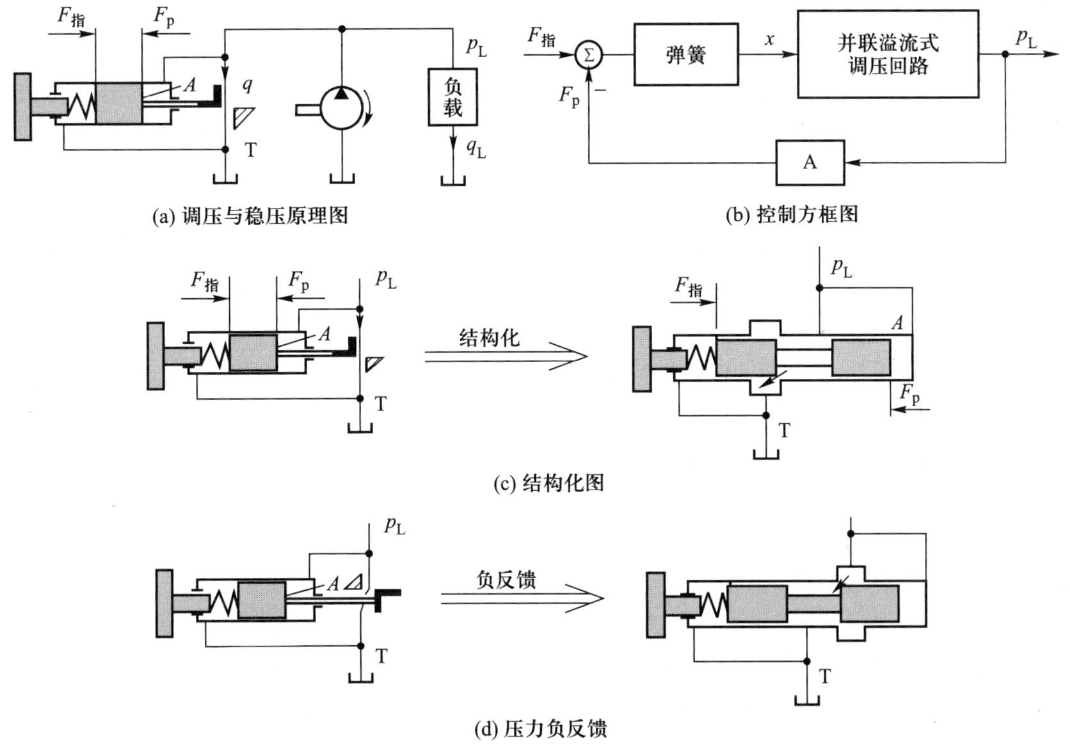

图 6-3-3 直动型并联溢流式压力负反馈控制(用于直动式溢流阀)

图 6-3-4 为直动型串联减压式压力负反馈控制原理图，常用于直动式减压阀。图 6-3-5 为半桥分压式压力负反馈控制原理图，常用作先导级。

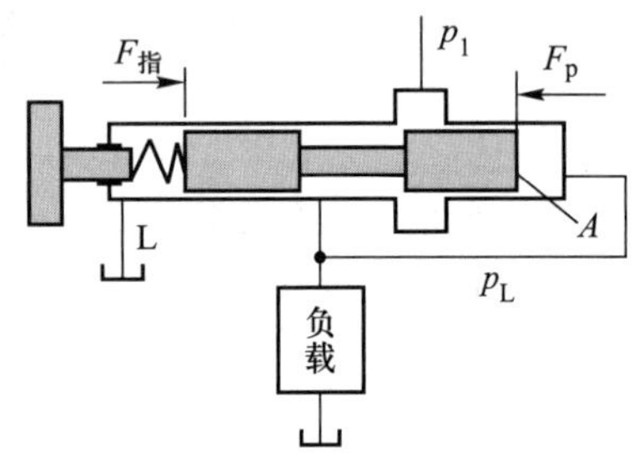

图 6-3-4 直动型串联减压式压力负反馈控制原理图(用于直动式减压阀)

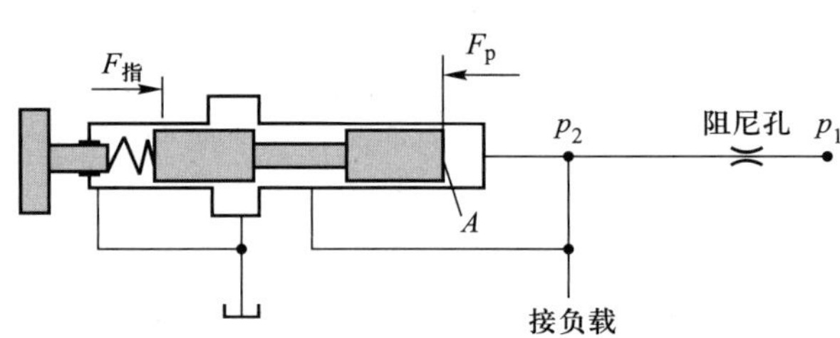

图 6-3-5 半桥分压式压力负反馈控制原理图(用作先导级)

6.3.1.3 先导型压力控制

直动型压力控制中，由力比较器直接驱动主阀芯，其阀芯驱动力远小于调压弹簧力，因此驱动能力十分有限。这种控制方式导致主阀芯不能做得太大，不适合用于高压、大流量系统中。因为阀芯越大、压力越高，阀芯的摩擦力、卡紧力、轴向液动力也越大，比较器直接驱动变得十分困难。在高压、大流量系统中一般应采用先导型压力控制。

所谓先导型压力控制，是指控制系统中有大、小两个阀芯，小阀芯为先导阀芯，大阀芯为主阀芯，并相应形成先导级和主级两个压力调节回路。其中，小阀芯以主阀芯为负载，构成小流量半桥分压式调压回路；主阀芯以系统中的执行元件为负载，根据油源不同，具体选择并联式、串联式或液压泵变量式等调节方式，构成大流量级调压回路。

按主级形式的不同，图 6-3-6a 所示为主级并联溢流式先导型压力控制，据此原理设计的压力阀称为先导式溢流阀；图 6-3-6b 所示为主级串联分压式先导型压力控制，据此原理设计的压力阀称为先导式减压阀；图 6-3-6c 所示为主级液压泵变量式先导型压力控制，恒压变量泵就是根据这一原理设计而成。

上述先导型压力控制的共同特点如下：

(1) 先导型压力控制中有两个压力负反馈回路，有两个反馈比较器和调压回路。先导级负责主级指令信号的稳压和调压；主级则负责系统的稳压。

(2) 主阀芯(或变量活塞)既构成主调压回路的阀口，又作为主级压力反馈的力比较器，主级的测压容腔设在主阀芯的一端，另一端作用有主级的指令力 p_2A。(弹簧为小刚度复位弹簧，不作为指令信号，这与先导阀的弹簧不一样)

(3) 主级所需要的指令信号(指令力 p_2A)由先导级负责输出，先导级通过半桥回路向主级的力比较器(即主阀芯)输出一个压力 p_2，该压力称为主级的指令压力。然后通过主阀芯端部的受压面积(可称为指令油缸)转化为主级的指令力 p_2A。

(4) 先导阀芯既构成先导调压回路的阀口，又作为先导级压力反馈的力比较器。先导级的测压容腔设在先导阀芯的一端(有时直接用节流边作为测压面)，另一端安装有作为先导级指令元件的调压弹簧和调压手柄(图 6-3-6)。在比例压力阀中则用比例电磁铁产生指令力。

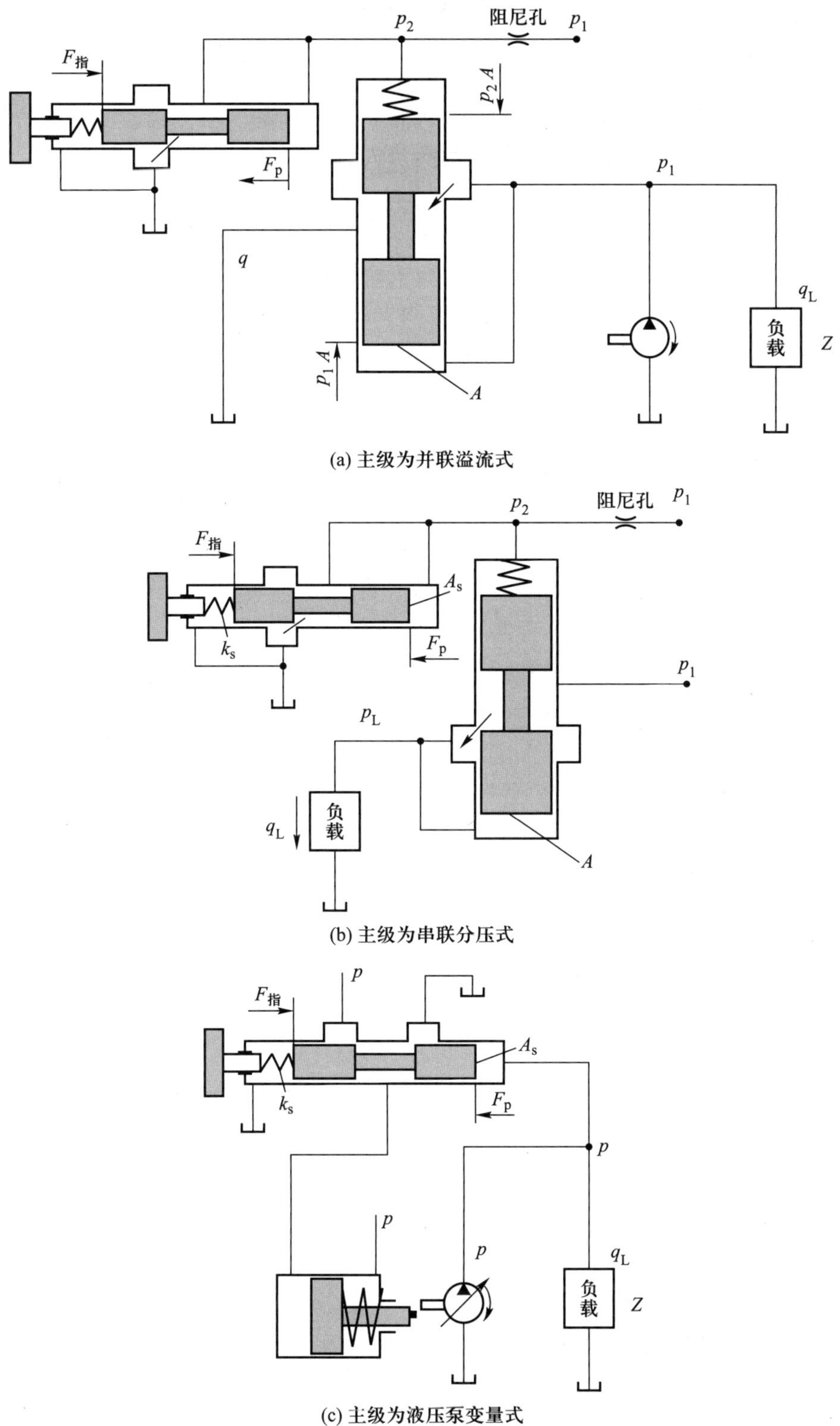

图 6-3-6 先导型压力控制

主阀和先导阀均有滑阀式和锥阀式两种典型结构。

6.3.2 溢流阀

根据并联溢流式压力负反馈控制原理设计而成的液压阀称为溢流阀。溢流阀的特征是:阀与负载相并联,溢流口接回油箱,采用进口压力负反馈。

6.3.2.1 作用和性能要求

1. 溢流阀的作用

溢流阀的主要作用是对液压系统定压或进行安全保护。几乎在所有的液压系统中都需要用到它,其性能好坏对整个液压系统的正常工作有很大影响。溢流阀的主要用途有以下两点:

1) 调压和稳压。如用在由定量泵构成的液压源中,用以调节泵的出口压力,保持该压力恒定。

2) 限压。如用作安全阀,当系统正常工作时,溢流阀处于关闭状态,仅当系统压力大于其调定压力时才开启溢流,对系统起过载保护作用。

在液压系统中维持定压是溢流阀的主要用途。它常用于节流调速系统中,与流量控制阀配合使用,调节进入系统的流量,并保持系统的压力基本恒定。如图6-3-7a所示,溢流阀2并联于系统中,进入液压缸4的流量由节流阀3调节。由于定量泵1的流量大于液压缸4所需的流量,油压升高,将溢流阀2打开,多余的油液经溢流阀2流回油箱。因此,此处溢流阀的功用就是在不断的溢流过程中保持系统压力基本不变。

用于过载保护的溢流阀一般称为安全阀。如图6-3-7b所示为变量泵调速系统。在正常工作时,溢流阀2关闭,不溢流,只有在系统发生故障,压力升至安全阀的调整值时,阀口才打开,使变量泵排出的油液经溢流阀2流回油箱,以保证液压系统的安全。

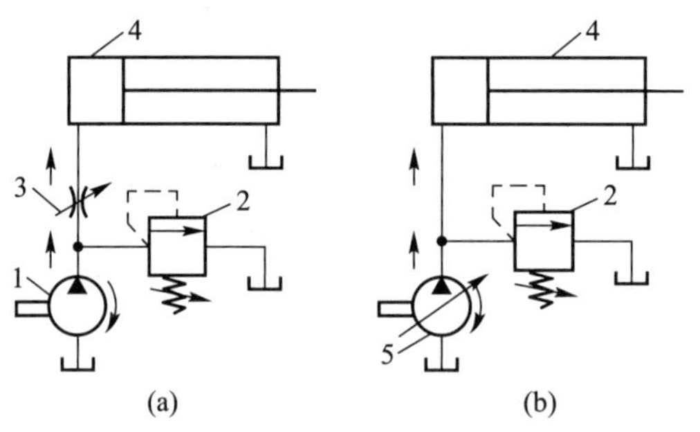

1—定量泵;2—溢流阀;3—节流阀;4—液压缸;5—变量泵

图6-3-7 溢流阀的作用

2. 液压系统对溢流阀的性能要求

(1) 定压精度高。当流过溢流阀的流量发生变化时,系统中的压力变化要小,即静态压力超调要小。

(2) 灵敏度高。如图6-3-7a所示,当液压缸4突然停止运动时,溢流阀2要迅速开大。否则,定量泵1输出的油液将因不能及时排出而使系统压力突然升高,并超过溢流阀的调定压力,称动态压力超调,使系统中各元件及辅助件受力增加,影响其寿命。溢流阀的灵敏度越高,则动态压力超调越小。

(3) 工作平稳,且无振动和噪声。

（4）当阀关闭时，密封要好，泄漏量要小。

对于经常开启的溢流阀，主要要求前三项性能；而对于安全阀，则主要要求第（2）、（4）两项性能。溢流阀和安全阀结构相同，只是在不同要求时有不同的作用。

常用的溢流阀按其结构形式和基本动作方式可归结为直动式和先导式两种。

6.3.2.2　直动式溢流阀

直动式溢流阀是作用在阀芯上的主油路液压力与调压弹簧力直接相平衡的溢流阀。如图 6-3-8 所示，直动式溢流阀因阀口和测压面结构形式不同，形成了三种基本结构。图 6-3-8a 所示溢流阀采用滑阀式溢流口，端面测压方式；图 6-3-8b 所示溢流阀采用锥阀式溢流口，同样采用端面测压方式；图 6-3-8c 所示溢流阀采用锥阀式溢流口，锥面测压方式，测压面和阀口的节流边均用锥面充当。但无论何种结构，直动式溢流阀均由调压弹簧和调压手柄、溢流阀口、测压面三个部分构成。

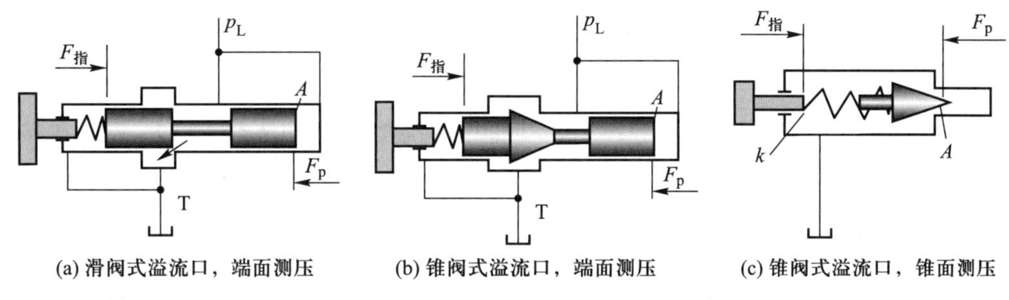

(a) 滑阀式溢流口，端面测压　(b) 锥阀式溢流口，端面测压　(c) 锥阀式溢流口，锥面测压

图 6-3-8　直动式溢流阀结构原理图

直动式锥阀溢流阀的结构如图 6-3-9 所示。阀芯在弹簧的作用下压在阀座上，阀体上开有进油口 P 和出油口 T，油液压力从进油口 P 作用在阀芯上。当液压作用力低于调压弹簧力时，阀

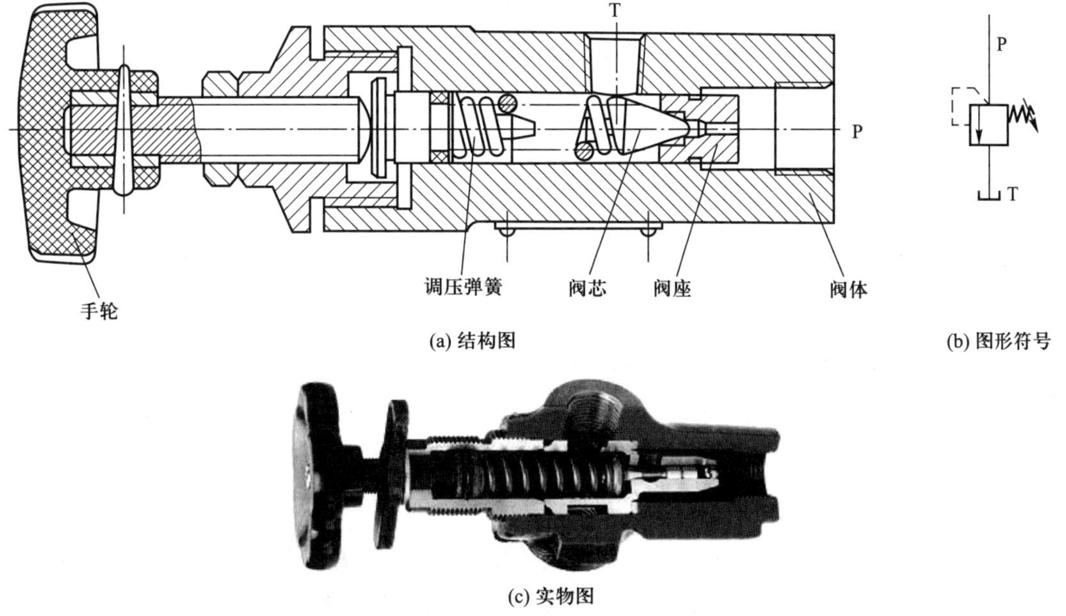

(a) 结构图　(b) 图形符号

(c) 实物图

图 6-3-9　直动式锥阀溢流阀

口关闭，阀芯在弹簧力的作用下压紧在阀座上，溢流口无液体溢出；当液压作用力超过调压弹簧力时，阀芯开启，液体从溢流口 T 流回油箱，弹簧力随着开口量的增大而增大，直至与液压作用力相平衡。调节调压弹簧的预压力，便可调整溢流压力。

当阀芯重力、摩擦力和液动力忽略不计，令指令力（调压弹簧预压力）$F_{指}=kx_0$ 时，直动式溢流阀在稳态下的力平衡方程为：

$$\Delta F_{指}=pA-F_{指}=kx \tag{6-3-4}$$

即

$$p=k(x_0+x)/A\approx kx_0/A\quad（常数） \tag{6-3-5}$$

式中：p（或 p_L）为进口压力即系统压力（Pa）；$F_{指}$ 为指令信号，即弹簧预压力（N）；$\Delta F_{指}$ 为控制误差，即阀芯上的合力（N）；A 为阀芯的有效作用面积（m^2）；k 为弹簧刚度（N/m）；x_0 为弹簧预压缩量（m）；x 为阀开口量（m）。

可以看出，只要在设计时保证 $x\ll x_0$，即可使式（6-3-5）成立。这就表明，当溢流量变化时，直动式溢流阀的进口压力是近于恒定的

直动式溢流阀结构简单，灵敏度高，但因压力直接与调压弹簧力平衡，不适于在高压、大流量条件下工作。在高压、大流量条件下，直动式溢流阀的阀芯摩擦力和液动力很大，不能忽略，故定压精度低，恒压特性差。

6.3.2.3　先导式溢流阀

先导式溢流阀有多种结构。图 6-3-10 所示是一种典型的三节同心先导式溢流阀，它由先导阀和主阀两部分组成。该阀原理如图 6-3-11 所示（图中数字含义同图 6-3-10）。

YF 型先导式溢流阀结构

YF 型先导式溢流阀工作原理

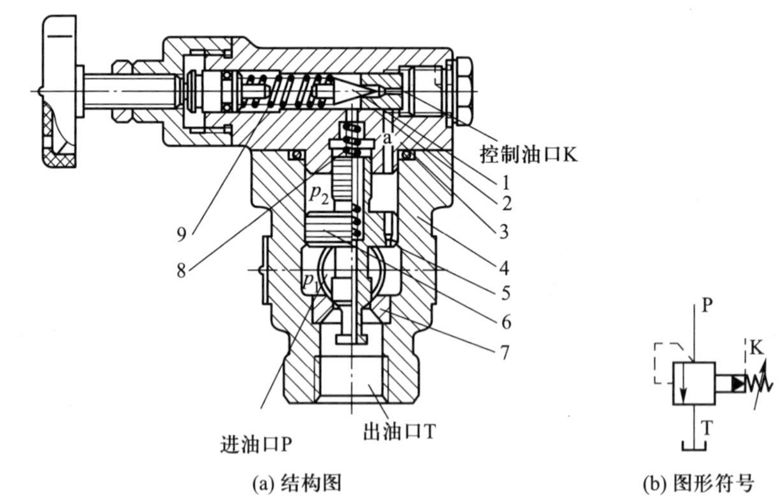

(a) 结构图　(b) 图形符号

1—锥阀（先导阀）；2—锥阀座；3—阀盖；4—阀体；5—阻尼孔；6—主阀芯；7—主阀座；8—主阀弹簧；9—调压（先导阀）弹簧

图 6-3-10　YF 型三节同心先导式溢流阀结构图（管式）

图中，锥式先导阀 1、主阀芯上的阻尼孔（固定节流口）5 及调压弹簧 9 一起构成先导级半桥分压式压力负反馈控制，负责向主阀芯 6 的上腔提供经过先导阀稳压后的主级指令压力 p_2。主阀芯是主控回路的比较器，上端面作用有主阀芯的指令力 p_2A_2，下端面作为主回路的测压面作用

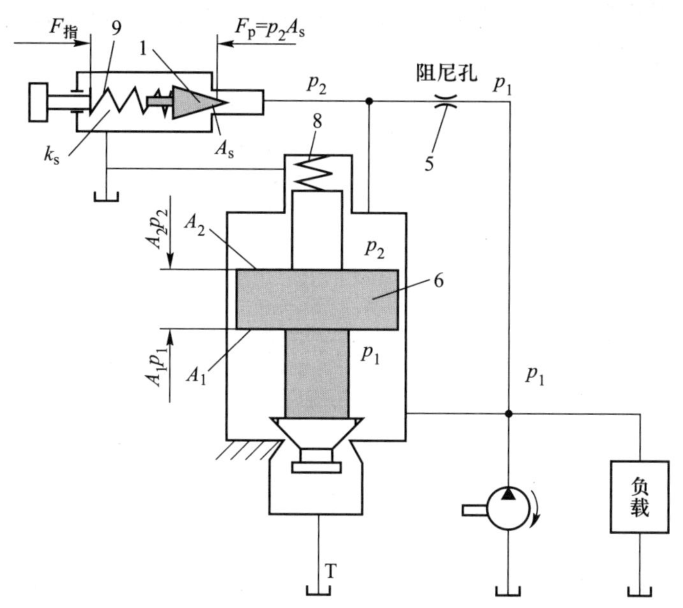

图 6-3-11 三节同心先导式溢流阀工作原理图(图中数字含义同图 6-3-10)

有反馈力 p_1A_1,其合力可驱动阀芯,调节溢流口的大小,最后达到对进口压力 p_1 进行调压和稳压的目的。

工作时,液压力同时作用于主阀芯及先导阀芯的测压面上。当先导阀 1 未打开时,阀腔中油液没有流动,作用在主阀芯 6 上下两个方向的压力相等,但因上端面的有效作用面积 A_2 稍大于下端面的有效作用面积 A_1,主阀芯在合力的作用下处于最下端位置,阀口关闭。当进油压力增大到使先导阀打开时,油液通过主阀芯上的阻尼孔 5、先导阀 1 流回油箱。由于阻尼孔的阻尼作用,使主阀芯 6 所受到的上下两个方向的液压力不相等,主阀芯在压差的作用下上移,打开主阀口,实现溢流,并维持压力基本稳定。调节先导阀的调压弹簧 9,便可调整溢流压力。

根据图 6-3-11 所示先导式溢流阀的工作原理,当阀芯重力、摩擦力和液动力忽略不计,先导阀的指令力 $F_{指}=k_sx_{s_0}$ 时,先导阀芯在稳态状况下的力平衡方程为:

$$\Delta F_s=p_2A_s-F_{指}=k_sx_s \tag{6-3-6}$$

即

$$p_2=k_s(x_{s_0}+x_s)/A_s \tag{6-3-7}$$

因先导阀的流量极小,约为主阀流量的 1%,先导阀开口量 x_s 很小,可以为 $x_s \ll x_{s_0}$ 因此有

$$p_2 \approx k_sx_{s_0}/A_s(常数) \tag{6-3-8}$$

式中:p_2 为先导级的输出压力,即主级的指令压力(Pa);$F_{指}$ 为先导级的指令信号,即先导阀的弹簧预压力(N);ΔF_s 为先导级的控制误差,即先导阀芯上的合力(N);A_s 为先导阀芯的有效作用面积(m^2);k_s 为先导阀调压弹簧刚度(N/m);x_{s_0} 为先导阀弹簧预压缩量(m);x_s 为先导阀开口量(m)。

由式(6-3-8)可以看出,只要在设计时保证 $x_s \ll x_{s_0}$,即可使先导级向主级输出的压力 $p_2=k_s(x_{s_0}+x_s)/A_s \approx k_sx_{s_0}/A_s$ = 常数。因此,先导级可以对主级的指令压力 p_2 进行调压和稳压。

在主阀中,当主阀芯重力、摩擦力和液动力忽略不计,令主阀的指令力 $F_{调}=p_2A_2$ 时,主阀芯在稳态状况下的力平衡方程为:

$$\Delta F=p_1A_1-F_{调}=p_1A_1-p_2A_2=k(x_0+x) \tag{6-3-9}$$

因主阀芯弹簧不起调压弹簧作用,因此弹簧极软,弹簧力基本为零,即

$$\Delta F=k(x_0+x)\approx 0 \tag{6-3-10}$$

故有

$$p_1\approx F_{调}/A_1=p_2A_2/A_1 \tag{6-3-11}$$

将 p_2代入式(6-3-11)后,得

$$p_1=(k_s x_{s0}/A_s)A_2/A_1=(F_{指}/A_s)A_2/A_1(\text{常数}) \tag{6-3-12}$$

式中:p_1 为进口压力即系统压力(Pa);A_1为主阀芯下端面的有效作用面积(m^2);A_2为主阀芯上端面的有效作用面积(m^2);k 为主阀弹簧刚度(N/m);x_0为主阀弹簧预压缩量(m);x 为主阀开口量(m);$F_{调}$为主级的指令信号,即主阀芯上端面有效作用面积上所承受的液压力(N);ΔF 为主级的控制误差,即主阀芯上的合力(N)。

由式(6-3-12)可以看出,只要在设计时保证主阀弹簧很软,且主阀芯两端的作用面积 A_1、A_2 较大,摩擦力和液动力相对于液压驱动力可以忽略不计,即可使系统压力 $p_1\approx(k_s x_{s0}/A_s)A_2/A_1=$ 常数。先导式溢流阀在溢流量发生大幅度变化时,被控压力 p_1只有很小的变化,即定压精度高。此外,由于先导阀的流量仅为主阀额定流量的1%左右,因此先导阀阀座孔的面积和开口量、调压弹簧刚度都不必很大。因此,先导式溢流阀广泛用于高压、大流量场合。

从图 6-3-10 可以看出,先导阀上有一个远程控制油口 K,当 K 口通过二位二通阀接油箱时,先导级的控制压力 $p_2\approx0$;主阀芯在很小的液压力(基本为零)作用下便可向上移动,打开阀口,实现溢流,这时系统称为卸荷。若 K 口接另一个远离主阀的先导压力阀(此阀的调节压力应小于主阀中先导阀的调节压力)的入口,可实现远程调压。

图 6-3-12 所示为二节同心先导式溢流阀的结构图,其主阀芯为带有圆柱面的锥阀。为使主阀关闭时有良好的密封性,要求主阀芯 1 的圆柱导向面和圆锥面与阀套配合良好,两处的同心度要求较高,故称二节同心。主阀芯上没有阻尼孔,而将三个阻尼孔 2、3、4 分别设在主阀体 10 和先导阀体 6 上。其工作原理与三节同心先导式溢流阀相同,只不过油液从主阀下腔到主阀上腔需经过三个阻尼孔。阻尼孔 2 和 4 串联,相当三节同心阀主阀芯中的阻尼孔,是半桥回路中的进油节流口,作用是使主阀下腔与先导阀前腔产生压力差,再通过阻尼孔 3 作用于主阀上腔,从而控制主阀芯开启。阻尼孔 3 的主要作用是提高主阀芯的稳定性,它的设立与桥路无关。

先导式溢流阀的先导阀部分结构尺寸较小,调压弹簧刚度不必很大,因此压力调整比较轻便。但因先导式溢流阀要在先导阀和主阀都动作后才能起控制作用,因此反应不如直动式溢流阀灵敏。

与三节同心结构相比,二节同心结构的特点是:① 主阀芯仅与阀套和主阀座有同心度要求,免去了与阀盖的配合,故结构简单,加工和装配方便。② 过流面积大,在相同流量的情况下,主阀开启高度小;或者在相同开启高度的情况下,其通流能力大,因此其体积小、重量轻。③ 主阀芯与阀套可以通用化。

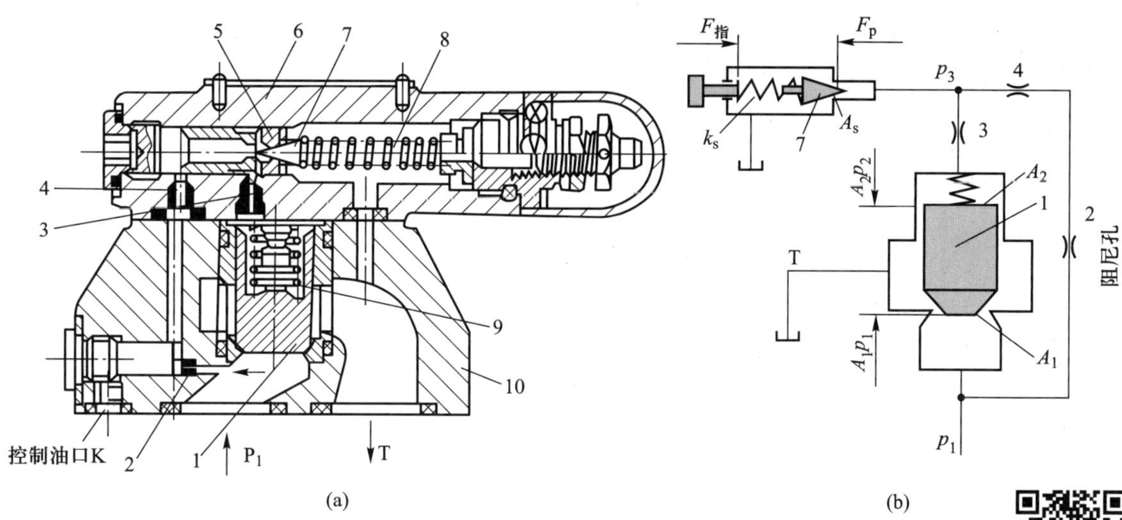

1—主阀芯；2、3、4—阻尼孔；5—先导阀座；6—先导阀体；7—先导阀芯；
8—调压弹簧；9—主阀弹簧；10—主阀体

图 6-3-12　二节同心先导式溢流阀（板式）

DB 型先导式溢流阀结构

DB 型先导式溢流阀工作原理

6.3.2.4　*电磁溢流阀*

电磁溢流阀是电磁换向阀（电磁阀）与先导式溢流阀的组合，用于系统的多级压力控制或卸荷。为减小卸荷时的液压冲击，可在电磁阀和溢流阀之间加装缓冲器。

图 6-3-13a 为电磁溢流阀的结构图，它是先导式溢流阀与常闭型二位二通电磁阀的组合，图 6-3-13b 为其实物图。电磁阀的两个油口分别与主阀上腔（先导阀前腔）及主阀溢流口相连。当电磁铁断电时，电磁阀两油口断开，对溢流阀没有影响。当电磁铁通电换向时，通过电磁阀将主阀上腔与主阀溢流口相连通，溢流阀溢流口全开，导致溢流阀进口卸压（即压力为零），这种状态称之为卸荷。

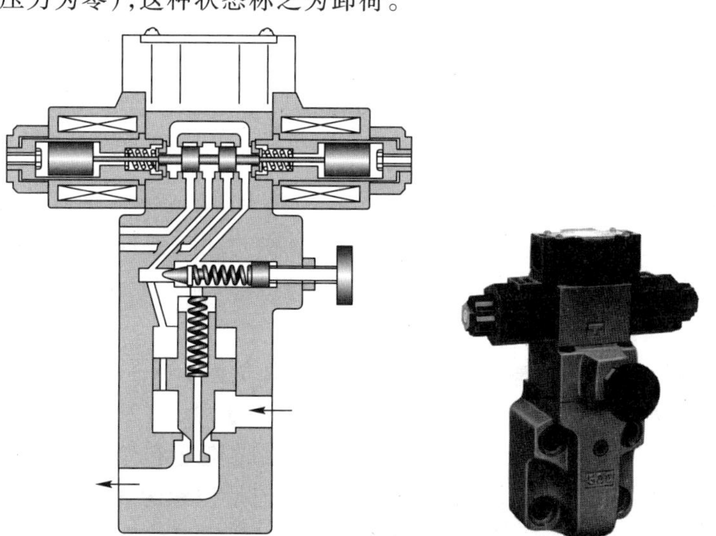

(a) 电磁溢流阀结构图　　**(b) 电磁溢流阀实物图**

图 6-3-13　电磁溢流阀结构图及实物图

先导式溢流阀与常闭型二位二通电磁阀组合时称为 O 型机能电磁溢流阀，与常开型二位二通电磁阀组合时称为 H 型机能电磁溢流阀，如图 6-3-14 所示。

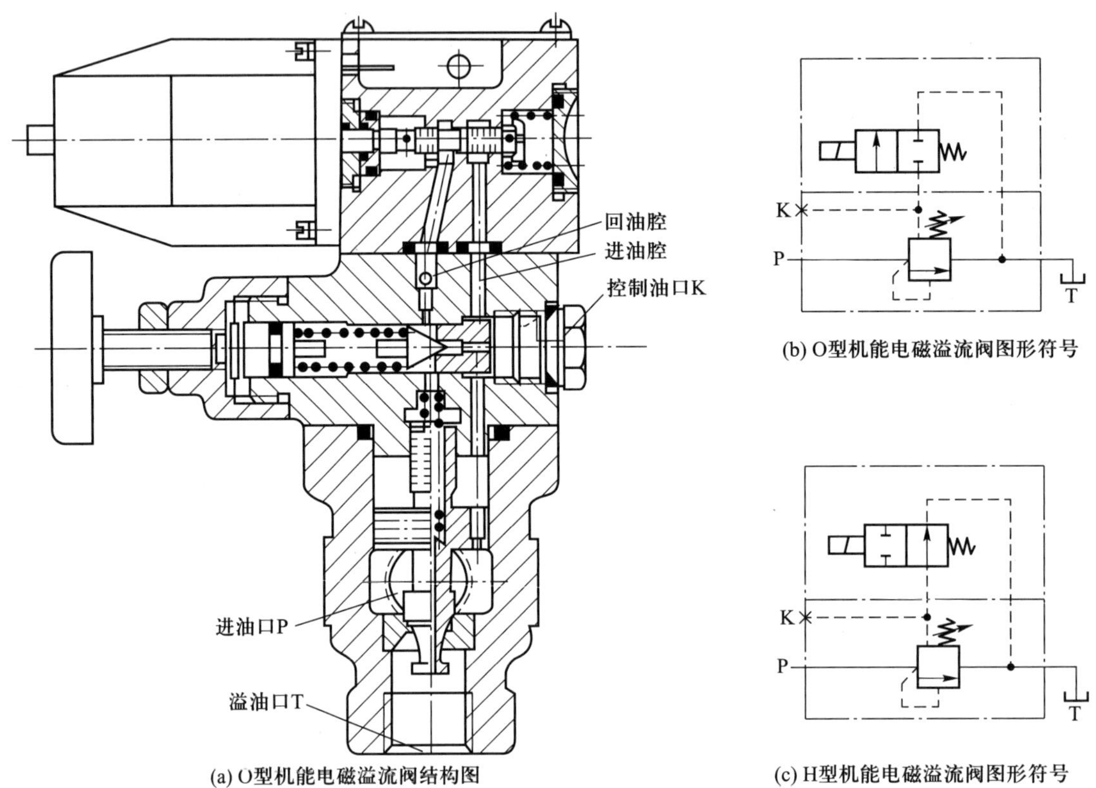

(a) O型机能电磁溢流阀结构图

(b) O型机能电磁溢流阀图形符号

(c) H型机能电磁溢流阀图形符号

图 6-3-14　电磁溢流阀

电磁溢流阀除应具有溢流阀的基本性能外，还要满足以下要求：建压时间短；具有通电卸荷或断电卸荷功能；卸荷时间短且无明显液压冲击。

6.3.2.5　溢流阀的静、动态特性

溢流阀的主要性能特性包括静态特性和动态特性。静态特性是指溢流阀在稳态工况时的特性，动态特性是指溢流阀在瞬态工况时的特性。

1. 静态特性

溢流阀工作时，随着溢流量 q 的变化，系统压力 p 会产生一些波动，不同的溢流阀其波动程度不同。因此一般用溢流阀稳定工作时的压力-流量特性来描述溢流阀的静态特性。这种稳态压力-流量特性又称“启闭特性”。

启闭特性是指溢流阀从开启到闭合过程中，被控压力 p 与通过溢流阀的溢流量 q 之间的关系。它是衡量溢流阀定压精度的一个重要指标。图 6-3-15 所示为溢流阀的启闭特性曲线，图中 p_n($p_{指}$)为溢流阀调定压力，p_c 和 p_c'分别为直动式溢流阀和先导式溢流阀的开启压力。

溢流阀理想的特性曲线最好是一条在 p_n 处平行于流量坐标的直线。其含义是：只有在系统压力 p 达到 p_n 时才溢流，且不管溢流量 q 为多少，压力 p 始终保持为 p_n 值不变，没有稳态控制误差(或称没有调压偏差)。实际溢流阀的特性不可能是这样的，而只能要求它的特性曲线尽可能

接近这条理想曲线,调压偏差尽可能小。

由图 6-3-15 所示溢流阀的启闭特性曲线可以看出:

(1) 对同一个溢流阀,其开启特性总是优于闭合特性。这主要是由于在开启和闭合两种运动过程中,摩擦力的作用方向相反。

(2) 先导式溢流阀的启闭特性优于直动式溢流阀。也就是说,先导式溢流阀的调压偏差(p_n-p_c')比直动式溢流阀的调压偏差(p_n-p_c)小,调压精度更高。

所谓调压偏差,即调定压力与开启压力的差值。压力越高,调压弹簧刚度越大,由溢流量变化而引起的压力变化越大,调压偏差也越大。

由以上分析可知,直动式溢流阀结构简单,灵敏度高,但压力受溢流量变化的影响较大,调压偏差大,不适于在高压、大流量条件下工作,常作安全阀或用于调压精度要求不高的场合。先导式溢流阀中主阀弹簧主要用于克服阀芯的摩擦力,弹簧刚度小。当溢流量变化引起主阀弹簧压缩量变化时,弹簧力变化较小,因此阀进口压力变化也较小。先导式溢流阀调压精度高,被广泛用于高压、大流量系统中。

溢流阀的阀芯在移动过程中要受到摩擦力的作用,阀口开大和关小时的摩擦力方向刚好相反,使溢流阀开启时的特性和闭合时的特性产生差异。

除启闭特性外,溢流阀的静态性能指标还有:

(1) 压力调节范围。压力调节范围是指调压弹簧在规定的范围内调节时,系统压力平稳地(压力无突跳及迟滞现象)上升或下降的最大和最小调定压力。

(2) 卸荷压力。当溢流阀作卸荷阀使用时,额定流量下进、出油口的压力差称为卸荷压力。

(3) 最大允许流量和最小稳定流量。溢流阀在最大允许流量(即额定流量)下工作时应无噪声。溢流阀的最小稳定流量取决于对压力平稳性的要求,一般规定最小稳定流量为额定流量的 15%。

2. 动态特性

溢流阀的动态特性是指流量阶跃变化时进口压力响应特性,如图 6-3-16 所示。其衡量指标主要有响应时间和压力超调量等。

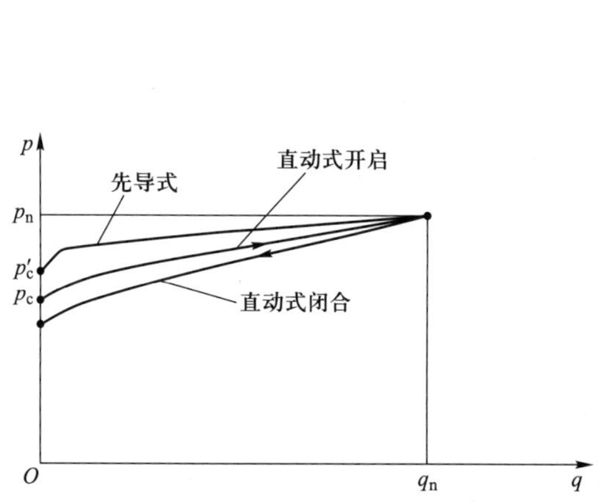

图 6-3-15　溢流阀的静态特性(启闭特性)曲线

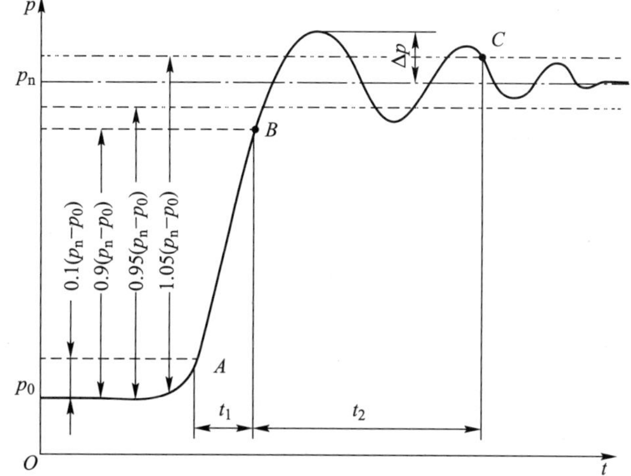

图 6-3-16　流量阶跃变化时溢流阀的进口压力响应特性

（1）压力超调量 Δp。定义最高瞬时压力峰值与额定压力调定值 p_n 之间的差值为压力超调量 Δp，并将（$\Delta p/p_n$）×100%称为压力超调率。压力超调量是衡量溢流阀动态定压误差及稳定性的重要指标，一般压力超调率要求小于 10%～30%，否则可能导致系统中元件损坏，管道破裂或其他故障。

（2）响应时间 t_1。是指压力升高值从最终稳态压力 p_n 与起始稳态压力 p_0 之差的 10%上升到二者之差的 90%的时间，即图 6-3-16 中 A、B 两点间的时间间隔。t_1 越小，溢流阀的响应越快。

（3）过渡过程时间 t_2。是指压力升高值从 $0.9(p_n-p_0)$ 的 B 点到瞬时过渡过程的最终时刻 C 点之间的时间。t_2 越小，溢流阀的动态过渡过程越短。

（4）升压时间 Δt_1。是指流量阶跃变化时，压力升高值从 $0.1(p_n-p_0)$ 至 $0.9(p_n-p_0)$ 的时间，即图 6-3-17 中 A 和 B 两点间的时间，与上述响应时间一致。

（5）卸荷时间 Δt_2。是指卸荷信号发出后，压力升高值从 $0.9(p_n-p_0)$ 至 $0.1(p_n-p_0)$ 的时间，即 C 和 D 两点间的时间。

Δt_1 和 Δt_2 越小，溢流阀的动态性能越好。

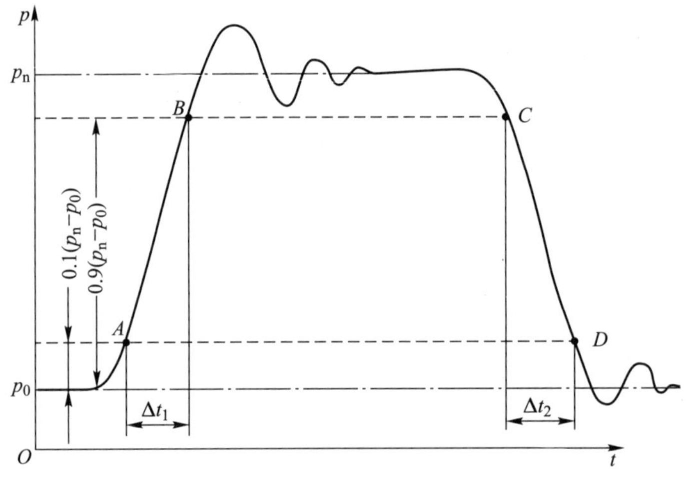

图 6-3-17　溢流阀的升压与卸荷特性

6.3.3　减压阀

根据串联减压式压力负反馈原理设计而成的液压阀称为减压阀，减压阀使出口压力（二次压力）低于进口压力（一次压力），使用一个油源能同时提供两个或几个不同压力的输出。减压阀在一些液压设备的夹紧系统、润滑系统和控制系统中应用得较多。此外，当油液压力不稳定时，在回路中串入一减压阀可得到一个较低的稳定压力。

减压阀的特征为：阀与负载相串联，调压弹簧腔外接泄油口，采用出口压力负反馈控制。按其控制压力可分为：定值减压阀（出口压力为定值）、定差减压阀（进口和出口压力之差为定值）和定比减压阀（进口和出口压力之比为定值）。其中，定值和定差减压阀通过压力或压差的反馈与输入量（弹簧预调力）的比较作用，自动调节减压阀口节流面积大小，使输出的二次压力或者

一、二次压力差基本保持恒定。定比减压阀的输入是一次压力，输入压力、输出压力在阀芯上的作用面积是固定的，通过输出压力的反馈与输入压力的比较，自动调节阀口的节流面积，使输入、输出压力之比与作用面积之比接近，从而基本保持恒定。

上述三类减压阀应用得最多的是定值减压阀。与溢流阀类似，定值减压阀也有直动式和先导式之分，但直动式减压阀较少单独使用。在先导式减压阀中，根据先导级供油的引入方式不同，有“先导级由减压阀出油口供油式”和“先导级由减压阀进油口供油式”两种结构形式。

6.3.3.1 定值减压阀

1. 先导级由减压阀出油口供油的减压阀

先导级由减压阀出油口供油的减压阀结构如图 6-3-18 所示，其由先导阀和主阀两部分组成。该阀的原理如图 6-3-19 所示。压力油由阀的进油口 P_1 流入，经主阀减压口 F 减压后由出油口 P_2 流出。锥式先导阀、主阀芯上的阻尼孔（固定节流口 e）及先导阀的调压弹簧一起构成先导级半桥分压式压力负反馈控制，负责向滑阀式主阀芯的上腔提供经过先导阀稳压后的主级指令压力 p_3。主阀芯是主控回路的比较器，端面有效作用面积为 A，上端面作用有主阀芯的指令力（即液压力 p_3A 与主阀弹簧力预压力 ky_0之和）；下端面作为主回路的测压面，作用有反馈力 p_2A，其合力可驱动阀芯，并调节减压口 F 的大小，最后达到对出油口压力 p_2进行减压和稳压的目的。

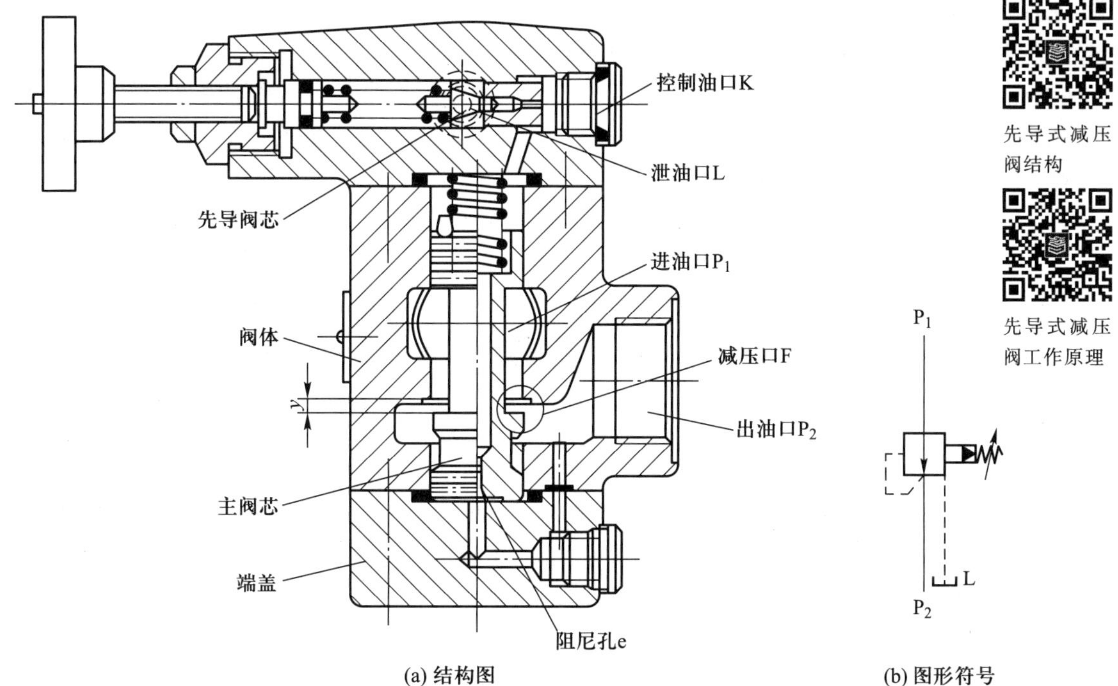

(a) 结构图 (b) 图形符号

图 6-3-18 先导级由减压阀出油口供油的先导式减压阀结构图及图形符号

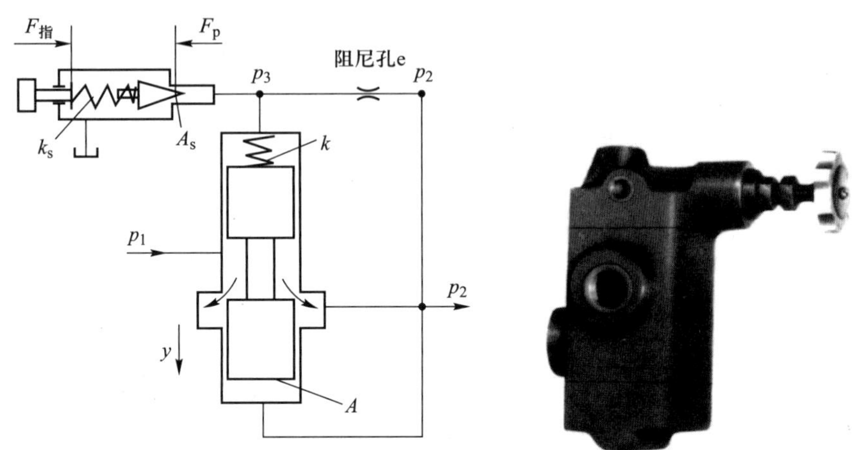

图 6-3-19　先导级由减压阀出油口供油的先导式减压阀原理图

由图可见，出油口压力油经阀体与下端盖的通道流至主阀芯的下腔，再经主阀芯上的阻尼孔 e 流到主阀芯的上腔，最后经先导阀阀口及泄油口 L 流回油箱。因此先导级的进油口（即阻尼孔 e 的进口）压力油引自减压阀的出油口 P_2，故称为先导级由减压阀出油口供油的减压阀。

工作时，若出油口压力 p_2 低于先导阀的调定压力，先导阀芯关闭，主阀芯上、下两腔压力相等，主阀芯在弹簧作用下处于最下端，减压口 F 开度为最大，阀不起减压作用，$p_2 \approx p_1$。当出油口压力 p_2 达到先导阀调定压力时，先导阀芯打开，主阀弹簧腔的油液便由泄油口 L 流回油箱。由于油液在主阀芯阻尼孔内流动，使主阀芯两端产生压力差，主阀芯在压差作用下，克服弹簧力抬起，减压口 F 减小，压降增大，使出油口压力下降到调定的压力值。此时，如果忽略液动力、摩擦力，则先导阀和主阀的力平衡方程式为：

$$\Delta F = p_2A - (p_3A + ky_0) = ky \tag{6-3-13}$$

$$p_3A_s = k_s(x_0 + x) \approx k_sx_0(常数) \tag{6-3-14}$$

式中：A、A_s 分别为主阀和先导阀有效作用面积；k、k_s 分别为主阀和先导阀弹簧刚度；x_0、x 分别为先导阀弹簧预压缩量和先导阀开口量；y_0、y 分别为主阀弹簧预压缩量、主阀调节位移。

联立上面两式后，p_2 可写成

$$p_2 \approx k_sx_0/A_s + k(y_0 + y)/A \approx k_sx_0/A_s + ky_0/A \tag{6-3-15}$$

由上式可以看出，只要在设计时保证主阀弹簧刚度较小，ky 可以忽略，且主阀芯的有效作用面积 A 较大，摩擦力和液动力相对于液压驱动力可以忽略不计，即可使减压阀出油口压力基本保持恒定。

应当指出，当减压阀出油口处的油液不流动时，此时仍有少量油液通过减压口 F 经先导阀和泄油口 L 流回油箱，阀处于工作状态，阀出油口压力基本上保持在调定值上。

2. 先导级由减压阀进油口供油的减压阀

先导级供油既可从减压阀的出油口引入，也可从减压阀的进油口引入，各有其特点。

先导级供油从减压阀的出油口引入时，该供油压力 p_2 是经减压阀稳压后的压力，波动不大，有利于提高先导级的控制精度，但会导致先导级的输出压力（主阀上腔压力）p_3 始终低于主阀下腔压力 p_2。若减压阀主阀芯上下有效作用面积相等，为使主阀芯平衡，不得不加大主阀芯的弹簧刚度，这又会使得主级的控制精度降低。

先导级供油从减压阀的进油口引入时(图 6-3-20),其优点是先导级的供油压力较高,先导级的输出压力(主阀上腔压力)p_3 也较高,故不需要加大主阀芯的弹簧刚度即可使主阀芯平衡,主级的控制精度可得到提高。但减压阀进油口压力 p_1 未经稳压,压力波动可能较大,又不利于先导级的控制。为了减小 p_1 波动可能带来的不利影响,保证先导级的控制精度,可以在先导级进口处用一个小型“恒流器”代替原固定节流口,通过“恒流器”的调节作用使先导级的流量及先导阀开口度近似恒定,有利于提高主阀上腔压力 p_3 的稳压精度。

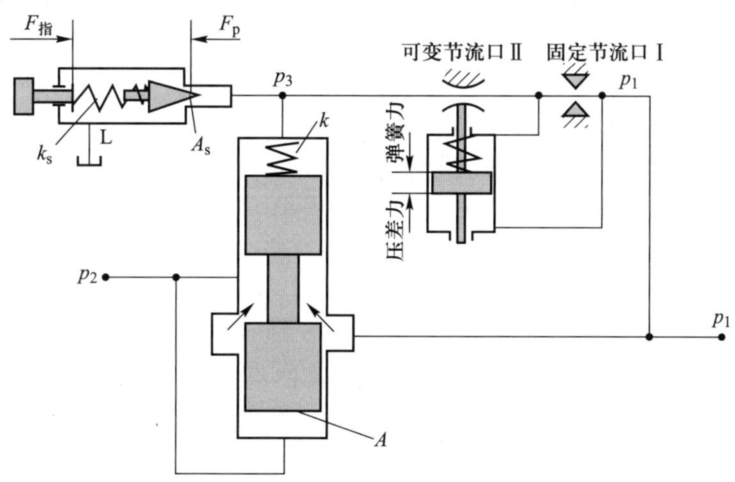

图 6-3-20　先导级由减压阀进油口供油的先导式减压阀原理图

图 6-3-21 所示为一种先导级由减压阀进油口供油的减压阀。该阀先导级进油口处设有控制油流量恒定器 6,它由一个固定节流口Ⅰ和一个可变节流口Ⅱ串联而成。可变节流口借助于一个可以轴向移动的小活塞来改变其过流面积,从而改变液阻。小活塞左端的固定节流口使小活塞两端出现压力差。小活塞在此压力差和右端弹簧的共同作用下而处于某一平衡位置。

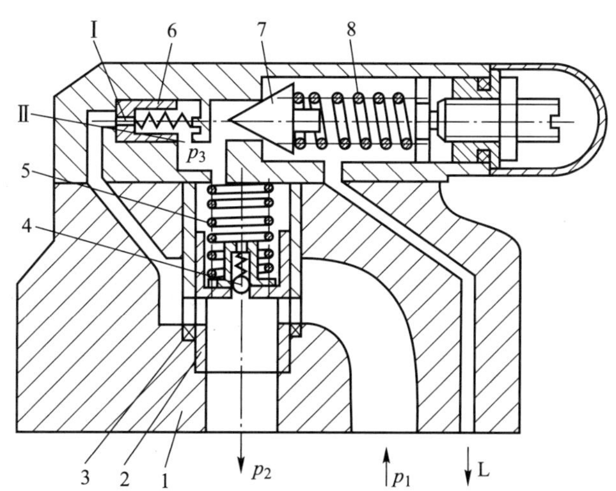

1—阀体;2—主阀芯;3—阀套;4—单向阀;5—主阀弹簧;6—控制油流量恒定器;
7—先导阀;8—调压弹簧;Ⅰ—固定节流口;Ⅱ—可变节流口

图 6-3-21　DR20 型减压阀结构图

如果由减压阀进油口引来的压力油的压力 p_1 达到调压弹簧8的调定值时,先导阀7开启,液流经先导阀口流向油箱。这时,小活塞前的压力为减压阀进油口压力 p_1,其后的压力为先导阀的控制压力(即主阀上腔压力)p_3,p_3 由调压弹簧8调定。由于 $p_3<p_1$,主阀芯在上、下腔压力差的作用下克服主阀弹簧5的力向上抬起,减小主阀开口,起减压作用,使主阀出口压力降低为 p_2。因为主阀采用了对称设置许多小孔的结构作为主阀阀口,因此液动力为零。

显然,若先导阀流量恒定,先导级的输出压力 p_3 就不会波动,这有利于提高减压阀的稳压精度。如何使通过先导阀的流量恒定呢?先导级以固定节流口Ⅰ作为流量传感器,将流量转化为Ⅰ上的压力差后与弹簧力平衡,压差恒定时流量自然恒定。通过可变节流口Ⅱ可以自动调节流量。流量大时,流量传感器(固定节流口Ⅰ)的压差则大,该压差作用在活塞6上,压缩弹簧,从而关小可变节流口Ⅱ,将先导级的流量向减小的方向调节;反之则增大可变节流口Ⅱ,将先导级的流量向增大的方向调节,从而自动维持先导级流量稳定。因此这种阀的出油口压力 p_2 与阀的进油口压力 p_1 以及流经主阀的流量无关。

如果阀的出口压力 p_2 出现冲击,主阀芯上的单向阀4将迅速开启卸压,使阀的出油口压力很快降低。在出油口压力恢复到调定值后,单向阀重新关闭。故单向阀在这里起压力缓冲作用。

6.3.3.2 定差减压阀

定差减压阀是使进、出油口之间的压力差不变或近似于不变的减压阀,其工作原理如图6-3-22所示。高压油(压力为 p_1)经节流口减压后以低压 p_2 流出,同时,低压油经阀芯中心孔将压力传至阀芯上腔,则其进、出油液压力在阀芯有效作用面积上的压力差与弹簧力相平衡。即

$$\Delta p=p_1-p_2=4k(x_0+x)/[\pi(D^2-d^2)] \tag{6-3-16}$$

式中:x_0 为当阀芯开口 $x=0$ 时弹簧(其弹簧刚度为 k)的预压缩量;其余符号如图所示。

由式(6-3-16)可知,只要尽量减小弹簧刚度 k 和阀口开度 x,就可使压力差 Δp 近似地保持为定值。

6.3.3.3 定比减压阀

定比减压阀能使进、出油口压力的比值维持恒定。图6-3-23所示为其工作原理图,阀芯在

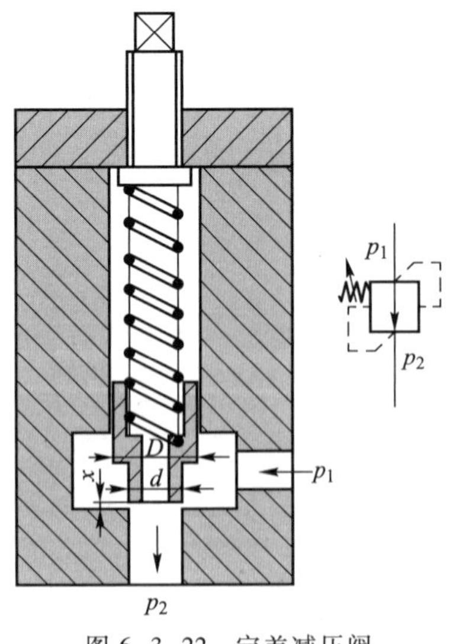

图6-3-22 定差减压阀

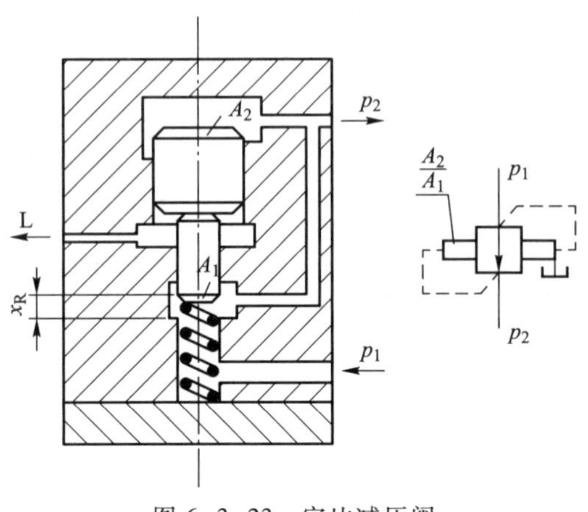

图6-3-23 定比减压阀

稳态时忽略稳态液动力、阀芯的自重,有

$$p_1A_1+k(x_0+x)=p_2A_2 \tag{6-3-17}$$

式中:k 为阀芯下端弹簧刚度;x_0是阀口开度 $x=0$ 时弹簧的预压缩量;其他符号如图所示。若忽略弹簧力(刚度较小),则有(减压比)

$$p_2/p_1=A_1/A_2 \tag{6-3-18}$$

由式(6-3-18)可见,选择阀芯的有效作用面积 A_1 和 A_2,便可得到所要求的压力比,且比值近似恒定。

如果将先导式减压阀和先导式溢流阀进行比较,它们之间有如下几点差异:

(1) 减压阀保持出油口压力基本不变,而溢流阀保持进口处压力基本不变。

(2) 在不工作时,减压阀进、出油口互通,而溢流阀进、出油口不通。

(3) 为保证减压阀出油口压力调定值恒定,其先导阀弹簧腔需通过泄油口单独外接油箱;而溢流阀的出油口是通油箱的,所以其先导阀的弹簧腔和泄漏油可通过阀体上的通道和出油口相通,不必单独外接油箱。

【例 6-1】 如图 6-3-24 所示回路中,溢流阀的调整压力 $p_Y=5$ MPa,减压阀的调整压力 $p_L=2.5$ MPa。试回答下列各问题,并说明减压阀阀口处于什么状态。

(1) 夹紧缸在未夹紧工件前做空载运动时,A、B、C 三点的压力各为多少?

(2) 当泵压力 $p_B=p_Y$ 时,夹紧缸使工件夹紧后,A、C 点的压力为多少?

(3) 当泵压力由于工作缸快进降到 $p_B=1.5$ MPa 时(工件原先处于夹紧状态),A、C 点的压力各为多少?

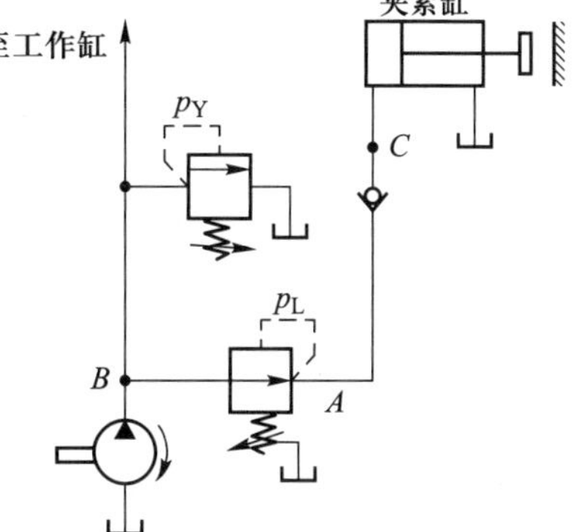

图 6-3-24 减压回路工作原理图

解:(1) 夹紧缸做空载快速运动时,$p_C=0$。A 点的压力如不考虑油液流过单向阀造成的压力损失,$p_A=0$。因减压阀阀口全开,若压力损失不计,则 $p_B=0$。由此可见,夹紧缸空载快速运动时将影响泵的工作压力。

(2) 工件夹紧时,夹紧缸压力即为减压阀调整压力,$p_A=p_C=p_L=2.5$ MPa,减压阀开口很小,这时仍有一部分油液通过减压阀阀芯的小开口(或三角槽)将先导阀打开而流出,减压阀阀口始终处于工作状态。

(3) 泵的压力突然降到 1.5 MPa 时,减压阀的进口压力小于调整压力 p_L,减压阀阀口全开而先导阀处于关闭状态,阀口不起减压作用,$p_A=p_B=1.5$ MPa。单向阀后的 C 点压力,由于原来夹紧缸的压力为 2.5 MPa,单向阀在短时间内有保压作用,故 $p_C=2.5$ MPa,以免夹紧的工件松动。

6.3.4 顺序阀

顺序阀是以压力为信号自动控制油路通断的压力控制阀,常用于控制同一系统多个执行元件的顺序动作。按其控制方式有内控式和外控式之分;按其结构又有直动式和先导式之分。通过改变控制方式、泄油方式以及二次油路的连接方式,顺序阀还可用作背压阀、卸荷阀和平衡阀等。顺序阀的工作原理、性能和外形与相应的溢流阀相似,其要求也相似。但因功用不同,故有一些如下特殊要求：

(1) 为使执行元件的顺序动作准确无误，顺序阀的调压偏差要小，即尽量减小调压弹簧的刚度。

(2) 顺序阀相当于一个压力控制开关，因此要求阀在接通时压力损失小，关闭时密封性能好。对于单向顺序阀（将顺序阀和单向阀的油路并联制造于一体），反向接通时压力损失也要小。

直动内控式顺序阀，其主要零件有阀体、阀盖、阀芯、控制活塞、调压弹簧等，如图 6-3-25 所示。直动式顺序阀的工作原理与直动式溢流阀相同。进油口压力油经通道作用于控制活塞的底部。当此液压力小于作用于阀芯上部的调压弹簧预紧力时，阀芯处于最下端，进、出油口不通；当作用于控制活塞底部的液压力大于调压弹簧预紧力时，阀芯上移，进、出油口接通，压力油进入下游执行元件进行工作。调节调压弹簧的预压缩量即可调节顺序阀的开启压力。因为是由进油口压力控制阀芯的启闭，所以称为内控式顺序阀。

先导式顺序阀的工作原理与先导式溢流阀的工作原理基本相同。但由于使用方式不同，还是有以下区别：① 溢流阀出油口接油箱，而顺序阀出油口则通向另一液压支路；② 溢流阀弹簧腔在阀内部直接和出油口接通，而顺序阀单独回油箱；③ 溢流阀阀芯浮动，通过不断调节阀芯的开口以保持进油口压力的稳定，而顺序阀不需浮动，只有开、关两种位置；④ 溢流阀进、出油口压差较大，而顺序阀则希望进出油口压差越小越好，一般为 0.2~0.4 MPa。

顺序阀在液压系统中的应用为：

① 控制多个执行元件的顺序动作。

② 与单向阀组合成单向顺序阀，作平衡阀，保持垂直放置的液压缸不因自重而下落。

③ 外控顺序阀作卸荷阀用，可使液压泵卸荷。

④ 作背压阀用，接在回油路上，增大背压，使执行元件的运动平稳。

6.3.4.1 直动式顺序阀

直动式顺序阀如图 6-3-25 所示，图 6-3-25a 为结构图、b 为图形符号、c 为原理图、d 为实物外形图。直动式顺序阀通常为滑阀结构，其工作原理与直动式溢流阀相似，均为进油口测压。但顺序阀为了减小调压弹簧刚度，还设置了断面积比阀芯面积小的控制活塞（面积为 A）。顺序阀与溢流阀的区别还有：① 出油口不是溢流口，因此出油口 P_2 不接回油箱，而是与某一执行元件相连，弹簧腔泄油口 L 必须单独接回油箱，如图 6-3-25c 所示；② 顺序阀不是稳压阀，而是开关阀，它是一种利用压力的高低控制油路通断的“压控开关”，严格地说，顺序阀是一个二位二通液动换向阀（图 6-3-25e 所示二位二通换向阀符号）；③ 顺序阀阀芯和阀体间的封油长度比溢流阀长。

单向顺序阀结构

单向顺序阀工作原理

如图 6-3-25a 所示工作时，压力油从进油口 P_1（两个）进入，经阀体上的孔道 a 和端盖上的阻尼孔 b 流到控制活塞（面积为 A）的底部，当作用在控制活塞上的液压力克服阀芯上的弹簧力时，阀芯上移，油液便从出油口 P_2 流出。该阀称为内控式顺序阀。

必须指出，当进油口一次油路压力 p_1 低于调定压力时，顺序阀一直处于关闭状态；一旦超过调定压力，阀口便全开（溢流阀阀口则是微开），压力油进入二次油路（出口压力为 p_2），驱动另一个执行元件动作。

若将图 6-3-25a 中的端盖旋转 90°安装，切断进油口通向控制活塞下腔的通道，并打开控制油口 K 处的螺堵,引入控制压力油,便成为外控式顺序阀。外控式顺序阀阀口开启与否,与阀的进口压力 p_1 的大小没有关系,仅取决于控制压力的大小。

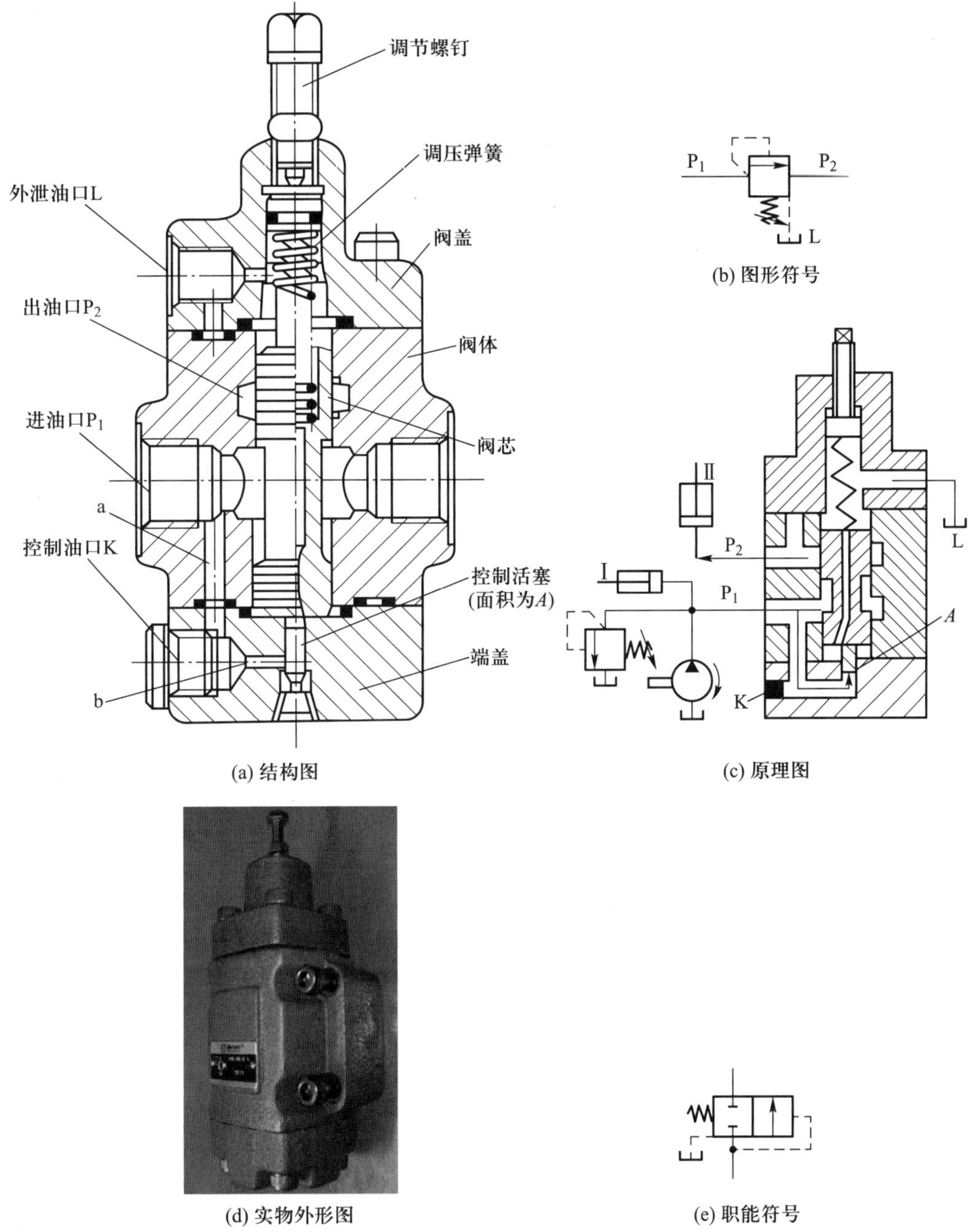

图 6-3-25 直动式顺序阀

6.3.4.2 先导式顺序阀

如果在直动式顺序阀的基础上,将主阀芯上腔的调压弹簧用半桥式先导调压回路代替,且将先导阀调压弹簧腔引至泄油口 L,就可以构成如图 6-3-26 所示的先导式顺序阀。这种先导式顺序阀的原理与先导式溢流阀相似,所不同的是二次油路即出油口不接回油箱,泄油口 L 必须单独接回油箱。这种顺序阀的缺点是外泄漏量比较大。因先导阀是按顺序压力调整的，当执行元件达到顺序动作后，压力可能继续升高，将先导阀阀口开得很大，导致大量流量从先导阀处外泄，故在小流量液压系统中不宜采用这种结构。

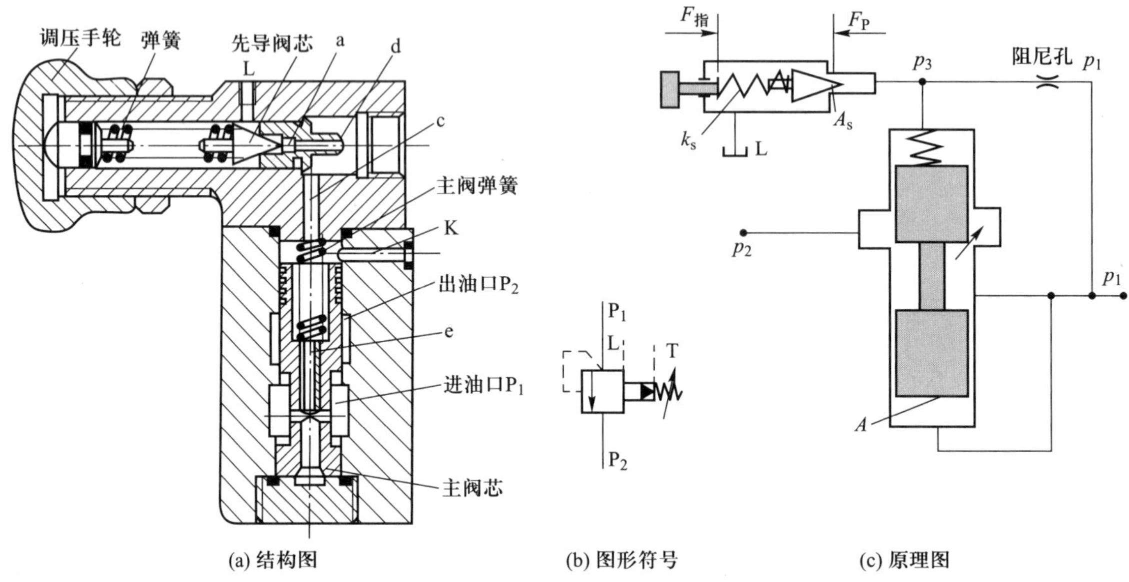

图 6-3-26　外泄漏量较大的一种先导式顺序阀

为减少先导阀处的外泄漏量，可将先导阀设计成滑阀式，令先导阀的测压面与先导阀阀口的节流边分离，如图 6-3-27 所示。在先导级的设计方面，主要考虑：

(1) 先导阀的测压面与主油路进口一次压力油（压力为 p_1）相通，由先导阀的调压弹簧直接与 p_1 相比较。

(2) 先导阀阀口回油接出油口二次压力油（压力为 p_2），这样可不致产生大量外泄漏量。

(3) 先导阀弹簧腔接泄油口（外泄漏量极小），使先导阀芯弹簧侧不形成背压。

(4) 先导级仍采用带进油固定节流口的半桥回路，固定节流口的进油压力为 p_1，先导阀阀口仍然作为先导级的回油阀口，但回油压力为 p_2。

图 6-3-27a 所示的 DZ 型先导式顺序阀就是基于上述原理的先导式顺序阀。主阀为单向阀式，先导阀为滑阀式。主阀芯在原始位置将进、出油口切断，进油口的压力油通过两条油路，一路经阻尼孔进入主阀上腔并到达先导阀中部环形腔，另一路直接作用在先导阀左端。当进油口压力 p_1 低于先导阀弹簧调定压力时，先导阀在弹簧力的作用下处于图示位置。当进油口压力 p_1 大于先导阀弹簧调定压力时，先导阀在左端液压力作用下右移，使先导阀中部环形腔与连通顺序阀出油口的油路沟通。于是顺序阀进油口油液（压力为 p_1）经阻尼孔、主阀上腔、先导阀流往出油口。由于阻尼孔的存在，主阀上腔压力低于下端（即进口）压力 p_1，主阀芯开启，顺序阀进、出油口沟通（此时 $p_1 \approx p_2$）。由于经主阀芯上阻尼孔的泄漏不流向泄油口 L，而是流向出油口 P_2；又因主阀上腔油压与先导阀所调压力无关，仅仅通过刚度很弱的主阀弹簧与主阀芯下端液压力保持主阀芯的受力平衡，故出油口压力 p_2 近似等于进油口压力 p_1，其压力损失小。与图 6-3-26 所示的顺序阀相比，DZ 型顺序阀的外泄漏量和功率损失大为减小。

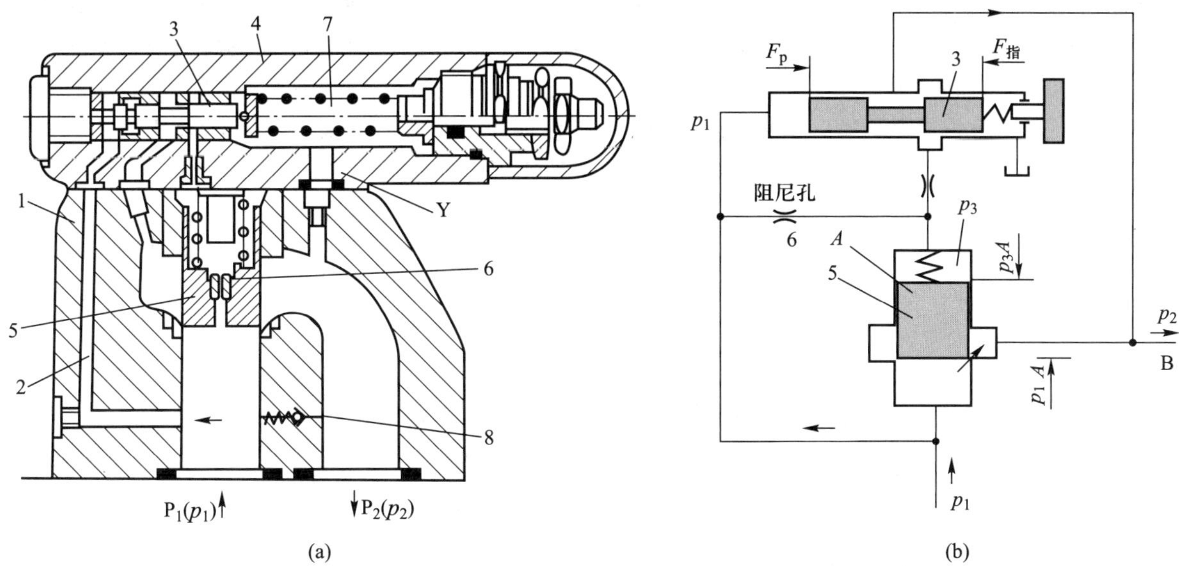

1—主阀阀体;2—进油通道;3—先导阀(滑阀);4—先导阀阀体;5—主阀芯;6—阻尼孔;7—调压弹簧;8—单向阀

图 6-3-27 DZ 型先导式顺序阀

把外控式顺序阀的出油口接通油箱,且将外泄改为内泄,即可构成卸荷阀。

顺序阀内装并联的单向阀后可构成单向顺序阀。单向顺序阀也有内外控之分。若将出油口接通油箱,且将外泄改为内泄,即可作平衡阀用,使垂直放置的液压缸不因自重而下落。

各种顺序阀的图形符号如表 6-3-1 所示。

表 6-3-1 顺序阀的图形符号

控制与泄油方式	内控外泄	外控外泄	内控内泄	外控内泄	内控外泄加单向阀	外控外泄加单向阀	内控内泄加单向阀	外控内泄加单向阀
名称	顺序阀	外控顺序阀	背压阀	卸荷阀	内控单向顺序阀	外控单向顺序阀	内控平衡阀	外控平衡阀
图形符号								

6.3.5 平衡阀

平衡阀是工程机械液压系统中使用较多的一种阀,对改善机构的使用性能起着重要作用。例如汽车起重机的起升机构、变幅机构以及伸缩机构带负载下降时,若无平衡阀,机构就会在负载的作用下产生超速下降。因此,为了实现平稳下降,就需在下降的回路中安装一个限制负载下降速度的阀,即平衡阀。其中,起升机构中为了限制起升过回转零点的倾翻趋势,在液压系统中添加了双向平衡阀。同样在全液压行走系统中,在下坡过程中也会产生超速下滑的现象,因此也可使用平衡阀防止超速下滑。平衡阀的作用,一是使液压缸在受特定方向上外力作用时产生背压并阻止这个方向上的运动;二是防止液压缸活塞超速下降并有效地控制下降速度。由此看来,在活塞下降过程中油压受节流阻尼是必要的,这种"刹车"性质的能量损耗是有益的。平衡阀就其结构和工作原理不同又可分为若干种,目前应用最广、经常能见到的平衡阀一般有单向节流式和单向顺序式两种。

6.3.5.1 单向节流式平衡阀

单向节流式平衡阀在结构上由单向阀和节流阀组成,但它又不同于普通单向节流阀。普通单向节流阀的三角节流槽贯穿阀芯上的密封环线,从而切断了密封环线,所以它没有完全关闭油液的结构;而且阀芯的弹簧刚度很小,油液正向流动时可轻松打开单向阀通过,但在反向来油时,单向阀回到关闭位置,油液只能慢慢通过阀芯上的节流槽,使其在反方向上受到节流作用而降低运动速度,可见它在正反两个方向上都能不同程度地使油液通过。单向节流式平衡阀与之是不相同的:首先是节流槽开设位置不同,平衡阀中节流槽并未穿过阀芯的密封环线,所以它有完整的密封环,可以在一定情况下完全地切断油液。其次阀芯上的弹簧刚度大大加强,使单向阀的单向通过功能几乎被异化成了顺序阀功能。常态下单向阀阀芯被弹簧压紧而完全处于关闭状态,可实现背压,并阻止液压缸在反方向上的运动。在阀芯对面又增加了一个导控活塞,可以在外来控制压力作用下推动单向阀阀芯开启,实现油液反向导通,并可根据外来控制压力改变其开度实现节流口大小的调节,以达到控制液压缸或马达运动速度的目的,从这一点上说把它称为"液控单向节流阀"会更合适。

6.3.5.2 单向顺序式平衡阀

单向顺序式平衡阀和单向节流式平衡阀功效几乎一样。单向顺序式平衡阀在结构上是由一个单向阀和一个顺序阀并联组成的,而单向节流式平衡阀中的单向阀,由于其弹簧刚度的加强它起顺序阀的作用,因此,单向顺序式平衡阀与单向节流式平衡阀功能基本一致。

平衡阀结构

图 6-3-28 所示的平衡阀是由单向阀和外控顺序阀组成的。P_1、P_2 为主油口,K 为控制油口。当油液从 P_1 流向 P_2 时,K 口须通压力油,将顺序阀阀芯打开,此时单向阀关闭;当油液从 P_2 流向 P_1 时,单向阀开启。

平衡阀工作原理

图 6-3-29 所示的是在工程机械领域得到广泛应用的一种平衡阀结构。重物下降时油液流动方为 B 到 A,X 为控制油口。当没有输入控制油时,由重物形成的压力油作用在锥阀 2 上,重物被锁定。当输入控制油时,推动控制活塞 4 右移,先顶开锥阀 2 内部的先导锥阀 3。由于先导锥阀的右移,切断了弹簧腔与 B 口高压腔的通路,弹簧腔很快卸压。此时,B 口还未与 A 口沟通。当控制活塞 4 右移至其右端面与锥阀 2 端面接触时,其左端环形处的右端面正好与活塞组件 5 接触形成一个组件。然后,4 和 5 的组件在控制油压力作用下压缩控制弹簧 9 而右移,打开锥阀 2。B 口至 A 口的通路依靠阀套上的几排小孔改变其实际过流面积,起到了很好的平衡阻尼作用。

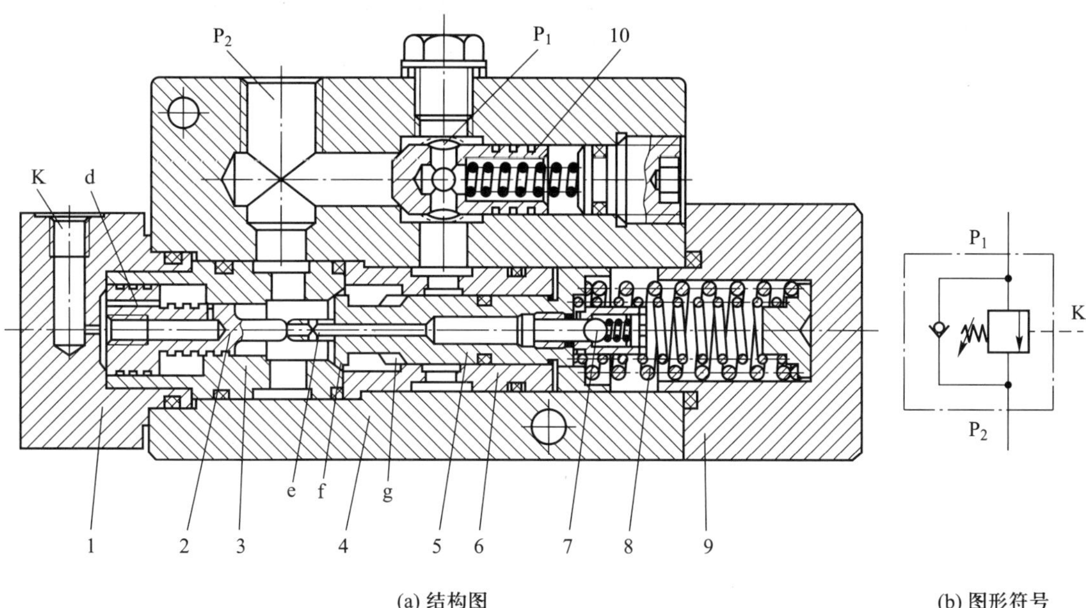

(a) 结构图 (b) 图形符号

1—左端盖;2—控制活塞;3—阀座;4—阀体;5—平衡阀主阀芯(顺序阀阀芯);6—阀套;7—小单向阀;8—组合弹簧;9—右端盖;10—单向阀阀芯

图 6-3-28 平衡阀结构(一)

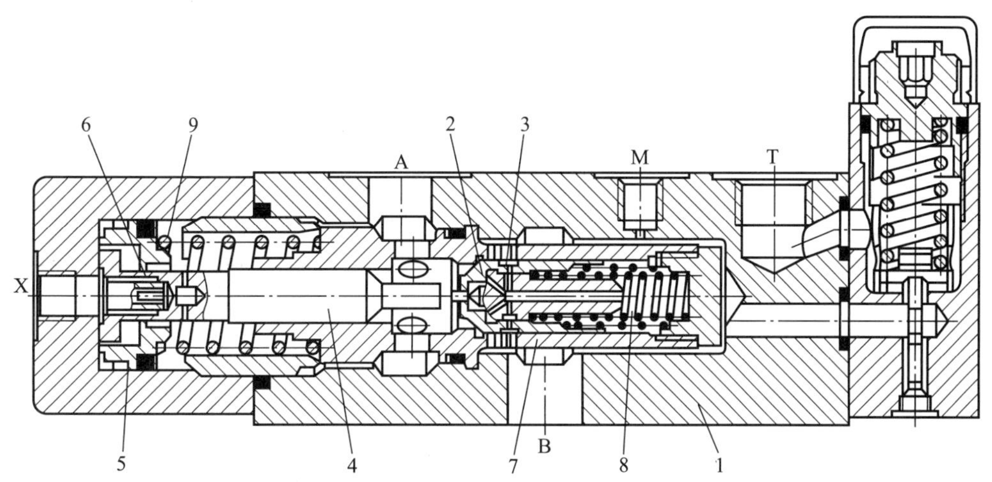

1—阀体;2—锥阀;3—先导锥阀;4—控制活塞;5—活塞组件;6—阻尼组件;7—阀套;8—弹簧组件;9—控制弹簧

图 6-3-29 平衡阀结构(二)

6.3.6 压力控制阀的比较及应用

溢流阀、减压阀、顺序阀均属压力控制阀,其结构原理与适用场合既有相近之处,又有很多不同之处,其综合比较见表 6-3-2,具体使用中应该特别注意加以区别,以正确有效地发挥其在液压系统中的作用。

表 6-3-2　溢流阀、减压阀、顺序阀的结构原理与适用场合的综合比较

比较内容	溢流阀		减压阀		顺序阀	
	直动式	先导式	直动式	先导式	直动式	先导式
先导液压半桥形式		B		B		B
阀芯结构	滑阀、锥阀、球阀	滑阀、锥阀、球阀式先导阀；滑阀、锥阀式主阀	滑阀、锥阀、球阀	滑阀、锥阀、球阀式先导阀；滑阀、锥阀式主阀	滑阀、锥阀、球阀	滑阀、锥阀、球阀式先导阀；滑阀、锥阀式主阀
阀口状态	常闭	主阀常闭	常开	主阀常开	常闭	主阀常闭
控制压力来源	入口	入口	出口	出口	入口	入口
控制方式	通常为内控	既可内控又可外控	内控	既可内控又可外控	既可内控又可外控	既可内控又可外控
二次油路	接油箱	接油箱	接次级负载	接次级负载	通常接次级负载；作背压阀或卸荷阀时接油箱	通常接次级负载；作背压阀或卸荷阀时接油箱
泄油方式	通常为内泄，可以外泄	通常为内泄，可以外泄	外泄	外泄	外泄	外泄
适用场合	定压溢流、安全保护、系统卸荷、远程和多级调压、作背压阀		减压、稳压	减压、稳压、多级减压	顺序控制、系统保压、系统卸荷、作平衡阀、作背压阀	

6.3.7　压力继电器

压力继电器又称压力开关，它是利用液体压力与弹簧力的平衡关系来启闭电气微动开关（简称微动开关）触点的液压-电气转换元件，在液压系统的压力上升或下降到由弹簧力预先调定的启、闭压力时，使微动开关通、断，发出电信号，控制电气元件（如电动机、电磁铁、各类继电器等）动作，用以实现液压泵的加载或卸荷、执行器的顺序动作、系统的安全保护和互锁等功能。

压力继电器由压力-位移转换机构和电气微动开关等组成。前者通常包括感压元件、调压复位弹簧和限位机构等，有些压力继电器还带有传动杠杆。感压元件有柱塞端面、橡胶膜片、弹簧管和波纹管等结构形式。

按感压元件的不同，压力继电器可分为柱塞式、薄膜式、弹簧管式和波纹管式等四种类型。其中，柱塞式应用较为普遍。按照微动开关的结构不同，压力继电器有单触点和双触点之分。

6.3.7.1　柱塞式压力继电器

图 6-3-30 所示为常用柱塞式压力继电器的结构示意图和图形符号。其工作原理是:当从控制油口 P 进入柱塞 1 下端的油液的压力达到弹簧预调力设定的开启压力时,作用在柱塞 1 上的液压力克服弹簧力通过杠杆 2 使微动开关 4 切换,发出电信号。同样。当液压力下降到闭合压力时,柱塞 1 在弹簧力作用下复位,杠杆 2 则在微动开关 4 触点弹簧力作用下复位,微动开关也复位。调节螺钉 5 可调节弹簧预紧力即压力继电器的启、闭压力。柱塞式压力继电器结构简单,但灵敏度和动作可靠性较低。

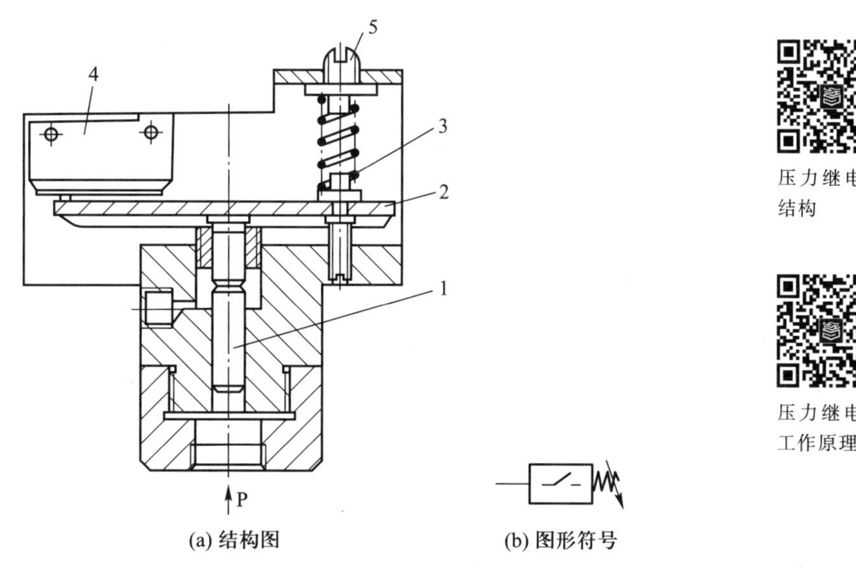

压力继电器结构

压力继电器工作原理

1—柱塞;2—杠杆;3—弹簧;4—微动开关;5—调节螺钉

图 6-3-30　柱塞式压力继电器

6.3.7.2　薄膜式压力继电器

薄膜式(又称膜片式)压力继电器如图 6-3-31 所示(图中右下方为其图形符号)。当控制油口 K 中的液压力达到弹簧 2 的调定值时,液压力通过膜片 11 使柱塞 10 上移。柱塞 10 压缩弹簧 2 至弹簧座 4 达限位为止。同时,柱塞 10 锥面推动钢球 6 和 7 水平移动,钢球 6 使杠杆 13 绕销轴 12 转动,杠杆的另一端压下微动开关 14 的触点,发出电信号。调节螺钉 1 可调节弹簧 2 的预紧力,即可调节液压力。当控制油口 K 压力降低到一定值时,弹簧 2 通过钢球 5 将柱塞 10 压下,钢球 7 靠弹簧 9 的力使柱塞定位,微动开关触点的弹簧力使杠杆 13 和钢球 6 复位,电路切换。

当控制油压使柱塞 10 上移时,除克服弹簧 2 的弹簧力外,还需克服摩擦阻力;当控制油压降低时,弹簧 2 使柱塞 10 下移,摩擦力反向。所以当控制油压上升使压力继电器动作(此压力称开启压力或动作压力)之后,如控制压力稍有下降,压力继电器并不复位,而要在控制压力降低到闭合压力(或称复位压力)时才复位。调节螺钉 1 可调节柱塞 10 移动时的摩擦阻力,从而使压力继电器的启、闭压力差在一定范围内改变。

薄膜式压力继电器的位移小、反应快、重复精度高,但不宜高压化,且易受控制压力波动的影响。

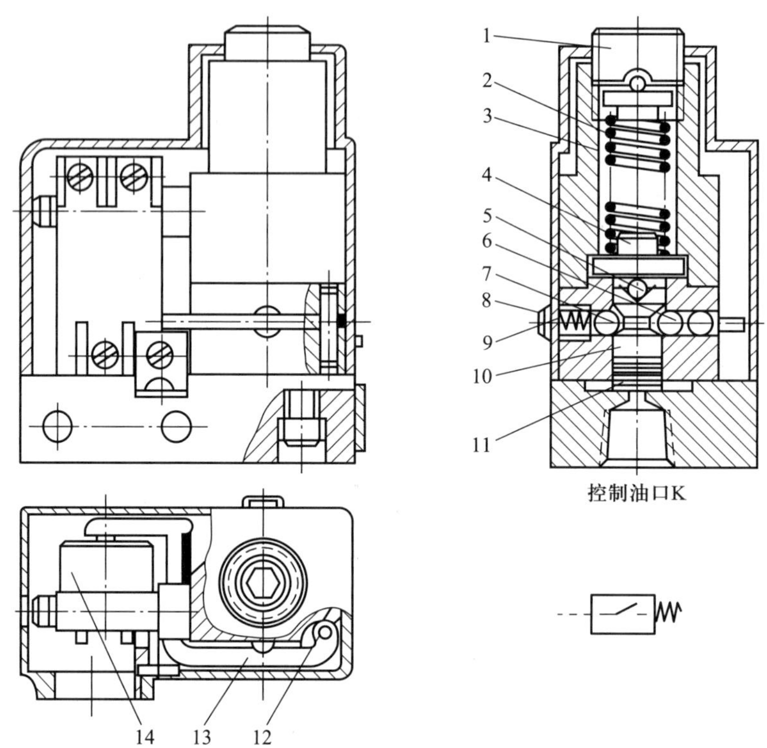

1、8—调节螺钉；2、9—弹簧；3—套筒；4—弹簧座；5、6、7—钢球；10—柱塞；11—膜片；12—销轴；13—杠杆；14—微动开关

图 6-3-31 薄膜式(膜片式)压力继电器

6.4 流量控制阀

流量控制阀简称流量阀，它通过改变节流口过流面积或过流通道的长短来改变局部阻力的大小，从而实现对流量的控制，进而改变执行元件的运动速度。流量控制阀是节流调速系统中的基本调节元件。在定量泵供油的节流调速系统中，必须将流量控制阀与溢流阀配合使用，以便将多余的流量排回油箱。

流量阀包括节流阀、调速阀、溢流节流阀和分流集流阀等。在流量阀的应用过程中，一是要能够通过调节流量阀中节流口的大小实现流量的调节，而且调节范围要宽；二是节流口调定后，希望通过流量阀的流量稳定；三是液流通过流量阀的压力损失要小，阀的泄漏量要小。但是，根据流量公式，阀前后的压力差变化会引起阀的流量变化；油温变化会引起油液黏度变化，导致流量变化。所以，在流量阀的使用中希望压差、温度变化引起的流量变化越小越好。同时，也希望流量阀在小流量控制时，不能因节流口堵塞而出现断流等。

6.4.1 节流口的流量特性

6.4.1.1 节流口的流量特性公式

对于节流口来说，可将流量公式写成下列形式：

$$q = KA\Delta p^{m} \tag{6-4-1}$$

式中：A 为节流口的过流面积，m^2；Δp 为节流口前后的压差，Pa；K 为节流系数，由节流口形状、流体流态、流体性质等因素决定，数值由实验得出，对薄壁锐边孔口 $K = C_d(2/\rho)^{0.5}$，对细长孔，$K = d^2/(32\mu L)$，C_d 为流量系数，μ 为动力黏度，d 和 L 为孔径和孔长；m 为由节流口形状和结构所决定的指数，$0.5 \leqslant m < 1$，当节流口接近于薄刃式时，$m = 0.5$，节流口越接近于细长孔，m 就越接近于 1。

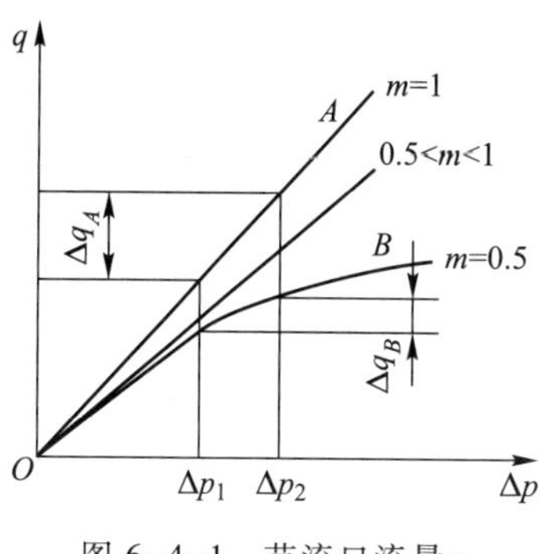

图 6-4-1　节流口流量-压差特性曲线

式(6-4-1)说明通过节流口的流量与节流口的过流面积及节流口两端的压力差的 m 次方成正比。在阀口压力差基本恒定的条件下，调节阀口过流面积的大小，就可以调节流量的大小。节流孔口的流量-压差特性曲线如图 6-4-1 所示。

6.4.1.2　节流口的刚性

节流口的刚性表示它抵抗负载变化的干扰而保持流量稳定的能力，即当节流口开口量不变时，由于阀前后压力差 Δp 的变化，引起通过节流口的流量发生变化的情况。流量变化越小，节流阀的刚性越大；反之，其刚性越小。如果以 T 表示节流口的刚度，则有

$$T = \mathrm{d}\Delta p/\mathrm{d}q \tag{6-4-2}$$

由 $q = KA\Delta p^{m}$，可得

$$T = \frac{1}{\Delta p^{m-1}KAm} \tag{6-4-3}$$

从节流口特性曲线图 6-4-2 可以发现，节流口的刚度 T 相当于流量-压差特性曲线上某点的切线和横坐标夹角 β 的余切，即

$$T = \cot\beta \tag{6-4-4}$$

由图 6-4-2 和式(6-4-3)可以得出如下结论：

(1) 同一流量阀，阀前后压力差 Δp 相同，节流口开口小时，刚度大。

(2) 同一流量阀，在节流口开口一定时，阀前后压力差 Δp 越小，刚度越小。为了保证节流阀具有足够的刚度，节流阀只能在某一最低压力差 Δp 的条件下才能正常工作，但提高 Δp 将引起压力损失的增加。

(3) 取小的指数 m 可以提高流量阀的刚度，因此在实际使用中多希望采用薄壁小孔式节流口，即 $m = 0.5$ 的节流口。

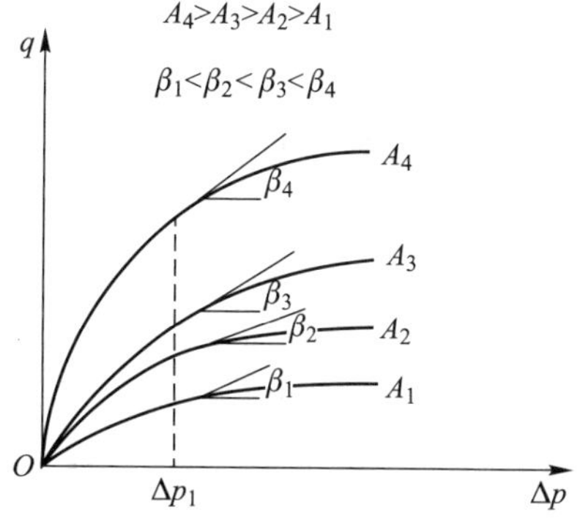

图 6-4-2　不同开口时的流量-压差特性曲线

6.4.1.3　影响流量稳定性的因素

液压系统在工作时，希望节流口大小调节好后，流量 q 稳定不变，但实际上流量总会有变化，特别是小流量时流量稳定性与节流口形状、节流压差以及油液温度等因素有关。

(1) 压差变化对流量稳定性的影响

当节流口前后压差变化时，通过节流口的流量将随之改变，节流口的这种特性一般用流量刚度来表征。由式(6-4-2)或对式(6-4-3)进行变换，可得到节流口流量刚度 T 的另一种表达形式：

$$T=1/\left(\frac{\partial q}{\partial \Delta p}\right)=\frac{1}{m}\frac{\Delta p}{q} \qquad (6-4-5)$$

式(6-4-5)直观地反映了节流口在负载压力变化时保持流量稳定的能力。节流口的流量刚度越大,流量稳定性越好,用于液压系统时所获得的负载特性也越好。由式(6-4-5)可知:

- 节流口的流量刚度与节流口压差成正比,压差越大,刚度就越大。
- 系数 m 越小,刚度越大。m 越大,Δp 变化后对流量的影响就越大,薄壁孔($m=0.5$)的流量稳定性与细长孔($m=1$)相比,受 Δp 变化的影响要小。因此,为了获得较小的系数,应尽量避免采用细长孔节流口,即避免使流体在层流状态下流动,而是尽可能使节流口形式接近于薄壁孔口,也就是说让流体在节流口处的流动处在紊流状态,以获得较好的流量稳定性。
- 单纯地从式(6-4-5)可以看出,当节流口两端压差一定时,流量刚度与流量是成反比的,即通过节流口的流量如果越小,刚度则越大。

(2) 油温变化对流量稳定性的影响

当开口度不变时,若油温升高,油液黏度会降低。对于细长孔,当油温升高使油的黏度降低时,流量 q 就会增加,所以节流通道长时温度对流量的稳定性影响大。而对于薄壁孔,油液温度对流量的影响较小,这是由于流体流过薄壁式节流口时为紊流状态,其流量与雷诺数无关,即不受油液黏度变化的影响。因此,节流口形式越接近于薄壁孔,流量稳定性就越好。

(3) 阻塞对流量稳定性的影响

流量小时,流量稳定性与油液的性质和节流口的结构都有关。表面上看只要把节流口关得足够小,便能得到任意小的流量。但是油中不可避免有脏物,节流口开度太小就容易被脏物堵住,使通过节流口的流量不稳定。产生堵塞的主要原因是:① 油液中的机械杂质或因氧化析出的胶质、沥青、炭渣等污物堆积在节流缝隙处;② 由于油液老化或受到挤压后产生带电的极化分子,而节流缝隙的金属表面上存在电位差,极化分子被吸附到缝隙表面,形成牢固的边界吸附层,因而影响节流缝隙的大小,以上堆积物、吸附物增长到一定厚度时,会被液流冲刷掉,随后又重新附在阀口上。这样周而复始,会形成流量的脉动;③ 阀口压差较大时容易产生堵塞现象。

减轻堵塞现象的措施有:

① 采用大水力半径的薄刃式节流口。一般过流面积越大、节流通道越短以及水力半径越大,节流口越不易堵塞。

② 适当选择节流口前后的压差。一般取 $\Delta p=0.2\sim0.3$ MPa。因为压差太大,能量损失大,将会引起流体通过节流口时的温度升高,从而加剧油液氧化变质而析出各种杂质,造成阻塞。此外,当流量相同时,压差大的节流口所对应的开口量小,也易引起阻塞。若压差太小,又会使节流口的刚度降低,造成流量的不稳定。

③ 精密过滤并定期更换油液。在流量阀前设置单独的精滤装置,为了除去铁屑和磨料,也可采用磁性过滤器。

④ 构成节流口的各零件材料应尽量选用电位差较小的金属,以减小吸附层的厚度。选用抗氧化稳定性好的油液并控制油液温度的升高,以防止油液过快氧化和极化,都有助于缓解堵塞的产生。

6.4.1.4 节流口的形式与特征

节流口是流量阀的关键部位,节流口形式及其特性在很大程度上决定着流量控制阀的性能。

几种常用节流口的形式如图 6-4-3 所示。

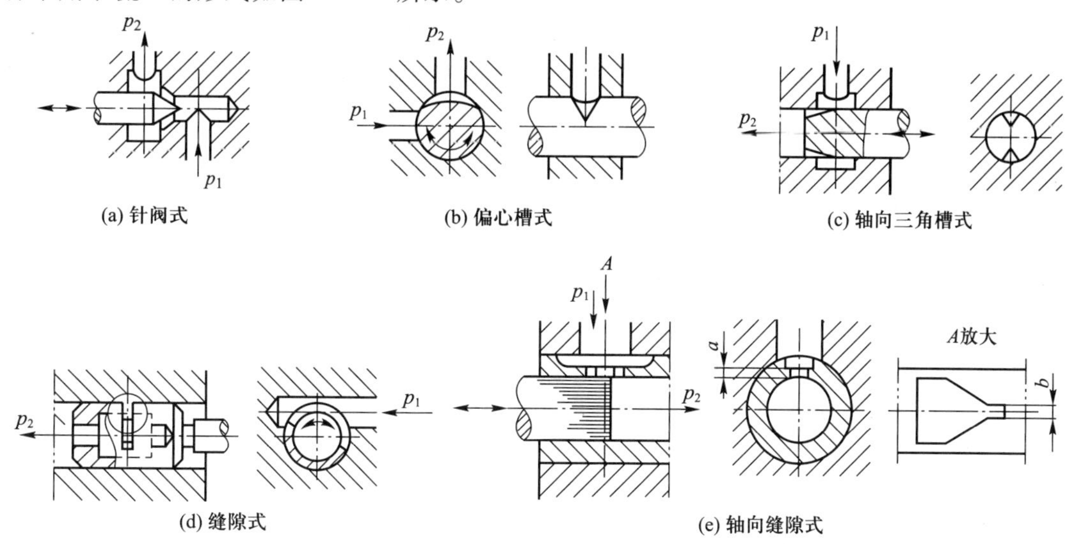

图 6-4-3　常用节流口的形式

(1) 图 6-4-3a 为针阀式节流口。针阀做轴向移动时,调节了环形通道的大小,由此改变了流量。这种结构加工简单,但节流口长度大、水力半径小,易堵塞,流量受油温变化的影响也较大,一般用于要求较低的场合。

(2) 图 6-4-3b 为偏心槽式节流口。在阀芯上开一个截面为三角形(或矩形)的偏心槽,当转动阀芯时,就可以改变通道大小,由此调节了流量。偏心槽式结构因阀芯受径向不平衡力,高压时应避免采用。

(3) 图 6-4-3c 为轴向三角槽式节流口。在阀芯端部开有一个或两个斜的三角槽,轴向移动阀芯就可以改变三角槽过流面积从而调节流量。在高压阀中有时在轴端铣两个斜面来实现节流。轴向三角槽式节流口的水力半径较大,小流量时的稳定性较好。

(4) 图 6-4-3d 为缝隙式节流口。阀芯上开有狭缝,油液可以通过狭缝流入阀芯内孔再经左边的孔流出,旋转阀芯可以改变缝隙的过流面积大小。这种节流口可以作成薄刃结构,从而获得较小的稳定流量,但是阀芯受径向不平衡力,故只适用于低压节流阀中。

(5) 图 6-4-3e 为轴向缝隙式节流口。在套筒上开有轴向缝隙,轴向移动阀芯就可以改变缝隙的过流面积大小。这种节流口可以作成单薄刃或双薄刃式结构,流量对温度不敏感。在小流量时水力半径大,故小流量时的稳定性好,因而可用于性能要求较高的场合(如调速阀中),但节流口在高压作用下易变形,使用时应改善结构的刚度。

对比图 6-4-3 中所示的各种形状节流口,针阀式(图 6-4-3a)和偏心槽式(图 6-4-3b)由于节流通道较长,故节流口前后压差和温度变化对流量的影响较大,也容易堵塞,只能用在性能要求不高的地方。轴向缝隙式(图 6-4-3e),由于节流口上部铣了一个槽,使其厚度减小到 0.07～0.09 mm,从而成为薄刃式节流口,其性能较好,可以得到较小的稳定流量。

6.4.2　节流阀

节流阀是通过改变节流截面面积或节流长度以控制流体流量的阀,将节流阀和单向阀并联还可组合成单向节流阀,节流阀和单向节流阀是简易的流量控制阀。在定量泵液压系统中,节流阀和溢流阀配合可组成三种节流调速系统,即进油路节流调速系统、回油路节流调速系统和旁路节流调速系统。节流阀没有流量负反馈功能,不能补偿由负载变化所造成的速度不稳定,一般仅用于负载变化不大或对速度稳定性要求不高的场合。

按其功用,具有节流功能的阀有节流阀、单向节流阀、精密节流阀、节流截止阀和单向节流截止阀等;按节流口的结构形式,节流阀有针阀式、沉割槽式、偏心槽式、锥阀式、三角槽式、薄刃式等多种;按其调节功能,又可将节流阀分为简式和可调式两种。

所谓简式节流阀,通常是指在高压下调节困难的节流阀,由于其对作用于节流阀阀芯上的液压力没有采取平衡措施,当在高压下工作时,调节力矩很大,因而必须在无压(或低压)下调节;相反,可调式节流阀在高压下容易调节,它对作用于其阀芯上的液压力采取了平衡措施,因而无论在何种工作状况下进行调节,调节力矩都较小。

对节流阀的性能要求是:

- 流量调节范围大,流量-压差变化平滑。
- 内泄漏量小,若有外泄油口,外泄漏量也要小。
- 调节力矩小,动作灵敏。

6.4.2.1　节流阀

节流阀的结构和图形符号如图6-4-4所示。压力油从进油口 P_1 流入,经节流口从 P_2 流出。节流口的形式为轴向三角槽式。作用于节流阀阀芯上的力是平衡的,因而调节力矩较小,便于在高压下进行调节。当调节节流阀的手轮时,可通过顶杆推动节流阀阀芯向下移动。节流阀阀芯的复位靠弹簧力来实现;节流阀阀芯的上下移动改变节流口的开口量,从而实现对流体流量的调节。

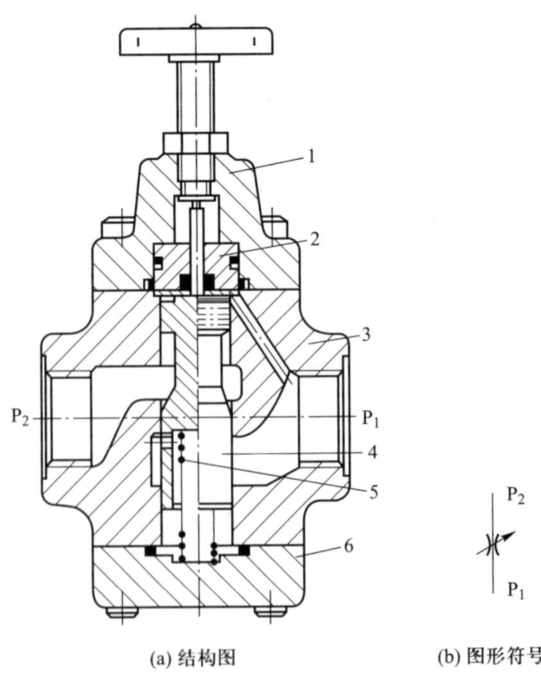

(a) 结构图　　(b) 图形符号

1—阀盖;2—导向套;3—阀体;4—阀芯;5—弹簧;6—底盖

图6-4-4　轴向三角槽式节流阀

图 6-4-5 所示节流阀是一种具有螺旋曲线开口和薄刃式结构的精密节流阀。阀套上开有节流窗口,阀芯与阀套上的窗口匹配后,构成了具有某种形状的薄刃式节流口。转动手轮(此手轮可用顶部的钥匙来锁定)和节流阀阀芯后,螺旋曲线相对套筒窗口升高或降低,从而改变过流面积,即可实现对流量的调节,因而其调节流量受温度变化的影响较小。节流阀阀芯上的小孔对阀芯两端的液压力有一定的平衡作用,故该阀的调节力矩较小。

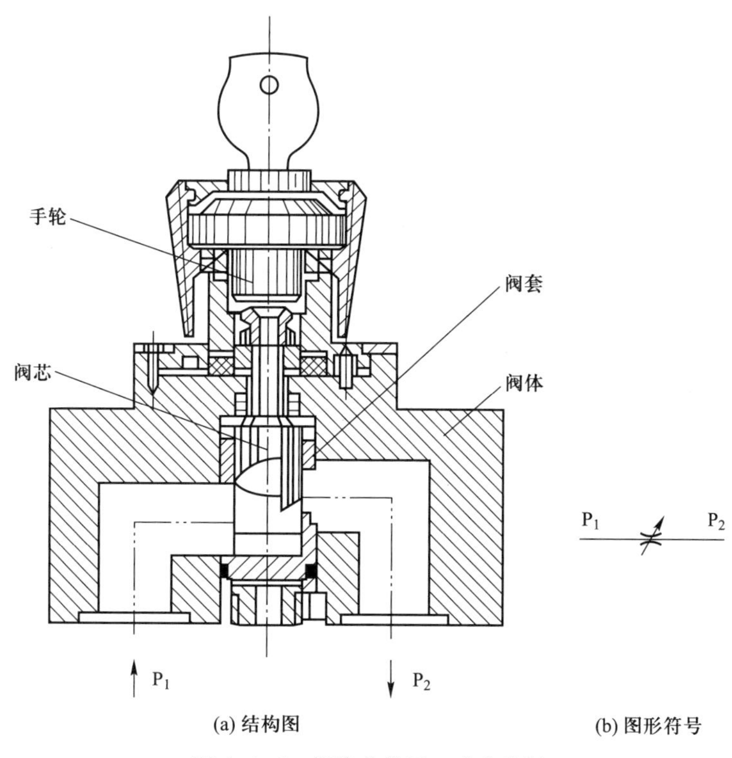

(a) 结构图　　(b) 图形符号

图 6-4-5　螺旋曲线开口式节流阀

6.4.2.2　单向节流阀

图 6-4-6 为单向节流阀的结构图和图形符号,它把节流阀阀芯分成了上阀芯和下阀芯两部分。当流体由右向左流动时,其节流过程与节流阀是一样的,过流缝隙的大小可通过手柄进行调节;当流体由左向右流动时,靠油液的压力把下阀芯压下,下阀芯起单向阀作用,单向阀打开,可实现流体反向自由流动。

6.4.2.3　行程节流阀

行程节流阀又称减速阀,它是依靠行程挡块或凸轮等机械运动部件推动阀芯以改变节流口过流面积,从而控制通过流量的元件。图 6-4-7 是行程节流阀的结构和图形符号,行程挡块(撞块)通过滚轮推动阀芯上、下运动。在行程挡块未接触滚轮时,节流口开度最大(常开式)。从进油口进入的压力油经节流口后由出油口流出,阀的通过流量最大;在行程挡块接触滚轮后,节流口开度随阀芯逐渐下移而逐渐减小,阀的通过流量逐渐减少;当带动挡块的执行器到达行程终点(规定位置)时,挡块将使阀的节流口趋于关闭,通过流量趋于零,执行器逐渐停止运动。泄漏到弹簧腔的油液从泄油口可接回油箱。行程节流阀一般有常开和常闭两种结构形式。

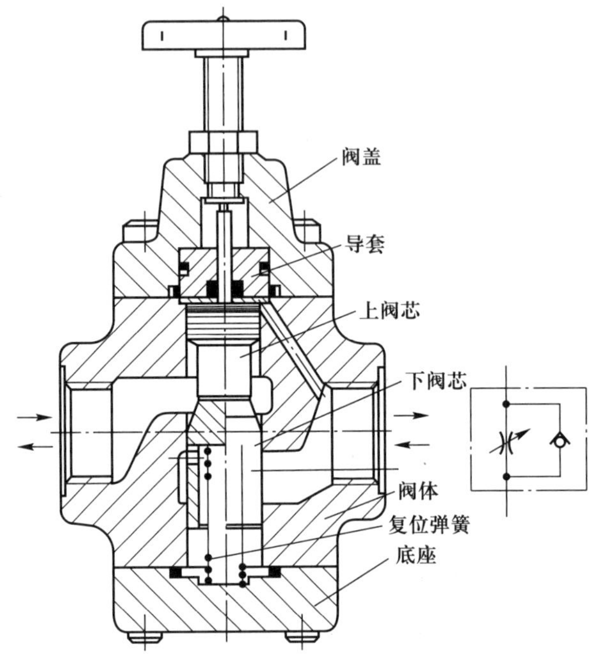

(a) 结构图　　(b) 图形符号

图 6-4-6 单向节流阀

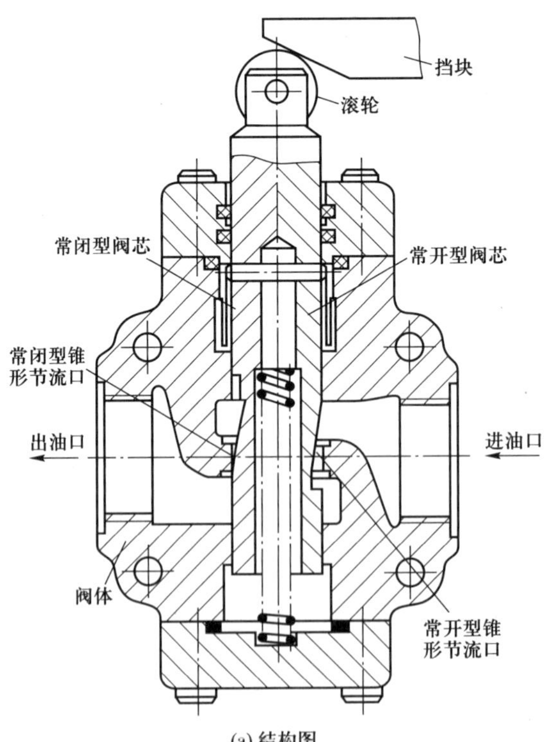

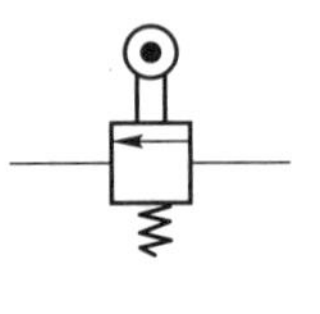

(a) 结构图　　(b) 图形符号

图 6-4-7 行程节流阀

通过改变行程挡块的结构形状，可以使行程节流阀获得不同的流量变化规律，以满足执行器多种不同运动速度的要求。阀芯结构也可作成节流口开度从零到逐渐开大的形式（常闭式），以使通过阀的流量从小到大变化。

6.4.3 调速阀

调速阀和节流阀在液压系统中的应用基本相同，主要与定量泵、溢流阀组成节流调速系统，调节节流阀的开口面积，便可调节执行元件的运动速度。节流阀适用于一般的节流调速系统，而调速阀适用于执行元件负载变化大而运动速度要求稳定的系统，也可用于容积节流调速回路中。广义上的调速阀根据“串联减压式”和“并联溢流式”分为调速阀和溢流节流阀两种类型。调速阀中又有普通调速阀、双向调速阀和温度补偿型调速阀等结构形式。

调速阀结构

6.4.3.1 串联减压式调速阀

采用“压差法”测量流量的串联减压式调速阀是由定差减压阀 2 和节流阀 4 串联而成的组合阀，其工作原理及图形符号如图 6-4-8 所示。节流阀 4 充当流量传感器，节流阀阀口不变时，定差减压阀 2 作为流量补偿阀口，通过流量负反馈，自动稳定节流阀前后的压差，保持其流量不变。因节流阀（传感器）前后压差基本不变，调节节流阀阀口面积时，又可以人为地改变流量的大小。

调速阀工作原理

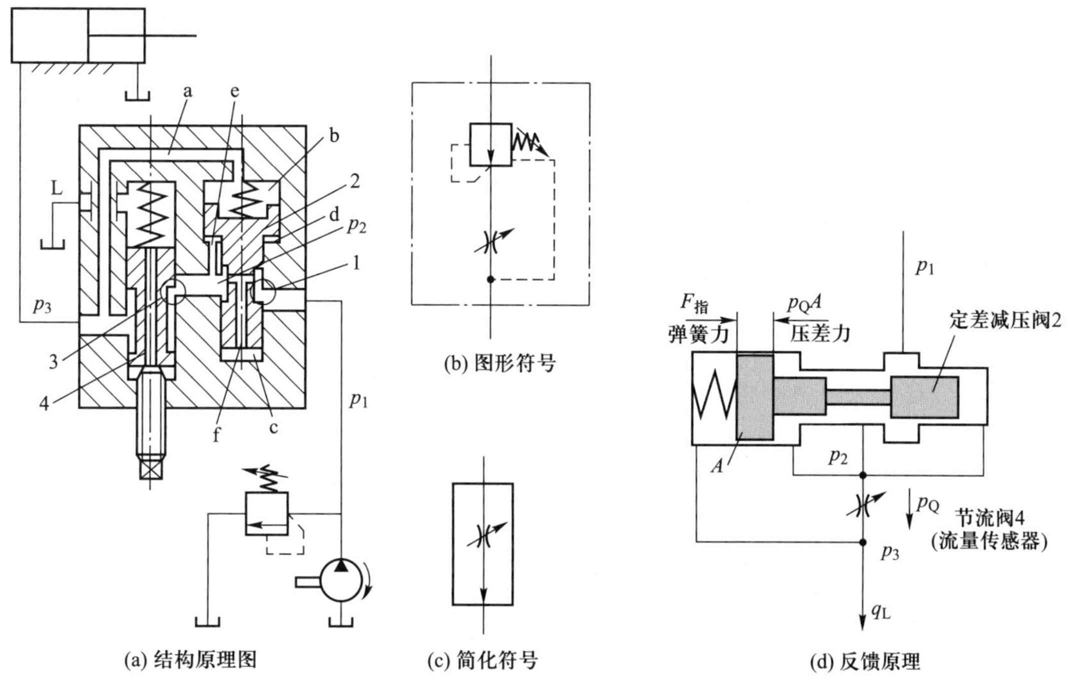

1—减压阀阀口；2—定差减压阀；3—节流阀阀口；4—节流阀

图 6-4-8 串联减压式调速阀的工作原理和图形符号

设减压阀的进口压力为 p_1，负载串接在调速阀的出口处。节流阀（流量-压差传感器）前、后的压力差（p_2-p_3）代表着负载流量的大小，p_2 和 p_3 作为流量反馈信号分别引到减压阀阀芯两端

(压差-力传感器)的测压活塞上,并与定差减压阀阀芯一端的弹簧(充当指令元件)力相平衡,使减压阀阀芯平衡在某一位置。减压阀阀芯两端的测压活塞做得比阀口处的阀芯更粗的原因是为了增大反馈力以克服液动力和摩擦力的不利影响。

当负载压力 p_3 增大时流经溢流阀的流量有减小的趋势,反馈到减压阀弹簧腔(上腔)的压力变大。由于减压阀阀芯的惯性,此时阀芯平衡位置未来得及变化,因此减压阀阀口的大小不变,反馈到减压阀下腔的压力 p_2 亦不变。p_3 增大而 p_2 不变,使得减压阀阀芯的平衡状态被打破,阀芯在液压力与弹簧力合力作用下向下移动,减压阀阀口变大,流经阀口的压力损失 Δp 减小。调速阀的入口压力 p_1 由溢流阀调定保持不变,阀口入口压力损失 Δp 减小,使得节流阀的入口压力 p_2 也变大,从而使节流阀的压差(p_2-p_3)保持不变;反之亦然。这样就使调速阀的流量恒定不变(不受负载影响)。

液压泵的出口(即调速阀的进口)压力 p_1 由溢流阀调定基本不变,而调速阀的出口压力 p_3 则由液压缸负载大小 F 决定。油液先经减压阀产生一次压力降,将压力降到 p_2,p_2 经通道 e、f 作用到减压阀的 d 腔和 c 腔;节流阀的出口压力 p_3 又经反馈通道 a 作用到减压阀的上腔 b,当减压阀阀芯在弹簧力 $F_{指}$、油液压力 p_2 和 p_3 作用下处于某一平衡位置时(忽略摩擦力和液动力等),则有:

$$p_2A_1+p_2A_2=p_3A+F_{指} \tag{6-4-6}$$

式中:A、A_1 和 A_2 分别为 b 腔、c 腔和 d 腔内压力油作用于阀芯的有效作用面积,且 $A=A_1+A_2$。故

$$p_2-p_3=\Delta p=F_{指}/A \tag{6-4-7}$$

因为弹簧刚度较低,且工作过程中减压阀阀芯位移很小,可以认为 $F_{指}$ 基本保持不变。故节流阀两端压力差(p_2-p_3)也基本保持不变,这就保证了通过节流阀的流量稳定。

上述调速阀是先减压后节流的结构,也可以设计成先节流后减压的结构,两者的工作原理基本相同。因调速阀只有一个进油口和一个出油口,故在一些工程应用领域中也称为二通式压力补偿阀。

6.4.3.2　双向调速阀

双向调速阀的功用就是在两个方向可以同时调速,其图形符号如图 6-4-9a 所示,工作原理如图 6-4-9b 所示。

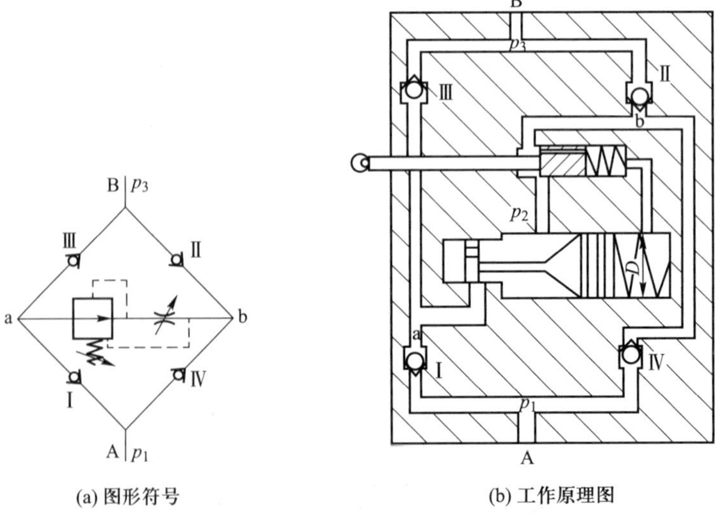

(a) 图形符号　　(b) 工作原理图

图 6-4-9　双向调速阀结构原理图

当液压油从 A 口进入，一路作用在单向阀Ⅳ上，将其关闭，另一路顶开单向阀Ⅰ；到达 a 处又分成两路，一路将单向阀Ⅲ关闭，另一路进入到减压阀的滑阀套的外环槽，进入中心油道。液压油作用在滑阀上，推动滑阀压迫弹簧向右移动，同时液压油又经过滑阀套上的小孔进入滑阀的小端，此力也使滑阀右移，当压力增大时，滑阀右移大，进油口减小，出口压力下降，这样通过滑阀的移动来调节出口压力。出口的压力油经过减压后进入节流阀，从节流阀出来的油进入油道 b。由于单向阀Ⅳ被关闭，则液压油打开单向阀Ⅱ从油道 B 口流出，进入系统。

在节流套上有小孔，液压油经此小孔进入弹簧腔作用在减压阀上。当节流口减小时，压力 p_2 增加，减压阀滑阀右移，进油口减小；当节流口开大时，压力 p_2 下降，减压阀滑阀在弹簧和液压油的作用下推动滑阀左移，使进油口加大。

正向供油时油路如下：

A 口(p_1)→单向阀Ⅰ→a→减压阀(p_2)→节流阀→b→单向阀Ⅱ→B 口(p_3)。

反向供油时原理相同，油路如下：

B 口→单向阀Ⅲ→a→减压阀(p_2)→节流阀→b→单向阀Ⅳ→A 口。

液压油从 B 口进入减压阀后，压力为 p_2，流入节流阀的进油腔，然后经节流阀节流后，压力为 p_1，流入系统。出油腔的油液压力(即 p_1)通过阀体上的通油孔，反馈至减压阀阀芯大端右面的承压面上，其作用面积为 $\pi D^2/4$。经减压阀减压后的油液压力(p_2)通过减压阀阀套上的通油孔反馈到减压阀阀芯小端面承压面和大端面左面承压面上，其总的作用面积为 $\pi D^2/4$。

稳态工作时减压阀阀芯的受力平衡方程为：

$$\frac{p_2\pi D^2}{4}=\frac{p_1\pi D^2}{4}+F \tag{6-4-8}$$

$$\Delta p=p_2-p_1=4F/(\pi D^2) \tag{6-4-9}$$

由于减压弹簧力近似为一个常数(因弹簧刚度一般均很小，减压口工作位移量也较小)，减压阀承压面积亦是一个常数，因此 Δp 也近似为一个常数，与外界负载无关。即当调速节流口开度一定时，流经的流量不受出油腔压力的影响，能近似保持不变。这是因为当外界负载压力 p_1 增加时，$\frac{p_1\pi D^2}{4}+F>\frac{p_2\pi D^2}{4}$，使减压阀阀芯左移，减压口开大，油液流经减压口的节流损失减少，减压后的压力 p_2 也就增大，直至 $\Delta p=p_2-p_1=$常数。当外界负载压力 p_1 下降时，$\frac{p_1\pi D^2}{4}+F<\frac{p_2\pi D^2}{4}$，使减压阀阀芯向右移，减压口关小，油液流经减压口的节流损失增大，减压后的压力 p_2 也就相应下降，直到 $\Delta p=p_2-p_1=$常数。

当油源压力变化而引起 p_2 变化时，同样可根据上述分析方法进行分析。双向调速阀由于有减压阀的压力补偿作用，不论是出油口压力发生变化，还是进油口压力发生变化，它都能使节流阀前后油液压差保持不变，从而使流量不改变。减压节流型调速阀调节刚性大，因此适用于执行元件负载变化大，而运动速度稳定性又要求较高的场合。

6.4.3.3　温度补偿调速阀

普通调速阀的流量虽然基本上不受外部负载变化的影响，但是当流量较小时，节流口的过流面积较小，这时节流孔的长度与过流断面的水力半径的比值相对增大，因而油的黏度变化对流量变化的影响也增大，所以当油温升高后油的黏度变小时，流量仍会增大。为了减小温度对流量的影响,常采用带温度补偿的调速阀。

温度补偿调速阀的压力补偿原理部分与普通调速阀相同,根据 $q=KA\Delta p^m$ 可知,当 Δp 不变时,由于黏度下降,K 值($m\neq0.5$ 的孔口)上升,此时只有适当减小节流阀的开口面积才能保证 q 不变。图 6-4-10 为温度补偿原理图,在节流阀阀芯和调节螺钉之间放置一个温度膨胀系数较大的聚氯乙烯推杆作为温度补偿杆,当油温升高时,本来流量增加,这时温度补偿杆伸长使节流口变小,从而补偿了油温对流量的影响。在 20~60 ℃的温度范围内,当流量的变化率超过 10%时,最小稳定流量可达 20 mL/min(3.3×10^{-7} m³/s)。

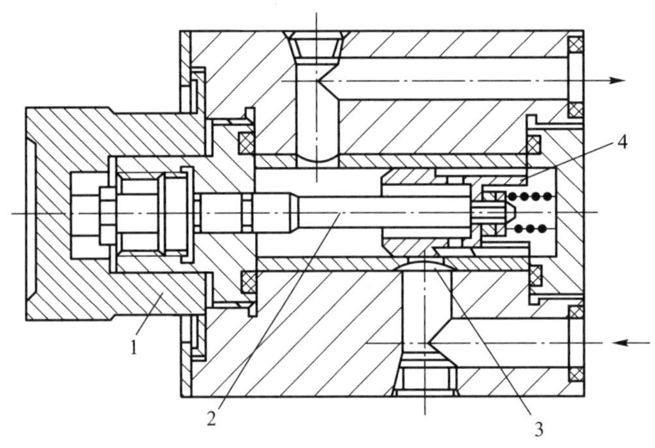

1—手轮;2—温度补偿杆;3—节流口;4—节流阀阀芯

图 6-4-10 温度补偿原理图

6.4.4 溢流节流阀

溢流节流阀与负载相并联,采用并联溢流式流量负反馈,可以认为它是由定差溢流阀和节流阀并联组成的组合阀。其中节流阀充当流量传感器,节流阀阀口不变时,通过自动调节起定差作用的溢流口的溢流量来实现流量负反馈,从而稳定节流阀前后的压差,保持其流量不变。与调速阀一样,节流阀(传感器)前后压差基本不变,调节节流阀阀口时,可以改变流量的大小。溢流节流阀能使系统压力随负载变化,没有调速阀中减压阀阀口的压差损失,功率损失小,是一种较好的节能元件,但流量稳定性略差,尤其在小流量工况下更为明显。因此溢流节流阀一般用于对速度稳定性要求相对较高,而且功率较大的进油路节流调速系统。

溢流节流阀结构

溢流节流阀工作原理

图 6-4-11 所示为溢流节流阀的结构图、图形符号和工作原理图。溢流节流阀有一个进油口 P_1、一个出油口 P_2 和一个溢流口,因而有时也被称为三通流量控制阀。来自液压泵的压力油(压力为 p_1),一部分经节流阀进入执行元件,另一部分则经定差溢流阀回油箱。节流阀的出口压力为 p_2,压力为 p_1、p_2 的压力油分别作用于溢流阀阀芯的两端,与阀芯上端的弹簧力相平衡。节流阀阀口前后压差即为溢流阀阀芯两端的压差,溢流阀阀芯在液压作用力和弹簧力的作用下处于某一平衡位置。当执行元件负载增大时,溢流节流阀的出口压力 p_2 增加,于是作用在溢流阀阀芯上端的液压力增大,使阀芯下移,溢流口减小,溢流阻力增大,导致液压泵出口压力 p_1 增大,即作

用于溢流阀阀芯下端的液压力随之增大,从而使溢流阀阀芯两端受力恢复平衡,节流阀阀口前后压差(p_1-p_2)基本保持不变,通过节流阀进入执行元件的流量可保持稳定而不受负载变化的影响。这种溢流节流阀上还附有安全阀,以免系统过载。

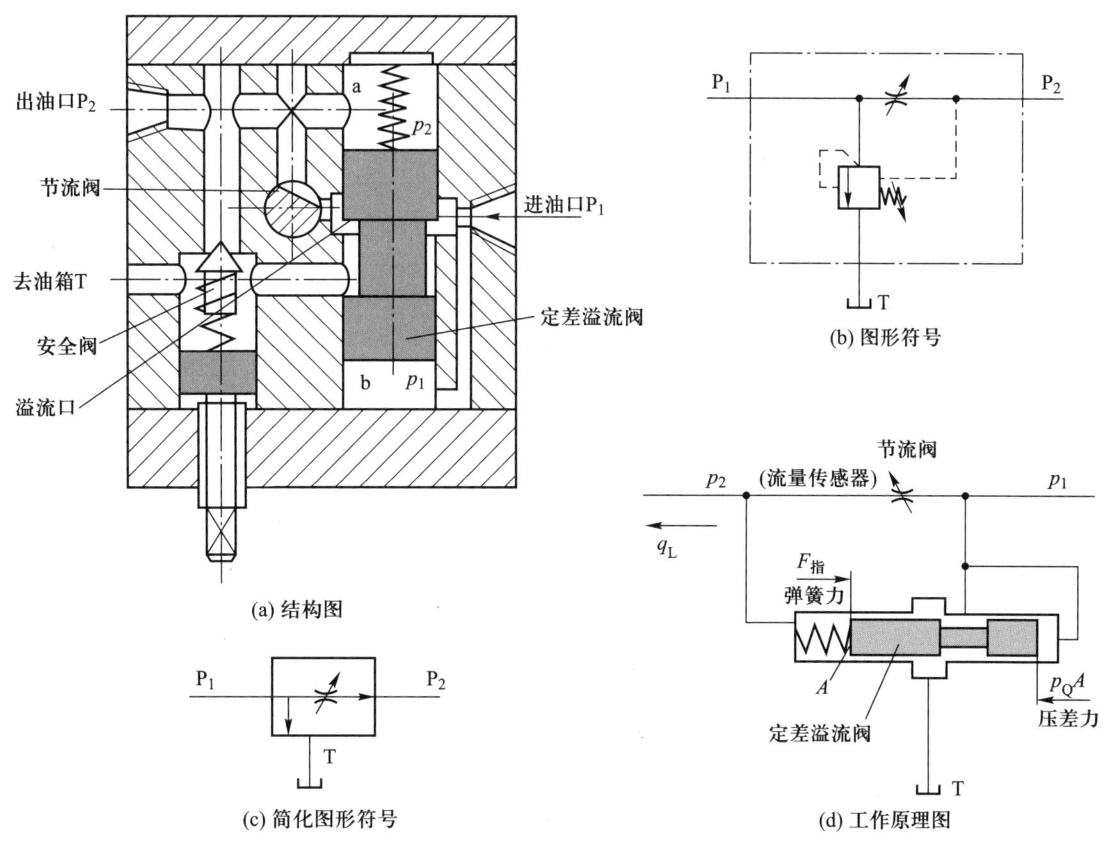

图 6-4-11 溢流节流阀

6.4.5 分流集流阀

分流集流阀又称为同步阀,它是分流阀、集流阀和分流集流阀的总称。

分流阀的作用是使液压系统中由同一个油源向两个以上执行元件供应相同的流量(等量分流),或按一定比例向两个执行元件供应流量(比例分流),以实现两个执行元件的速度保持同步或定比关系。集流阀的作用,则是从两个执行元件收集等流量或按一定比例的回油量,以实现其回油时的速度同步或成定比关系。分流集流阀则兼有分流阀和集流阀的功能。它们的图形符号如图 6-4-12 所示。

6.4.5.1 分流阀

图 6-4-13a 所示为等量分流阀的结构原理图,它可以看作是由两个串联减压式流量控制阀结合为一体构成的。该阀采用"流量-压差-力"负反馈,用两个面积相等的固定节流口 1、2 作为流量一次传感器,作用是将两路负载流量 q_1、q_2 分别转化为对应的压差值 Δp_1 和 Δp_2。代表两路

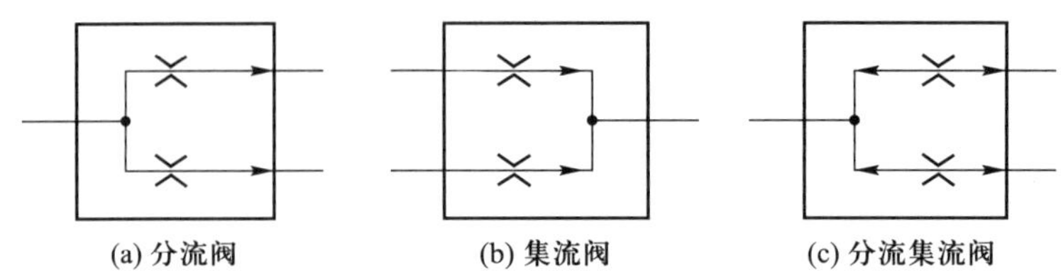

(a) 分流阀 (b) 集流阀 (c) 分流集流阀

图 6-4-12 分流集流阀符号

负载流量 q_1 和 q_2 大小的压差值 Δp_1 和 Δp_2 同时反馈到公共的减压阀阀芯 6 上，相互比较后驱动减压阀阀芯来调节 q_1 和 q_2 大小，使之趋于相等。

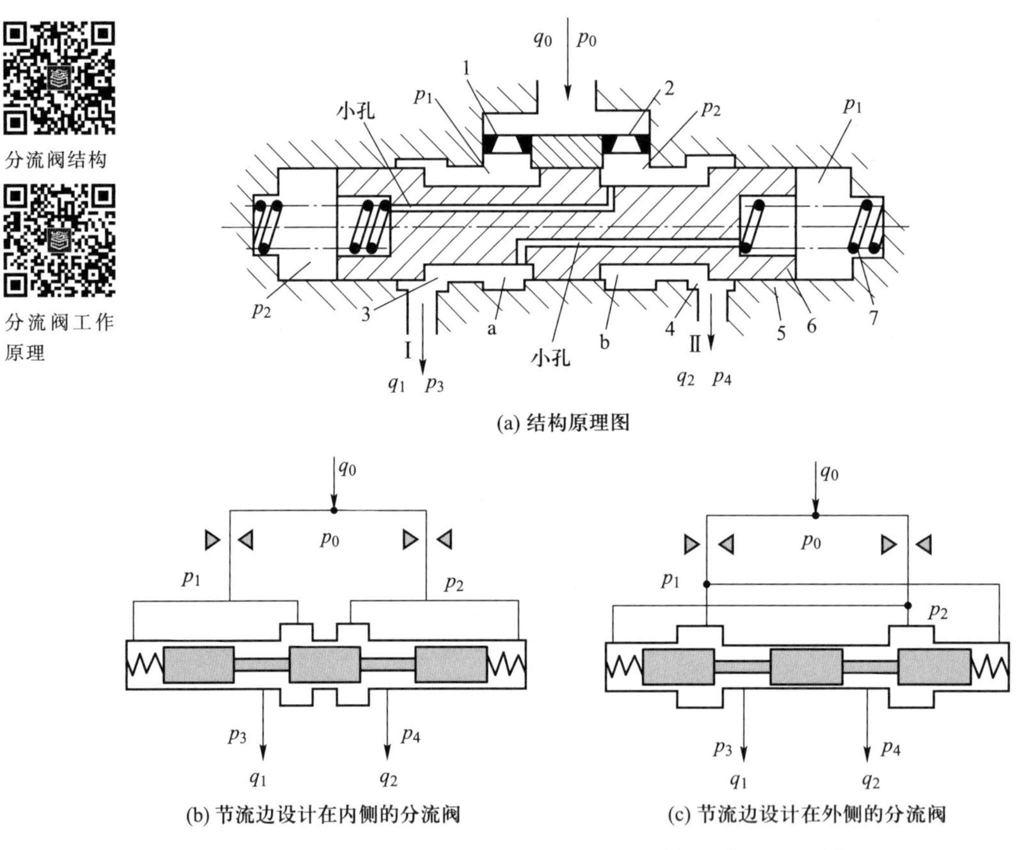

(a) 结构原理图

(b) 节流边设计在内侧的分流阀 (c) 节流边设计在外侧的分流阀

1、2—固定节流口；3、4—可变节流口；5—阀体；6—阀芯；7—弹簧

图 6-4-13 分流阀的工作原理

工作时，设阀的进油口油液压力为 p_0，流量为 q_0，进入阀后分两路分别通过两个面积相等的固定节流口 1、2，分别进入阀芯环形槽 a 和 b，然后由两阀口（可变节流口）3、4 经出油口 Ⅰ 和 Ⅱ 通往两个执行元件，两执行元件的负载流量分别为 q_1、q_2，负载压力分别为 p_3、p_4。如果两执行元件的负载相等，则分流阀的出口压力 $p_3=p_4$，因为阀中两支流道的尺寸完全对称，所以输出流量亦对称，$q_1=q_2=q_0/2$，且 $p_1=p_2$。当由于负载不对称而出现 $p_3\neq p_4$，且设 $p_3>p_4$ 时，分流阀左路出口负载（液阻）增大，压力高，致使 $p_1>p_2$，$q_1<q_2$，固定节流口 1、2 的压差 $\Delta p_1<\Delta p_2$，此压差反馈至阀芯 6 的两端后使阀芯在不对称液压力的作用下左移，使可变节流口 3 增大，可变节流口 4 减

小，从而使 q_1 增大，q_2 减小，直到 $q_1 \approx q_2$ 为止，阀芯才在一个新的平衡位置上稳定下来，即输往两个执行元件的流量相等，当两执行元件尺寸完全相同时，运动速度将同步。

根据节流边及反馈测压面布置的不同，分流阀有图 6-4-13b、c 所示两种不同的结构。

6.4.5.2 集流阀

图 6-4-14 所示为集流阀的原理图，它与分流阀的反馈方式基本相同，不同之处为：

(1) 集流阀装在两执行元件的回油路上，将两路负载的回油流量汇集在一起回油。

(2) 分流阀的两流量传感器共进口压力 p_0，流量传感器的通过流量 q_1(或 q_2)越大，其出口压力 p_1(或 p_2)反而越低；集流阀的两流量传感器共出口 T，流量传感器的通过流量 q_1(或 q_2)越大，其进口压力 p_1(或 p_2)则越高。因此集流阀的压力反馈方向正好与分流阀相反。

(3) 集流阀只能保证执行元件回油时同步。

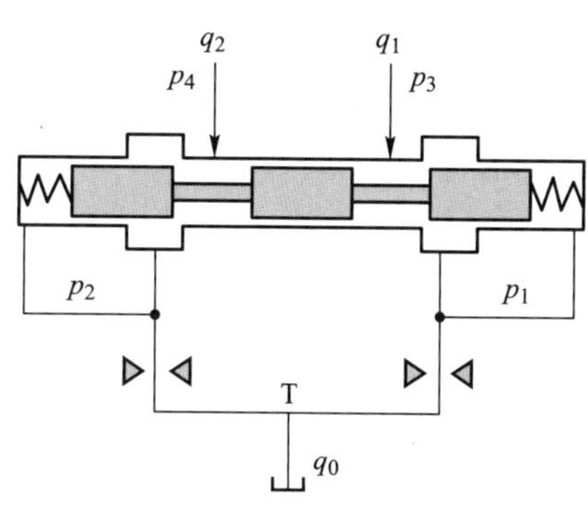

图 6-4-14 集流阀的工作原理

6.4.5.3 分流集流阀

分流集流阀同时具有分流阀和集流阀两者的功能，能保证执行元件进油、回油时均能同步。

图 6-4-15 为挂钩式分流集流阀的结构原理图。分流时，因 $p_0>p_1$(或 $p_0>p_2$)，此压力差将两

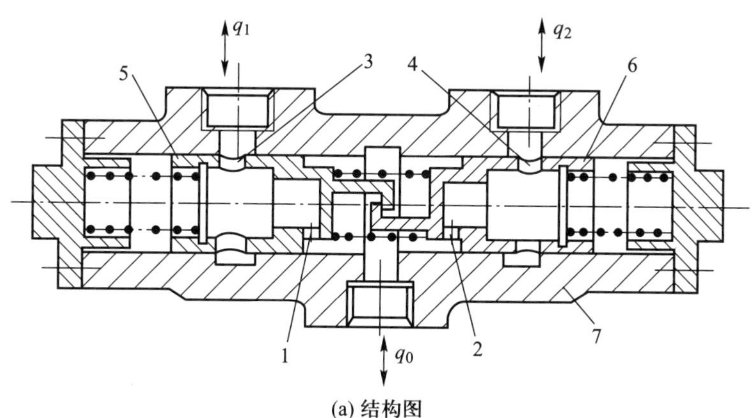

(a) 结构图

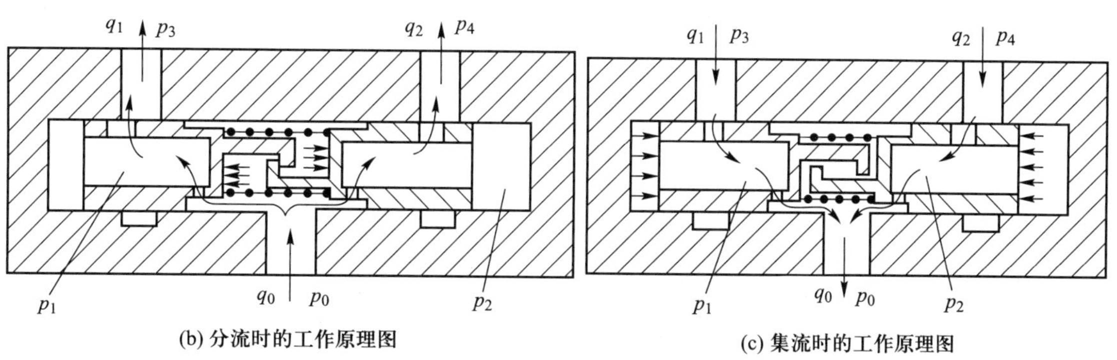

(b) 分流时的工作原理图

(c) 集流时的工作原理图

1、2—固定节流口；3、4—可变节流口；5、6—挂钩阀芯；7—阀套

图 6-4-15 挂钩式分流集流阀

挂钩阀芯 5、6 推开，处于分流工况，此时的分流可变节流口 3、4 是由挂钩阀芯 5、6 的内棱边和阀套 7 的外棱边组成；集流时，因 $p_0<p_1$（或 $p_0<p_2$），此压力差将挂钩阀芯 5、6 合拢，处于集流工况，此时的集流可变节流口是由挂钩阀芯 5、6 的外棱边和阀套 7 的内棱边组成。

6.4.5.4 分流（集流）阀分流（集流）精度

分流（集流）阀的分流（集流）精度高低可用分流（集流）误差 ξ 的大小来表示：

$$\xi=\frac{q_1-q_2}{q_0/2}\times 100\% \tag{6-4-10}$$

一般分流（集流）阀的分流（集流）误差为 2%~5%，其值的大小与进油口流量的大小和两出油口油液压差的大小有关。分流（集流）阀的分流（集流）精度还与使用情况有关，如果使用方法适当，可以提高其分流（集流）精度，使用方法不当，会降低分流（集流）精度。

影响分流（集流）精度的因素有以下几方面：

(1) 固定节流口的压差太小时，分流（集流）效果差，分流（集流）精度低；压差大时，分流（集流）效果好，也比较稳定。但压差太大又会带来分流（集流）阀的压力损失大，一般希望在保证一定的分流（集流）精度下，压力损失尽量小一些。推荐固定节流口的压差不低于 0.5~1 MPa。

(2) 两个可变节流口处的液动力和阀芯与阀套间的摩擦力不完全相等而产生的分流（集流）误差。

(3) 阀芯两端弹簧力不相等引起的分流（集流）误差。

(4) 两个固定节流口几何尺寸误差带来的分流（集流）误差。

必须指出：在采用分流（集流）阀构成的同步系统中，液压缸的加工误差及其泄漏、分流（集流）阀之后设置的其他阀的外泄漏、油路中的泄漏等，虽然对分流（集流）阀本身的分流（集流）精度没有影响，但对系统中执行元件的同步精度却有直接影响。

6.5 叠加阀

叠加阀是在板式阀集成化基础上发展起来的一种新型元件。叠加阀结构如图 6-5-1 所示，每个叠加阀不仅起到控制阀的作用，而且还起到连接块和通道的作用。每个叠加阀的阀体上均有上下两个安装平面及多个公共流道，以便于与其他叠加阀叠加安装。

图 6-5-1 叠加阀的外形结构及内部结构

由叠加阀组成的系统有很多优点:结构紧凑,占地面积小,系统的设计、制造周期短,系统更改时增减元件方便迅速,配置灵活,工作可靠。

叠加阀的工作原理与一般液压阀基本相同,但是在具体结构和连接尺寸上则不相同。每个叠加阀既有液压元件的控制功能,又起到通道体的作用。每一种通径系列的叠加阀,其主油路通道和螺栓连接孔的位置与所选用的相应通径的换向阀相同,因此同一通径的叠加阀都能按要求组成各种不同控制功能的系统。

叠加阀可分为压力控制阀、流量控制阀和方向控制阀三大类,其中方向控制阀仅有单向阀类,主换向阀不属于叠加阀。现对叠加阀作一简单的介绍。

6.5.1 叠加式溢流阀

先导型叠加式溢流阀由主阀和先导阀两部分组成,如图 6-5-2 所示。主阀芯 2 为单向阀式二级同心结构,先导阀为锥阀式结构。图 6-5-2a 所示为叠加式溢流阀(先导型)的结构原理图,该元件的进油口为 P,出油口为 T,叠加式溢流阀的工作原理与一般的先导式溢流阀相同。图 6-5-2b 为其图形符号,图 6-5-2c 为实物图。

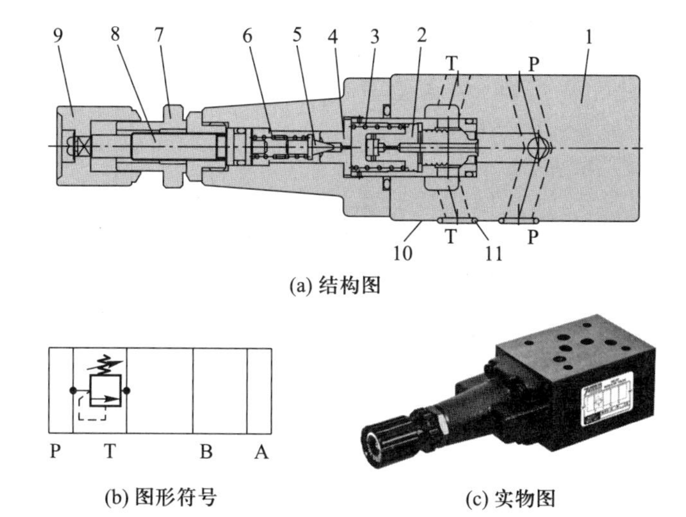

(a) 结构图

(b) 图形符号

(c) 实物图

1—阀体;2—主阀芯;3—主阀芯弹簧;4—锥阀座;5—锥阀;6—锥阀弹簧;7—固定旋钮;
8—调节螺杆;9—压力调节旋钮;10—安装面;11—O 形密封圈

图 6-5-2 先导型叠加式溢流阀

6.5.2 叠加式减压阀

图 6-5-3a 所示为先导型叠加式减压阀结构图,图 b 为其图形符号,图 c 为实物图,其工作原理与一般的先导式减压阀相同。

6.5.3 叠加式顺序阀

图 6-5-4a 所示为先导型叠加式顺序阀结构图,图 b 为其图形符号,图 c 为实物图,其工作原理与一般的先导式顺序阀相同。

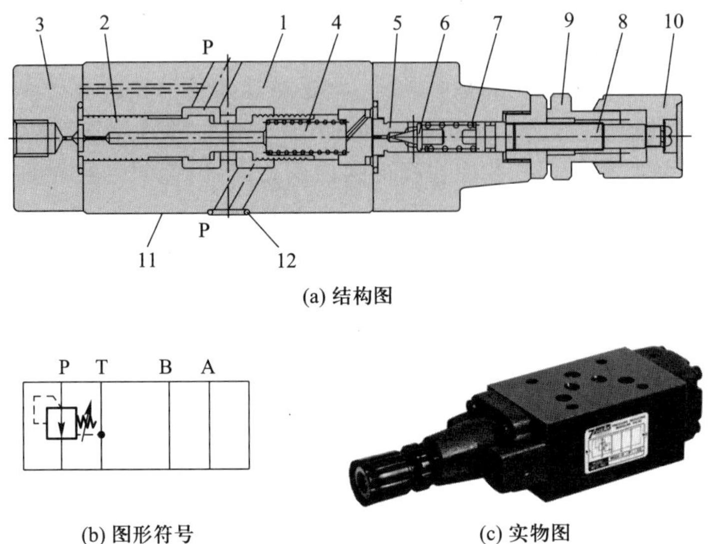

(a) 结构图

(b) 图形符号

(c) 实物图

1—阀体;2—滑阀;3—端盖;4—滑阀阀芯;5—锥阀座;6—锥阀;7—锥阀弹簧;8—固定旋钮;9—调节螺杆;10—压力调节旋钮;11—安装面;12—O 形密封圈

图 6-5-3　先导型叠加式减压阀

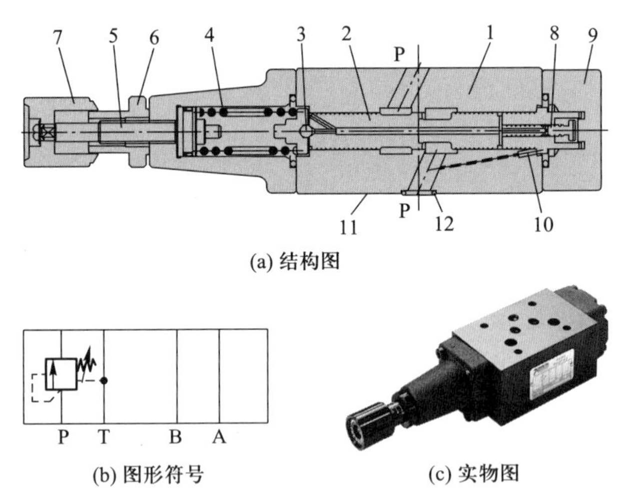

(a) 结构图

(b) 图形符号

(c) 实物图

1—阀体;2—滑阀;3—钢珠;4—调压弹簧;5—调节螺杆;6—固定旋钮;7—压力调节旋钮;8—活塞;9—端盖;10—节流堵塞;11—安装面;12—O 形密封圈

图 6-5-4　先导型叠加式顺序阀

6.5.4　叠加式单向节流阀

图 6-5-5a 所示为先导型叠加式单向节流阀结构图,图 b 为其图形符号,图 c 为实物图。叠加式单向节流阀可以做成双路结构形式,如将图 6-5-5a 中的螺母 7 拆掉,将结构中左侧的阀芯、弹簧及调节螺杆等安装于右侧阀体腔内,即可构成双路单向节流阀的形式。叠加式单向节流阀

工作原理与一般的单向节流阀相同。

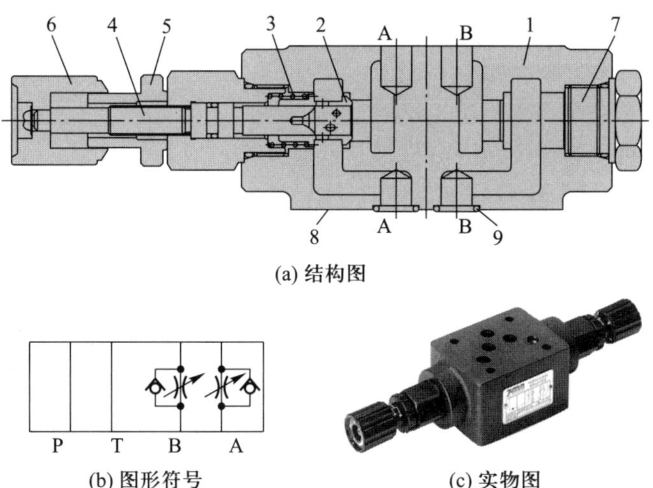

(a) 结构图

(b) 图形符号

(c) 实物图

1—阀体;2—单向节流阀阀芯;3—阀芯弹簧;4—调节螺杆;5—固定旋钮;6—流量调节旋钮;
7—螺母(单油路节流时使用);8—安装面;9—O 形密封圈

图 6-5-5 先导型叠加式单向节流阀

6.5.5 叠加式调速阀

图 6-5-6a 所示为叠加式调速阀的结构原理图,其工作原理与一般调速阀基本相同。当压力为 p 的油液从 B 口进入阀体时,经小孔 f 流至单向阀左侧的弹簧腔,油液压力使锥阀式单向阀关闭,压力油经另一通道 h 进入减压阀,经控制口后压力降为 p_1 的油液流入节流阀,同时压力为 p_1 的油液经阀芯的中心小孔 a 流入阀芯左侧的弹簧腔,作用在减压阀大阀芯左侧的环形面积上。油液流经节流阀进入 e 腔,压力降为 p_2,经出油口 B′引出。同时 e 腔的油液又经槽 d 进入油腔 c,再经孔道 b 进入减压阀大阀芯右侧的弹簧腔。由于减压阀阀芯受到压力油 p_1、p_2 和弹簧力的作用而处于平衡状态,从而保证了节流阀前后的压力差 p_1-p_2 为常数,也就保证了通过节流阀的流量基本不变,图 6-5-6b 为其图形符号。

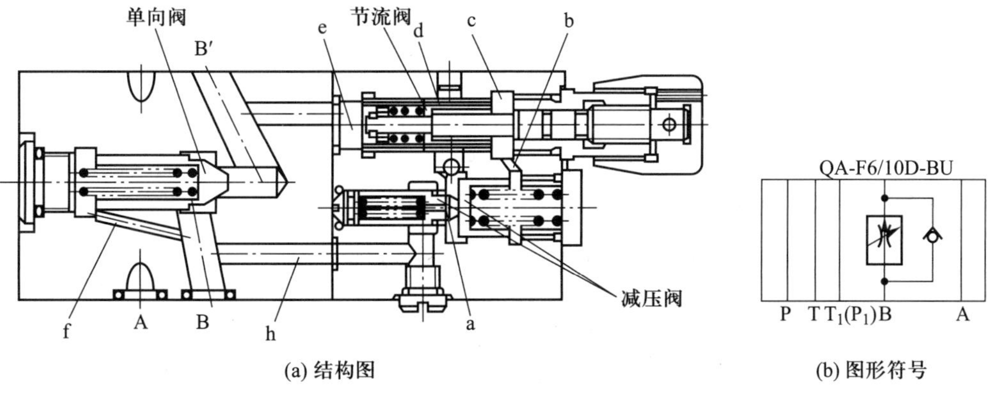

(a) 结构图

(b) 图形符号

图 6-5-6 叠加式调速阀

6.6 插装阀

6.6.1 分类与特点

插装阀又称逻辑阀,是一种较新型的液压元件,它的特点是通流能力大、密封性能好、动作灵敏、结构简单,因而主要用于流量较大的系统或对密封性能要求较高的系统中。插装阀的基本核心元件是插装元件,是一种装于油路主级中的液控型、单控制口液阻单元。将一个或若干个插装元件进行不同组合,并配以相应的先导控制级,可以组成方向控制、压力控制、流量控制或复合控制等控制单元(阀)。

插装阀的分类如图 6-6-1 所示。其中,二通插装阀为单液阻的两个主油口连接到工作系统或其他插装阀,三通插装阀的三个油口分别为压力油口、负载油口和回油油口,四通插装阀的四个油口分别为一个压力油口、一个回油油口和两个负载油口。插装阀本身没有阀体,所以插装阀液压系统必须将插装阀安装连接在集成块内。按照与集成块的连接方式的不同,插装阀分为盖板式及螺纹式两类。

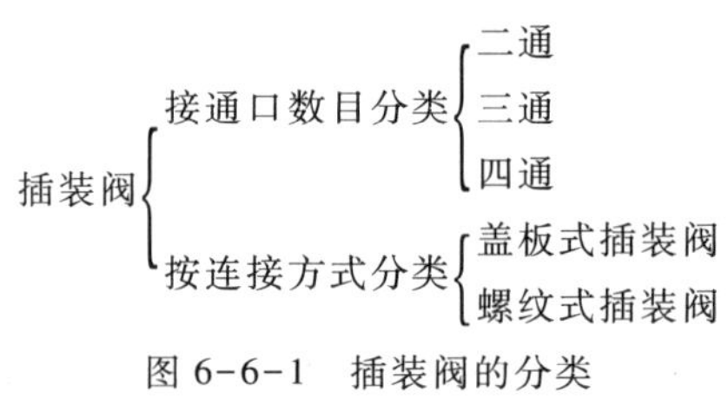

图 6-6-1 插装阀的分类

二通盖板式插装阀,其插装元件、插装孔和适应各种控制功能的盖板组件等基本构件的标准化、通用化、模块化程度高,具有通流能力大、控制自动化程度高等显著优势,因此成为高压、大流量(流量可达 18 000 L/min)领域的主导控制阀品种。三通插装阀从原理而言,是由两个液阻构成的,故可起到两个插装阀的作用,可以独立控制一个负载腔。但是由于结构的通用化、模块化程度远不及二通插装阀,故应用不太广泛。

螺纹式插装阀多用于工程机械液压系统,而且往往作为其主要控制阀(如多路阀)的附件形式出现,近年来在盖板式插装阀技术的影响下,逐步在小流量范畴发展成独立体系。

盖板式插装阀与螺纹式插装阀的特点比较见表 6-6-1。插装阀的主要优点是:结构简单紧凑,液阻小,通流能力大(通径一般为 16~160 mm,最大可达 250 mm),密封性好,且加工工艺性好,易于实现系列化、标准化等,特别适用于高压、大流量的液压系统。但由插装阀组成的系统易产生干扰现象,设计和分析时对其控制油路须给予充分的注意。

表 6-6-1 盖板式插装阀与螺纹式插装阀的特点比较

特点	盖板式插装阀	螺纹式插装阀
功能及实现	通过组合插件与阀盖构成方向、压力、流量等多种控制功能,完整的液压阀功能多依靠先导阀实现	多依靠自身提供完整的液压阀功能,可实现几乎所有方向、压力、流量类型的控制功能

续表

特点	盖板式插装阀	螺纹式插装阀
阀芯形式	多为锥阀式结构，内泄漏量非常小，没有卡阻现象，有良好的响应性，能实现高速转换	既有锥阀，也有滑阀
安装连接形式	依靠盖板固连在块体上	依靠螺纹连接在块体上
标准化和互换性	标准化插装孔，插装元件互换性好，便于维护	
适用范围	16 通径及以上的高压、大流量系统	10 通径的高压、小流量系统
可靠性	插装阀被直接装入集成块的内腔中，所以减少了泄漏量、振动、噪声和配管引起的故障，提高了可靠性	
集成化与成本	液压装置无管集成，省去了管件，可大幅度地缩小安装空间与占地面积，与常规液压装置相比降低了成本	

6.6.2 盖板式插装阀

盖板式插装阀的结构、组成及图形符号如图 6-6-2 所示。主要由先导控制阀、控制盖板、逻辑单元（由阀套、弹簧、阀芯及密封件组成）和阀块组成。由于这种阀的插装单元在回路中主要起通、断作用，故又称二通插装阀。图 6-6-3 为盖板式插装阀各组成部分外形图。

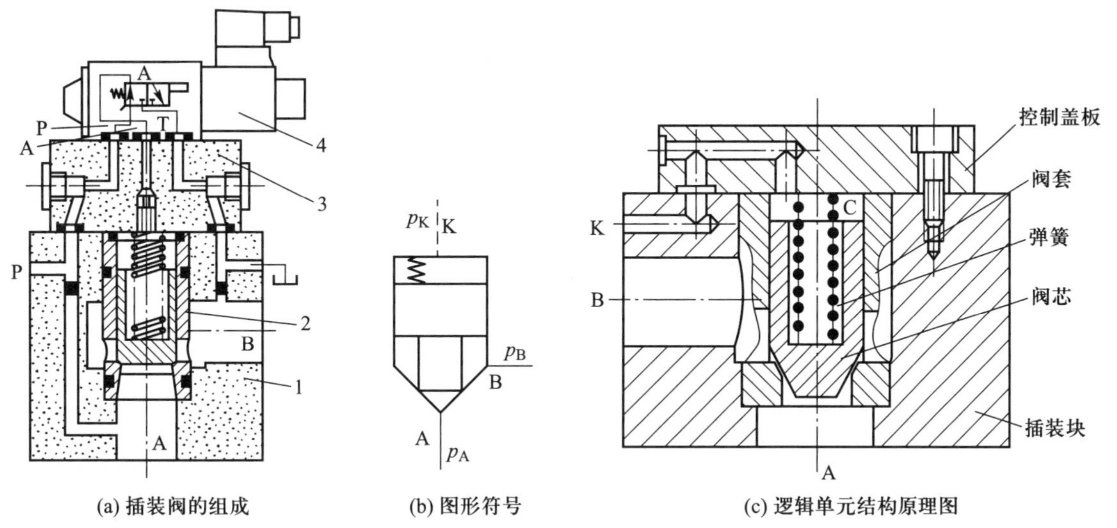

(a) 插装阀的组成　(b) 图形符号　(c) 逻辑单元结构原理图

1—阀块；2—逻辑单元（主阀）；3—控制盖板；4—先导控制阀

图 6-6-2 盖板式插装阀

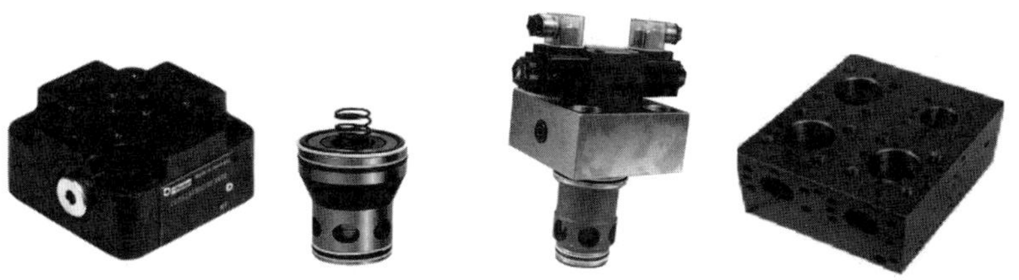

(a) 盖板　(b) 插装组件　(c) 带先导控制阀的插装阀　(d) 阀块

图 6-6-3 盖板式插装阀各组成部分外形图

不计摩擦力、液动力和阀芯的重力，由图 6-6-4 可列出阀芯上的力平衡关系为：

$$\begin{cases} p_A A_A + p_B A_B = p_C A_C + F_s \\ p_C A_C > p_A A_A + p_B A_B - F_s \\ p_C A_C < p_A A_A + p_B A_B - F_s \\ p_C A_C = p_A A_A + p_B A_B - F_s \\ \alpha = A_A / A_C \end{cases} \tag{6-6-1}$$

式中：A_A、A_B、A_C 为阀芯在 A、B、C 腔的承压面积；p_A、p_B、p_C 为 A、B、C 腔油液的压力；F_s 为弹簧力。

当 $p_C A_C > p_A A_A + p_B A_B - F_s$ 时，阀关闭；当 $p_C A_C < p_A A_A + p_B A_B - F_s$ 时，阀开启；而当 $p_C A_C = p_A A_A + p_B A_B - F_s$ 时，阀处于平衡状态。

所以，只要采取适当的方式，控制 C 腔的压力 p_C，就可以控制主油路中 A 腔和 B 腔油液流动的方向和压力；如果控制阀芯开启的高度，就可以控制油液流动的流量。因此，插装阀可以构成方向、压力、流量控制功能。

这里，A 腔与 C 腔面积之比 $\alpha = A_A / A_C$ 是一个重要的参数，它对阀的性能有较大的影响。面积比根据插装阀的功能不同而不同，一般 α 为 1∶2~1∶1。

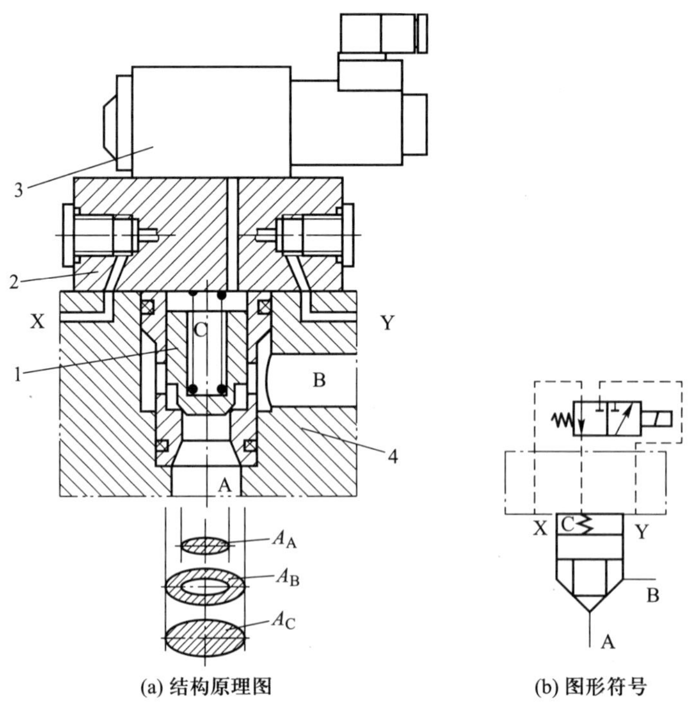

(a) 结构原理图　　(b) 图形符号

1—插装组件；2—控制盖板；3—先导控制阀；4—集成块体

图 6-6-4　二通插装阀

插装阀与各种先导阀组合便可组成方向控制阀、压力控制阀和流量控制阀。

1. 方向控制阀功能

（1）单向阀功能 图 6-6-5 所示为二通插装阀做单向阀使用的情况。图 6-6-5a 与普通单向阀功能相同，控制油腔 C 与 B 口连通，A 与 B 单向导通，反向流动截止。图 6-5-11b 为控制油腔 C 与 A 口连通，B 与 A 单向导通，反向流动截止。图 6-6-5c 为液控单向阀功能，先导控制油路 K 失压时（图示位置），即为单向阀功能；当先导控制油路 K 有压时，控制油腔 C 失压，可使 B 口反向与 A 口导通。

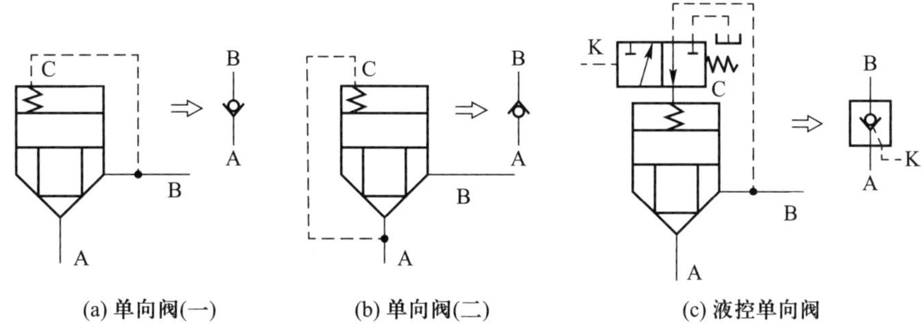

图 6-6-5 单向阀功能

（2）换向阀功能 用小型的电磁换向阀做先导阀与插装阀组合，通过对电磁换向阀的控制，可组合成不同通路、位数的换向阀。图 6-6-6 所示为由两个插装组件和一个先导阀（二位四通电磁换向阀）实现二位三通电液换向阀功能。先导阀断电（图示状态），插装阀 1 关闭，P 口封闭，插装阀 2 的控制腔失压，A 口通 T 口；先导阀通电时，插装阀 1 的控制腔失压，P 口通 A 口，插装阀 2 关闭，T 口封闭。

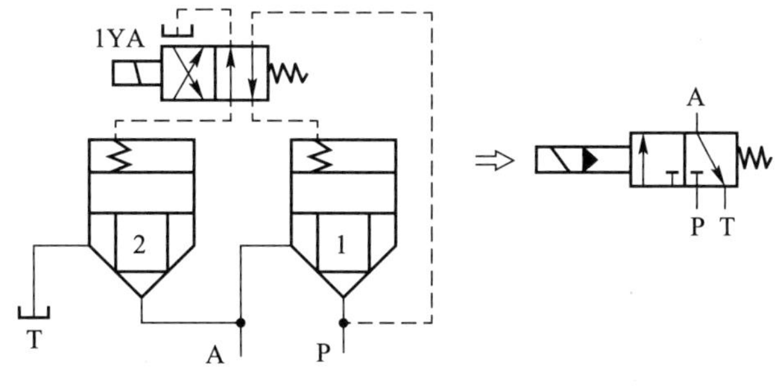

图 6-6-6 二位三通换向阀

图 6-6-7 所示为用两个小型的二位三通电磁换向阀控制四个插装组件，可实现四位四通电液换向阀功能。当 1YA 和 2YA 都不通电，此时油口 P、A、B、T 处于封闭状态，互不相通，相当于“O”型中位机能；当 1YA 和 2YA 同时通电，此时油口 P、A、B、T 全部相通，相当于“H”型中位机能；当 1YA 通电，2YA 不通电，此时油口 P、A 相通，油口 B、T 相通；当 1YA 不通电，2YA 通电，此时油口 P、B 相通，油口 A、T 相通。如果每一个插装组件的控制油路均用一个二位三通电磁换向阀单独先导控制，电磁换向阀通电，主阀开启，电磁换向阀断电，主阀关闭，那么四个先导电磁换向阀按不同组合通电，可以实现主阀的 12 个换向位置（各个位置的机能不同）。

2. 压力控制阀功能

用小型的直动式溢流阀作先导阀来控制插装组件，采用不同的控制油路就可组成各种用途的压力控制阀。作压力控制阀的插装组件，须内设（在阀芯中）或外设（在控制油路上）一阻尼孔，且面积比较小（1∶1.1~1∶1），以适应压力阀控制原理的需要。

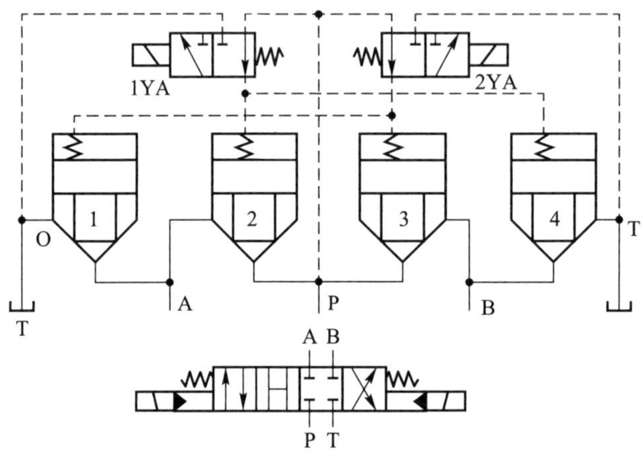

图 6-6-7 四位四通换向阀

图 6-6-8a 所示为由先导溢流阀和内设阻尼孔的插装组件组成的溢流阀，其工作原理与普通的先导式溢流阀相同。

图 6-6-8b 所示为由外设阻尼孔的插装组件和先导式溢流阀组成的先导式顺序阀。其工作原理与普通的先导式顺序阀相同。

图 6-6-8c 所示的插装阀芯是常开的滑阀结构，B 口为进油口，A 口为出油口，A 口压力经内设阻尼孔与 C 腔和先导压力阀相通。当 A 口压力上升达到或超过先导压力阀的调定压力时，先导压力阀开启，在阻尼孔压差作用下，滑阀阀芯上移，关小阀口，控制出口压力为一定值，所以构成了先导式定值减压阀的功能。

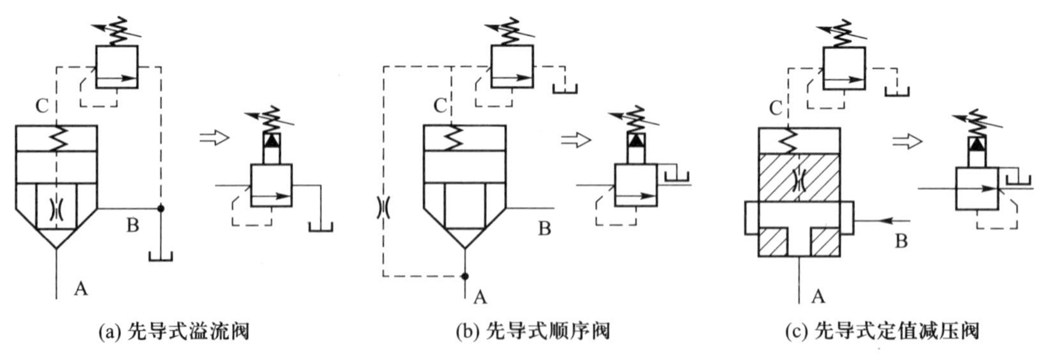

图 6-6-8 压力控制阀功能

3. 流量控制阀功能

作流量控制阀的插装组件在锥阀阀芯的下端带有台肩尾部，其上开有三角形或梯形节流槽；在控制盖板上装有行程调节器（调节螺杆），以调节阀芯行程的大小，即控制节流口的开口大小，从而构成节流阀,如图 6-6-9a 所示。

将插装式节流阀前串接一插装式定差减压阀,减压阀阀芯两端分别与节流阀进出口相通,就构成了调速阀,如图 6-6-9b 所示。和普通调速阀的原理一样,利用减压阀的压力补偿功能来保证节流阀进出口压差基本为定值,使通过节流阀的流量不受负载压力变化的影响。

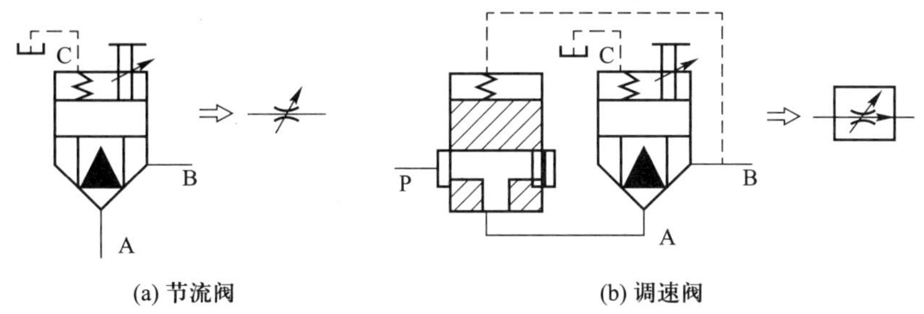

(a) 节流阀　　(b) 调速阀

图 6-6-9　流量控制阀功能

6.6.3 螺纹式插装阀

1. 特点与功能类别

如前所述,螺纹式插装阀近年来在工程机械液压系统中应用得越来越多,且往往作为多路换向阀等主要控制阀的附件。与盖板式二通插装阀相比,螺纹式插装阀在功能实现、阀芯形式、安装连接形式及适用范围等方面具有不同的特点(两者的详细比较请见表 6-6-1)。螺纹式插装阀的显著特点之一是依靠自身提供完整的液压阀功能。螺纹式插装阀几乎可实现所有方向、压力、流量控制阀类的功能。螺纹式插装阀及其对应的腔孔有二通、三通、三通短型及四通功能,即阀和阀的腔孔有两个油口、三个油口(三个油口中一个用作控制油口即为三通短型)及四个油口,如图 6-6-10 所示。图 6-6-11 为各种螺纹式插装阀结构图。

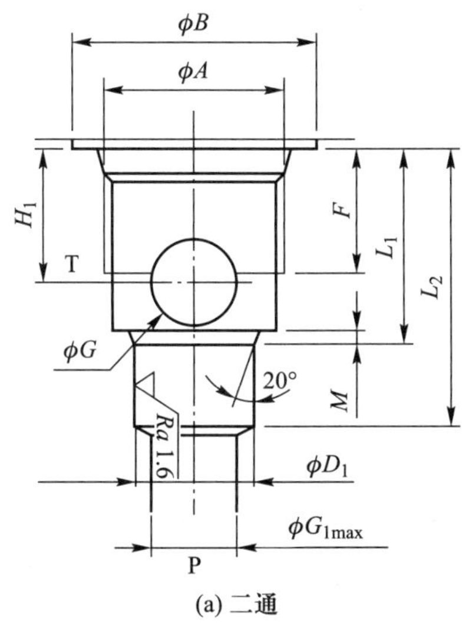

(a) 二通

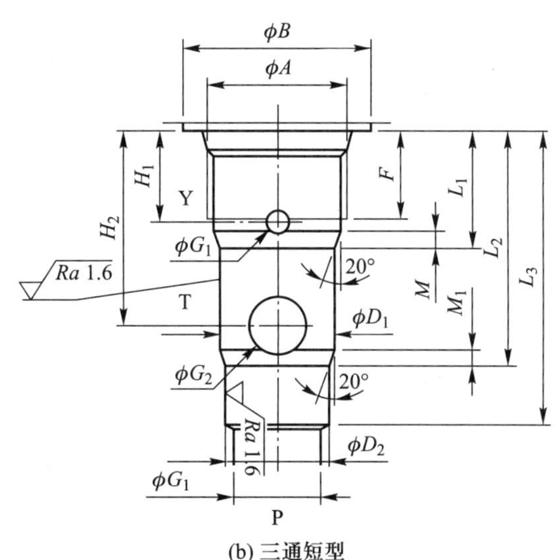

(b) 三通短型

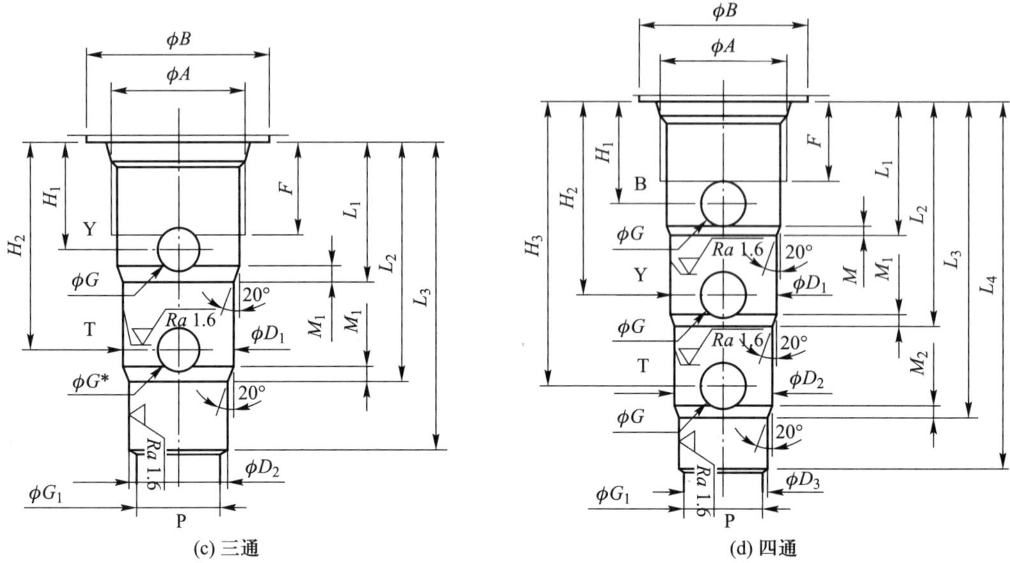

(c) 三通　　　　(d) 四通

图 6-6-10　二通、三通、三通短型及四通螺纹式插装阀的阀块功能油口布置

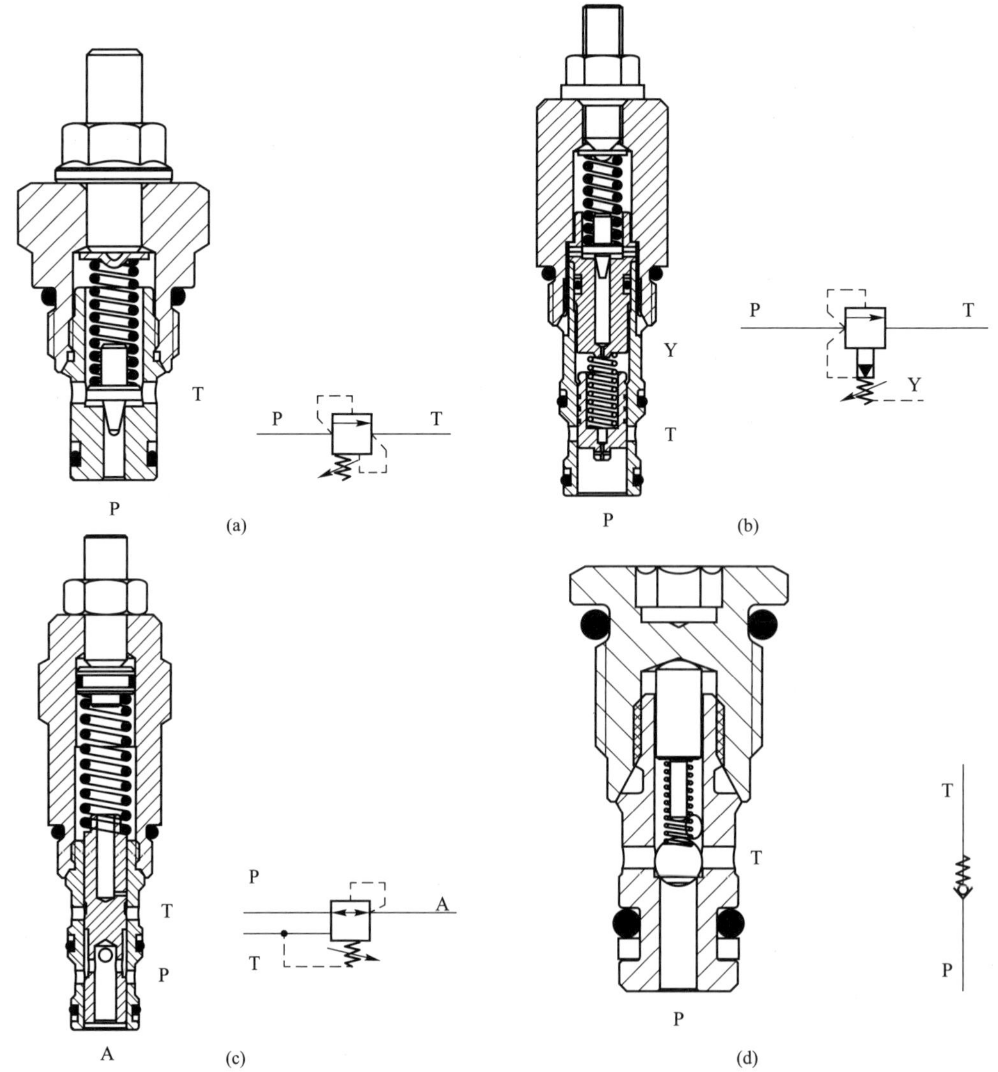

P　T　(a)

P　Y　T　(b)

P　T　A　(c)

T　P　(d)

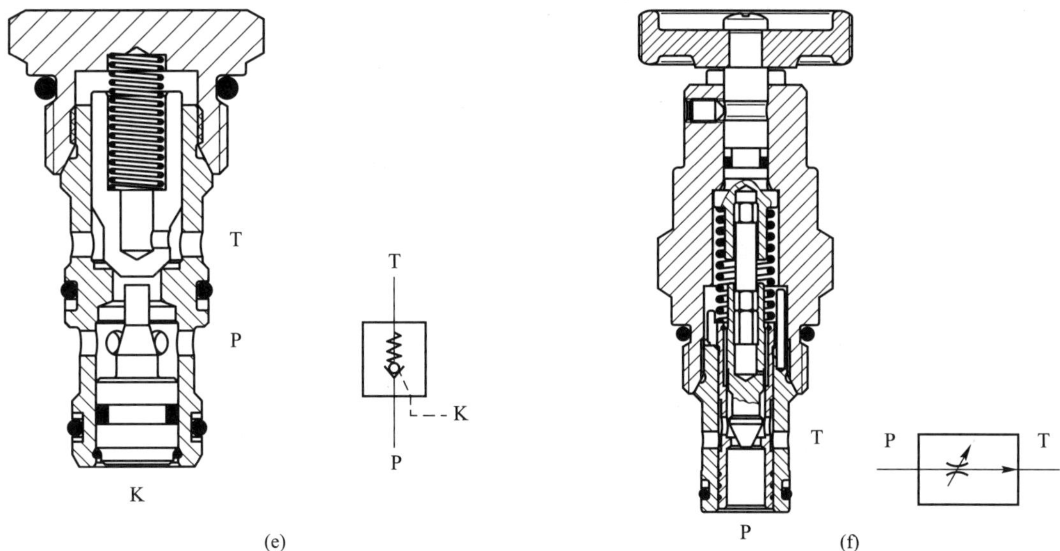

图 6-6-11 各种螺纹式插装阀

2. 方向控制阀功能

(1) 单向阀与液控单向阀

图 6-6-12 所示为单向阀,通过更换不同刚度的弹簧 3 可改变单向阀的开启压力。当油口 P 压力高于阀的开启压力时,阀口打开,油液从 P 口到 T 口流出;反向则截止。

图 6-6-13 所示为液控单向阀,当压力油从 P 口进入时,油液压力克服弹簧力,主阀芯 3 则被打开。油液从油口 P 进入,从油口 T 流出;油液如果从油口 T 进入,则油口 T 到 P 间通路被截止。但当油口 K 的压力足够大时,则推动控制活塞 2,从而推开主阀芯 3,使油口 T 到 P 的通路被打开,油液从油口 T 进,从油口 P 流出。

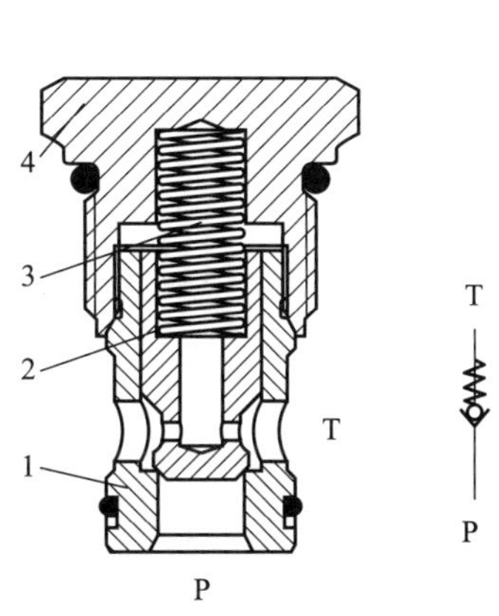

1—阀套;2—阀芯;3—弹簧;4—阀盖

图 6-6-12 单向阀

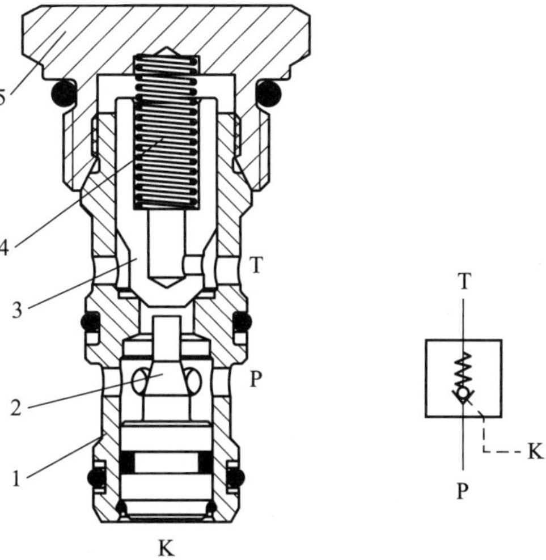

1—阀套;2—控制活塞;3—主阀芯;4—弹簧;5—阀盖

图 6-6-13 液控单向阀

(2) 二位三通方向控制阀

图 6-6-14 所示为外控内泄式二位三通换向阀。阀芯(滑阀)2 有两个位置,而且是弹簧偏置的。当弹簧 3 的作用力高于控制口油压作用力时,油口 A 与其他油口均不相通,油口 P、T 之间连通。弹簧腔内部向油口 T 泄油。当控制油口 K 处的油压作用力高于弹簧力加上油口 T 上的油压作用力时,阀芯 2 切换,封闭油口 T,使油口 A、P 之间相通。

图 6-6-15 为直动式二位三通电磁阀。当电磁铁线圈断电时,弹簧 3 的作用力将阀芯(滑阀)2 推至图示油口 P、B 自由流通的位置。当电磁铁线圈通电时,电磁铁推动阀芯至它的第二个位置,油口 B 封闭而允许油口 P、A 之间自由流通。

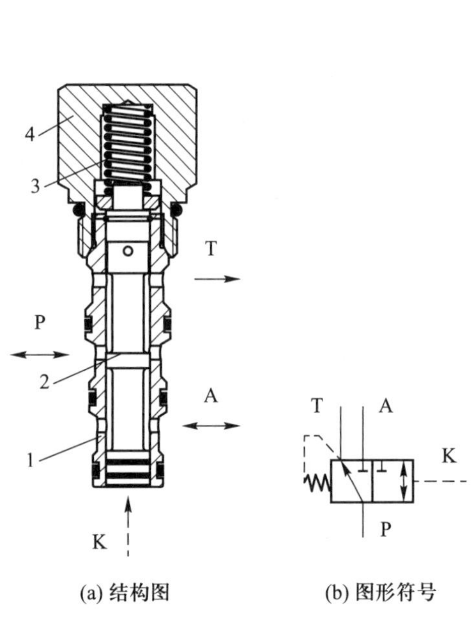

(a) 结构图　　(b) 图形符号

1—阀套;2—阀芯(滑阀);3—弹簧;4—阀盖

图 6-6-14　外控内泄式二位三通换向阀

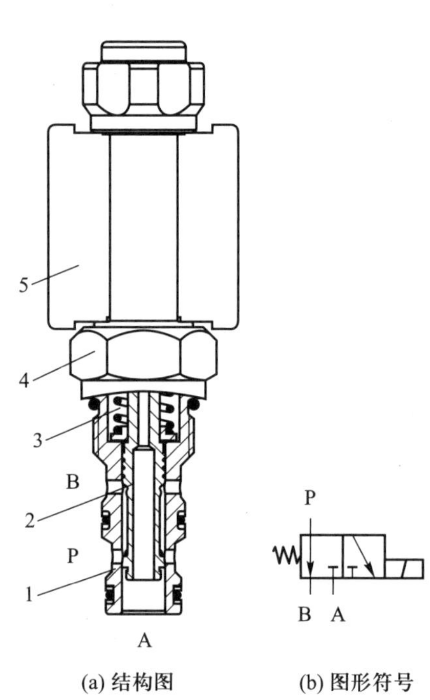

(a) 结构图　　(b) 图形符号

1—阀套;2—阀芯(滑阀);3—弹簧;4—阀盖;5—电磁铁

图 6-6-15　直动式二位三通电磁阀

(3) 梭阀

图 6-6-16 为插装式梭阀结构。当压力油液从 A 口进入,将钢球 2 推开,将 T 口和 B 口堵住,A 口和 T 口接通。当从 B 口通入压力油液,将钢球 2 推向阀座 3,将 A 口和 T 口堵住,B 口和 T 口接通,油液从 B 口流入,从 T 口流出。

3. 压力控制阀功能

(1) 溢流阀

图 6-6-17 为插装式溢流阀。插装式溢流阀的构成与传统的溢流阀类同,此处,直动式溢流阀的阀芯 1 与先导式溢流阀的先导阀芯 5 均为锥阀式结构,而先导式溢流阀的主阀芯 3 为滑阀式结构。插装式先导式溢流阀的工作原理与传统溢流阀原理相同。

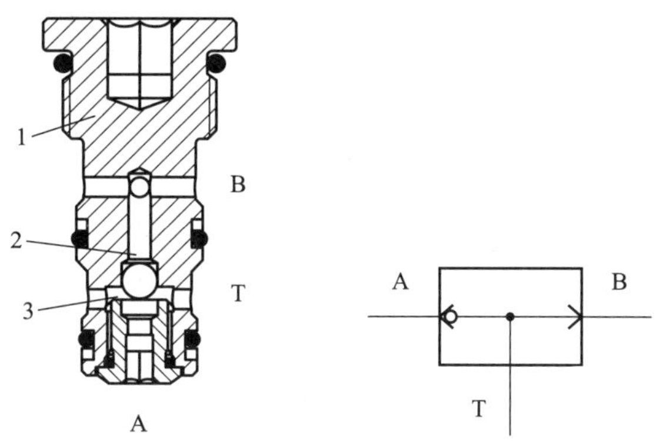

1—阀体;2—钢球;3—阀座

图 6-6-16 插装式梭阀

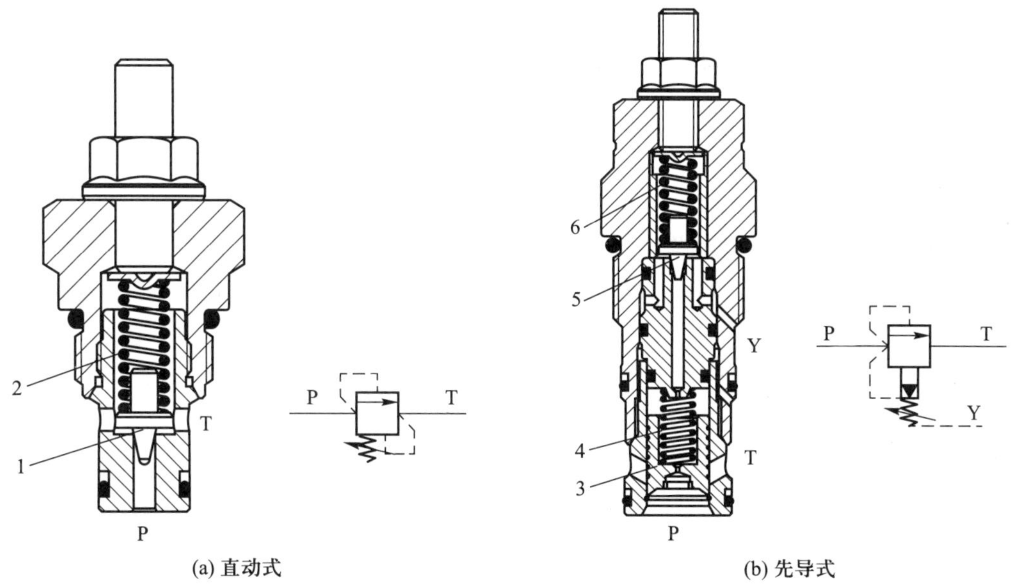

1—直动式溢流阀阀芯;2—直动式调压弹簧;3—先导式溢流阀主阀芯;4—先导式复位弹簧;5—先导阀芯;6—先导式调压弹簧

图 6-6-17 插装式溢流阀

(2) 插装式减压阀

图 6-6-18 为插装式减压阀。它由阀套 1、主阀芯(滑阀)2、复位弹簧 3、先导阀芯(锥阀)4、调压弹簧 5 等构成,其工作原理与传统的先导式减压阀相同。主阀芯不动作,P 和 A 是相通的,A 口油液可通过主阀芯上的阻尼孔到达先导阀的前腔。当 A 口压力升高导致先导阀前腔压力升高,克服先导阀的弹簧力后,先导阀打开,主阀芯阻尼孔前后压差发生变化,使主阀芯运动,主阀控制口开口度发生变化而进行减压。

(3) 插装式平衡阀

图 6-6-19 为插装式平衡阀。当 P 口的油液克服阀底部的单向阀弹簧,打开单向阀阀芯,油液到达 A 口,这是单向阀的功能。从 A 口过来的油液,作用在阀芯 2 的底部,与阀芯 2 上部的调

压弹簧3的弹簧力进行比较，当向上的作用力大于向下的弹簧力，主阀芯将向上推，油口A和P接通，这是内控作用。如果给B口通控制油，油液作用于主阀芯中间的环形面积，对主阀芯也会产生向上的液压力，当液压力克服弹簧力，也会使主阀芯上移，油口A和P接通，这是外控作用。

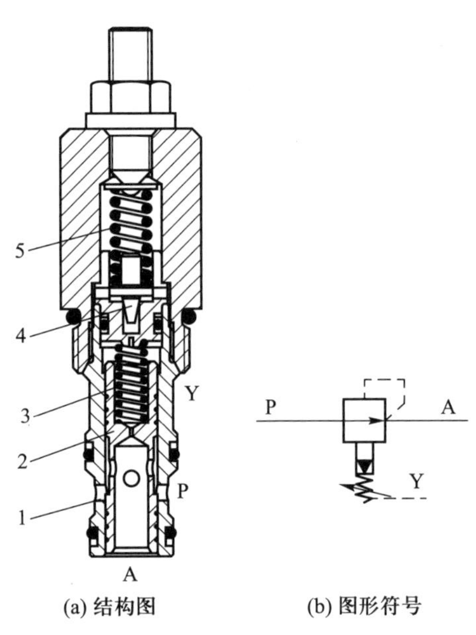

(a) 结构图　　(b) 图形符号

1—阀套；2—主阀芯（滑阀）；3—复位弹簧；
4—先导阀芯（锥阀）；5—调压弹簧

图 6-6-18　插装式减压阀

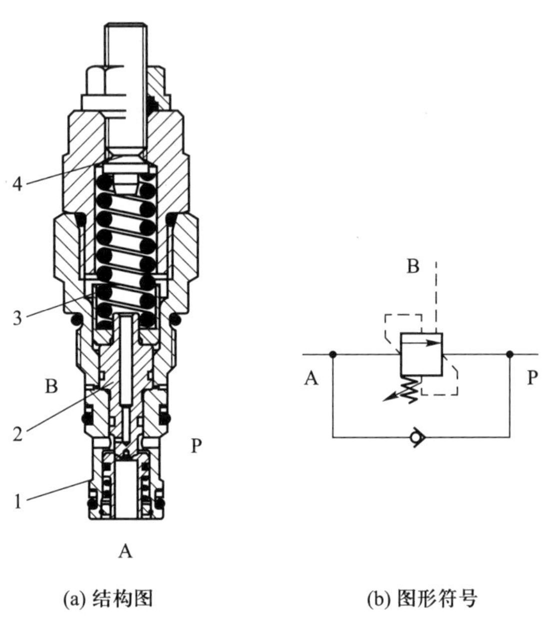

(a) 结构图　　(b) 图形符号

1—阀套；2—阀芯（滑阀）；3—调压弹簧；
4—调节杆

图 6-6-19　插装式平衡阀

4. 流量控制阀功能

(1) 插装式节流阀

图 6-6-20 所示为插装式节流阀。通过调节螺杆3调节节流阀阀口的开度而获得不同流量。沿两个方向都能节制流量，但阀中没有压力补偿器，故阀的通过流量会因阀口前后压差变化而变化。

(2) 插装式压力补偿型流量控制阀

图 6-6-21 所示为可调式二通压力补偿型流量控制阀。主要由可调式节流阀阀芯1、减压阀阀芯2、弹簧3、阀套4、调节手轮5等组成。节流阀为锥阀形式，其节流口大小可由调节手轮5调节，弹簧3作用于减压阀阀芯2上部，与减压阀阀芯2下部的进油压力进行平衡，从而保证节流阀阀口前后压差及流量的稳定。

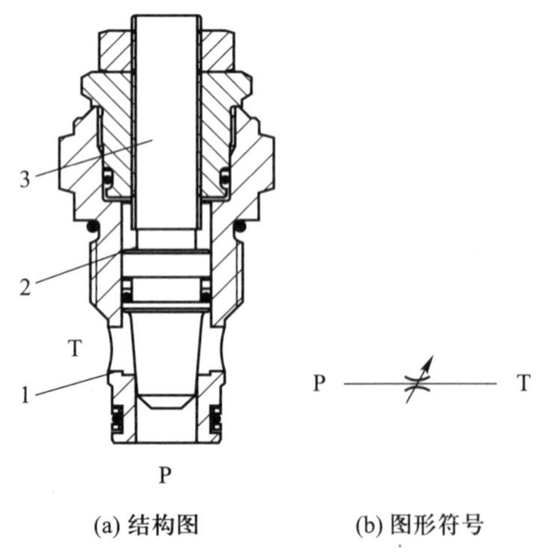

(a) 结构图　　(b) 图形符号

1—阀套；2—阀芯（针阀）；3—调节螺杆

图 6-6-20　插装式节流阀

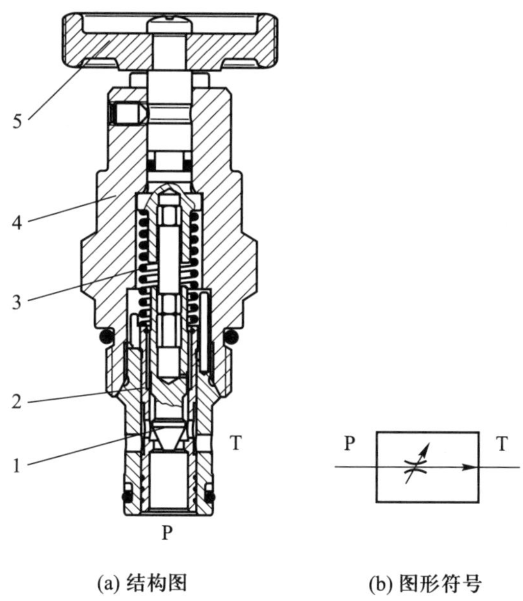

(a) 结构图　　(b) 图形符号

1—可调式节流阀阀芯;2—减压阀阀芯;3—弹簧;4—阀套;5—调节手轮

图 6-6-21　可调式二通压力补偿型流量控制阀

(3) 插装式分流集流阀

图 6-6-22 所示为插装式分流集流阀,它能按规定的比例分流或集流而不受系统负载或油源压力变化的影响。图 6-6-22a 所示为阀的结构图,图 6-6-22b 所示为图形符号。当为分流工况时,系统压力油从 P 口进入,固定节流口产生的压差将左右两个阀芯拉开到端部勾在一起,阀芯 3、5 在弹簧作用下一起工作以补偿负载压力的变化。当为集流工况时,固定节流口产生的背压将左右两个阀芯推拢在一起。

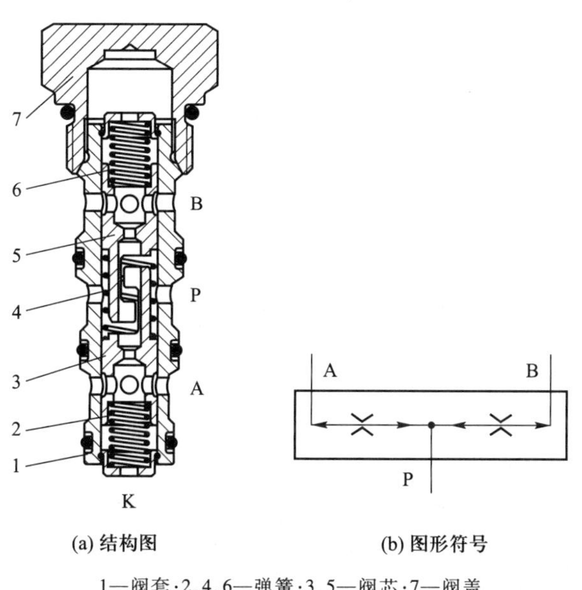

(a) 结构图　　(b) 图形符号

1—阀套;2、4、6—弹簧;3、5—阀芯;7—阀盖

图 6-6-22　插装式分流集流阀

6.7 比例阀

电液比例控制阀简称比例阀,是一种根据输入的电信号,连续地、按比例地对油液的压力、流量等参量进行控制的阀,可以方便地实现自动控制、远程及程序控制等功能,并具有抗污染能力强、成本低、响应较快等特点。比例阀根据控制功能可分为比例压力控制阀、比例流量控制阀、比例方向控制阀等。比例阀从组成上可以分成三大部分:电-机械转换装置(比例电磁铁)、液压阀本体和检测反馈元件。电-机械转换装置将小功率电信号转换成阀芯的运动,然后再通过液压阀阀芯的运动去控制流体的压力和流量,完成电-机-液的比例转换。

6.7.1 比例电磁铁

比例电磁铁是电-机械转换装置,是将比例控制放大器输出的电流信号转换成力或位移,从而控制阀芯的动作。比例阀对比例电磁铁有三个方面的要求:① 水平位移-力特性(吸力特性),即在比例电磁铁有效工作行程内,当线圈电流一定时,其输出力保持恒定;② 稳态电流-力特性,要具有良好的线性度,较小的死区及滞回;③ 阶跃响应快、频响高。

图 6-7-1 所示为一种耐高压比例电磁铁的典型结构,为湿式直流电磁铁。与普通电磁铁相比,由于结构上的特殊设计,使之形成特殊形式的磁路。比例电磁铁的水平位移-力特性即吸力特性与普通直流电磁铁的吸力特性有着较大区别,如图 6-7-2 所示。

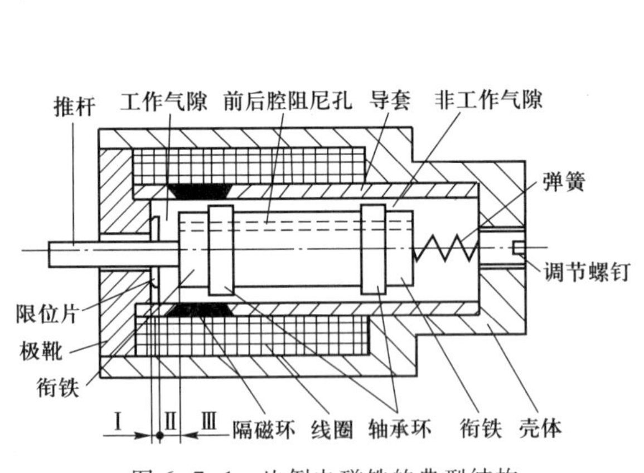

图 6-7-1 比例电磁铁的典型结构

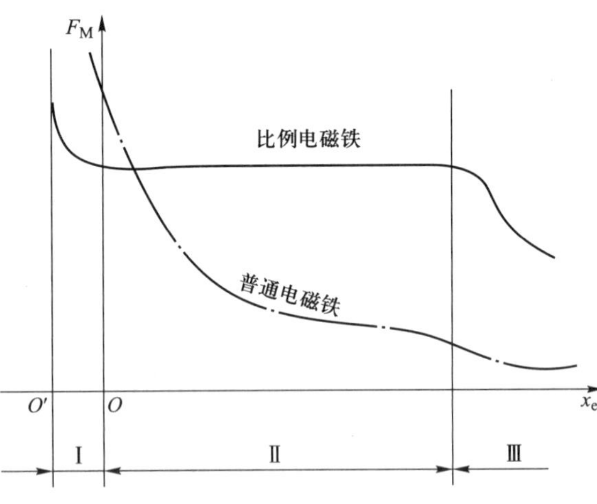

图 6-7-2 比例电磁铁与普通电磁铁吸力特性比较

由图 6-7-1 可知,比例电磁铁主要由衔铁、导套、极靴、壳体、线圈、推杆等组成。导套前后两段由导磁材料制成,中间用一段非导磁材料(隔磁环)焊接。导套具有足够的耐压强度,可承受 35 MPa 静压力。导套前段和极靴组合形成带锥形端部的盆形极靴,隔磁环前端斜面角度及隔磁环的相对位置决定了比例电磁铁稳态控制特性曲线的形状。导套和壳体之间配置同心螺线管式控制线圈。衔铁前端装有推杆,用以输出力或位移去推动阀芯工作;后端装有由弹簧和调节螺钉组成的调零机构,可在一定范围内对比例电磁铁控制特性曲线进行调整。

比例电磁铁的磁路如图 6-7-3 所示。当给比例电磁铁控制线圈通一定电流时，在线圈电流控制磁势作用下，形成两条磁路，一条磁路 L_1 由前端盖盆形极靴底部沿轴向工作气隙进入衔铁，穿过导套后段，沿导磁外壳回到前端盖极靴。另一磁路 L_2 沿盆形极靴锥形周边（导套前段），沿径向穿过工作气隙进入衔铁，再与 L_1 汇合。由于采用了隔磁环的结构，构成了一带锥形周边的盆形极靴，形成了这种特殊形式的磁路。磁通 Φ_1 产生的端面力为 F_{M1}，磁通 Φ_2 产生的附加轴向力为 F_{M2}（图 6-7-4），两个力合成，即可得到整个比例电磁铁的输出力 F_M。在工作区域内，F_M 基本保持恒定，且与位移无关。这种水平的位移-力特性是比例电磁铁特有的，只有保证了水平位移-力特性，才可获得控制电流-输出力的良好线性关系。

由图 6-7-4 可知，在比例电磁铁衔铁的全行程内，控制特性并非全是水平特性。结合图 6-7-2，在全行程内，分为三个区段，在工作气隙接近零的区段，输出力急剧上升，称为吸合区Ⅰ。该行程区段不能正常工作。一般在结构上加限位片，使衔铁不能移动到该区段内。当工作气隙过大时，比例电磁铁输出力明显下降，这段称为空行程区Ⅲ。空行程区段虽然也不能正常工作，但是需要存在。如对于采用两个比例电磁铁驱动的比例方向阀，当通电一侧的比例电磁铁工作在工作区时，另一侧不通电的比例电磁铁则需处于空行程区Ⅲ。除吸合区Ⅰ和空行程区Ⅲ外，具有水平位移-力特性的区段Ⅱ，称为工作区。

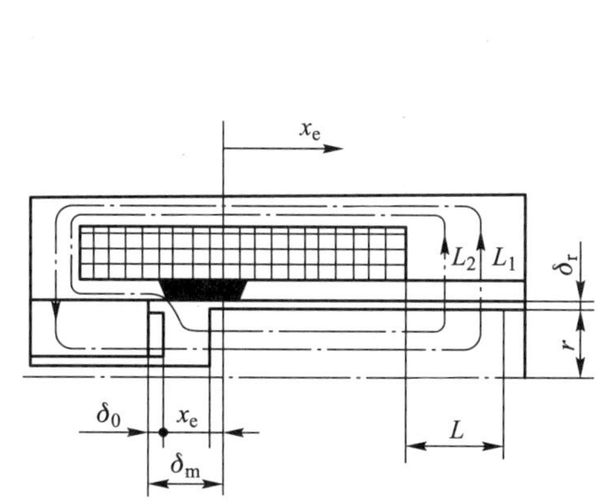

图 6-7-3 比例电磁铁的磁路

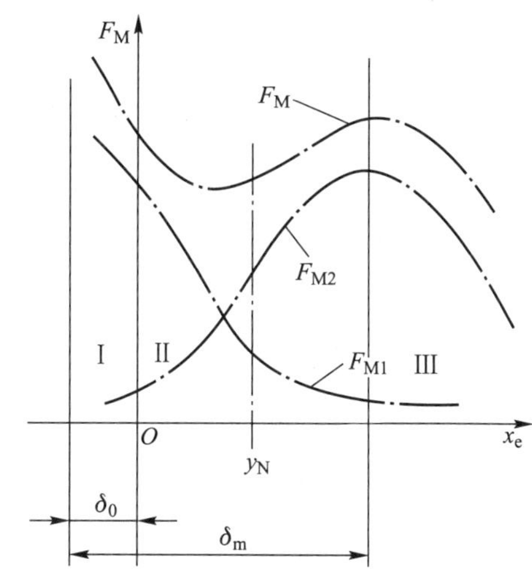

图 6-7-4 比例电磁铁的合成力

6.7.2 比例溢流阀

图 6-7-5 所示为带力控制型比例电磁铁的先导式比例溢流阀。其先导级为直动式比例溢流阀，主阀采用了两级同心式的锥阀结构。当比例电磁铁 1 通有输入电流信号时，其产生的电磁力直接作用在先导阀芯 2 上。先导压力油从内部先导油口（主阀进口和螺堵 11 上的阻尼孔）或从外部先导油口 X 处进入，经控制通道 8 和固定节流口 7 后分成两股。一股经节流口 4 作用在先导阀芯 2 上，另一股经控制腔阻尼孔 6 作用在主阀芯 10 的上部。只要 A 油口的压力不足以使先导阀打开，主阀芯的上下腔的压力就保持相等，从而使主阀芯保持关闭状态。

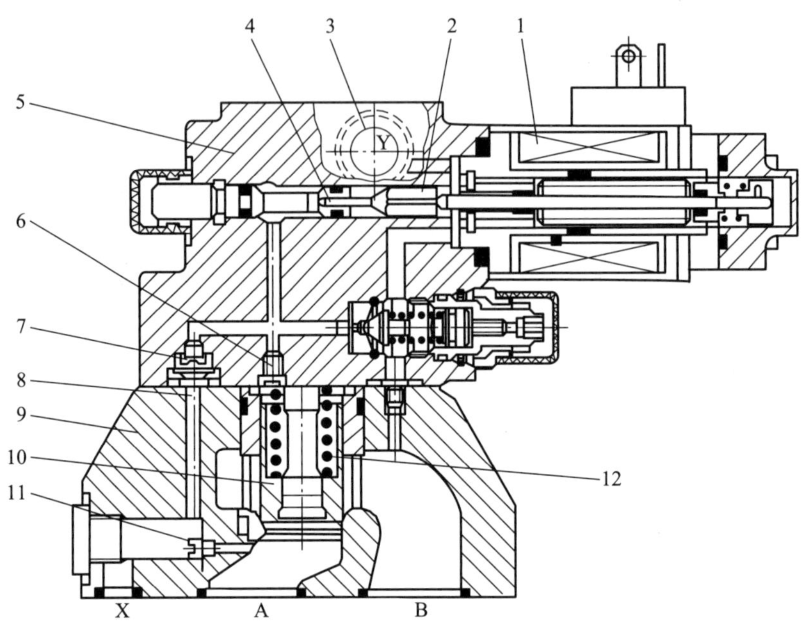

1—比例电磁铁；2—先导阀芯；3—泄油口；4—节流口；5—先导阀体；6—控制腔阻尼孔；
7—固定节流口；8—控制通道；9—主阀体；10—主阀芯；11—螺堵；12—主阀芯复位软弹簧

图 6-7-5　带力控制型比例电磁铁的先导式比例溢流阀

当系统压力超过比例电磁铁的设定值时，先导阀芯开启，使先导油经油口 Y 流回油箱，由于油道有油液流动，控制腔阻尼孔 6 上产生压降，主阀芯上部的压力下降，向上的液压力克服主阀芯复位软弹簧 12 的弹簧力使主阀芯 10 开启，主油流经压力油口 A 至油口 B 回油箱，实现溢流作用。控制腔阻尼孔 6 起动态压力反馈作用，提高阀芯的稳定性。先导阀的回油通过泄油口 3（Y 口）单独直接引回油箱，以确保先导阀回油背压为零。

6.7.3　比例节流阀

1. 直动式比例节流阀

比例节流阀就是在传统节流阀的基础上，采用电-机械转换装置代替手动节流机构而构成的。单纯的直动式比例节流阀产品较少见。由于比例方向阀具有节流功能，因此在实际使用中，常用比例方向阀来代替比例节流阀。

图 6-7-6 所示是带行程控制型比例电磁铁的直动式比例节流阀。该阀是小通径（通径为 6 mm 或 10 mm）的比例节流阀，与输入信号成比例的是阀芯的轴向位移。由于没有阀口进、出口压差或其他形式的检测补偿，流量控制受阀进出口压差变化的影响。该阀采用方向阀阀体的结构形式，配置 1 个比例电磁铁可实现 2 个工位。图中的阀体上有 4 个油口 P、T、A、B。四通比例节流阀可按单倍流量（2 个节流口组成单通道，如图 6-7-7a 所示）和倍增流量（4 个节流口组成双通道，如图 6-7-7b 所示）工况使用。

控制小流量时，利用 P 到 B 的油道（A 口与 T 口封闭）组成单通道，获得单个节流口的流量增益，如图 6-7-7a 所示。控制大流量时，按图 6-7-7b 所示方法连通四个油口，将 P→B 和 A→T

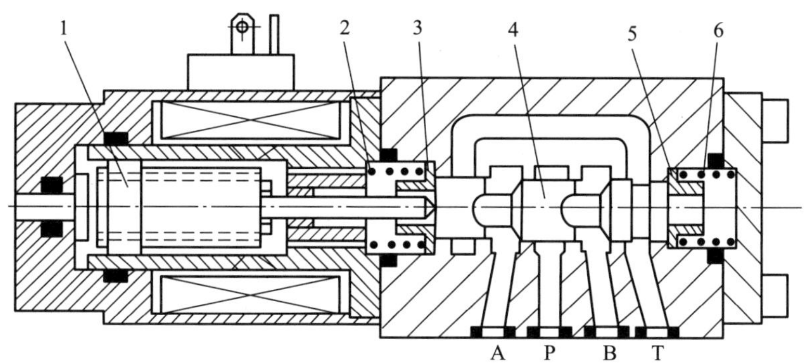

1—衔铁；2、6—对中弹簧；3、5—弹簧座；4—阀芯

图 6-7-6 比例节流阀的典型结构

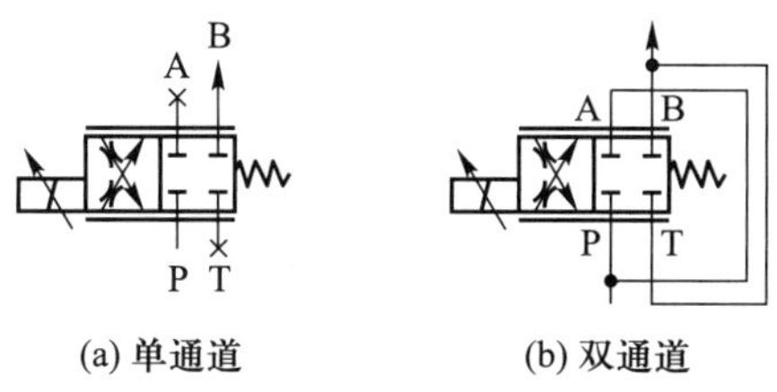

(a) 单通道 (b) 双通道

图 6-7-7 四通比例节流阀实现单倍、倍增流量的方法

的两对节流通道同时并联使用，即从 P 口流到 B 口的流量同时通过了 2 个节流通道。这样，比例节流阀的输入信号一定时，通过四个油口（两个通道）的流量是通过 2 个油口（单个通道）流量的两倍，即倍增流量。

2. 位移-力反馈型二级电液比例节流阀

图 6-7-8 所示为位移-力反馈型二级电液比例节流阀原理图，固定液阻 R_0 与先导阀口组成 B 型液压半桥，先导阀芯与主阀芯之间由刚度为 k_f 的反馈弹簧耦合。当阀的输入电信号为零时，先导阀芯在反馈弹簧预压缩力的作用下处于图示位置，即先导控制阀口为负开口，控制油不流动，主阀上腔的压力 p_c 与进口压力 p_s 相等。由于弹簧力和主阀芯存在上下面积差，主阀口处于关闭状态。这时，无论进口压力 p_s 有多高，都没有流量从 A 口流向 B 口。

当输入足够大的电信号时，电磁力克服反馈弹簧 k_f 的预压缩力，推动先导阀芯下移 x_{v_1}，先导阀口打开，控制油经过固定液阻 R_0→先导阀口→主阀出口 B，沿油液流动方向压力有损失，故主阀上腔的控制压力 p_c 低于进口压力 p_s，在压差 p_s-p_c 的作用下，主阀芯产生位移 x_{v_2}，阀口开启。与此同时，主阀芯位移经反馈弹簧转化为反馈力 $k_f x_{v_2}$，作用在先导阀芯上。当反馈弹簧的反馈力与输入电磁力达到平衡时，先导阀

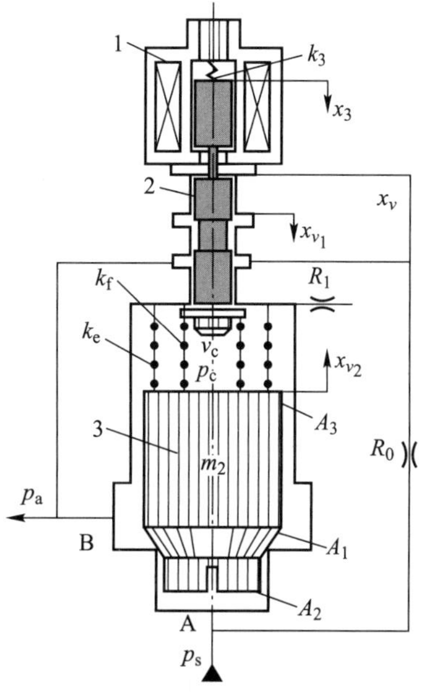

1—比例电磁铁；2—先导阀芯；3—主阀芯

图 6-7-8 位移-力反馈型二级电液比例节流阀原理图

芯便稳定在某一平衡点上,从而实现主阀芯位移与输入电信号的比例控制。

由于这种阀采用阀内主阀芯位移-力反馈的闭环控制方案,使主阀芯上的液动力和摩擦力干扰受到抑制,故它的稳态控制性能较好。但先导阀芯和衔铁上的摩擦力仍在闭环之外,故这种干扰没有受到抑制,只能依靠合理选配材料、提高加工精度及借助颤振信号加以解决。

在主阀与先导阀之间设置液阻 R_1 为动态液阻,当主阀芯运动产生的动态流量 A_3v_2 经过液阻 R_1 形成动态压差,此附加压差作用在先导阀芯的两端,调整先导阀口的开度,改变控制压力 p_c,对主阀的运动产生明显的动态阻尼作用,构成级间速度-动压反馈。改变 R_1 的阻值,可以获得不同的动态特性,其最佳值可通过实验求得,R_1 不影响阀的稳态性能。

6.7.4 比例方向阀

1. 直动式比例方向阀

图6-7-9是最普通的直动式比例方向阀的典型结构。该阀采用四边滑阀结构,按节流原理控制流量,比例电磁铁线圈可单独拆卸更换,可通过外部放大器或内置放大器控制,工作过程中只有一个比例电磁铁得电。

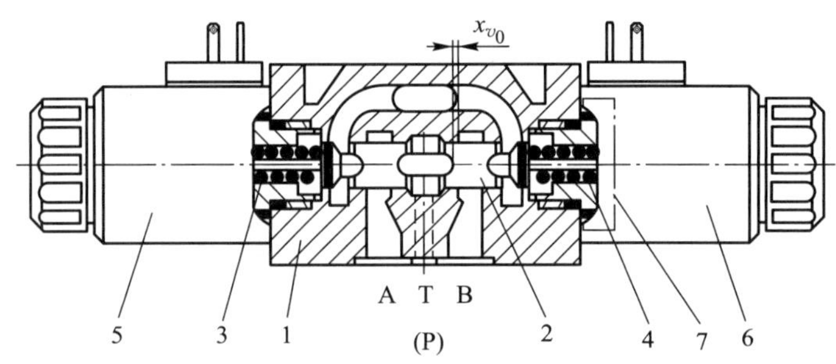

1—带安装底板的阀体;2—控制阀芯;3、4—弹簧;5、6—带中心螺纹的比例电磁铁;7—三位阀转换为二位阀的丝堵

图6-7-9 带行程控制型比例电磁铁的单级比例方向阀的典型结构

当比例电磁铁5和6不带电时,弹簧3和4将控制阀芯2保持在中位。比例电磁铁得电后,直接推动控制阀芯2,例如,比例电磁铁6得电,控制阀芯2被推向左侧,压在弹簧3上,位移与输入电信号成比例。这时,P口至A口及B口至T口通过阀芯与阀体形成的节流口接通。比例电磁铁6失电,2被3重新推回中位。弹簧3、4有两个任务:① 比例电磁铁5和6不带电时,将控制阀芯2推回中位;② 比例电磁铁5或6得电时,其中一个作为力-位移转换器,与输入电磁力相平衡,从而确定阀芯的轴向位置。

正常工作时,这种阀的比例电磁铁输出的电磁力除了必须克服弹簧力、摩擦力外,还必须克服阀口上的液动力,才能控制阀芯移动并保证阀芯可靠地定位。这种直动式比例电磁阀只能在流量不大、压差较小且流量控制精度要求不高的场合使用。

2. 先导式比例方向阀

当用比例方向阀控制高压、大流量液流时,阀芯直径加大,作用在阀芯上的运动阻力(主要是稳态液动力)进一步增加,而比例电磁铁提供的电磁力有限。为获得足够的阀芯驱动力和降低过流阻力,可采用二级或多级结构(亦称先导式)的比例方向阀。第一级(先导级)采用普通的单级比例方向阀的结构,用于向第二级(主级或功率级)提供足够的驱动力(液压力)。

不带内部反馈闭环的先导式比例方向阀,其先导级和功率级之间没有反馈联系,也不存在对主阀芯位移及输出参数的检测和反馈,整个阀是一个位置开环控制系统。先导级输出压力(或压差)驱动主阀芯,与主阀芯上的弹簧力相比较,主阀芯上的弹簧是一个力-位移转换元件,主阀芯位移(对应阀口开度)与先导级输出的压力成比例。为实现先导级输出压力与输入电信号成比例,先导级可采用比例减压阀或比例溢流阀,从而最终实现功率级阀口开度与输入的电信号之间的比例关系。图 6-7-10 是先导阀采用减压阀的开环控制二级比例方向阀的典型结构图。

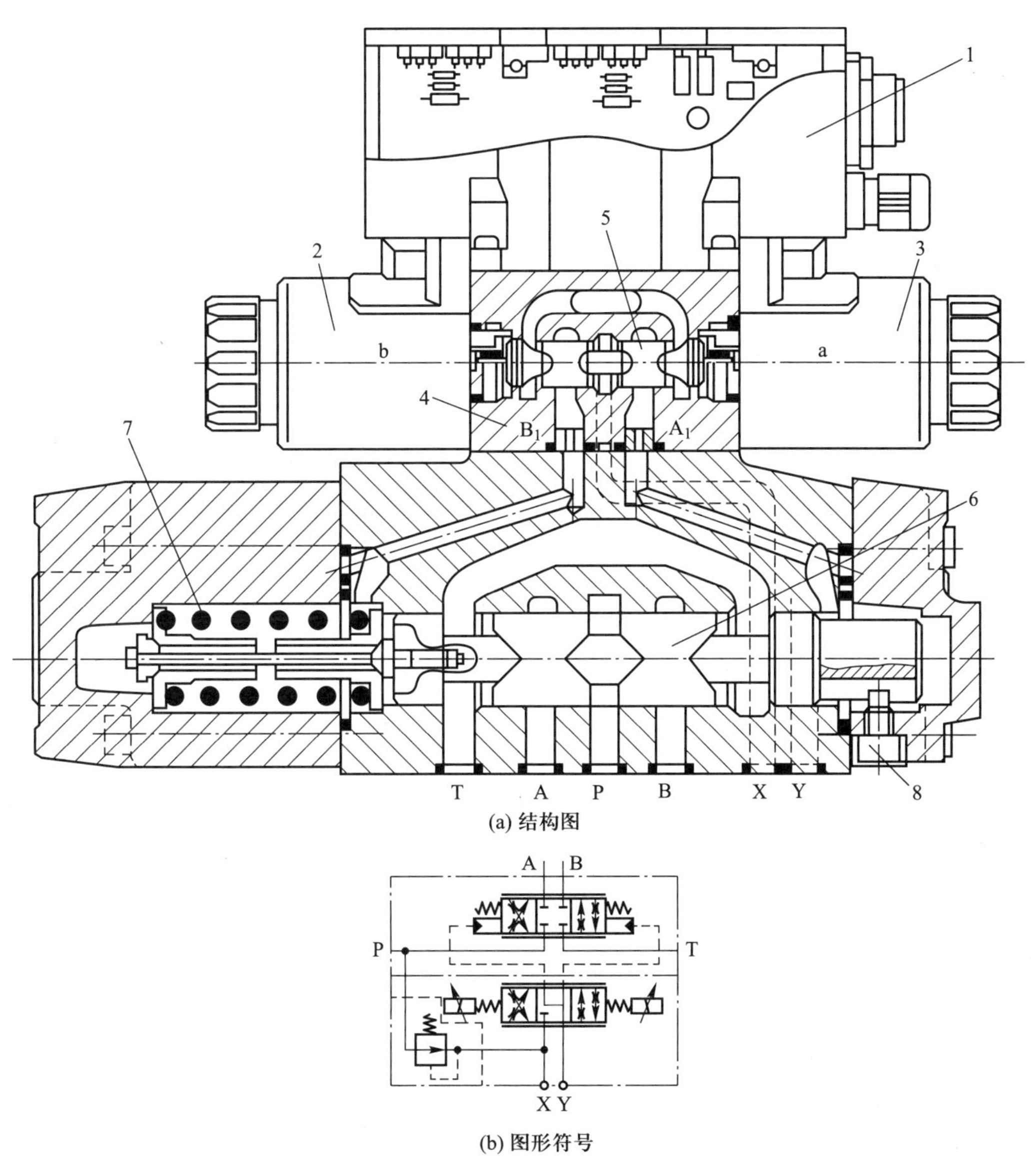

(a) 结构图

(b) 图形符号

1—比例放大器;2、3—比例电磁铁;4—先导阀(减压阀);5—先导阀芯;6—主阀芯;

7—弹簧;8—主阀芯防转螺钉

图 6-7-10 先导式(减压阀)开环控制二级比例方向阀典型结构及图形符号

其工作原理为:当比例电磁铁2和3的电流为零时,先导阀芯5处于中位,弹簧7将主阀芯6也推到中位。主阀芯6的动作由先导阀4来控制,比例电磁铁2和3由比例放大器1控制分别得电。当比例电磁铁2得电时,输出作用在先导阀芯上的指令力。该指令力将先导阀芯5推向右侧,并在先导阀4的出口A_1处产生与电信号成比例的控制压力p_{A_1}。此控制压力作用在主阀芯6的右端面上,克服弹簧力推动主阀芯移动。这时,P口与A口、B口与T口接通。当p_{A_1}与主阀芯上的弹簧力达到平衡时,主阀芯即处于确定的位置。主阀芯位移的大小(对应主阀口轴向开度的大小)取决于作用在主阀芯端面上的先导控制液压力的高低。由于先导阀采用比例减压阀,故实现了主阀口轴向开度与输入电信号之间的比例关系。当给比例电磁铁3输入电信号时,在主阀芯左端腔体内产生与输入信号相对应的液压力p_{B_1},这个液压力通过固定在阀芯上的连杆,克服弹簧7的弹簧力使主阀芯6向右移动,实现主阀芯轴向位移与输入信号的比例关系。

6.8 数字阀

电液数字控制阀(简称数字阀)是用数字信号直接控制液流的压力、流量和方向的阀类。与电液伺服阀和比例阀相比,数字阀的突出特点是:可直接与计算机连接,不需D/A转换器,结构简单、价廉、抗污染能力强,操作维护更简单;而且数字阀的输出量准确、可靠地由脉冲频率或脉宽调节控制,抗干扰能力强,可得到较高的开环控制精度等,所以得到了较快发展。在计算机实时控制的电液系统中,数字阀已部分取代电液伺服阀或比例阀。根据控制方式的不同,数字阀可分为增量式数字阀和脉宽调制(PWM)式高速开关数字阀两大类。

6.8.1 增量式数字阀

1. 基本工作原理

增量式数字阀采用由脉冲数字调制演变而成的增量控制方式,以步进电动机作为电-机械转换器驱动液压阀芯工作,因此又称步进式数字阀。增量式数字阀控制系统工作原理框图如图6-8-1所示。微型计算机发出的序列脉冲信号经驱动器放大后使步进电动机工作。步进电动机是一个数字元件,根据增量控制方式工作。增量控制方式是由脉冲数字调制法演变而成的一种数字控制方法,是在脉冲数字信号的基础上,使每个采样周期的步数在前一采样周期的步数上,增加或减少一些步数而达到需要的幅值。步进电动机转角与输入的脉冲数成比例,步进电动机每得到一个脉冲信号,便得到与输入脉冲数成比例的转角,每个脉冲使步进电动机沿给定方向转动一固定的步距角,再通过机械式转换器(丝杠-螺母副或凸轮机构)使转角转换为轴向位移,使阀口获得一相应开度,从而获得与输入脉冲数成比例的压力、流量。有时,阀中还设置用以提高阀重复精度的零位传感器和用以显示被控量的显示装置。

增量式数字阀的输入和输出信号波形如图6-8-2所示。由图可见,阀的输出量与输入脉冲数成正比,输出响应速度与输入脉冲频率成正比。对应于步进电动机的步距角,阀的输出量有一定的分辨率,它直接决定了阀的最高控制精度。

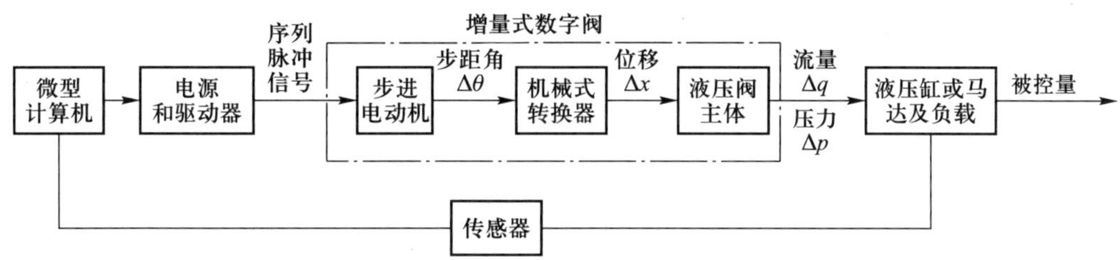

图 6-8-1 增量式数字阀控制系统工作原理框图

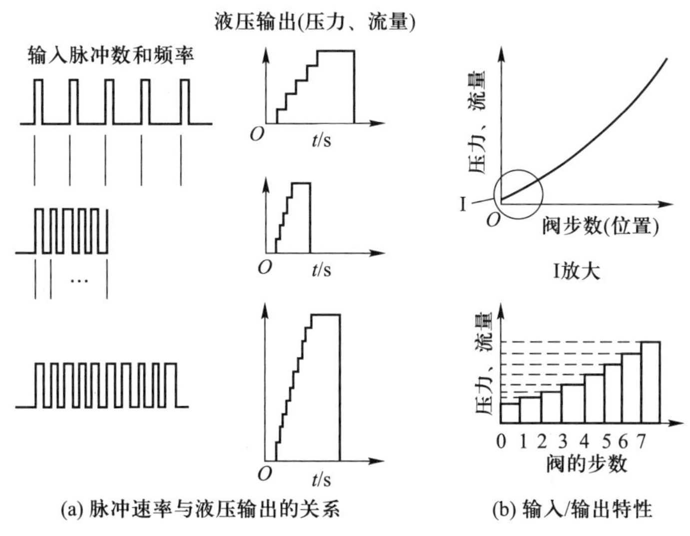

图 6-8-2 增量式数字阀的输入和输出信号波形图

2. 电液数字溢流阀

图 6-8-3 为先导型增量式电液数字溢流阀,液压部分由二节同心式主阀和锥阀式先导阀两部分组成,阀中采用了三阻尼器(13、15、16)液阻网络,在实现压力控制功能的同时,有利于提高主阀的稳定性。该阀的电-机械转换器为混合式步进电动机,步距角小,转矩-频率特性好并可断电自定位,采用凸轮机构作为阀的机械转换器。结合图 6-8-3a、c 对其工作原理简要说明如下:单片机发出需要的序列脉冲信号,经驱动器放大后使步进电动机工作,每个脉冲使步进电动机沿给定方向转动一个固定的步距角,再通过凸轮 3 和调节杆 6 使转角转换为轴向位移,使先导阀中调节弹簧 19 获得一压缩量,从而实现压力调节和控制。被控压力由 LED 显示器显示。每次控制开始及结束时,由零位传感器 22 控制溢流阀阀芯回到零位,以提高阀的重复精度,工作过程中,可由复零开关复零。该阀额定压力为 16 MPa,额定流量为 63 L/min,调压范围为 0.5~16 MPa,调压当量为 0.16 MPa/脉冲,重复误差不大于 0.1%。

3. 电液数字流量阀

图 6-8-4 为增量式电液数字流量阀。步进电动机 1 的转动通过滚珠丝杠 2 转化为轴向位移,带动节流阀阀芯 3 移动,控制阀口的开度,从而实现流量调节。该阀的阀口由相对运动的阀芯 3 和阀套 4 组成,阀套上有两个节流口,左边为全周开口,右边为非全周开口,阀芯移动时先打开右边的节流口,得到较小的控制流量;阀芯继续移动,则打开左边节流口,流量增大。阀的油液流

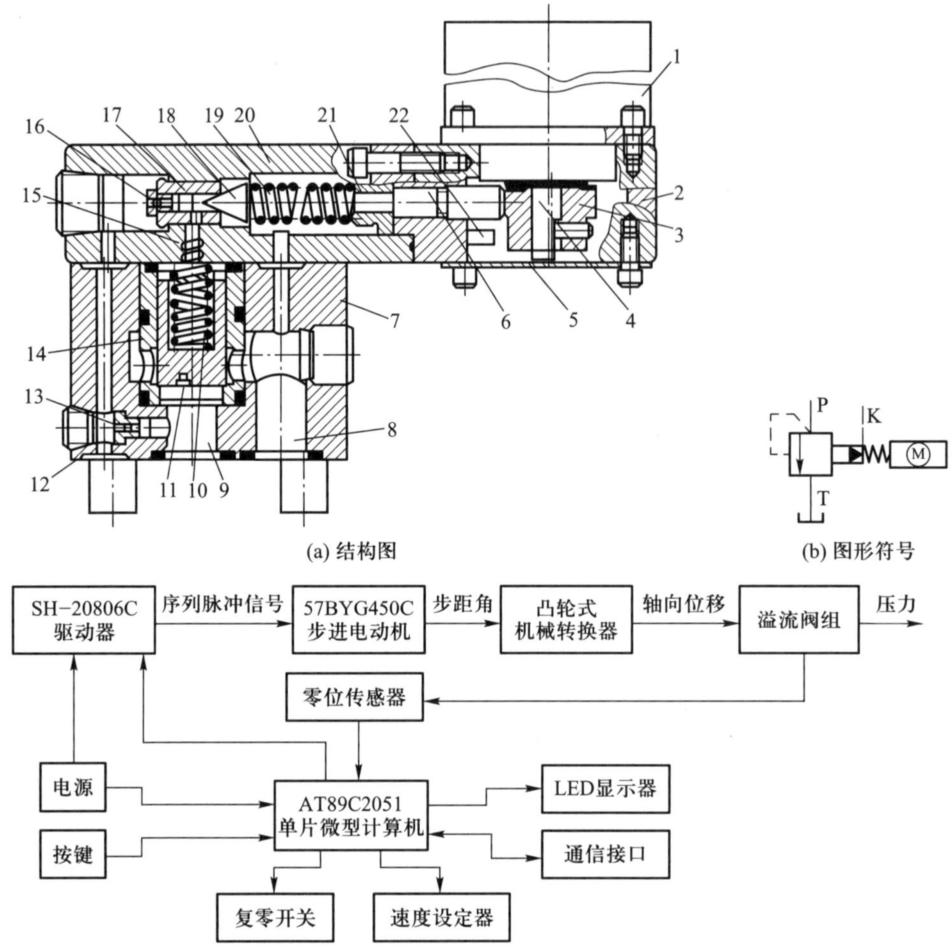

1
16 17 18 19 20 21 22
15
2
3
7
6 5 4
14
13
8
12
11 10 9

(a) 结构图

P K
M
T

(b) 图形符号

SH-20806C 驱动器
序列脉冲信号
57BYG450C 步进电动机
步距角
凸轮式 机械转换器
轴向位移
溢流阀组
压力
零位传感器
电源
按键
AT89C2051 单片微型计算机
LED显示器
通信接口
复零开关
速度设定器

(c) 控制原理方块图

1—步进电动机；2—支架；3—凸轮；4—电动机轴；5—盖板；6—调节杆；7—阀体；8—出油口 T；9—进油口 P；10—复位弹簧；11—主阀芯；12—遥控口；13、15、16—阻尼；14—阀套；17—先导阀座；18—先导阀芯；19—调节弹簧；20—阀盖；21—弹簧座；22—零位传感器

图 6-8-3　先导型增量式电液数字溢流阀

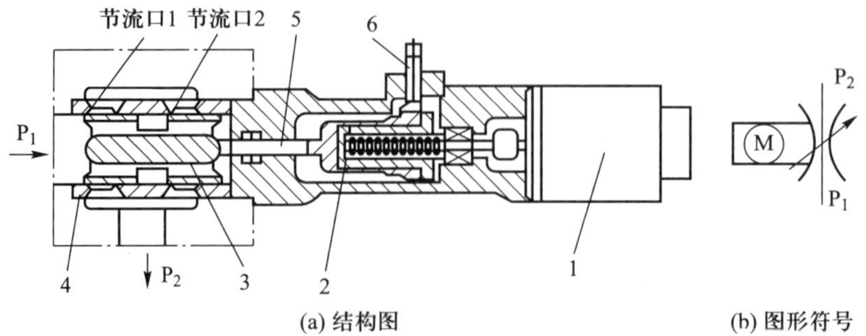

(a) 结构图　　(b) 图形符号

1—步进电动机；2—滚珠丝杠；3—节流阀阀芯；4—阀套；5—连杆；6—零位传感器

图 6-8-4　步进电动机直接驱动的增量式电液数字流量阀

入方向为轴向,流出方向与轴线垂直,这样可抵消一部分节流口流量引起的液动力,并使结构较紧凑。连杆 5 的热膨胀可起温度补偿作用,减小温度变化引起的流量不稳定。阀上的零位传感器 6 用于在每个控制周期终了使控制阀芯回到零位,以保证每个工作周期有相同的起始位置,提高阀的重复精度。

6.8.2 脉宽调制式高速开关数字阀

1. 基本工作原理

脉宽调制(pluse-width modulation,PWM)式高速开关数字阀(简称脉宽调制式数字阀)的控制信号是一系列幅值相等、而在每一周期内宽度不同的脉冲信号。脉宽调制式高速开关数字阀控制系统的工作原理框图如图 6-8-5 所示。微型计算机输出的数字信号通过脉宽调制放大器调制放大后使电-机械转换器工作,从而驱动液压阀工作。由于作用于阀上的信号为一系列脉冲信号,因此液压阀只有与之相对应的快速切换的开和关两种状态,而以开启时间的长短来控制流量或压力。脉宽调制式数字阀中液压阀的结构与其他阀不同,它是一个快速切换开关,只有全开和全闭两种工作状态。电-机械转换器主要是力矩马达和各种电磁铁。

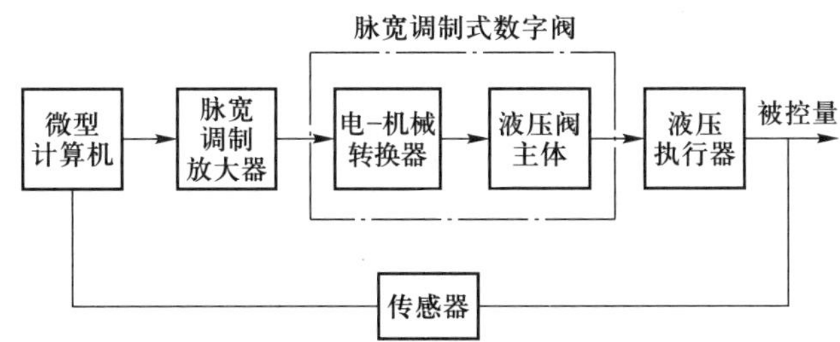

图 6-8-5 脉宽调制式高速开关数字阀控制系统工作原理框图

脉宽调制式高速开关数字阀的工作原理如图 6-8-6 所示。根据系统需要,计算机产生某一频率的载波信号。当输入控制信号时,计算机将该信号与载波信号进行比较。如果在某时刻控制信号的值大于载波信号的值,则使阀开启,否则使阀关闭。根据载波信号与控制信号的比较关系输出不同占空比的脉宽调制(PWM)信号,将其功率放大后控制阀的开启和关闭,使得脉宽调制式数字阀在一个调制周期内输出的平均流量与信号的占空比成正比。所以,脉宽调制式数字阀采用脉宽调制原理来控制其平均流量,由于时间 t 非常小,常为 0.01~0.15 s,因此这一时间内的输出流量可用平均流量表示。平均流量可由下式计算:

$$\bar{q}=C_{d}A\tau\sqrt{\frac{2}{\rho}\Delta p} \tag{6-8-1}$$

式中:C_d为流量系数;A 为阀口全开口面积;τ 为占空比,即为阀开启时间 T_{ON}与脉冲周期 T 之比;Δp 为阀口前后压差;ρ 为油液密度。

式(6-8-1)表明,脉宽调制式数字阀的平均流量与脉宽占空比成正比。占空比越大,通过脉宽调制式数字阀的平均流量越大,执行元件的运动速度越快。脉宽调制信号可直接由计算机输出,脉宽调制式数字阀能够直接以数字的方式进行控制。

脉宽调制式数字阀有二位二通和二位三通两种,两者又各有常开和常闭两类。按照阀芯结构形式不同,有滑阀式、锥阀式和球阀式等。

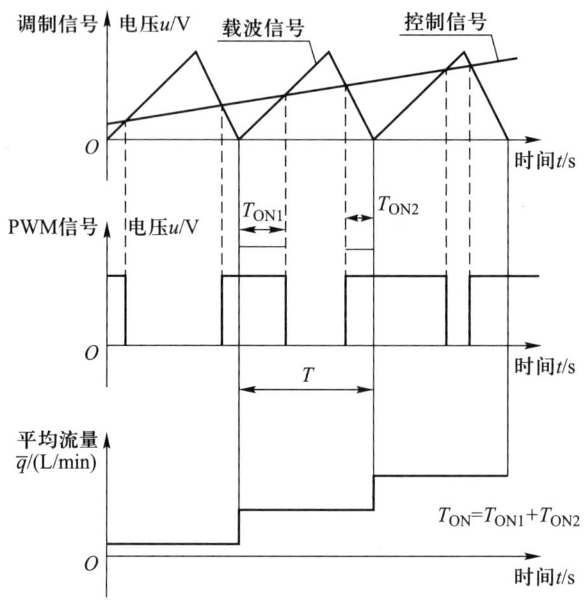

图 6-8-6　脉宽调制式数字阀工作原理图

2. 滑阀式脉宽调制式数字阀

图 6-8-7 所示为电磁铁驱动的滑阀式二位三通脉宽调制式数字阀。电磁铁断电时，弹簧 1 使阀芯 2 保持在 A 口和 T 口相通的位置上；电磁铁通电时，衔铁 3 通过推杆使阀芯左移，P 口与 A 口相通。

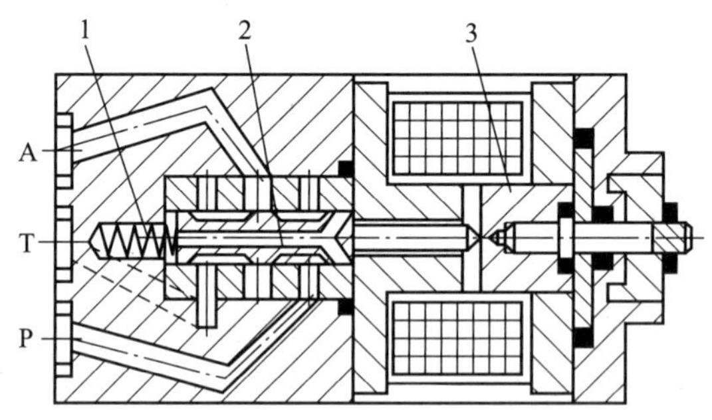

1—弹簧；2—阀芯；3—衔铁

图 6-8-7　电磁铁驱动的滑阀式二位三通脉宽调制式数字阀

滑阀式脉宽调制式数字阀容易获得液压力平衡和液动力补偿，可以在高压、大流量下工作，可以多位多通，但这会加长工作行程，影响快速性，该阀对加工精度要求高，而密封性较差，会因泄漏而影响控制精度。

3. 球阀式脉宽调制式数字阀

图 6-8-8a 所示为力矩马达驱动的球阀式二位三通脉宽调制式数字阀，其驱动部分为力矩马达。根据线圈通电方向不同，衔铁 2 顺时针或逆时针方向摆动，输出力矩和转角。液压部分有先导级球阀 4、7 和功率级球阀 5、6。若脉冲信号使力矩马达通电，则衔铁顺时针偏转，先导级球

阀 4 向下运动，关闭压力油口 P_2，L_2 腔与回油腔 T_2 接通，功率级球阀 5 在液压力作用下向上运动，工作腔 A 与 P 相通。与此同时，先导级球阀 7 作用于上位，L_1 腔与 P_1 相通，功率级球阀 6 向下关闭，断开 T_1 腔与 P_1 通路。反之，如力矩马达逆时针偏转时，情况正好相反，工作腔 A 则与 T_2 腔相通。图 6-8-8b 所示为螺管式电磁铁的脉宽调制式数字阀。

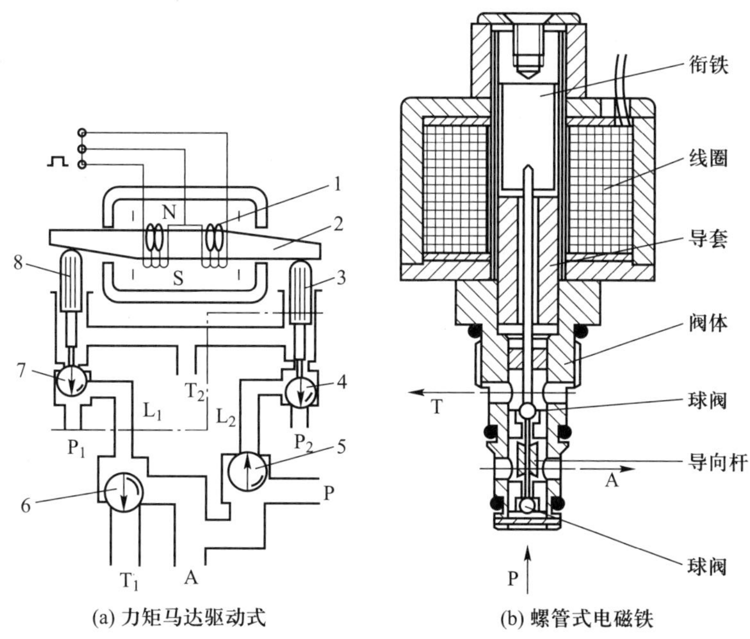

1—绕圈锥阀芯；2—衔铁；3、8—推杆；4、7—先导级球阀；5、6—功率级球阀

图 6-8-8 球阀式脉宽调制式数字阀

现有脉宽调制式数字阀的响应时间通常为几毫秒级（表 6-8-1），若用压电晶体等特殊材料制作电-机械转换器，则阀的响应时间不到 1 ms。当选择合适的控制信号频率时，阀的通断引起的流量或压力波动经主阀或系统执行器衰减，不至于影响系统的输出，系统将按平均流量或压力工作。

表 6-8-1 现有脉宽调制式数字阀的响应时间

结构形式	压力/MPa	流量/(L/min)	响应(切换)时间/ms	耗电功率/W
电磁铁滑阀	7~20	10~13	3~6	15
电磁铁锥阀	3~20	4~20	2~3.4	15
电磁铁球阀	10	2.5~3.5	1~5	15~300
力矩马达球阀	20	1.2	0.8	140
压电晶体滑阀	5	0.65	0.5	400

目前脉宽调制式数字阀主要用于先导控制和中小流量控制场合，如电液比例阀的先导级、汽车燃油量控制等，但是脉宽调制式数字阀的应用前景非常好，是未来实现数字液压控制的关键器件。

6.9 液压阀的使用及常见故障

6.9.1 液压阀的选择

任何一个液压系统,正确地选择液压阀是使系统设计合理、性能优良、安装简便、维修容易和正常工作的重要条件。除按系统功能需要选择各种类型的液压阀外,还需考虑额定压力、通过流量、安装形式、操纵方式、结构特点以及经济性等因素。

首先根据系统的功能要求确定液压阀的类型,再根据实际安装情况选择不同的安装形式,例如管式或板式等。然后,根据系统设计的最高工作压力选择液压阀的额定压力,根据通过液压阀的最大流量选择液压阀的流量规格。如溢流阀应按液压泵的最大流量选取;流量阀应按回路控制的流量范围选取,其最小稳定流量应小于调速范围所要求的最小稳定流量。应尽量选择标准系列的通用产品,应注意比例阀和数字阀的选择与普通阀的选择是有所区别的,涉及比例阀及数字阀的选型可参考相关手册。

6.9.2 液压阀的安装

液压阀的安装形式有管式、板式、叠加式、插装式等多种形式,形式不同,安装的方法和要求也有所不同,其共性要求如下:

(1) 安装时检查各种液压阀的合格证,以及是否有异常情况。检查板式液压阀安装平面的平直度和安装密封件沟槽的加工尺寸和质量是否有缺陷。

(2) 按设计规定和要求安装。

(3) 安装时要特别注意液压阀的进油口、出油口、控制油口和泄油口的位置,严禁错装。

(4) 安装时要注意密封件的选择和质量。

(5) 安装时要保持清洁,安装时不允许佩戴手套,不能用纤维品擦拭安装接合面,防止纤维类脏物进入阀内,影响阀的正常工作。

(6) 安装时要检查应该堵住的油孔是否堵住,如溢流阀的远程控制口等。

6.9.3 液压阀的常见故障

液压阀是用来控制液压系统的压力、流量和方向的元件。如果某一液压阀出现故障,将对液压系统的正常工作和系统稳定性、精确性、可靠性、寿命等造成极大的影响。

液压阀产生故障的原因有:元件选择不当;元件设计不佳;零件加工精度差和装配质量差;弹簧刚度不能满足要求;密封件质量差。另外,还有油液过脏和油温过高等因素。

液压阀在液压系统中的作用非常重要,故障种类很多,只要掌握各类阀的工作原理,熟悉它们的结构特点,分析故障原因,查找故障不会有太大困难。下列表 6-9-1、表 6-9-2、表 6-9-3 分别列举了压力控制阀、流量控制阀和方向控制阀常见故障的分析和排除方法。

表 6-9-1 压力控制阀常见故障的分析和排除方法

故障现象		故障原因	排除方法
溢流阀	无压力	主阀故障(阀芯阻尼孔堵塞、阀芯卡死、复位弹簧损坏等)	清洗阀,更换油液、阀芯、复位弹簧等
		先导阀故障(调压弹簧损坏或未装、无阀芯等)	更换调压弹簧、阀芯等
		远程控制阀故障或控制油路故障	检查远程控制阀及控制油路
		液压泵故障(电气线路故障、泵损坏等)	修理液压泵、检查电气线路
	压力突然下降	主阀故障(阻尼孔堵塞、密封件损坏、阀芯和阀体配合不良造成阀芯卡死)等	清洗阀,更换油液、阀芯,更换密封件等
		先导阀故障(阀芯卡住、调压弹簧断等)	更换调压弹簧、阀芯等
	压力波动大	主阀芯和阀体配合不良、动作不灵活、调压弹簧弯曲变形等	检修阀芯、更换弹簧
	压力升不高	主阀故障(阀芯卡死、阀芯和阀体不配合、密封性差、有泄漏等)	更换阀芯、修配或更换密封等
		先导阀故障(调压弹簧坏或不合适、阀芯和阀座密封性差等)	更换调压弹簧、阀芯等
		远程控制阀故障(泄漏、油路故障等)	检修远程控制阀
减压阀	不起减压作用	泄漏口不通、阀芯卡死等	清洗、更换阀芯
	压力不稳定	主阀芯和阀体配合不良、动作不灵活、调压弹簧弯曲等	检修阀芯、更换弹簧
	无二次压力	主阀芯卡死、进油路不通、阻尼孔堵塞等	修理、清洗阀,更换阀芯
顺序阀	不起顺序作用	主阀芯卡死、先导阀卡死、阻尼孔堵塞、弹簧调整不当或损坏等	检修、清洗阀,更换弹簧
	调定压力不符合要求	调压弹簧调整不当或弹簧损坏、阀芯卡死等	重新调整、更换调压弹簧,过滤、更换油液
压力继电器	不发信号	微动开关损坏、阀芯卡死、进油路堵塞、电气线路故障等	更换微动开关,清洗、修理阀,检查电气线路
	灵敏度差	摩擦阻力大、装配不良、阀芯移动不灵活等	调整、重新装配,清洗、修理阀

表 6-9-2 流量控制阀常见故障的分析和排除方法

故障现象		故障原因	排除方法
节流阀	不出油	油液中污物堵塞节流口、阀芯和阀套配合不良造成阀芯卡死、弹簧弯曲变形或刚度不合适等	检查油液,清洗阀,检修、更换弹簧
		系统不供油	检查油路
	执行元件速度不稳定	节流阀节流口、阻尼孔有堵塞现象,阀芯动作不灵敏等	清洗阀,过滤或更换油液
		系统中有空气	排除空气
		泄漏量过大	更换阀芯
		节流阀的负载变化大,系统设计不当,阀的选择不合适	选用调速阀或重新设计回路
调速阀	不出油	油液中污物堵塞节流口、阀芯和阀套配合不良造成阀芯卡死、弹簧弯曲变形或刚度不合适等	检查油液,清洗阀,检修、更换弹簧
	执行元件速度不稳定	系统中有空气	排除空气
		定差式减压阀阀芯卡死、阻尼孔堵塞、阀芯和阀体装配不当等	清洗调速阀,重新修理
调速阀	执行元件速度不稳定	油液中有污物堵塞阻尼孔、阀芯卡死	清洗阀,过滤油液
		单向调速阀的单向阀密封不好	修理单向阀

表 6-9-3 方向控制阀常见故障的分析和排除方法

故障现象		故障原因	排除方法
普通单向阀	正向通油阻力大	弹簧刚度不合适	更换弹簧
	反向有泄漏	弹簧变形或损坏	更换弹簧
		阀口密封性不好	修配使之配合良好
		阀芯卡死	清洗、修理阀
液控单向阀	双向通油时反向不通	控制压力无或过低	检查、调整控制压力
		控制阀芯卡死	清洗、修配阀芯,使之移动灵活
	单向通油时反向有泄漏	阀口密封性不好	修配使之配合良好
		弹簧变形或损坏	更换弹簧
		锥阀与阀座不同心、锥面与阀座接触不均匀	检修或更换
		阀芯卡死	修配使之配合良好

续表

故障现象		故障原因	排除方法
换向阀	主阀芯不运动	电磁铁故障	检查电磁铁线圈或更换电磁头
		先导阀故障（弹簧弯曲、阀芯和阀体配合有误差）使阀芯卡死	更换弹簧
		主阀芯卡死（阀芯和阀体几何精度差、配合过紧、阀芯表面有杂质或毛刺）	修理主阀芯与阀体
		液控阀故障（无控制油、油路被堵、控制油压过小、有泄漏）	检查油路
		油液过脏使阀芯卡死、油温过高、油液变质	过滤、更换油液
		弹簧不合要求（过硬、变形、断裂等）	更换弹簧
	冲击与振动	固定螺钉松动	紧固螺钉
		大通径电磁换向阀电磁铁规格大	采用电液换向阀
		换向控制力过大	调整
电磁铁	交流电磁铁烧毁	线圈绝缘不良、电压过高或过低	检查电源
		衔铁移动不到位（阀芯卡死、推杆过长）	清洗阀，修配推杆
		换向频率过高	降低换向频率
	电磁铁吸力不足	电压过低	检查电源
	换向时产生噪声	吸合不良（衔铁吸合端面有污物或凹凸不平）	清洗、修理
		推杆过长或过短	修配

1. 直动式溢流阀的弹簧腔如果不和回油箱接通，将出现什么现象？如果先导式溢流阀的远程控制口作为泄油口接回油箱，液压系统会产生什么现象？如果先导式溢流阀的阻尼孔被堵，将会出现什么现象？用直径较大的通孔代替阻尼孔，先导式溢流阀的工作情况如何？

2. 如题图 6-1 所示液压系统，各溢流阀的调整压力分别为 $p_1=7$ MPa，$p_2=5$ MPa，$p_3=3$ MPa，$p_4=2$ MPa，问当系统的负载趋于无穷大时，在电磁铁通电和断电的情况下，液压泵出口压力各为多少？

3. 如题图 6-2 所示回路，溢流阀的调整压力为 5 MPa，减压阀的调整压力为 2 MPa，负载压力为 1 MPa，其他损失不计。试求：

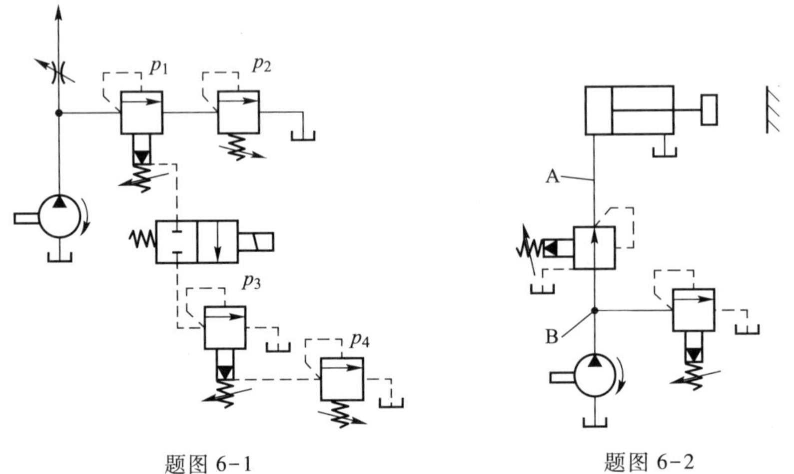

题图 6-1　　　　题图 6-2

① 活塞运动期间和碰到挡铁后管路中 A、B 处的压力值。

② 如果减压阀的泄油口在安装时未接油箱，当活塞碰到挡铁后 A、B 处的压力值。

4. 从结构原理图和符号图说明溢流阀、顺序阀、减压阀的不同特点。

5. 为什么调速阀能够使执行元件的运动速度稳定？

6. 节流阀的最小稳定流量有什么意义？影响其数值的主要因素有哪些？

7. 流量阀的节流口为什么通常采用薄壁小孔而不采用细长孔？

8. 简述调速阀和溢流节流阀的工作原理并回答二者在结构原理上和使用性能上有何区别。

9. 单向阀和普通节流阀是否都可以作背压阀使用？它们的功用有何不同之处？

10. 换向阀的控制方式由哪几种？

11. 何为换向阀的“位”与“通”？画出 O 型、H 型、P 型、M 型中位机能的图形符号，并简述它们的工作特点。

12. 如题图 6-3 所示的减压回路，已知液压缸无杆腔、有杆腔的面积分别为 $100\times10^{-4}\ \mathrm{m}^2$、$50\times10^{-4}\ \mathrm{m}^2$，最大负载 $F_1=14\ 000\ \mathrm{N}$、$F_2=4\ 250\ \mathrm{N}$，背压 $p=0.15\ \mathrm{MPa}$，节流阀的压差 $\Delta p=0.2\ \mathrm{MPa}$，试求：

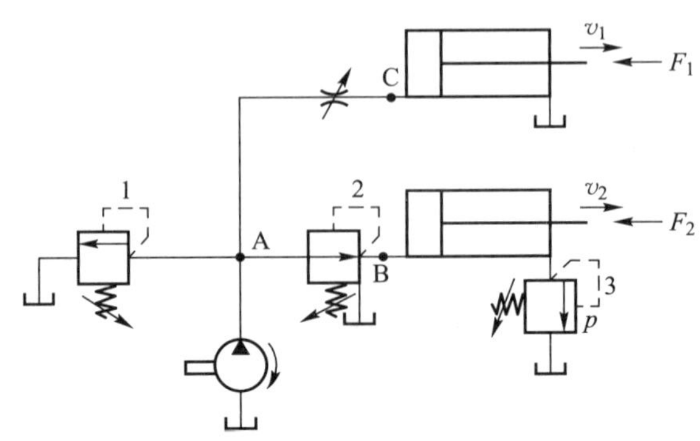

题图 6-3

① A、B、C 各点压力（忽略管路阻力）。

② 液压泵和液压阀 1、2、3 应选多大的额定压力？

③ 若两缸的进给速度分别为 $v_1=3.5\times10^{-2}$ m/s，$v_2=4\times10^{-2}$ m/s，液压泵和各液压阀的额定流量应选多大？

13. 在题图 6-4 中，已知液压缸无杆腔面积 $A=100\ \text{cm}^2$，液压泵的供油量 $q_p=63$ L/min，溢流阀的调整压力 $p_y=5$ MPa，问负载分别为 $F=10$ kN 和 $F=56$ kN 时，液压缸的工作压力 p 为多少？液压缸的运动速度和溢流阀的溢流量为多少？（不计一切损失）

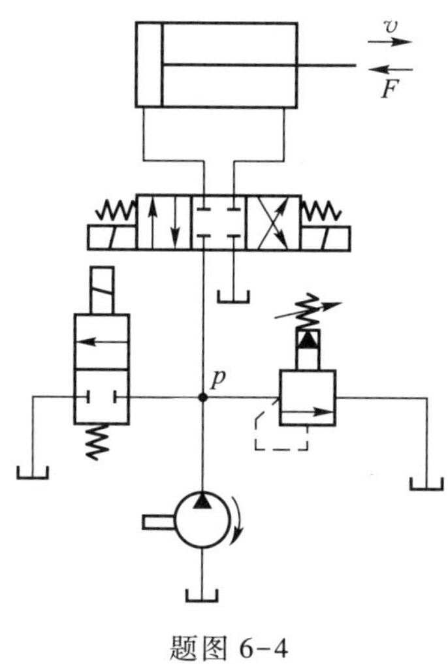

题图 6-4

14. 如题图 6-5 所示液压系统，已知两液压缸无杆腔面积皆为 $A_1=40\ \text{cm}^2$，有杆腔面积皆为 $A_2=20\ \text{cm}^2$，负载大小不同，其中 $F_1=12\ 000$ N，$F_2=8\ 000$ N，溢流阀的调整压力 $p_y=35\times10^5$ Pa，液压泵的流量 $q_p=32$ L/min。节流阀开口不变，通过节流阀的流量 $q=C_d a\sqrt{\dfrac{2}{\rho}\Delta p}$，设 $C_d=0.62$，$\rho=900\ \text{kg/m}^3$，节流口面积 $A=0.05^2$ cm，求各液压缸活塞运动速度。

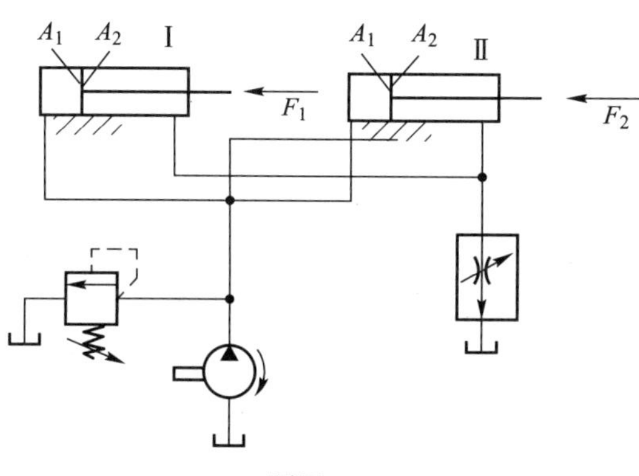

题图 6-5

15. 如题图 6-6 所示的液压系统，可完成的工作循环为“快进—工进—快退—原位停止泵卸荷”，若工进速度 $v=5.6$ cm/min，液压缸直径 $D=40$ mm，活塞杆直径 $d=25$ mm，节流阀的最小流量为 50 mL/min,问系统是否可以满足要求？若不能满足要求应做何改进？

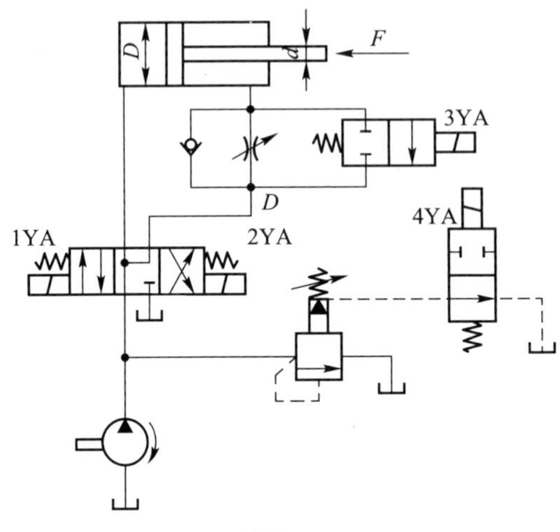

题图 6-6

16. 用四个插装组件和四个二位三通电磁换向阀组成一个四通换向阀,每一个插装组件均用一个二位三通电磁换向阀单独先导控制。电磁换向阀通电,主阀开启;电磁换向阀换向断电,主阀关闭。四个先导电磁换向阀按不同组合通电可以实现主阀的 12 个换向位置,请画出回路图和与电磁铁通电状态相对应的换向机能。

第 7 章　液压辅助元件

辅助元件也称辅助装置，是液压系统中应用数量和品种较多的一类元器件。常见的辅助元件有蓄能器、过滤器、油箱、热交换器、冷却器、管件、接头、密封装置等，这些元器件虽然在液压系统中起辅助作用，但对系统的工作性能、稳定性、寿命、噪声和温升等都会产生直接的影响，甚至会造成液压系统的故障和失效。因此，需要对液压辅助元件的功用、组成、选用原则、安装等问题进行深入了解，以提高液压系统设计水平和维护保养能力。

7.1　过滤器

7.1.1　功用和类型

1. 功用和组成

过滤器主要由壳体、滤网等组成，壳体上有进、出油口，滤网安装于壳体内起过滤油液的作用。

过滤器的功用是过滤混在液压油液中的杂质，降低进入系统中油液的污染度，保证系统正常地工作。图 7-1-1a 所示为过滤器的工作过程，将上游油液中的颗粒杂质通过滤网进行拦截，使通过过滤器下游的油液达到一定的洁净程度。图 7-1-1b 所示为过滤器的图形符号，过滤器及滤芯外形如图 7-1-2 所示。

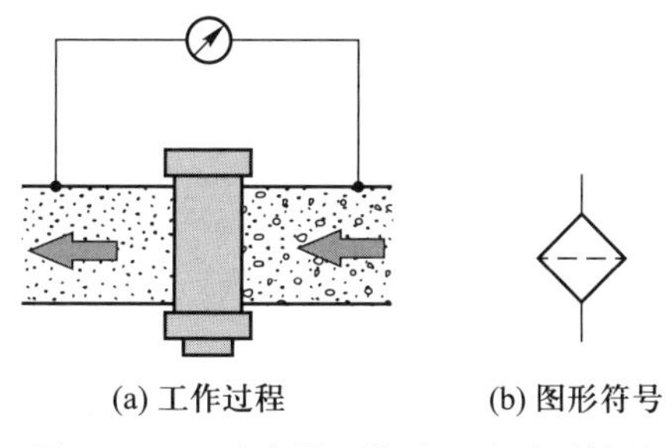

(a) 工作过程　(b) 图形符号

图 7-1-1　过滤器工作过程及图形符号

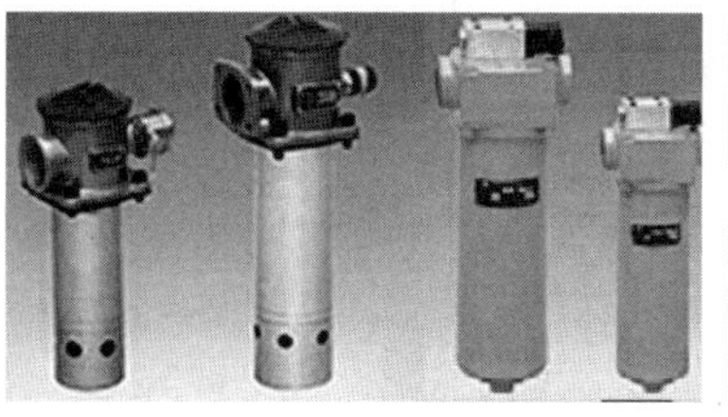

图 7-1-2　过滤器及滤芯外观

2. 类型

过滤器按其滤芯材料的过滤机理来划分，常见的有表面型过滤器、深度型过滤器和吸附型过滤器等。

(1) 表面型过滤器　其过滤过程是由一个几何面来实现的。滤下的污染杂质被截留在滤芯元件靠油液上游的一面。该滤芯材料具有均匀的标定小孔，可以滤除比小孔尺寸大的杂质。由于污染杂质积聚在滤芯表面上，因此这种过滤器很容易被阻塞。采用编网式滤芯、线隙式滤芯的过滤器属于这种类型。

（2）深度型过滤器　这种过滤器的滤芯材料为多孔可透性材料，内部具有曲折迂回的通道。工作时大于表面孔径的杂质直接被截留在外表面，较小的污染杂质进入滤材内部，撞到通道壁上，由于吸附作用而得到滤除。滤材内部曲折的通道也有利于污染杂质的沉积。采用纸芯、毛毡、烧结金属、陶瓷和各种纤维制品等作为滤芯材质的过滤器就属于这种类型。

（3）吸附型过滤器　这种过滤器的滤芯是把油液中的颗粒杂质吸附在其表面上。磁性过滤器就属于吸附型过滤器。

常见的过滤器式样及其特点见表 7-1-1。

表 7-1-1　常见的过滤器式样及其特点

类型	名称及结构简图	特点
表面型	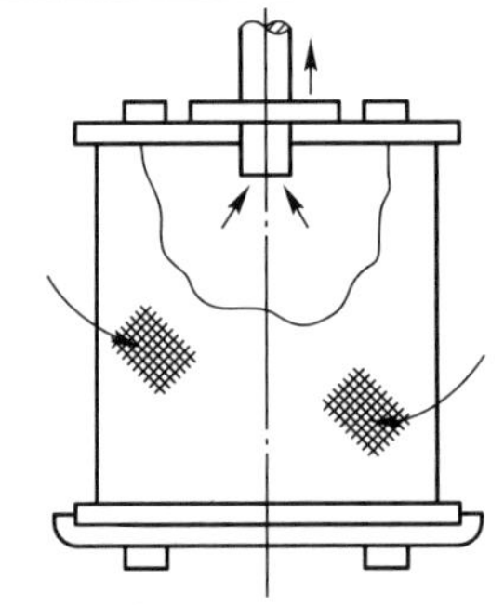	1. 过滤精度与铜丝网层数及网孔大小有关，在压力管路上常用 100、150、200 目（每英寸长度上孔数）的铜丝网，在液压泵吸油管路上常采用 20～40 目的铜丝网；2. 压力损失不超过 0.004 MPa；3. 结构简单，通流能力大，清洗方便，但过滤精度低
	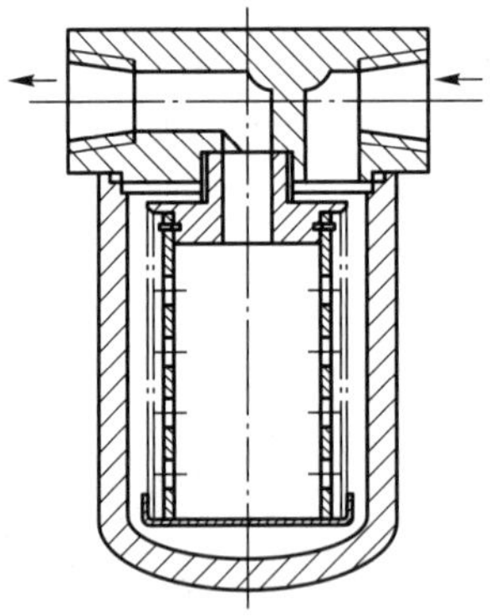	1. 滤芯由绕在心架上的一层金属线组成，依靠线间微小间隙来挡住油液中杂质的通过；2. 压力损失为 0.03～0.06 MPa；3. 结构简单、通流能力大、过滤精度高，但滤芯材料强度低、不易清洗；4. 用于低压管路中，当用在液压泵吸油管路上时，其流量规格宜选得比液压泵大
深度型	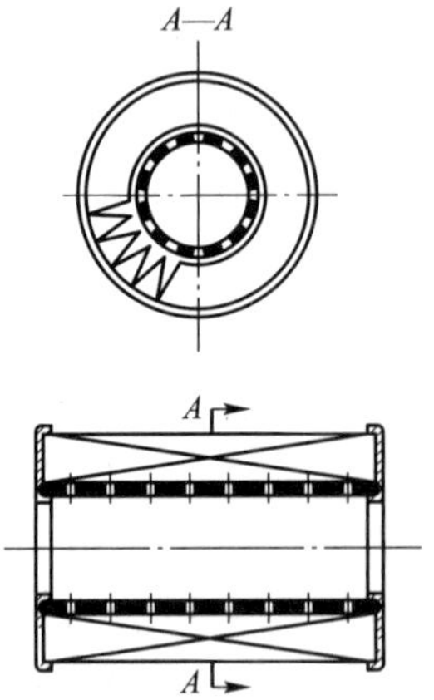 A—A A A	1. 滤芯结构与线隙式滤芯相同，但滤芯为平纹或波纹的酚醛树脂或木浆微孔滤纸制成的纸芯。为了增大过滤面积，纸芯常制成折叠形；2. 压力损失为 0.01～0.04 MPa；3. 过滤精度高，但堵塞后无法清洗，必须更换纸芯；4. 通常用于精过滤

续表

类型	名称及结构简图	特点
深度型		1. 滤芯由金属粉末烧结而成,利用金属颗粒间的微孔来挡住油中杂质通过,改变金属粉末的颗粒大小,就可以制出不同过滤精度的滤芯;2. 压力损失为 0.03~0.2 MPa;3. 过滤精度高,滤芯能承受高压,但金属颗粒易脱落,堵塞后不易清洗;4. 适用于精过滤
吸附型	磁性过滤器	1. 滤芯由永久磁铁制成,能吸住油液中的铁屑、铁粉及带磁性的磨料;2. 常与其他形式滤芯合起来制成复合式过滤器;3. 对加工钢铁件的机床液压系统特别适用

7.1.2 过滤器的主要性能指标

1. 过滤精度

过滤精度是用来表示过滤器对各种不同尺寸污染颗粒的滤除能力,用绝对过滤精度、过滤比和过滤效率等指标来评定。

绝对过滤精度是指通过滤芯的最大坚硬球状颗粒的尺寸(y),它反映了过滤材料中最大通孔尺寸,以 μ_m 表示,可以用试验的方法进行测定。

过滤比(β_x值)是指过滤器上游油液单位容积中大于某给定尺寸的颗粒数与下游油液单位容积中大于同一尺寸的颗粒数之比,即对于某一尺寸 x 的颗粒来说,其过滤比 β_x的表达式为:

$$\beta_x = N_u / N_d \tag{7-1-1}$$

式中:N_u为上游油液中大于某一尺寸 x 的颗粒浓度;N_d为下游油液中大于同一尺寸 x 的颗粒浓度。

从上式可看出,β_x愈大,过滤精度愈高。当过滤比的数值达到 75 时,x 即被认为是过滤器的绝对过滤精度。过滤比能确切地反映过滤器对不同尺寸颗粒污染物的过滤能力,已被国际标准化组织采纳作为评定过滤器过滤精度的性能指标。一般要求系统的过滤精度要小于运动副间隙的一半。此外,压力越高,对过滤精度要求越高。其推荐值见表 7-1-2。

表 7-1-2 过滤精度推荐值表

系统类别	润滑系统	传动系统			伺服系统
工作压力/MPa	0~3.5	≤14	14<p<21	≥21	21
过滤精度/μm	100	25~50	25	10	5

过滤效率 E_c可以通过下式由过滤比 β_x值直接换算出来:

$$E_c = (N_u - N_d) / N_u = 1 - 1/\beta_x \tag{7-1-2}$$

2. 压降特性

液压回路中的过滤器对油液流动来说是一种阻力,因而油液通过滤芯时必然会出现压降。

一般来说,在滤芯尺寸和流量一定的情况下,滤芯的过滤精度愈高,压降愈大;在流量一定的情况下,滤芯的有效过滤面积愈大,压降愈小;油液的黏度愈大,流经滤芯的压降也愈大。

滤芯所允许的最大压降,应以不致使滤芯元件发生结构性破坏为原则。在高压系统中,滤芯在稳定状态下工作时承受的仅仅是本身的压降。油液流经滤芯时的压降,可通过试验或经验公式来确定。

3. 纳垢容量

纳垢容量是指过滤器在压降达到其规定限定值之前可以滤除并容纳的污染物数量,这项性能指标可以采用多次通过性试验来确定。过滤器的纳垢容量愈大,使用寿命愈长,所以纳垢容量是反映过滤器寿命的重要指标。一般来说,滤芯尺寸愈大,即过滤面积愈大,纳垢容量就愈大。增大过滤面积,可以使纳垢容量至少成比例地增加。

过滤器过滤面积 A 的表达式为:

$$A=\frac{q\mu}{a\Delta p} \tag{7-1-3}$$

式中:q 为过滤器的额定流量(L/min);μ 为油液的黏度(Pa · s);Δp 为压力降(Pa);a 为过滤器单位面积通过能力(L/cm^2),由试验确定。在 20 ℃时,对特种滤网,$a=0.003\sim0.006\ L/cm^2$;对于纸质滤芯,$a=0.035\ L/cm^2$;对于线隙式滤芯,$a=10\ L/cm^2$;对于一般网式滤芯,$a=2\ L/cm^2$。式(7-1-3)清楚地说明了过滤面积与油液的流量、黏度、压降和滤芯形式的关系。

7.1.3 过滤器的选用和安装

1. 选用

过滤器按其过滤精度(滤去杂质的颗粒大小)的不同,有粗过滤器、普通过滤器、精密过滤器和特精过滤器四种,它们分别能滤去大于 100 μm、10~100 μm、5~10 μm 和 1~5 μm 大小的杂质。

选用过滤器时,要考虑下列几点:

(1) 过滤精度应满足预定要求。

(2) 能在较长时间内保持足够的通流能力。

(3) 滤芯具有足够的强度,不因液压的作用而损坏。

(4) 滤芯抗腐蚀性能好,能在规定的温度下持久地工作。

(5) 滤芯清洗或更换简便。

因此,过滤器应根据液压系统的技术要求,按过滤精度、通流能力、工作压力、油液黏度、工作温度等条件选定。

2. 安装

过滤器在液压系统中的安装位置有以下几种:

(1) 安装在泵的吸油口处或吸油路上,一般安装表面型过滤器,目的是滤去较大的杂质颗粒以保护液压泵。此外过滤器的过滤能力应为泵流量的两倍以上,压力损失小于 0.02 MPa。

(2) 安装在泵的出口油路上,此处安装过滤器的目的是滤除可能侵入阀类等元件的污染物,其过滤精度应为 10~15 μm,且能承受油路上的工作压力和冲击压力,压降应小于 0.35 MPa,同时应安装安全阀以防过滤器堵塞。

(3) 安装在系统的回油路上,这种安装起间接过滤作用,一般与过滤器并联安装一背压阀,当过滤器堵塞使油液达到一定压力值时,背压阀打开。

(4) 安装在系统分支油路上。

(5) 大型液压系统可专设由一液压泵和过滤器组成的独立过滤回路。

液压系统中除了整个系统所需的过滤器外,还常常在一些重要元件(如伺服阀、精密节流阀等)的前面单独安装一个专用的精过滤器来确保它们的正常工作。

7.2 油箱

7.2.1 功用和结构

1. 油箱的功用

油箱的功用主要是储存油液,此外还起着散发油液中的热量(在周围环境温度较低的情况下则是保持油液中的热量)、释放出混在油液中的气体、沉淀油液中污物等作用,其外观如图 7-2-1 所示。

2. 油箱的结构

液压系统中的油箱有整体式和分离式两种。整体式油箱利用主机的内腔作为油箱,这种油箱结构紧凑,各处漏油易于回收,但增加了设计和制造的复杂性,维修不便,散热条件不好,且会使主机产生热变形。分离式油箱单独设置,与主机分开,减少了油箱发热和液压源振动对主机工作精度的影响,因此得到了普遍使用。

油箱的典型结构如图 7-2-2 所示。由图可见,油箱内部用隔板 7、9 将吸油管 1 与回油管 4 隔开。顶部、侧部和底部分别装有滤油网 2、液位计 6 和排放污油的放油阀 8,安装液压泵及其驱动电动机的安装板 5 则固定在油箱顶面上。

图 7-2-1 小型液压泵站油箱外观图

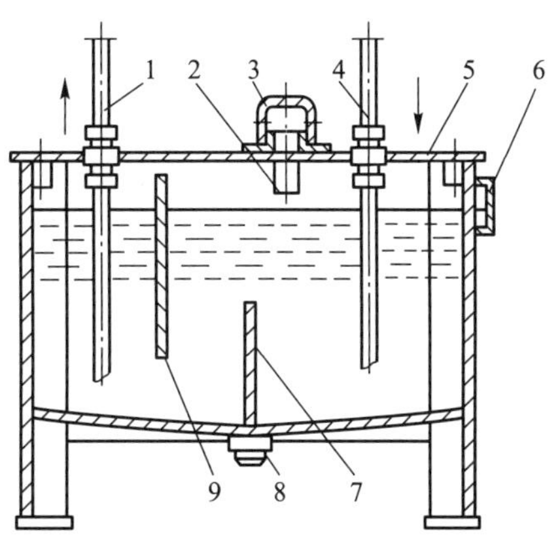

1—吸油管;2—滤油网;3—盖;4—回油管;
5—安装板;6—液位计;7、9—隔板;8—放油阀

图 7-2-2 油箱结构图

此外，近年来又出现了充气式的闭式油箱，它不同于开式油箱之处在于油箱是整个封闭的，顶部有一充气管，可送入 0.05～0.07 MPa 过滤纯净的压缩空气。空气或者直接与油液接触，或者被输入到蓄能器式的皮囊内不与油液接触。这种油箱的优点是改善了液压泵的吸油条件，但它要求系统中的回油管、泄油管承受背压。油箱本身还须配置安全阀、电接点压力表等元件以稳定充气压力，因此它只在特殊场合下使用。

7.2.2　液压油箱的设计

液压油箱是一个非标准件，由于不同设备的液压系统对油液的需求量不同、安装位置也不同，因此，对液压油箱的要求也是不一样的。液压油箱应根据储油容积的不同、安装结构的不同等进行结构设计。液压油箱在设计时应注意以下几个方面的问题：

（1）计算油箱的有效容积。一般油面高度为油箱高度 80%时的容积称为有效容积，该值应根据液压系统发热、散热平衡的原则来计算，这项计算在系统负载较大、长期连续工作时是必不可少的。但对于一般情况来说，油箱的有效容积可以按液压泵的额定流量 q_p(L/min)估算出来。一般固定式液压机械的液压系统油箱的有效容积估算公式为：

$$V=\xi q_p \tag{7-2-1}$$

式中：V 为油箱的有效容积(L)；ξ 为与系统压力有关的经验值，低压系统的 $\xi=2\sim4$，中压系统的 $\xi=5\sim7$，高压系统的 $\xi=10\sim12$。

（2）合理布置油管。吸油管和回油管应尽量相距远些，两管之间要用隔板隔开，以增加油液循环距离，使油液有足够的时间分离气泡、沉淀杂质、消散热量。隔板高度最好为箱内油面高度的 3/4。吸油管入口处要装粗过滤器。过滤精度要求为：齿轮泵 80～100 目、叶片泵 100～150 目、柱塞泵 150～200 目(目数是指滤网在 1 英寸线段内的孔数，目数越小，过滤精度越高；目数越小，过滤精度越低)。过滤器的通油能力最小不得小于泵的额定流量。过滤器与回油管管端在油面最低时仍应淹没在油中，防止吸油时卷吸空气或回油冲入油箱时搅动油面而混入气泡。

吸油管的连接处必须保证严格密封，否则泵在工作时会吸进空气，使系统产生振动和噪声，甚至无法吸油。为了减小吸油阻力，避免吸油困难，吸油管路要尽量短，拐弯要少，否则会产生气蚀现象。

为避免回油时冲击液面引起气泡，回油管必须插入油液内，管口末端距离底面最小距离为管径的 2 倍，管口加工成 45°并面向箱壁，以增大出油口截面积，减慢出口处油液速度，使高温油液迅速流向易于散热的箱壁。

为避免油温迅速上升，溢流阀的回油管须单独接回油箱或与主回油管相通(亦可与冷却器相接)，不允许和泵的进油管直接连通。

为保证控制阀正常工作，具有外泄漏的减压阀、电磁阀等的泄油口与回油管连通时，不得有背压，否则应单独接回油箱。

回油管水平放置时，要有 3/1 000～5/1 000 的坡度。管路较长时，每隔 500 mm 的距离应固定一个管夹。

压力油管的安装必须根据液压系统的最高压力来确定。压力小于 2.5 MPa 时，选用焊接钢管；压力大于 2.5 MPa 时，推荐用 10 号或 15 号无缝钢管；超高压时，选用合金钢管；需要防锈、防腐的场合，可选用不锈钢管。

压力油管的安装必须牢固、可靠和稳定。容易产生振动的地方要加木块或橡胶衬垫进行阻尼、减振。平行或交叉的管道之间必须有 12 mm 以上的间隙,以防止相互干扰与振动。在系统管道的最高部位必须设排气装置,以便启动时放掉油管中的空气。

橡胶软管用于连接两个有相对运动的部件。由于软管不能在高温下工作,安装时应远离热源。安装软管时应注意:弯曲半径应大于 10 倍外径,至少应在离接头 6 倍直径以外处弯曲,避免急转弯;软管长度必须有一定的余量,工作时比较松弛,不允许端部接头和软管间受拉伸;软管不得有扭转现象,软管的弯曲同软管接头的安装应在同一运动平面内。

(3) 防止污染。为了防止油液污染,油箱上各盖板、管口处都要妥善密封。注油器上要加滤油网。防止油箱出现负压而设置的通气孔上须装空气滤清器,空气滤清器的容量至少应为液压泵额定流量的 2 倍。油箱内回油集中部分及清污口附近宜装设一些磁性块,以去除油液中的铁屑和磁性颗粒。

(4) 易于散热。为了易于散热和便于对油箱进行搬移及维护保养,按规定,箱底离地至少应在 150 mm 以上。箱底应适当倾斜,在最低部位处设置堵塞或放油阀,以便排放污油。箱体上注油口的近旁必须设置液位计,过滤器的安装位置应便于装拆,箱内各处应便于清洗。

(5) 油箱中安装热交换器,必须考虑好它的安装位置,并设置测温、控制等措施。

(6) 分离式油箱一般用 3.5~4 mm 钢板焊成。箱壁愈薄,散热愈快,有资料建议 100 L 及以下容量的油箱箱壁厚度取 1.5 mm,100 L 以上、400 L 以下容量的取 3 mm,400 L 以上容量的取 6 mm,箱底厚度应大于箱壁厚度,箱盖厚度应为箱壁厚度的 4 倍。大尺寸油箱要加焊角板、筋条,以增加刚性。当液压泵及其驱动电动机和其他液压件都要装在油箱上时,油箱顶盖要相应地加厚。

(7) 油箱内壁应涂上耐油、防锈的涂料。外壁如涂上一层极薄的黑漆(厚度不超过 0.025 mm),会有很好的辐射冷却效果。铸造的油箱内壁一般只进行喷砂处理,不涂漆。

7.3 蓄能器

7.3.1 功用和类型

1. 功用

蓄能器的功用主要是储存油液多余的压力能,并在需要时释放出来。液压系统中蓄能器的功能如下:

(1) 提供短时压力油液。

(2) 维持系统压力。

(3) 减小液压冲击或压力脉动。

2. 类型

蓄能器主要有弹簧式和充气式两大类,其中充气式又包括气液接触式、活塞式和气囊式(或称皮囊式)三种,还有一种重力式蓄能器,但体积庞大,结构笨重,反应迟钝,现在在工业上已很少应用。常见蓄能器结构如图 7-3-1 所示。

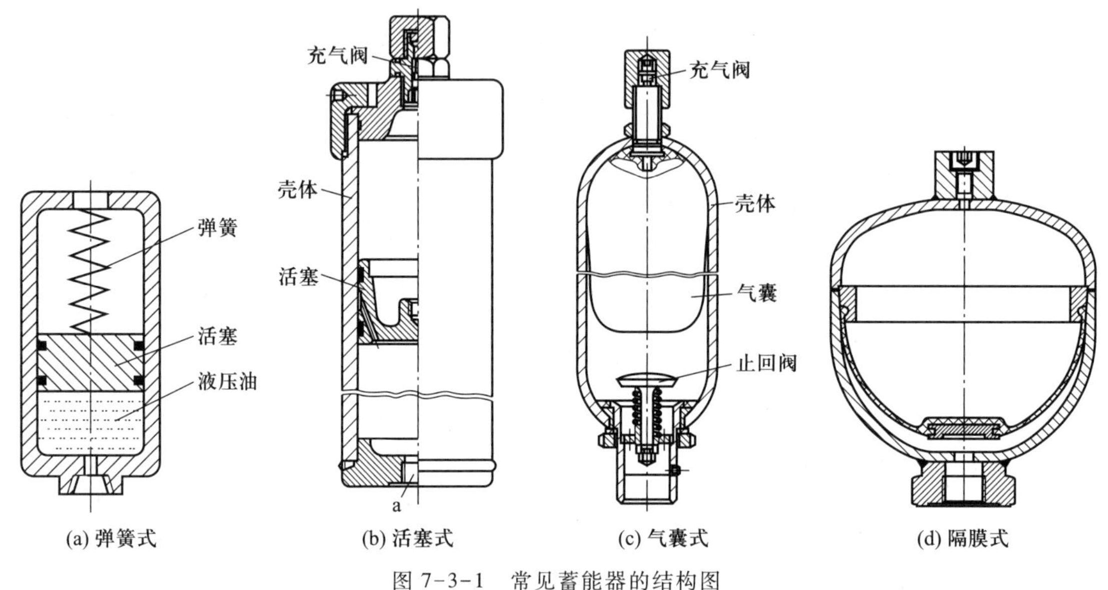

图 7-3-1 常见蓄能器的结构图

7.3.2 蓄能器的结构与原理

下面以气囊式蓄能器为例来具体说明其结构组成及原理。如图 7-3-2 所示,气囊式蓄能器主要由气囊、壳体、充气阀、提升阀等组成。蓄能器下端部位安装提升阀,提升阀(图 7-3-2b)主要由菌型阀杆、弹簧、阀体座、橡胶托环、支撑环、压环、止动螺母、密封环等组成,其作用是与液压系统相连,并使系统中的油液可通过提升阀快速进出蓄能器壳体腔,同时,也可防止气囊挤出壳体。蓄能器上端部位安装充气阀(图 7-3-2c)及阀防护罩(图 7-3-2d),充气阀主要由气门、气门导管、内外弹簧、弹簧座、油封、锁片等组成,外界气源可通过充气阀给气囊充高压气体。

使用时,将蓄能器垂直安装于液压系统中,并通过管路连接。打开蓄能器上部充气阀防护罩,通过外部气源给蓄能器内的橡胶气囊充相应压力的氮气,充气完毕,拧紧防护罩。当来自液压系统的压力油推开蓄能器提升阀中的菌型阀杆,压力油进入蓄能器壳体腔,当压力升高时,油液挤压橡胶气囊,气囊受压收缩,蓄能器壳体内有效容积增大,实现储能。当液压系统中压力低于蓄能器壳体腔内压力时,气囊在有压气体作用下扩张,将蓄能器壳体腔内油液排出,给系统提供压力油,实现能量的释放。

7.3.3 蓄能器容量的计算

蓄能器容量的大小和它的用途有关。以气囊式蓄能器为例来说明容量计算过程。

蓄能器用于储存和释放压力能时(图 7-3-3),蓄能器的容积 V_A是由其充气压力 p_A、工作中要求输出的油液体积 V_W、系统最高工作压力 p_1和最低工作压力 p_2决定的。由气体定律有

$$p_A V_A^n = p_1 V_1^n = p_2 V_2^n = 常量 \tag{7-3-1}$$

式中:V_1和 V_2分别为气体在最高和最低工作压力下的体积;n 为指数。n 值由气体工作条件决定:当蓄能器用来补偿泄漏、保持压力时,它释放能量的速度是缓慢的,可以认为气体在等温条件

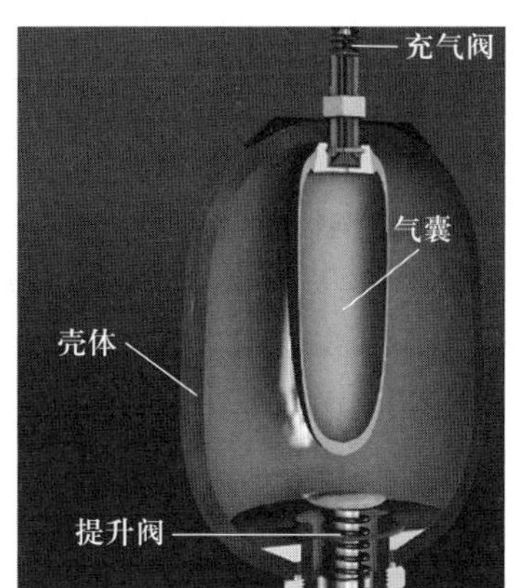

(a) 整体结构

气囊式蓄能器结构

气囊式蓄能器工作原理

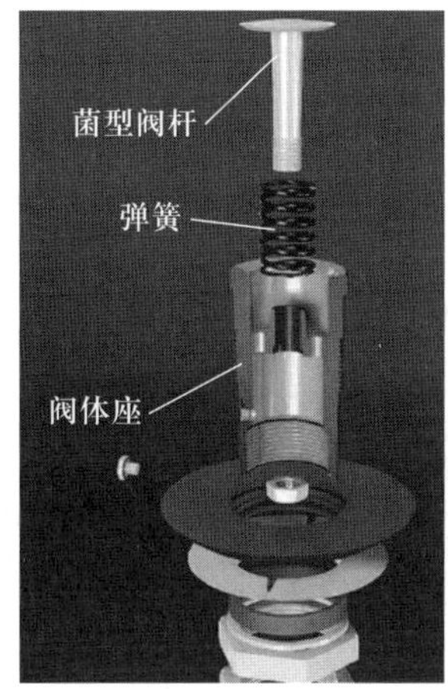

(b) 提升阀

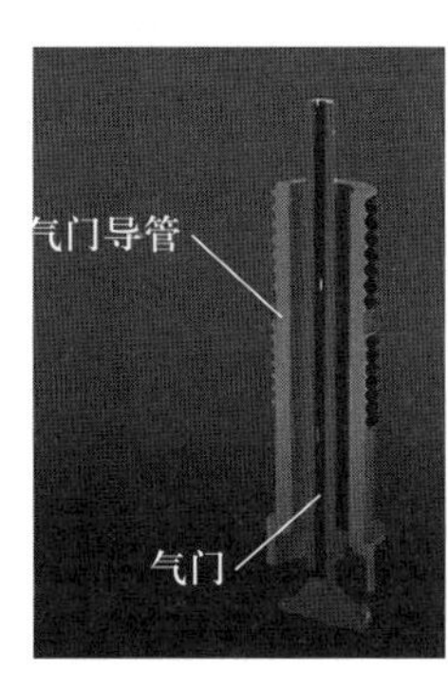

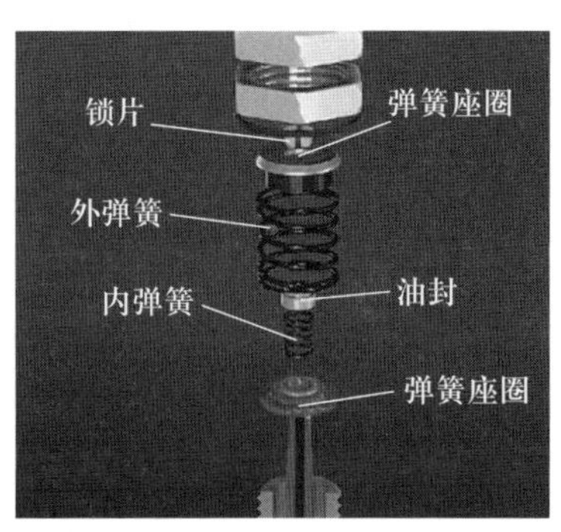

(c) 充气阀

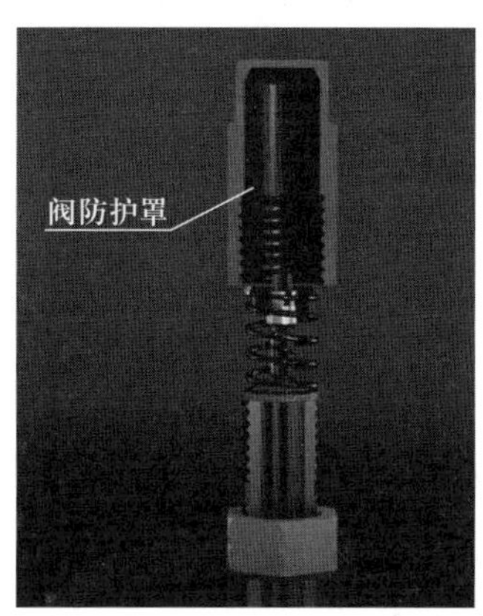

(d) 阀防护罩

图 7-3-2 气囊式蓄能器结构组成

下工作，$n=1$；当蓄能器用来大量提供油液时，它释放能量的速度是很快的，可以认为气体在绝热条件下工作，$n=1.4$。由于 $V_W=V_2-V_1$，因此由式（7-3-1）可得：

$$V_A=\frac{V_W\left(\frac{1}{p_A}\right)^{\frac{1}{n}}}{\left(\frac{1}{p_2}\right)^{\frac{1}{n}}-\left(\frac{1}{p_1}\right)^{\frac{1}{n}}} \tag{7-3-2}$$

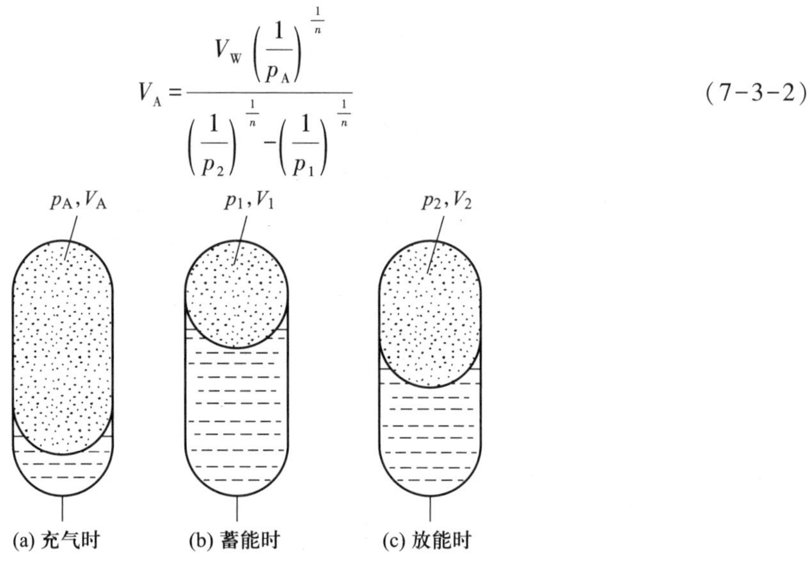

图 7-3-3 气囊式蓄能器储存和释放能量的工作过程

理论上 p_A 值可与 p_2 相等,但为了保证系统压力为 p_2 时蓄能器还有能力补偿泄漏,宜使 $p_A<p_2$,一般对折合型气囊取 $p_A=(0.8\sim0.85)p_2$,波纹型气囊取 $p_A=(0.6\sim0.65)p_2$。此外,如能使气囊工作时的容腔在其充气容腔 1/3 至 2/3 的区段内变化,就可使它更为经久耐用。

蓄能器用于吸收液压冲击时,蓄能器的容积 V_A 可以近似地由其充气压力 p_A、系统中允许的最高工作压力 p_1 和瞬时吸收的液体动能来确定。例如,当用蓄能器吸收管道突然关闭时的液体动能为 $\rho alv^2/2$ 时,由于气体在绝热过程中压缩所吸收的能量为:

$$\int_{V_A}^{V_1}-p\mathrm{d}V=\int_{V_A}^{V_1}-p_A\left(V_A/V\right)^{1.4}\mathrm{d}V=\frac{p_AV_A}{0.4}\left[\left(p_1/p_A\right)^{0.286}-1\right] \tag{7-3-3}$$

故得

$$V_A=\frac{\rho alv^2}{2}\frac{0.4}{p_A}\left[\frac{1}{\left(\frac{p_1}{p_A}\right)^{0.286}-1}\right] \tag{7-3-4}$$

上式未考虑油液压缩性和管道弹性,式中 p_A 的值常取系统工作压力的 90%。蓄能器用于吸收液压泵压力脉动时,它的容积与蓄能器动态性能及相应管路的动态性能有关。

7.3.4 蓄能器的使用和安装

蓄能器在液压回路中的安装位置随其功用不同而不同:吸收液压冲击或压力脉动时宜放在冲击源或脉动源附近;补油保压时宜尽可能放在接近执行元件的位置。

使用蓄能器须注意如下几点:

(1) 充气式蓄能器中应使用惰性气体(一般为氮气),允许工作压力视蓄能器结构形式而定,例如皮囊式蓄能器允许工作压力为 3.5~32 MPa。

(2) 不同的蓄能器各有其适用的工作范围,例如,皮囊式蓄能器的皮囊强度不高,不能承受很大的压力波动，且只能在-20~70 ℃的温度范围内工作。

(3) 皮囊式蓄能器原则上应垂直安装(油口向下)，只有在空间位置受限制时才允许倾斜或水平安装。

(4) 装在管路上的蓄能器须用支板或支架固定。

(5) 蓄能器与管路系统之间应安装截止阀，供充气、检修时使用。蓄能器与液压泵之间应安装单向阀，防止液压泵停车时蓄能器内储存的压力油液倒流。

7.4 液压管件

7.4.1 液压油管

液压系统中使用的油管种类很多，有钢管、铜管、尼龙管、塑料管、橡胶管等，需按照安装位置、工作环境和工作压力来正确选用。液压软管和硬管外观如图 7-4-1 所示。油管的特点及其适用范围如表 7-4-1 所示。

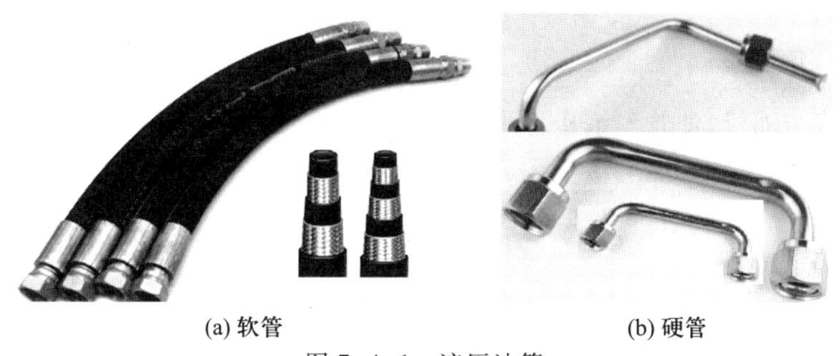

(a) 软管　　(b) 硬管

图 7-4-1 液压油管

表 7-4-1 液压系统中使用的油管

种类		特点和适用场
硬管	钢管	能承受高压，价格低廉，耐油，抗腐蚀，刚性好，但装配时不能任意弯曲；常在装拆方便处用作压力管道，中、高压用无缝管，低压用焊接管
	铜管	易弯曲成各种形状，但承压能力一般，不超过 6.5~10 MPa，抗振能力较弱，又易使油液氧化；通常用在液压装置内配接不便之处
软管	尼龙管	乳白色半透明，加热后可以随意弯曲成形或扩口，冷却后又能定形不变，承压能力因材质而异，自 3.5 MPa 至 8 MPa 不等
	塑料管	质轻耐油，价格便宜，装配方便，但承压能力低，长期使用会变质老化，只宜用作压力低于 0.5 MPa 的回油管、泄油管等
	橡胶管	高压管由耐油橡胶夹几层钢丝编织网制成，钢丝编织网层数越多，耐压越高，价格较高，用作中、高压系统中两个相对运动件之间的压力管道；低压管由耐油橡胶夹帆布制成，可用作回油管道

油管的规格尺寸(油管内径和壁厚)可由式(7-4-1)、式(7-4-2)算出 d、δ 后，查阅有关的标

准选定。

$$d=2\sqrt{\frac{q}{\pi v}} \tag{7-4-1}$$

$$\delta=\frac{pdn}{2R_m} \tag{7-4-2}$$

式(7-4-1)、式(7-4-2)中,d 为油管内径;q 为管内流量;v 为管中油液的流速,吸油管取 0.5~1.5 m/s,高压管取 3.5~6 m/s(压力高的取大值,低的取小值,例如压力在 6 MPa 以上取 5 m/s,压力为 3~6 MPa 取 4 m/s,压力在 3 MPa 以下取 2.5~3 m/s;管道较长的取小值,较短的取大值;油液黏度大时取小值),回油管取 1.5~3.5 m/s,短管及局部收缩处取 5~7 m/s;δ 为油管壁厚;p 为管内工作压力;n 为安全系数,对钢管来说,$p\leqslant 7$ MPa 时取 $n=8$,7 MPa$<p<$16.5 MPa 时取 $n=6$,$p\geqslant 16.5$ MPa 时取 $n=4$;R_m 为管道材料的抗拉强度。

油管的管径不宜选得过大,以免使液压装置的结构庞大;但也不能选得过小,以免使管内液体流速加大,系统压力损失增加或产生振动和噪声,影响正常工作。

在保证强度的情况下,管壁可尽量选得薄些。薄壁管易于弯曲,规格较多,装接较易,采用它可减少管接头数目,有助于解决系统泄漏问题。

7.4.2　液压管接头

管接头是油管与油管、油管与液压件之间的可拆式连接件,它必须具有装拆方便、连接牢固、密封可靠、外形尺寸小、通流能力大、压降小、工艺性好等各项条件。液压管接头如图 7-4-2 所示。

图 7-4-2　液压管接头

管接头的种类很多,其规格品种可查阅有关手册。液压系统中油管与管接头的常见连接方式如表 7-4-2 所示。管路旋入端用的连接螺纹采用国家标准米制锥螺纹(ZM)和普通细牙螺纹(M)。

锥螺纹依靠自身的锥体旋紧和采用聚四氟乙烯等进行密封，广泛用于中、低压液压系统；细牙螺纹密封性好，常用于高压系统，但要采用组合垫圈或 O 形密封圈进行端面密封，有时也可用紫铜垫圈。

表 7-4-2　液压系统中常用的管接头

名称	结构简图	特点和说明
焊接式管接头	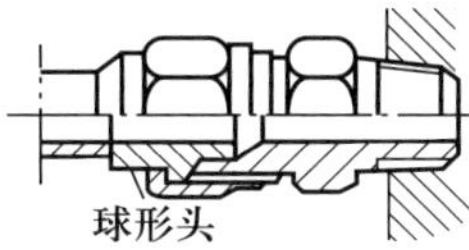 球形头	1. 连接牢固，利用球面进行密封，简单可靠； 2. 焊接工艺必须保证质量，必须采用厚壁钢管，装拆不便
卡套式管接头	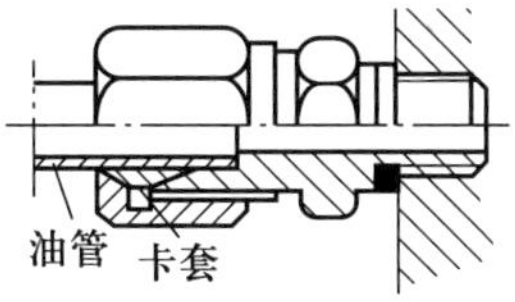 油管 卡套	1. 用卡套卡住油管进行密封，轴向尺寸要求不严，装拆简便； 2. 对油管径向尺寸精度要求较高，为此要采用冷拔无缝钢管
扩口式管接头	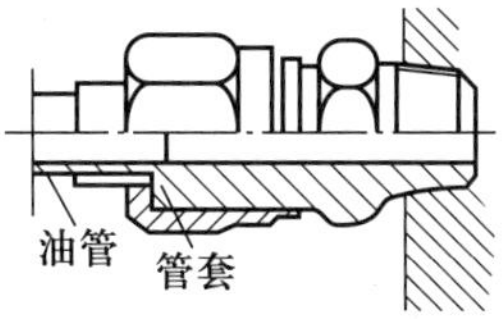 油管 管套	1. 用油管管端的扩口在管套的压紧下进行密封，结构简单； 2. 适用于钢管、薄壁钢管、尼龙管和塑料管等低压管道的连接
扣押式管接头	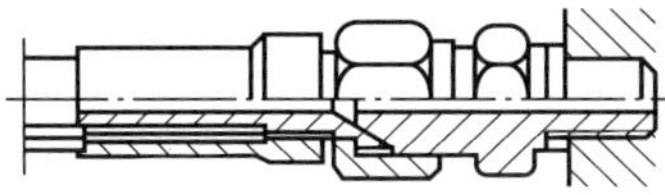	1. 用来连接高压软管； 2. 在中、低压系统中应用
固定铰接式管接头	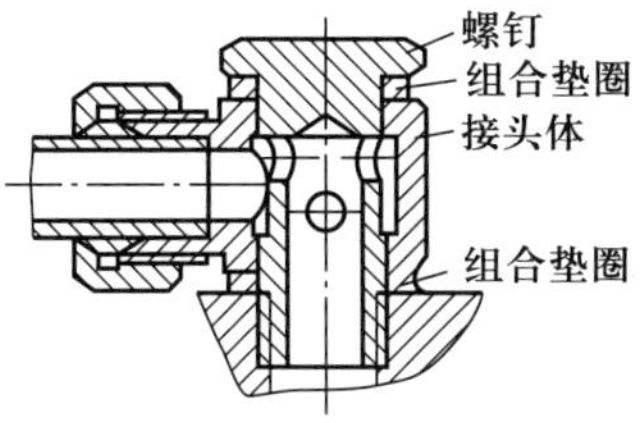 螺钉 组合垫圈 接头体 组合垫圈	1. 是直角管接头，优点是可以随意调整布管方向，安装方便，占空间小； 2. 管接头与管子的连接方法除本图卡套式外，还可用焊接式； 3. 中间有通油孔的固定螺钉把两个组合垫圈压紧在管接头体上进行密封

液压系统中的泄漏问题大部分都出现在管系中的管接头上，为此对管材的选用、接头形式的确定（包括接头设计、垫圈、密封、箍套、防漏涂料的选用等）、管系的设计（包括弯管设计、管道支承点和支承形式的选取等）以及管道的安装（包括正确的运输、储存、清洗、组装等）都要认真审视，以免影响整个液压系统的使用质量。

国外对管道材质、管接头形式和连接方法的研究工作从未间断。如国外采用一种用特殊的镍钛合金制造的管接头，它能使低温下受力后发生的变形在升温时消除，即把管接头放入液氮中用心棒扩大其内径，然后取出来迅速套装在管端上，便可使它在常温下得到牢固、紧密的结合。这种“热缩”式的连接已在航空和其他一些加工行业中得到了应用，它能保证在 40~55 MPa 的工作压力下不出现泄漏。

7.5 液压密封装置

密封是解决液压系统泄漏问题最重要、最有效的手段。液压系统如果密封不良,可能出现不允许的泄漏,泄漏的油液将会污染环境;还可能使空气进入吸油腔,影响液压泵的工作性能和液压执行元件运动的平稳性(爬行现象);泄漏严重时,系统容积效率过低,甚至工作压力达不到要求值。若密封过度,虽可防止泄漏,但会造成密封部分的剧烈磨损,缩短密封件的使用寿命,增大液压元件内的运动摩擦阻力,降低系统的机械效率。因此,合理地选用和设计密封装置在液压系统的设计中十分重要。

7.5.1 对密封装置的要求

(1) 在工作压力和一定的温度范围内,应具有良好的密封性能,并随着压力的增加能自动提高密封性能。

(2) 密封装置和运动件之间的摩擦力要小,摩擦系数要稳定。

(3) 抗腐蚀能力强,不易老化,工作寿命长,耐磨性好,磨损后在一定程度上能自动补偿。

(4) 结构简单,使用、维护方便,价格低廉。

7.5.2 密封及密封装置的类型和特点

密封形式按其工作原理来分可分为非接触式密封和接触式密封。前者主要指间隙密封,后者指密封件密封。

1. 间隙密封

间隙密封是靠相对运动件配合面之间的微小间隙来进行密封的,常用于柱塞、活塞或阀的圆柱面配合副中。一般在阀芯的外表面开几条等距离的均压槽,它的主要作用是使径向压力分布均匀,减少液压卡紧力,同时使阀芯在孔中对中性好,以减小间隙的方法来减小泄漏量。同时均压槽所形成的阻力对减小泄漏量也有一定的作用。均压槽一般宽 0.3~0.5 mm,深 0.5~1.0 mm。圆柱面配合间隙与直径大小有关,对于阀芯与阀孔一般取 0.005~0.017 mm。

间隙密封的优点是摩擦力小,缺点是磨损后不能自动补偿,主要用于直径较小的圆柱面之间的配合,如液压泵内的柱塞与缸体之间、滑阀的阀芯与阀孔之间的配合。

2. 密封件密封

(1) O 形密封圈

O 形密封圈一般用耐油橡胶制成,其横截面呈圆形,它具有良好的密封性能,内外侧和端面都能起密封作用,结构紧凑,运动件的摩擦阻力小,制造容易,拆装方便,成本低,且高低压均可使用,所以在液压系统中得到广泛的应用。O 形密封圈外形如图 7-5-1 所示。

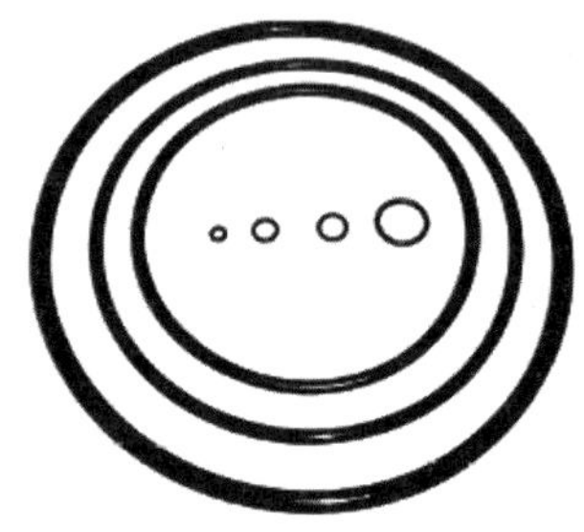

图 7-5-1 O 形密封圈外形

图 7-5-2 所示为 O 形密封圈的结构和工作情况。图 7-5-2a 为其外形圈;图 7-5-2b 为装入密封沟槽的情况,δ_1、δ_2为 O 形密封圈装配后的预压缩量,通常用压缩率 W 表示,$W=[(d_0-h)/d_0]\times$

100%，d_0 为 O 形密封圈截面直径，h 为密封沟槽深度。对于固定密封、往复运动密封和回转运动密封，W 应分别达到 15%～20%、10%～20%和 5%～10%才能取得满意的密封效果。当油液工作压力超过 10 MPa 时，O 形密封圈在往复运动中容易被油液压力挤入间隙而提早损坏，见图 7-5-2c。为此要在它的侧面安装 1.2～1.5 mm 厚的聚四氟乙烯挡圈，单向受力时在受力侧的对面安装一个挡圈，如图 7-5-2d所示；双向受力时则在两侧各放置一个挡圈，如图 7-5-2e 所示。

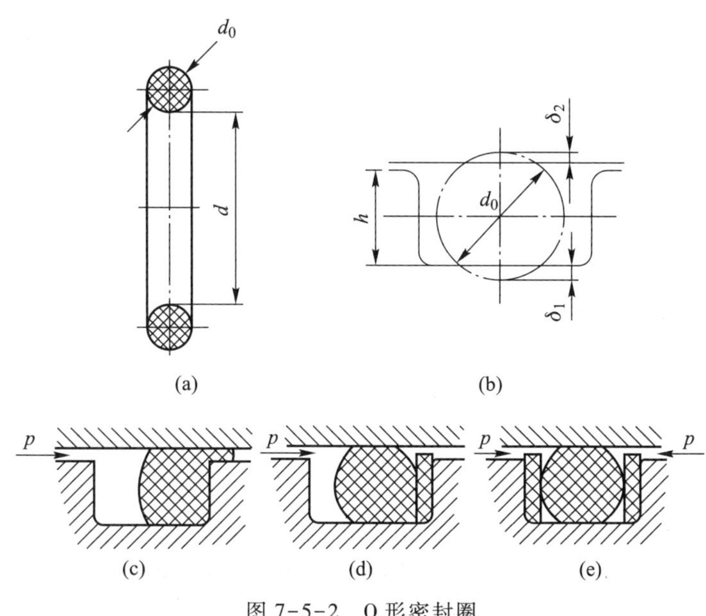

图 7-5-2　O 形密封圈

O 形密封圈的安装沟槽除矩形外，也有 V 形、燕尾形、半圆形、三角形等，实际应用中可查阅有关手册及国家标准。

(2) 唇形密封圈

唇形密封圈外形如图 7-5-3 所示。根据截面形状唇形密封圈可分为 Y 形、V 形、U 形、L 形等，其工作原理如图 7-5-4 所示。液压力将密封圈的两唇边 h_1 压向形成间隙的两个零件的表面。这种密封作用的特点是能随着工作压力的变化自动调整密封性能，压力越高则唇边被压得越紧，密封性越好；当压力降低时唇边压紧程度也随之降低，从而减少了摩擦阻力和功率消耗。除此之外，还能自动补偿唇边的磨损，保持密封性能不降低。

图 7-5-3　唇形密封圈外形图

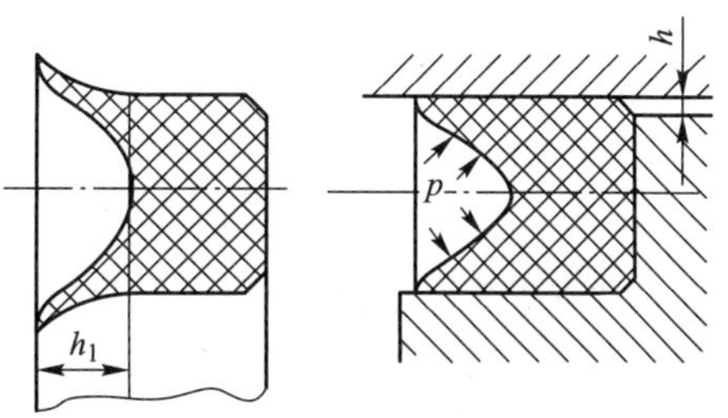

图 7-5-4　唇形(Y 形)密封圈的工作原理

目前,液压缸中普遍使用如图 7-5-5 所示的小 Y 形密封圈,该密封圈可作为活塞和活塞杆的密封。其中图 7-5-5a 所示为轴用密封圈,图 7-5-5b 所示为孔用密封圈。这种小 Y 形密封圈的特点是断面宽度和高度的比值大,增加了底部支承宽度,可以避免摩擦力造成的密封圈翻转和扭曲。

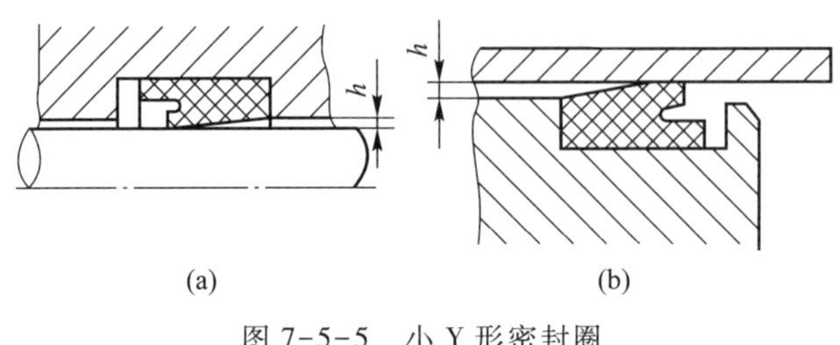

图 7-5-5　小 Y 形密封圈

在高压和超高压情况下(压力大于 25 MPa),V 形密封圈也有应用,V 形密封圈的形状如图 7-5-6所示。它由多层涂胶织物压制而成,通常由压环、密封环和支承环三个圈叠在一起使用,此时已能保证良好的密封性。当压力更高时,可以增加中间密封环的数量。这种密封圈在安装时要预压紧,所以摩擦阻力较大。

唇形密封圈安装时应使其唇边开口面对压力油,使两唇张开,分别贴紧在所需密封的两部件的表面上。

(3) 组合式密封装置

随着液压技术应用的日益广泛,系统对密封的要求越来越高,单独使用普通的密封圈已不能很好地满足密封性能,特别是无法满足使用寿命和可靠性方面的要求。因此,研究和开发了由两个以上不同密封件组成的组合式密封装置,称之为组合密封圈。组合密封圈的外形如图 7-5-7 所示。

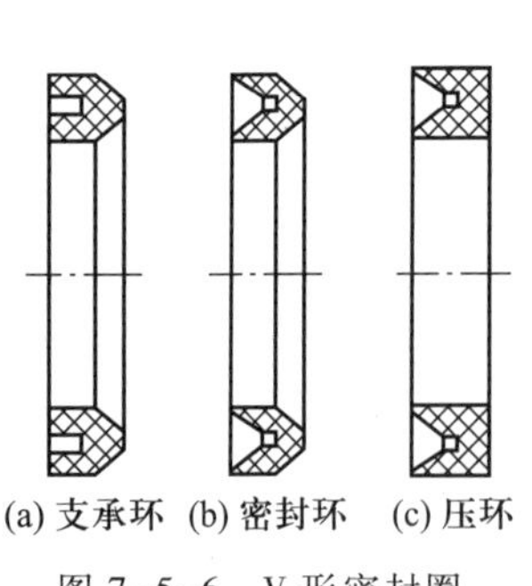

图 7-5-6　V 形密封圈

图 7-5-7　组合密封圈外形

图 7-5-8a 所示为 O 形密封圈与截面为矩形的聚四氟乙烯塑料滑环组成的组合密封装置。其中,滑环 2 紧贴被密封件,O 形密封圈为滑环提供弹性预压力,在介质压力等于零时构成密封。由于密封间隙靠滑环保证,而不是靠 O 形密封圈,因此摩擦阻力小而且稳定,可以用于40 MPa的高压。往复运动件密封时,速度可达 15 m/s;往复摆动与螺旋运动件密封时,速度可达 5 m/s。矩形滑环组合密封的缺点是抗侧倾能力稍差,在高、低压交变的场合下工作时容易漏油。图 7-5-8b为由支持环 2 和 O 形密封圈组成的轴用组合密封,支持环与被密封件之间为线密封,

其工作原理类似唇边密封。支持环采用一种经特别处理的化合物制造,具有极佳的耐磨性和保形性,且摩擦力小,低速时不存在橡胶密封件密封易产生的“爬行”现象,工作压力可达 80 MPa。

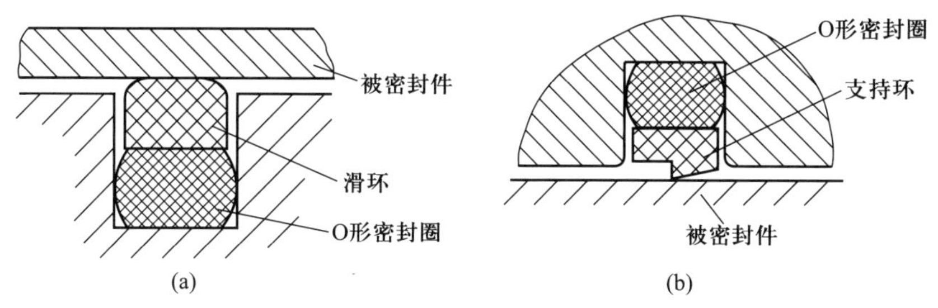

图 7-5-8 组合式密封装置

组合式密封装置由于充分发挥了橡胶密封圈和滑环(支持环)的长处,因此不仅工作可靠,摩擦力小且稳定,而且使用寿命比普通橡胶密封圈提高近百倍,在工程上的应用日益广泛。

(4) 回转轴的密封装置

回转轴的密封装置形式很多,图 7-5-9 所示是一种由耐油橡胶制成的回转轴用密封圈,它的内部由直角形圆环铁骨架支撑,密封圈的内边围绕一条螺旋弹簧,把内边收紧在轴上进行密封。这种密封圈主要用作液压泵、液压马达和回转式液压缸的伸出轴的密封,以防止油液漏到壳体外部。其工作压力一般不超过 0.1 MPa,最大允许线速度为 4~8 m/s,须在有润滑情况下工作。

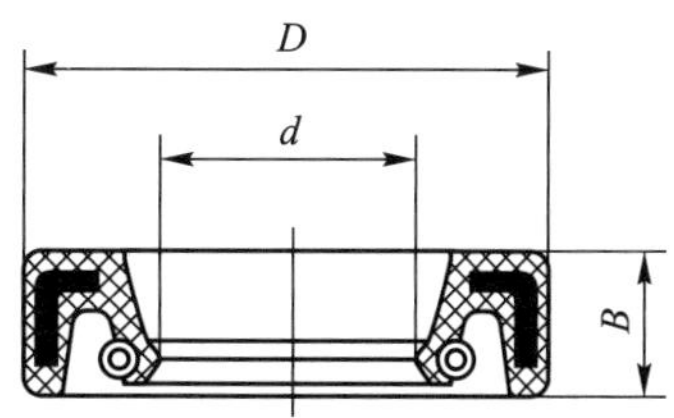

图 7-5-9 回转轴用密封圈

1. 过滤器的作用和原理是什么? 选用过滤器时应考虑哪些问题?
2. 蓄能器的主要作用有哪些? 蓄能器的常见类型及各自特点有哪些?
3. 蓄能器的安装要求有哪些?
4. 液压油箱的作用有哪些? 设计油箱时要考虑哪些因素?
5. 液压系统有哪些常用的油管种类? 钢管一般用在什么情况下?
6. 什么是静密封和动密封,两者有什么不同?
7. 安装 O 形密封圈时为什么要在 O 形密封圈的侧面安放一个或两个挡圈?
8. Y 形密封圈如何起密封作用? 安装时应注意什么问题?

第 8 章　液压基本回路

液压基本回路，一般是指由相关液压元件组成的，能实现某种特定功能的典型回路。一个液压系统不论有多么复杂，它总是由一些基本回路所组成的。液压基本回路是从实际的液压系统中归纳、总结、提炼出来的，具有一定的代表性。因此，熟悉和掌握液压基本回路的组成、工作原理、性能特点及其应用，是分析和设计液压系统的重要基础。

液压基本回路按其在液压系统中的功能可分为速度控制回路、压力控制回路、方向控制回路和多缸动作回路等。

8.1　速度控制回路

液压传动的任务就是推动和限制设备中某个机械运动部件的运动，有运动必然要对运动速度进行控制。根据液压基本特征“速度取决于流量”可知，通过控制进入液压缸和液压马达的流量就可以影响执行元件的运动速度。所以，速度控制回路一般是指能够对执行元件运动速度进行控制或变换的回路，主要分为调速回路和速度变换回路。

8.1.1　调速回路

调速回路是指通过控制进入执行元件的流量从而实现对执行元件的运动速度进行调节的液压回路。改变执行元件运动速度的方法，可以从执行元件速度表达式中得出。

由液压缸和液压马达的工作原理可知，液压缸的运动速度 v 由输入流量和液压缸的有效作用面积 A 决定，即

$$v=q/A \tag{8-1-1}$$

液压马达的转速 n_m 由输入流量和液压马达的排量 V_m 决定，即

$$n_m=q/V_m \tag{8-1-2}$$

通过液压缸和液压马达的速度公式可知，要想调节液压缸的运动速度 v 或液压马达的转速 n_m，可通过改变输入流量 q、改变缸的有效作用面积 A 和改变液压马达的排量 V_m 等方法来实现。对于液压缸而言，在某固定设备中液压缸的有效作用面积 A 是定值，所以，只有通过改变输入液压缸的流量 q 的大小才能够对液压缸的速度进行调节。而改变输入流量 q，可以通过采用流量阀或变量泵来实现。对于液压马达，由于马达可以做成变量马达，所以，既可以通过改变马达的输入流量 q，也可通过改变液压马达的排量 V_m 来实现液压马达的转速调节。

常用的调速回路主要有以下三种类型：

(1) 节流调速回路：由定量泵供油，采用流量阀调节进入或流出执行元件的流量来实现的调速方式，也称之为阀控调速。

（2）容积调速回路：采用调节变量泵或变量马达的排量来进行调速的方式，也称之为泵控调速。

（3）容积节流调速回路：采用限压变量泵供油，由流量阀调节进入执行元件的流量，并使变量泵的流量与流量阀的调节流量相适应来实现调速。

此外还可采用几个定量泵并联，按不同速度需要，启动一个泵或几个泵供油来实现分级调速等方式。

8.1.1.1 节流调速回路

节流调速是常用的一种采用节流元件进行速度控制的方法。在节流调速回路中，执行元件可以是液压缸，也可以是液压马达，下面以液压缸为例进行讲述。根据节流元件在回路中的位置不同，节流调速回路分为三种基本形式，即进油路节流调速回路、回油路节流调速回路和旁路节流调速回路。节流元件可以是节流阀，也可以是调速阀。

1. 进油路节流调速回路

如图 8-1-1a 所示，将节流阀串接在液压泵和液压缸之间，液压泵输出的油液，一部分经节流阀进入液压缸工作腔推动活塞移动，多余的油液则经溢流阀流回油箱。液压缸工作过程中，溢流阀始终处于溢流状态，这种回路称之为进油路节流调速回路。溢流阀溢流是该调速回路能够正常工作的必要条件。由于溢流阀处于溢流状态，泵的出口压力就是溢流阀的调定压力并基本保持为定值。当调节节流阀的手轮，改变节流阀的过流面积，即可调节通过节流阀的流量，实现液压缸的运动速度的调节。

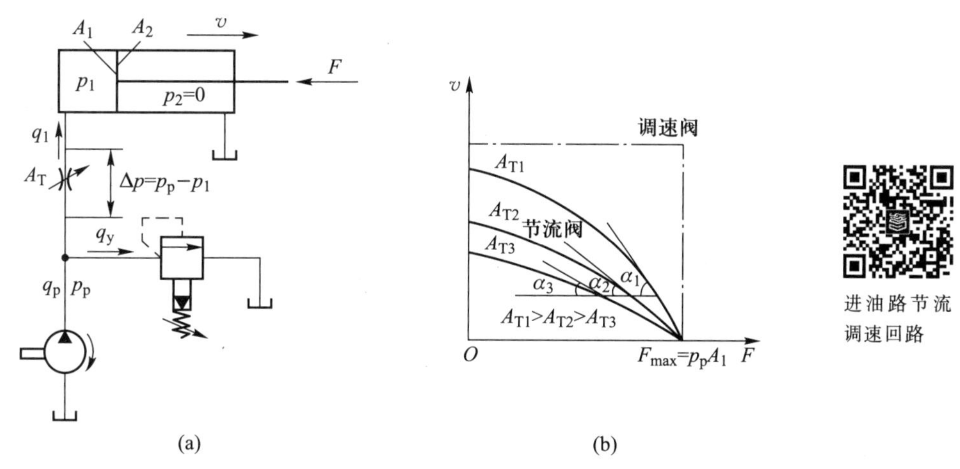

图 8-1-1 进油路节流调速回路

下面依据相应的假设条件对该回路的特性进行分析。

（1）速度-负载特性

当液压缸活塞以稳定的速度运动时，作用在活塞上的力平衡方程为：

$$p_1A_1=p_2A_2+F \tag{8-1-3}$$

式中：p_1、p_2分别为液压缸进油腔和回油腔的压力，由于回油腔通油箱，不计管路压力损失，$p_2=0$；F 为液压缸的负载力；A_1、A_2分别为液压缸无杆腔和有杆腔的有效作用面积。所以

$$p_1=\frac{F}{A_1} \tag{8-1-4}$$

因为液压泵的供油压力 p_p 为定值，所以节流阀两端的压力差为：

$$\Delta p=p_p-p_1=p_p-\frac{F}{A_1} \tag{8-1-5}$$

经过节流阀进入液压缸的流量为

$$q_1=KA_T\Delta p^m=KA_T\left(p_p-\frac{F}{A_1}\right)^m \tag{8-1-6}$$

式中：A_T 为节流阀阀口的过流面积。

则活塞的运动速度为

$$v=\frac{q_1}{A_1}=\frac{KA_T}{A_1}\left(p_p-\frac{F}{A_1}\right)^m \tag{8-1-7}$$

式(8-1-7)即为进油路节流调速回路的**速度-负载特性方程**，它反映了在节流阀过流面积 A_T 一定的情况下，活塞速度 v 和负载力 F 的关系。若以活塞运动速度 v 为纵坐标，负载力 F 为横坐标，将式(8-1-7)按不同节流阀通流面积 A_T 作图，则可得一组曲线，即为该回路的速度-负载特性曲线，如图 8-1-1b 所示。

速度随负载力变化的程度，表现在速度-负载特性曲线上就是曲线的斜率不同，常采用速度刚度来评定。速度刚度的定义为

$$T_v=-\frac{\partial F}{\partial v}=-\frac{1}{\partial v/\partial F}=-\frac{1}{\tan\alpha} \tag{8-1-8}$$

速度刚度是速度-负载特性曲线上某点处切线斜率的负倒数。它表示负载变化时，回路抵抗速度变化的能力。特性曲线上某点处的斜率越小，速度刚度就越大，回路在该处速度受负载变化的影响就越小，即该处的速度稳定性就越好。

由式(8-1-7)、式(8-1-8)可得进油路节流调速回路的速度刚度为：

$$T_v=\frac{A_1^2}{KA_Tm}\left(p_p-\frac{F}{A_1}\right)^{1-m} \tag{8-1-9}$$

由式(8-1-7)、式(8-1-9)和图 8-1-1b 可以看出：

1）在负载力 F 一定的情况下，液压缸的运动速度 v 和节流阀过流面积 A_T 成正比，调节 A_T 可实现无级调速，这种回路的调速范围较大。

2）当 A_T 调定后，速度 v 随负载力 F 的增大而减小，故这种调速回路的速度-负载特性软，即速度刚性差。

3）在相同的负载条件下，节流阀过流面积大的比小的速度刚性差，即高速时的速度刚性差。

4）节流阀的过流面积 A_T 不变，负载较大时的速度刚性比负载较小时的差，即负载大时速度刚性差，或者说重载区域比轻载区域的速度刚性差。

根据以上分析，这种调速回路在轻载、低速时有较高的速度刚度，故适用于低速、轻载的场合，但这种情况下功率损失较大，效率较低。

(2) 最大承载能力

无论节流阀的过流面积 A_T 为何值，当 $F=p_pA_1$ 时，节流阀两端的压力差 Δp 为零，活塞停止运

动，此时液压泵输出的流量全部经溢流阀流回油箱。因此，此时的 F 值就是该回路的最大承载能力值，即 $F_{max}=p_pA_1$。

（3）功率损失

该回路工作时，溢流阀总是在溢流，所以回路损失既有节流功率损失 $\Delta P_j=\Delta pq_1$，又有溢流功率损失 $\Delta N_y=p_pq_y$。当 $p_1=\dfrac{2}{3}p_p$ 时，效率最高，可根据相关公式推导出该回路最高效率为 38.5%。所以，进油路节流调速回路功率损失较大，效率较低。

2. 回油路节流调速回路

如图 8-1-2 所示，把节流阀串联在液压缸的回油路上，借助于节流阀控制液压缸的排油量 q_2 来实现速度调节，这种回路称为回油路节流调速回路。由于进入液压缸的流量 q_1 受回油路排出流量 q_2 的限制，所以用节流阀来调节液压缸的排油流量 q_2，也就调节了进油流量 q_1，定量泵多余的油液仍经溢流阀流回油箱，溢流阀始终处于溢流状态，因此，泵出口的压力将会稳定在调定值不变。

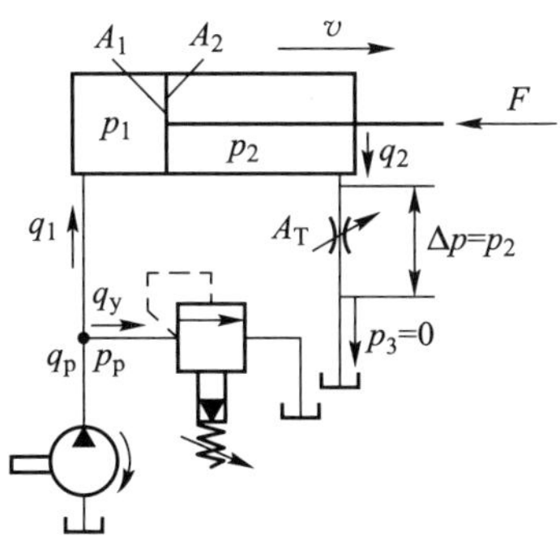

图 8-1-2　回油路节流调速回路

回油路节流调速回路

（1）速度-负载特性

速度-负载特性方程的推导过程与进油路节流调速回路类似。由图 8-1-2 可知，液压缸有杆腔压力 p_2 不等于 0，回油路上的节流阀出口接油箱，出口压力为零，节流阀前后压差 $\Delta p=p_2$。因此，由液压缸活塞上的力平衡方程和经过节流阀的流量方程，可得出液压缸的速度-负载特性为

$$v=\frac{q_2}{A_2}=\frac{KA_T}{A_2}\left(p_p\frac{A_1}{A_2}-\frac{F}{A_2}\right)^m \tag{8-1-10}$$

速度刚度为

$$T_v=\frac{A_1^2n^{m+1}}{KA_Tm}\left(p_p-\frac{F}{A_1}\right)^{1-m} \tag{8-1-11}$$

式中：A_1、A_2 为液压缸无杆腔和有杆腔的有效作用面积；F 为液压缸的外负载力；A_T 为节流阀通流面积；p_p 为溢流阀的调定压力，$p_p=p_1$；n 为活塞两腔有效作用面积比，$n=A_2/A_1$。

比较式（8-1-10）和式（8-1-7）可以发现，回油路节流调速回路和进油路节流调速回路的速度-负载特性基本相同。若对于双出杆缸（$n=1$），则两种节流调速回路的速度-负载特性和速度刚度完全一样。

（2）最大承载能力

回油路节流调速回路的最大承载能力与进油路节流调速回路相同，即 $F_{max}=p_pA_1$。

(3) 进、回油路节流调速回路比较

从以上分析可知,进、回油路节流调速回路有许多相同之处,但它们也有下述不同之处:

1) 承受负值负载的能力不同

对于回油路节流调速回路,具有承受负值负载力(负载力方向与活塞运动方向相同的负载)的能力;而对于进油路节流调速回路,由于回油腔没有背压,在负值负载作用下会出现失控而造成前冲,因而不能承受负值负载力。

2) 停车后的起动性能不同

由于回油路节流调速回路停止工作后液压缸油腔内的油液会流回油箱,当重新起动液压泵向液压缸供油时,液压泵输出的流量会全部进入液压缸,从而造成活塞前冲现象;而在进油路节流调速回路中,进入液压缸的流量总是要受到节流阀的限制,故活塞前冲很小,甚至没有前冲。

3) 油液发热对回路影响不同

回油路节流调速回路中,节流阀安装在液压缸和油箱之间,液压缸排出的油液经节流阀流回油箱,温度升高的油液直接进入油箱冷却,降低了系统温度,减小了泄漏量。而进油路节流调速回路流经节流阀的油液会使油温升高,并进入液压缸,会导致液压缸的内泄漏量增加,影响速度的稳定性。

4) 运动平稳性不同

在回油路节流调速回路中,由于有背压存在,因此运动的平稳性较好,但进油路节流调速回路能获得更低的稳定速度。

为了提高回路的综合性能,实际应用中采用进油路节流调速回路的较多,且可以在其回油路上加背压阀,以提高运动的平稳性。

3. 旁路节流调速回路

如图 8-1-3 所示,将节流阀安装在与执行元件并联的支路上,调节节流阀的过流面积,就可调节流回油箱的流量,从而控制进入液压缸的流量,最终调节液压缸活塞的运动速度,这种回路称为旁路节流调速回路。在该回路中,正常工作时溢流阀不打开而作安全阀用,起过载保护作用,其调定压力为最大负载所需压力的 1.1~1.2 倍。

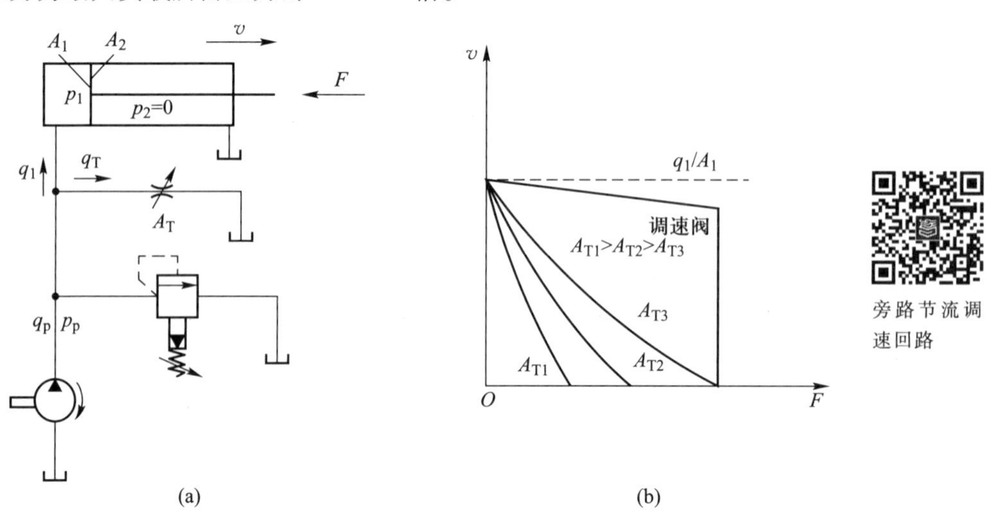

图 8-1-3　旁路节流调速回路

该回路中,活塞的运动速度为

$$v=\frac{q_1}{A_1}=\frac{q_p-q_T}{A_1} \tag{8-1-12}$$

活塞的受力平衡方程式为:

$$p_1A_1=p_2A_2+F \tag{8-1-13}$$

式(8-1-12)、式(8-1-13)中:q_1是进入液压缸的流量;q_p是液压泵输出流量;q_T是通过节流阀的流量;A_1、A_2 分别是液压缸无杆腔和有杆腔面积;p_1是无杆腔压力;p_2是有杆腔压力,$p_2=0$;F 是负载力。

则活塞的运动速度为

$$v=\frac{q_p-KA_T\left(\frac{F}{A_1}\right)^m}{A_1} \tag{8-1-14}$$

当节流阀处于关闭状态,液压泵输出流量全部进入液压缸,活塞运动速度最快。当负载一定时,节流阀通流面积越小,活塞运动速度越高。当节流阀口全部打开,液压泵输出流量通过节流阀回油箱,进入液压缸流量为零,活塞停止运动。当节流阀通流面积一定时,负载增加,活塞运动速度将显著减慢。旁路节流调速回路中液压缸速度受负载变化的影响比进、回油路节流调速回路明显增大,因此,速度稳定性较差,速度刚性也较差。

旁路节流调速回路的最大承载能力随节流阀通流面积的增大而减小,也即低速时承载能力差,调速范围小。但由于旁路节流调速回路中只有节流损失,无溢流损失,相对于进油路和回油路节流调速回路,效率较高。

旁路节流调速回路宜用在负载变化小,对运动平稳性要求低的高速、大功率场合,例如一些设备的主运动传动系统、输送机械的液压系统等。

4. 用调速阀的节流调速回路

在采用节流阀的三种调速回路中,当节流阀的开口度调定时,通过阀口的流量易受工作负载变化的影响,不能保持执行元件运动速度的稳定。因此,采用节流阀的调速回路只适用于负载变化不大和速度稳定性要求不高的场合。

在负载变化较大而又要求速度稳定时,采用节流阀的调速回路就不能满足要求,需采用调速阀的调速回路。当工作负载有变化时,要使速度稳定,常采用压力补偿的办法来保证节流阀前后的压差(Δp)不变,从而使流量保持稳定。进行压力补偿的方法有两种:一种是将定差减压阀与节流阀串联成一个组合阀,由定差减压阀保持节流阀前后压差不变,这种组合的阀称为调速阀;另一种是将差压式溢流阀和节流阀并联成一个组合阀,由差压式溢流阀保证节流阀前后压差不变,这种组合阀称为溢流节流阀(也称旁通型调速阀)。

(1) 采用调速阀的节流调速回路

以进油路上安装调速阀为例,节流调速回路如图 8-1-4a 所示。调速阀是在节流阀 2 前面串联一个定差减压阀 1 组合而成。液压泵输出油液的压力为 p_1(由溢流阀调定并保持稳定),流经定差减压阀到节流阀前的压力为 p_2,节流阀后的压力为 p_3,节流阀前后的压力油分别作用在定差减压阀阀芯的两端。若忽略摩擦力和液动力,当阀芯在弹簧力 F_s、油液压力 p_2 和 p_3 作用下处于某一平衡位置时,有

$$p_2A_1+p_2A_2=p_3A+F_s \tag{8-1-15}$$

式中：A、A_1和A_2分别为 b、c 和 d 腔内的压力油作用于阀芯的有效作用面积，且 $A=A_1+A_2$。故

$$p_2-p_3=\frac{F_s}{A} \tag{8-1-16}$$

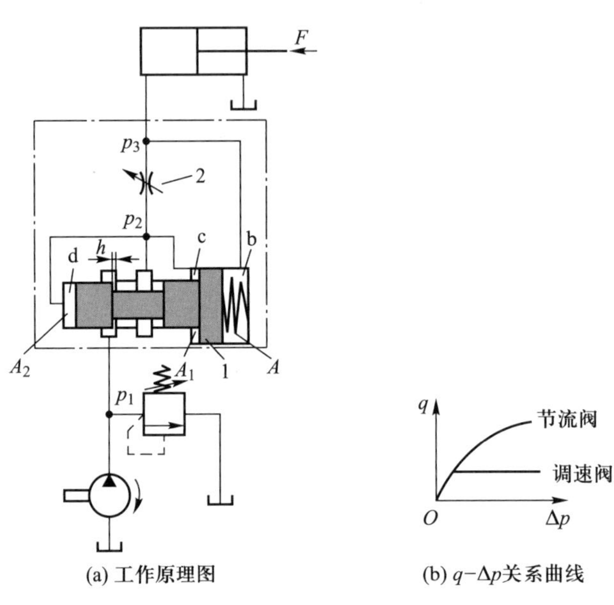

(a) 工作原理图　　(b) $q-\Delta p$关系曲线

1—定差减压阀；2—节流阀

图 8-1-4　采用调速阀的节流调速回路

由于弹簧刚度较低，且工作过程中减压阀阀芯位移很小，可认为 F_s基本保持不变，故节流阀两端压力差 $\Delta p=p_2-p_3$ 也基本不变，从而保证了通过节流阀的流量基本稳定。也即，将调速阀流量调定后，无论出油口压力 p_3还是进油口压力 p_1如何发生变化，由于定差减压阀的自动调节作用，节流阀前后压力差总是保持稳定，从而使通过节流阀的流量基本保持不变。

图 8-1-4d 表示通过节流阀和调速阀的流量 q 随阀进、出油口两端的压力差 Δp 的变化规律。从图上可以看出，节流阀的流量随压力差变化较大，而调速阀在压力差大于一定数值后，流量基本上保持恒定。当压力差很小时，由于定差减压阀阀芯被弹簧推至最左端，定差减压阀阀口全开，不起减压作用，故此时调速阀的性能与节流阀相同。因此，为使调速阀正常工作，就必须有一最小压力差，在一般调速阀中为 0.5 MPa，在高压调速阀中为 1 MPa。

调速阀安装在进油路、回油路或旁路上都可以起到改善速度-负载特性，使速度稳定性提高的作用。但采用调速阀的旁路节流调速回路比进油路和回油路节流调速回路的刚性差，主要原因是受泵的泄漏影响。采用调速阀的旁路节流调速回路的最大承载能力由于不受节流口变化的影响，故为 $F_{max}=p_rA_W$，p_r为安全阀调整压力，A_W为液压缸受力面积。然而，对于采用调速阀的节流调速回路，所有性能上的改进都是以加大整个流量控制阀前后的压力差为代价的。因此，采用调速阀的节流调速回路中的功率损失比采用节流阀的节流调速回路中的功率损失要大。

(2) 采用溢流节流阀的节流调速回路

溢流节流阀（也称旁通型调速阀）也是一种压力补偿型节流阀，图 8-1-5a、b、c 为回路工作

原理图及图形符号。将溢流节流阀接在进油路上也能保持速度稳定。液压泵输出的油液一部分经节流阀 4 进入液压缸左腔,推动活塞向右移动;另一部分经溢流阀 3 的溢流口 T 流回油箱,溢流阀阀芯上端的 a 腔同节流后的油液相通,其压力为 p_2,p_2取决于负载力 F。节流阀前的油液压力为 p_1,它和 b 腔及下端的 c 腔相通。当液压缸在某一负载下工作时,溢流阀阀芯处于某一平衡位置。若负载增加,则 p_2升高,a 腔的压力也相应升高,阀芯向下移动,溢流开口减小,溢流阻力增加,使泵的供油压力 p_1也随之增大,从而使节流阀 4 前后的压力差 p_1-p_2 基本保持不变;若负载减小,则 p_2减小,溢流阀的自动调节作用将使 p_1也减小,$\Delta p=p_1-p_2$ 仍能保持基本不变。

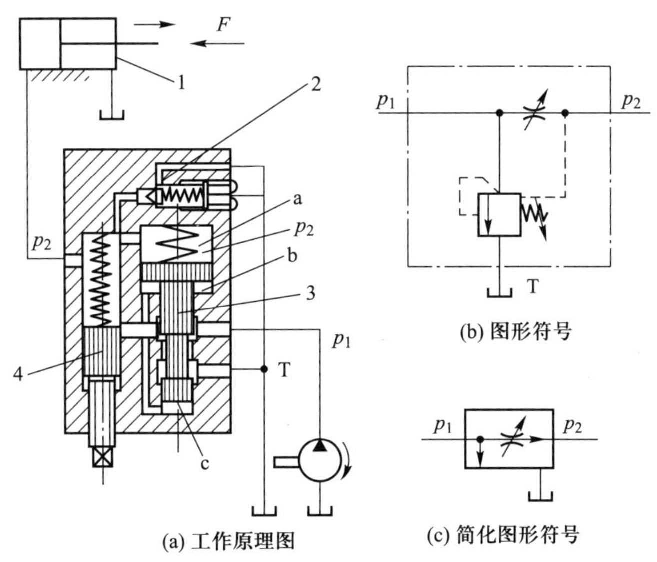

(a) 工作原理图　(b) 图形符号　(c) 简化图形符号

1—液压缸;2—安全阀;3—溢流阀;4—节流阀

图 8-1-5 采用溢流节流阀的节流调速回路

当溢流阀阀芯处于某一位置时,阀芯在其上下的油液压力和弹簧力 F_s(不计阀芯自重、摩擦力、液动力)的作用下处于平衡状态,这时有

$$p_1A=p_2A+F_s \tag{8-1-17}$$

即

$$\Delta p=p_1-p_2=\frac{F_s}{A} \tag{8-1-18}$$

式中:A 为阀芯有效作用面积。

由于弹簧刚度较小,且负载变化时,溢流阀 3 的位移很小,故可以认为 F_s 基本保持不变,从而使 Δp 基本保持不变,通过节流阀的流量将不受负载变化的影响。图中的阀 2 是安全阀,平时关闭,只有当负载增加到使 p_2超过安全阀弹簧的调定压力时,安全阀打开,溢流阀阀芯上的 a 腔经安全阀 2 通油箱,溢流阀 3 向上移动,溢流阀开口增大,液压泵输出的油液经溢流阀全部溢流回油箱,从而防止系统过载。调速阀和旁通型调速阀都有压力补偿作用,使通过的流量不受负载变化的影响。

8.1.1.2 容积调速回路

容积调速回路在行走式液压设备中的应用比较广泛,如混凝土搅拌车、挖掘机、装载机等。

容积调速回路主要是利用改变液压泵或液压马达的排量来实现调速。容积调速回路的优点是功率损失小(没有节流损失和溢流损失),且其工作压力随负载变化,效率高,油液温升小,适用于高速、大功率调速系统。缺点是变量泵和变量马达的结构较复杂,成本较高。

根据液压泵和液压马达(或液压缸)的不同组合,容积调速有三种形式:变量泵和定量执行元件组成的调速回路;定量泵和变量执行元件组成的调速回路;变量泵和变量执行元件组成的调速回路。

按油路循环方式不同,容积调速回路又有开式回路和闭式回路两种。开式回路中液压泵从油箱吸油,执行元件的回油直接回到油箱,油箱容积大,油液能得到充分冷却。闭式回路中,液压泵将油液输出进入执行元件的进油腔,又从执行元件的回油腔吸油。闭式回路结构紧凑,只需很小的补油箱,但冷却条件差。为了补偿工作中油液的泄漏,一般在闭式回路中设置补油泵,补油泵的流量为主泵流量的 10%~15%,压力调节为 $3\times10^5 \sim 10\times10^5$ Pa。

1. 变量泵-定量马达(或液压缸)容积调速回路

这种调速回路可由变量泵与定量马达(或液压缸)组成。其回路原理图如图 8-1-6a、b 所示,图 8-1-6a 为变量泵与定量液压缸所组成的开式容积调速回路。图 8-1-6b 为变量泵与定量马达组成的闭式容积调速回路。

其工作原理是:图 8-1-6a 中液压缸活塞运动速度 v 由变量泵 1 调节,2 为安全阀,4 为换向阀,6 为背压阀。图 8-1-6b 所示为采用变量泵 3 来调节定量马达 5 的转速,安全阀 4 用以防止过载,低压补油泵 1 用以补油,其补油压力由低压溢流阀 6 来调节。

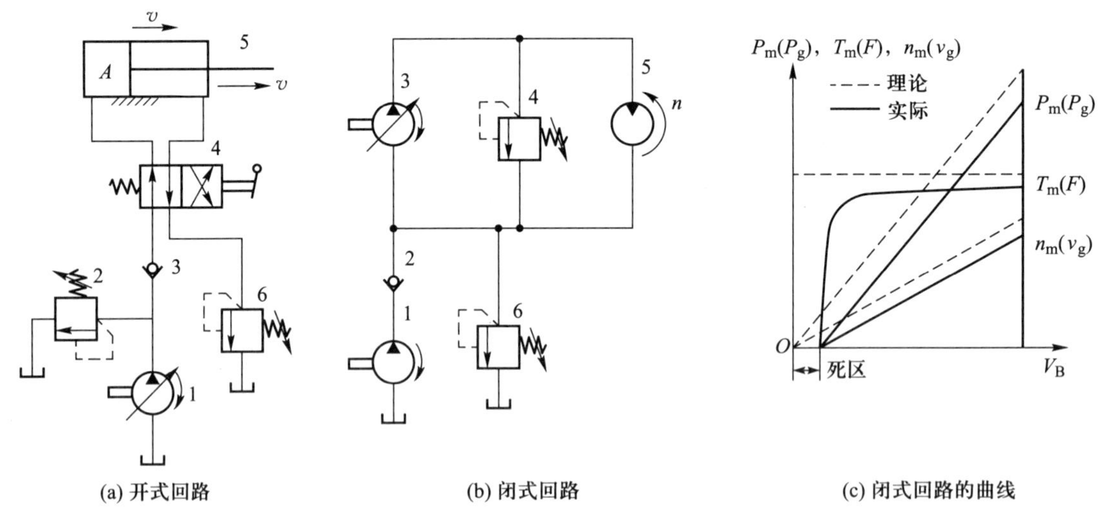

图 8-1-6 变量泵-定量马达(或液压缸)容积调速回路

其主要工作特性如下:

(1) 速度特性

当不考虑回路的容积效率时,执行元件的转速 n_m 或速度 v_g 与变量泵的排量 V_p 的关系为:

$$n_m = n_p V_p / V_m \tag{8-1-19}$$

或

$$v_g = n_p V_p / A \tag{8-1-20}$$

式(8-1-19)和式(8-1-20)表明:因马达的排量 V_m和缸的有效作用面积 A 是不变的,当变量泵的转速 n_p 不变时,马达的转速 n_m(或活塞的运动速度 v_g)与变量泵的排量成正比,是一条通过坐标原点的直线,如图 8-1-6c 中虚线所示。实际上回路的泄漏是不可避免的,在一定负载下,需要一定流量才能启动和带动负载,所以其实际的 n_m(或 v_g)与 V_p的关系如实线所示。这种回路在低速下承载能力差,速度不稳定。

(2) 转矩特性与功率特性

当不考虑回路的损失时,液压马达的输出转矩 T_m(或缸的输出推力 F)为 $T_m=V_m(p_p-p_0)/2\pi$ 或 $F=A(p_p-p_0)$。这表明当变量泵的输出压力 p_p和吸油路(也即马达或缸的排油)压力 p_0不变,马达的输出转矩 M_m或缸的输出推力 F 在理论上是恒定的,与变量泵的排量 V_p无关。因此,此调速回路也称为恒转矩调速回路。但实际上由于泄漏和机械摩擦等的影响,也存在一个“死区”,如图 8-1-6c 所示。

此回路中执行元件的输出功率:

$$P_g=(p_p-p_0)q_p=(p_p-p_0)n_pV_p \tag{8-1-21}$$

或

$$P_m=\omega_mT_m=V_pn_pT_m2\pi/V_m \tag{8-1-22}$$

式(8-1-21)和式(8-1-22)表明:马达或缸的输出功率 $P_m(P_g)$随变量泵的排量 V_p的增减而线性地增减。其理论与实际的功率特性亦见图 8-1-6c。

(3) 调速范围

变量泵-定量马达容积调速回路的调速范围主要取决于变量泵的变量范围,其次是受回路的泄漏和负载的影响。采用变量叶片泵的调速范围可达 10∶1,采用变量柱塞泵的调速范围可达 20∶1。

综上所述,变量泵-定量马达容积调速回路为恒转矩输出,可正反向实现无级调速,调速范围较大,适用于要求调速范围较大,恒转矩输出的场合。

2. 定量泵-变量马达容积调速回路

定量泵-变量马达容积调速回路如图 8-1-7 所示。图 8-1-7a 为开式回路:由定量泵 1、变量马达 2、安全阀 3、换向阀 4 组成。图 8-1-7b 为闭式回路:1、2 分别为定量泵和变量马达,3 为安全阀,4 为低压溢流阀,5 为补油泵。

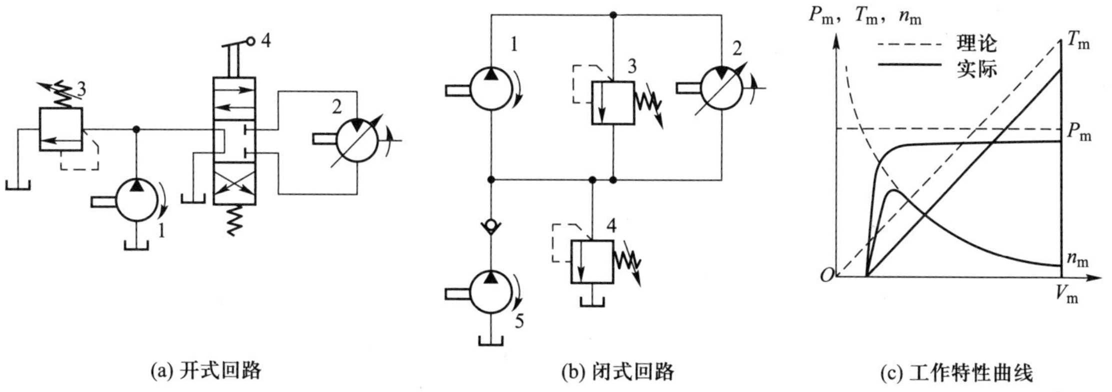

(a) 开式回路　(b) 闭式回路　(c) 工作特性曲线

图 8-1-7　定量泵-变量马达容积调速回路

此回路是通过调节变量马达的排量 V_m 来实现调速的。

（1）速度特性

在不考虑回路泄漏时，液压马达的转速 n_m 为：

$$n_m = q_p / V_m \tag{8-1-23}$$

式中，q_p 为定量泵的输出流量。可见变量马达的转速 n_m 与其排量 V_m 成反比，当排量 V_m 最小时，马达的转速 n_m 最高。其理论与实际的特性曲线分别如图 8-1-7c 中虚、实线所示。

由分析和调速特性可知：采用调节变量马达排量的调速回路，如果用变量马达来换向，在换向的瞬间要经过"高转速—零转速—反向高转速"的突变过程，所以，不宜用变量马达来实现平稳换向。

（2）转矩特性与功率特性

液压马达的输出转矩：

$$T_m = V_m (p_p - p_0) / 2\pi \tag{8-1-24}$$

液压马达的输出功率：

$$P_m = \omega_m T_m = q_p (p_p - p_0) \tag{8-1-25}$$

式（8-1-24）和式（8-1-25）表明：马达的输出转矩 T_m 与其排量 V_m 成正比；而马达的输出功率 P_m 与其排量 V_m 无关，若进油压力 p_p 与回油压力 p_0 不变，$P_m = C$，故此种回路属恒功率调速，也被称为恒功率调速回路。其转矩特性和功率特性见图 8-1-7c。

综上所述，定量泵-变量马达容积调速回路，由于不能用改变马达的排量来实现平稳换向，故调速范围比较小（一般为 3 : 1~4 : 1），因而较少单独应用。

3. 变量泵-变量马达容积调速回路

这种调速回路是上述两种调速回路的组合，其调速特性也具有二者之特点。图 8-1-8 所示为采用双向变量泵和双向变量马达的容积调速回路的工作原理与调速特性。

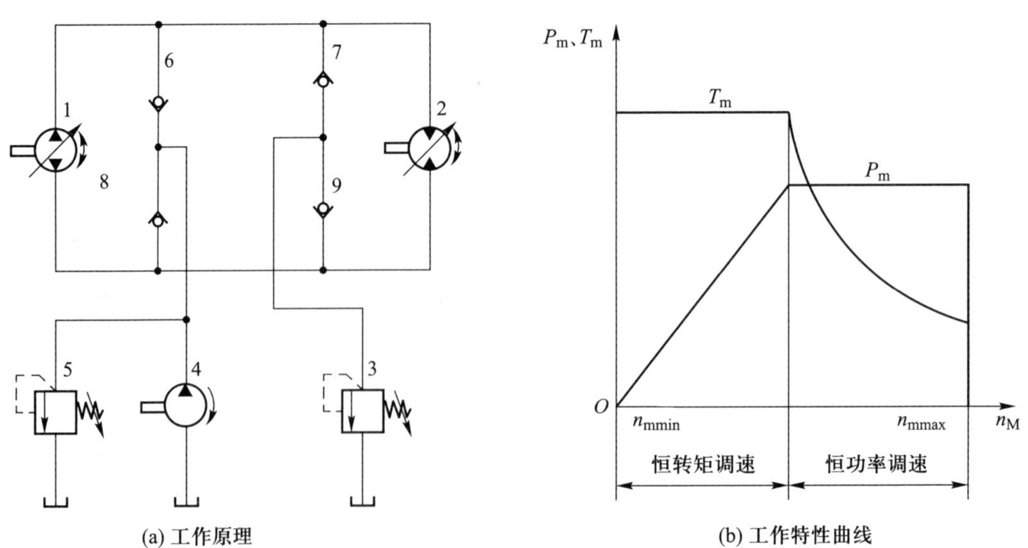

图 8-1-8 变量泵-变量马达容积调速回路

一般工作设备都在低速时要求有较大的转矩，因此，这种系统在低速范围内调速时，先将变量马达的排量调为最大(使马达能获得最大输出转矩),然后改变变量泵的排量,当变量泵的排量由小变大,直至达到最大排量时,变量马达转速亦随之升高,输出功率随之线性增加,此时变量马达处于恒转矩状态。若要进一步加大变量马达的转速,则可将变量马达的排量由大调小,此时输出转矩随之降低,而泵则处于最大功率输出状态不变,故液压马达亦处于恒功率输出状态。

8.1.1.3 容积节流调速回路

容积节流调速回路是采用压力补偿式变量泵供油,通过调速阀(或节流阀)调节进入液压缸的流量并使变量泵的输出流量自动地与液压缸所需流量相适应。

常用的容积节流调速回路包括:限压式变量泵-调速阀容积节流调速回路;差压式变量叶片泵-节流阀容积节流调速回路。

1. 限压式变量泵-调速阀容积节流调速回路

图 8-1-9 所示为限压式变量泵-调速阀容积节流调速回路工作原理和工作特性图。在图 8-1-9a所示位置,液压缸 4 的活塞快速向右运动,变量泵 1 按快速运动要求调节其输出流量 q_p,同时调节限压式变量泵的压力调节螺钉,使变量泵的限定压力 p_c大于快速运动所需压力,如图 8-1-9b 中 AB 段所示。当换向阀 3 通电时,变量泵输出的压力油经调速阀 2 进入液压缸 4,其回油经背压阀 5 回油箱。调节调速阀 2 的流量 q_1就可调节活塞的运动速度 v,由于 $q_1<q_p$,压力油迫使变量泵的出口与调速阀进口之间的油压升高,即泵的供油压力升高,变量泵的流量便自动减小到$q_p \approx q_1$为止。

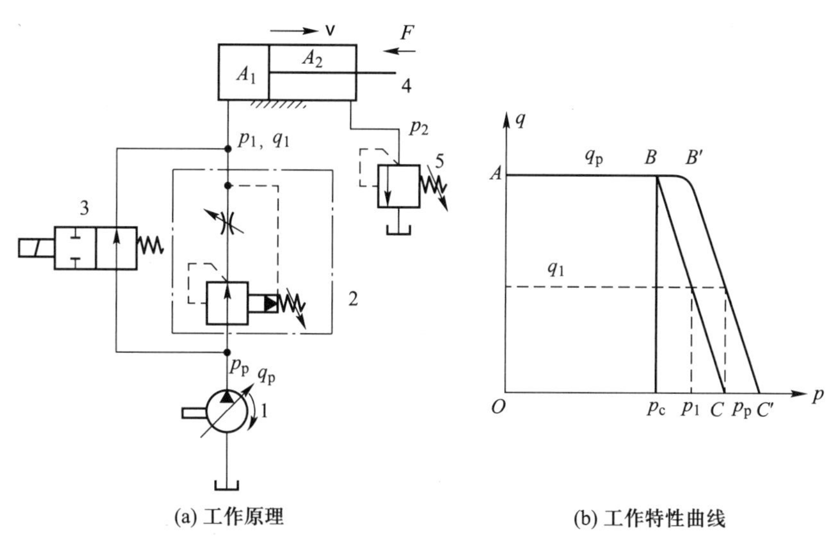

图 8-1-9 限压式变量泵-调速阀容积节流调速回路

该调速回路的运动稳定性、速度-负载特性、承载能力和调速范围均与采用调速阀的节流调速回路相同。图 8-1-9b 所示为其工作特性,由图可知,此回路只有节流损失而无溢流损失。

当不考虑回路中变量泵和管路的泄漏损失时,回路的效率为:

$$\eta=[p_1-p_2(A_2/A_1)]q_1/(p_p q_1)=[p_1-p_2(A_2/A_1)]/p_p \tag{8-1-26}$$

由式(8-1-26)可知:变量泵的输油压力 p_p调得低一些,回路效率就可高一些,但为了保证调速阀的正常工作压差,变量泵的压力应比负载压力 p_1至少大 0.5 MPa。当此回路采用压力继电器发信实现快退时,变量泵的压力还应调高些,以保证压力继电器可靠发信,故此时的实际工作特性曲线如图 8-1-9b 中 $AB'C'$所示。此外,当 p_c不变时,负载越小,p_1便越小,回路效率越低。

限压式变量泵-调速阀容积节流调速回路具有效率较高、调速较稳定、结构较简单等优点,可应用于负载变化不大的中、小功率的液压系统中。

2. 差压式变量叶片泵-节流阀容积节流调速回路

图 8-1-10 所示为差压式变量叶片泵-节流阀容积节流调速回路。差压式变量叶片泵和限压式变量泵不同,后者的流量由泵的出口压力来控制,而前者的流量则用节流阀两端的压力差来控制。这种回路在工作时,节流阀前后的压力差作用在变量叶片泵定子两侧的控制活塞和柱塞上,通过控制活塞和柱塞的作用来保证节流阀前后的压力差不变,使通过节流阀的流量保持稳定。系统保证了变量叶片泵的输出流量始终与节流阀的调节流量相适应。若节流阀开口调大,则泵出口压力就会降低,偏心距 e 增大,泵的输油量也增大;若节流阀开口减小,则泵的输油量就减小,从而起到调速作用。

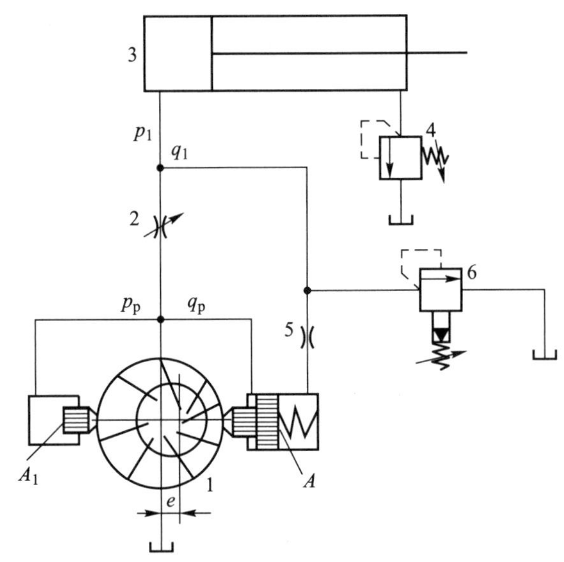

图 8-1-10 差压式变量叶片泵-节流阀容积节流调速回路

在该回路中,节流阀前后的压力差基本不变,通过节流阀的流量也基本不变,故活塞的运动速度是稳定的。

图 8-1-10 中,4 是背压阀,6 是安全阀,5 是固定阻尼小孔,用以防止变量叶片泵定子移动过快而发生振荡。

总之,容积节流调速回路由变量泵供油,用流量阀改变进入液压缸的流量,以实现工作速度的调节。调节过程中,泵的供油量自动地与液压缸所需的流量相适应。所以,这种回路的效率高、发热小(与节流调速回路相比),速度稳定性好(与容积调速回路相比)。在一些中、小功率场合使用时,其调速范围较大,有较大优势。

8.1.1.4 调速回路的比较及选用

1. 调速回路的比较

调速回路的比较见表 8-1-1。

表 8-1-1 调速回路的比较

<table>
<tr><th colspan="2" rowspan="4">主要性能</th><th colspan="7">回路类型</th></tr>
<tr><th colspan="4">节流调速回路</th><th rowspan="3">容积调速回路</th><th colspan="2">容积节流调速回路</th></tr>
<tr><th colspan="2">用节流阀</th><th colspan="2">用调速阀</th><th rowspan="2">限压式</th><th rowspan="2">差压式</th></tr>
<tr><th>进、回油路</th><th>旁油路</th><th>进、回油路</th><th>旁油路</th></tr>
<tr><td rowspan="2">机械特性</td><td>速度稳定性</td><td>较差</td><td>差</td><td colspan="2">好</td><td>较好</td><td colspan="2">好</td></tr>
<tr><td>承载能力</td><td>较好</td><td>较差</td><td colspan="2">好</td><td>较好</td><td colspan="2">好</td></tr>
<tr><td colspan="2">调速范围</td><td>较大</td><td>小</td><td colspan="2">较大</td><td>大</td><td colspan="2">较大</td></tr>
<tr><td rowspan="2">功率特性</td><td>效率</td><td>低</td><td>较高</td><td>低</td><td>较高</td><td>最高</td><td>较高</td><td>高</td></tr>
<tr><td>发热</td><td>大</td><td>较小</td><td>大</td><td>较小</td><td>最小</td><td>较小</td><td>小</td></tr>
<tr><td colspan="2">适用范围</td><td colspan="4">小功率、轻载的中或低压系统</td><td>大功率、重载、高速的中或高压系统</td><td colspan="2">中、小功率的中压系统</td></tr>
</table>

2. 调速回路的选用

选用调速回路时主要考虑以下问题：

(1) 执行元件的负载性质及运动速度、速度稳定性等要求　负载小且工作中负载变化也小的系统可采用节流阀节流调速回路；在工作中负载变化较大且要求低速稳定性好的系统，宜采用调速阀的节流调速回路或容积节流调速回路；负载大、运动速度高、油的温升要求小的系统，宜采用容积调速回路。

一般来说，功率在 3 kW 以下的液压系统宜采用节流调速回路；功率为 3~5 kW 的液压系统宜采用容积节流调速回路；功率在 5 kW 以上的液压系统宜采用容积调速回路。

(2) 工作环境要求　在温度较高的环境下工作，且要求整个液压装置体积小、重量轻的情况，宜采用闭式回路的容积调速回路。

(3) 经济性要求　节流调速回路的成本低、功率损失大、效率也低；容积调速回路中变量泵、变量马达的结构较复杂且成本高，但其效率高、功率损失小；而容积节流调速回路的成本则介于两者之间。所以在具体应用中，需综合分析选用哪种回路。

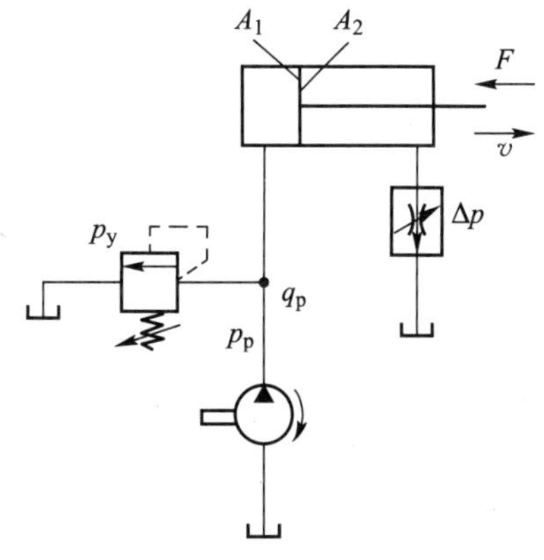

图 8-1-11 调速阀节流调速回路

【例 8-1】 在图 8-1-11 所示的调速阀节流调速回路中，已知：$q_p = 25$ L/min，$A_1 = 100$ cm^2，$A_2 = 50$ cm^2，F 由零增至 30 000 N 时活塞向右移动速度基本无变化，$v = 20$ cm/min，如调速阀要求的最小压差 $\Delta p_{min} = 0.5$ MPa，试问：

(1) 溢流阀的调整压力 p_y 为多少(不计调压偏差)？泵

的工作压力 p_p 是多少?

(2) 液压缸可能达到的最高工作压力是多少?

(3) 回路的最高效率是多少?

解:(1) 溢流阀应保证回路在 $F=F_{max}=30\ 000$ N 时仍能正常工作,根据液压缸受力平衡式:

$$p_pA_1=p_2A_2+F_{max}=\Delta p_{min}A_2+F_{max}$$

得

$$p_p=3.25\ \text{MPa}$$

进入液压缸大腔的流量

$$q_1=A_1v=\frac{100\times20}{10^3}\text{L/min}=2\ \text{L/min}$$

q_1 小于 q_p,溢流阀处于正常溢流状态,所以泵的工作压力 $p_p=p_y=3.25$ MPa。

(2) 当 $F=F_{min}=0$,液压缸小腔中压力达到最大值,由液压缸受力平衡式 $p_pA_1=p_{2max}A_2$,故

$$p_{2max}=\frac{A_1}{A_2}p_p=\frac{100}{50}\times3.25\ \text{MPa}=6.5\ \text{MPa}$$

(3) 当 $F=F_{max}=30\ 000$ N,回路的效率最高,有

$$\eta=\frac{Fv}{p_pq_p}\times100\%=\frac{30\ 000\times\frac{20}{10^2}}{3.25\times10^6\times\frac{25}{10^3}}\times100\%=0.074\times100\%=7.4\%$$

8.1.2 速度变换回路

速度变换回路是指将执行元件从一种速度变换到另一种速度的液压回路。常见的有增速回路、减速回路、速度转换回路等。

8.1.2.1 增速回路

增速回路是指在不增加液压泵流量的前提下,提高执行元件速度的回路。

1. 自重充液增速回路

图 8-1-12a 所示为自重充液增速回路,常用于质量大的立式运动部件的大型液压系统,如大型液压机等系统。图中,当换向阀 5 右位接通油路时,由于运动部件的自重,活塞快速下降,其下降速度由单向节流阀 3 控制。若活塞下降速度超过液压泵供油流量所提供的速度,液压缸上腔将产生负压,通过液控单向阀 2(充液阀)从高位油箱 1(充液油箱)向液压缸上腔补油;当运动部件接触到工件,负载增加时,液压缸上腔压力升高,液控单向阀 2 关闭,此时仅靠液压泵供油,活塞运动速度降低。回程时,换向阀 5 左位接通油路,压力油进入液压缸下腔,同时打开液控单向阀,液压缸上腔回油一部分进入高位油箱,一部分经换向阀返回油箱。

自重充液增速回路的液压泵按液压缸低速运行并加载时的工况选择,快速时利用自重充液,不需增设辅助的动力源,回路构成简单。但活塞下降速度过快时液压缸上腔吸油不充分,为此高位油箱可用加压油箱或蓄能器代替,实现强制充液。

2. 差动连接增速回路

图 8-1-12b 所示为差动连接增速回路。电磁铁 1YA 通电时,活塞向右运动;而 1YA、3YA 同时通电时,压力油进入液压缸左右两腔,形成差动连接。由于无杆腔有效作用面积大于有杆腔有效作用面积,故活塞仍向右运动,此时有效作用面积减小(有效作用面积相当于活塞杆的面积),活塞推力减小,而运动速度增加。2YA 通电、3YA 断电时,活塞向左返回。差动连接可以提高活塞向右运动的速度(一般是空载情况下),缩短工作循环时间,是实现液压缸快速运动的一种较好办法。

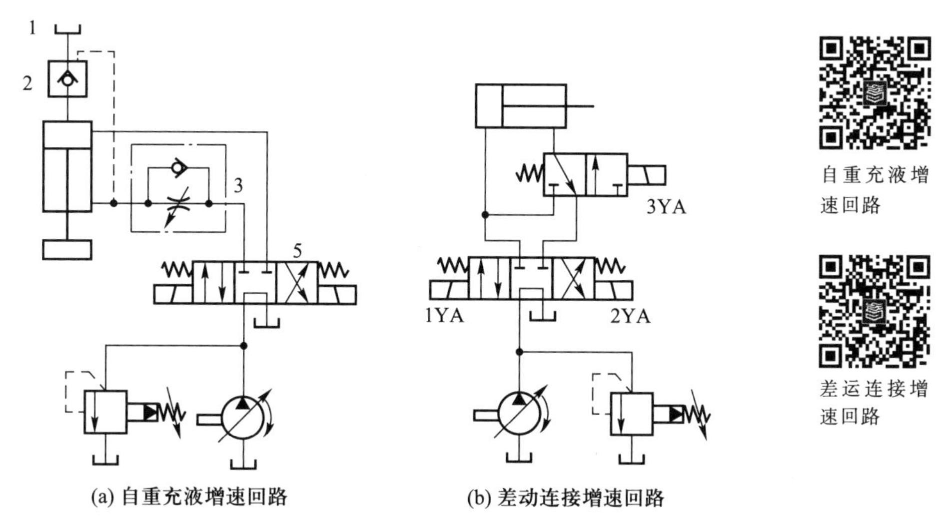

(a) 自重充液增速回路　(b) 差动连接增速回路

图 8-1-12 增速回路

8.1.2.2 减速回路

减速回路是使执行元件由快速转换为慢速的液压回路。一般可以依靠节流阀或调速阀进行减速控制,也可用行程阀或电气行程开关控制换向阀的通断,然后依托流量阀将快速转换为慢速。

图 8-1-13a 所示为用行程阀控制的减速回路。在液压缸的回油路上并联接入行程阀 2 和单向调速阀 1,活塞向右运动时,活塞杆上的挡铁 3 碰到行程阀的滚轮之前,活塞快速运动;当挡铁碰上滚轮并压下行程阀的顶杆后,行程阀 2 关闭,液压缸的回油只能通过单向调速阀 1 排回油箱,活塞做慢速运动。活塞向左返回时不管挡铁是否压下行程阀的顶杆,液压油均可通过单向阀进入液压缸的有杆腔,活塞快速退回。在图 8-1-13b 所示回路中,是将电气行程开关 3 的电气信号转给二位二通电磁换向阀 2,其他原理同图 8-1-13a。

8.1.2.3 速度转换回路

速度转换回路是采用两个或多个调速阀串联或并联在执行元件的进油路或回油路上,用换向阀进行速度的转换。图 8-1-14a、b 分别为调速阀串联和并联的两种速度转换回路,其电磁铁动作顺序列于表 8-1-2。

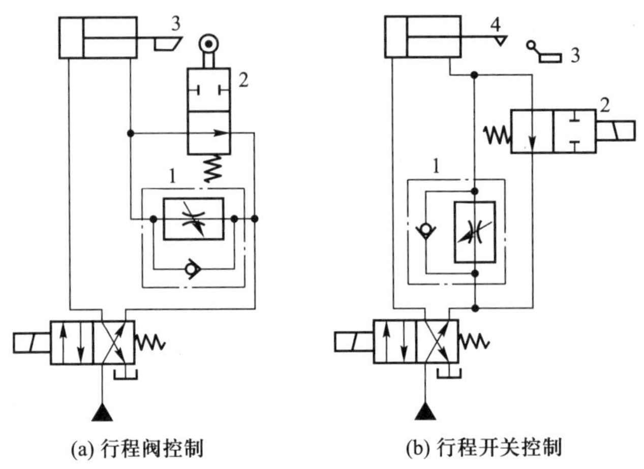

(a) 行程阀控制 (b) 行程开关控制

图 8-1-13 减速回路

行程阀控制减速回路

行程开关控制减速回路

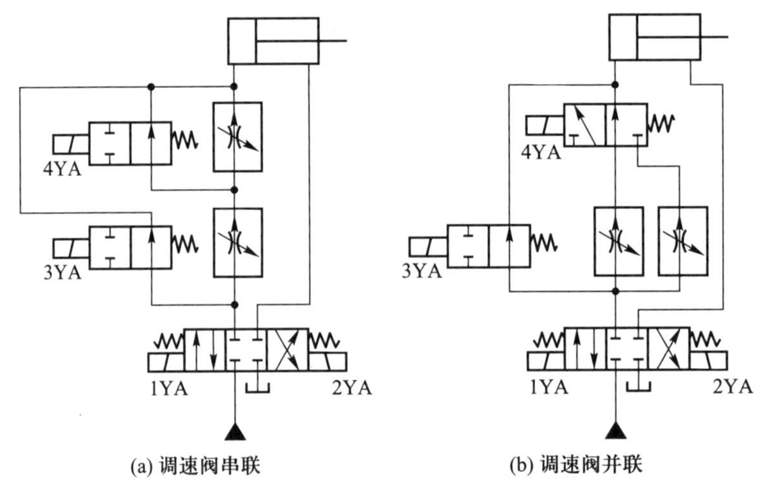

(a) 调速阀串联 (b) 调速阀并联

图 8-1-14 两种速度转换回路

调速阀串联速度转换回路

调速阀并联速度转换回路

表 8-1-2 电磁铁动作顺序表

	1YA	2YA	3YA	4YA
快进	+	-	-	-
一工进	+	-	+	-
二工进	+	-	+	+
快退	-	+	-	-
停止	-	-	-	-

注:“+”代表电磁铁通电,“-”代表电磁铁断电。

调速阀串联时,后一种速度只能小于前一种速度;调速阀并联时,两种速度可以分别调整,互不影响。但并联时,在速度转换瞬间,由于瞬时切换的调速阀有油液通过,定差减压阀尚处于最大开口位置,来不及反应关小,致使通过调速阀的流量过大,造成执行元件的突然前冲。因此,调速阀并联的回路很少用在同一行程有两种速度的转换上。

8.2 压力控制回路

压力控制回路是利用压力阀来控制和调节液压系统中主油路或某一支路的压力，以满足执行元件对所需力或力矩的要求。利用压力控制回路可实现对系统进行调压（稳压）、减压、增压、卸荷、保压与平衡等各种控制。

8.2.1 调压回路

单级调压回路

二级调压回路

多级调压回路

调压回路就是控制系统的最高工作压力，使其不超过某一预先调定的数值。当液压系统工作时，液压泵应向系统提供所需压力的液压油，同时考虑到节省能源、减少发热、提高执行元件运动的平稳性等，应在系统中设置调压或限压回路。当液压泵工作时，为保持液压泵出口压力稳定，就需通过溢流阀的调节和稳压作用来实现。而在变量泵系统中或旁路节流调速系统中，可利用溢流阀（当安全阀用）来限制系统的最高安全压力。当系统在不同的工作时间内需要有不同的工作压力时，可采用二级或多级调压回路。

（1）单级调压回路

如图 8-2-1a 所示，液压泵 1 和溢流阀 2 并联连接即可组成单级调压回路。通过调节溢流阀的压力，实现液压泵出口压力的改变。溢流阀本质上是起限压作用的，系统压力的建立还是由系统所驱动的页载来决定的。当溢流阀的调定压力确定后，液压泵就在溢流阀的调定压力下工作，从而实现对液压系统进行调压和稳压控制。

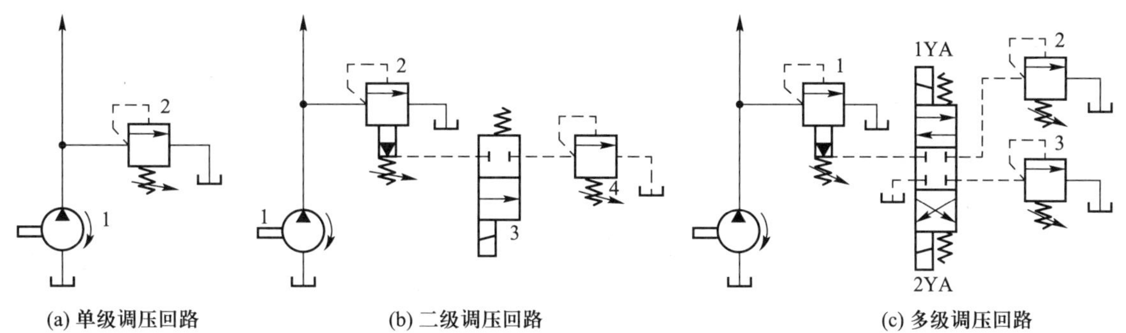

(a) 单级调压回路　(b) 二级调压回路　(c) 多级调压回路

图 8-2-1　调压回路

如果将液压泵 1 改换为变量泵，此时溢流阀将作为安全阀来使用，液压泵的工作压力低于溢流阀的调定压力时，溢流阀不工作；当系统出现故障导致液压泵的工作压力上升时，一旦压力达到溢流阀的调定压力，溢流阀将开启，并将液压泵的工作压力限制在溢流阀的调定压力下，使液压系统不致因压力过载而受到破坏，从而保护液压系统。

（2）二级调压回路

图 8-2-1b 所示为二级调压回路，该回路可实现两种不同的系统压力控制。由先导式溢流

阀 2 和直动式溢流阀 4 各调定一级，当二位二通电磁换向阀 3 处于图示位置时系统压力由先导式溢流阀 2 调定。当电磁换向阀 3 得电后处于下位时，系统压力由直动式溢流阀 4 调定。需要注意，直动式溢流阀 4 的调定压力一定要小于先导式溢流阀 2 的调定压力，否则不能实现调压功能。当系统压力由直动式溢流阀 4 调定时，先导式溢流阀 2 的先导阀口关闭，但主阀开启，液压泵的溢流流量经主阀回油箱，这时直动式溢流阀 4 亦处于工作状态，并有油液通过。若将电磁换向阀 3 与直动式溢流阀 4 对换位置，仍可进行二级调压，并且在二级压力转换点上获得比图 8-2-1b 所示回路更为稳定的压力转换。

（3）多级调压回路

大于二级的调压回路称为多级调压回路。图 8-2-1c 所示为三级调压回路，三级压力分别由先导式溢流阀 1 和直动式溢流阀 2、3 调定，当电磁铁 1YA、2YA 失电时，系统压力由先导式溢流阀 1 调定。当 1YA 得电时，系统压力由直动式溢流阀 2 调定。当 2YA 得电时，系统压力由直动式溢流阀 3 调定。在这种调压回路中，直动式溢流阀 2、3 的调定压力要低于先导式溢流阀 1 的调定压力，而直动式溢流阀 2 和直动式溢流阀 3 间的调定压力则不需要存在一定的关系。当直动式溢流阀 2 或直动式溢流阀 3 工作时，它们相当于在先导式溢流阀 1 上并联的另一个先导阀。

8.2.2 减压回路

减压回路是指当液压泵的输出压力是高压而局部回路或支路要求低压时，可以将液压泵的输出高压通过减压阀进行减压。如液压系统中的定位、夹紧以及液压元件的控制油路等，这些回路往往要求比主油路较低的压力。减压回路较为简单，一般是在所需低压的支路上串接减压阀。采用减压回路虽能方便地获得某支路稳定的低压，但压力油经减压阀时要产生压力损失。

通常将定值减压阀与主油路相连形成减压回路，如图 8-2-2a 所示。当主油路压力降低（低于减压阀调整压力）时回路中的单向阀可防止油液倒流，起短时保压作用。减压回路中也可以采用类似两级或多级调压的方法获得两级或多级减压。图 8-2-2b 所示为利用先导式减压阀 2 的远控口接一个远控溢流阀 3，则可由先导式减压阀 2、远控溢流阀 3 各调定一种低压。应注意，远控溢流阀 3 的调定压力值一定要低于先导式减压阀 2 的调定减压值。

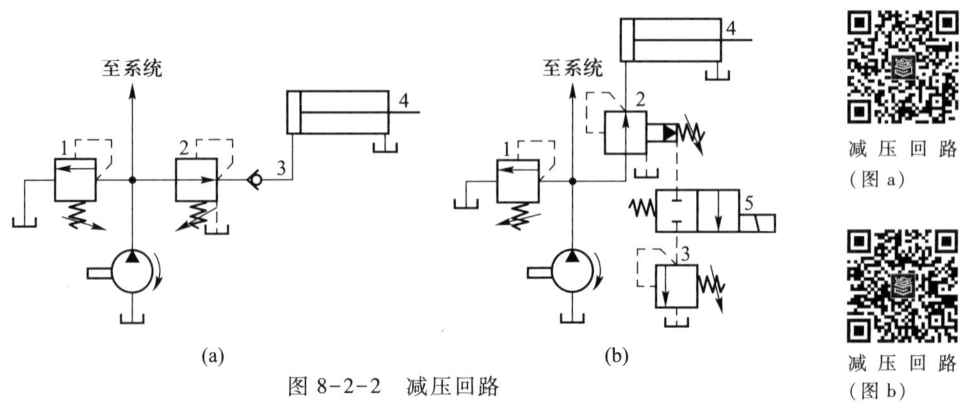

图 8-2-2 减压回路

为了使减压回路工作可靠，减压阀的最低调定压力不应小于 0.5 MPa，最高调定压力至少应比系统压力小 0.5 MPa。当减压回路中的执行元件需要调速时，调速元件应放在减压阀的后面，以避免减压阀泄漏(指由减压阀泄油口流回油箱的油液)对执行元件的速度产生影响。

8.2.3　增压回路

如果液压系统的某一旁油路需要压力较高但流量又不大的压力油,而采用液压泵压力又达不到时,可采用增压回路。增压回路中提高压力的主要元件是增压缸或增压器。

(1) 单作用增压缸的增压回路

如图 8-2-3a 所示为单作用增压缸的增压回路,当系统在图示位置工作时,系统的供油压力 p_1 进入增压缸的大活塞腔,此时在小活塞腔即可得到所需的较高压力 p_2;当二位四通电磁换向阀右位接入系统时,增压缸返回,辅助油箱中的油液经单向阀补入小活塞腔。因而该回路只能间歇增压,所以称之为单作用增压回路。

(2) 双作用增压缸的增压回路

采用如图 8-2-3b 所示的双作用增压缸的增压回路能连续输出高压油,在图示位置,液压泵输出的压力油经换向阀 5 和单向阀 1 进入增压缸左端大、小活塞腔,右端大活塞腔的回油通油箱,右端小活塞腔增压后的高压油经单向阀 4 输出,此时单向阀 2、3 被关闭。当增压缸活塞移到右端时,电磁换向阀 5 得电换向,增压缸活塞向左移动。同理,左端小活塞腔输出的高压油经单向阀 3 输出,增压缸的活塞将不断往复运动,两端便交替输出高压油,从而实现连续增压。

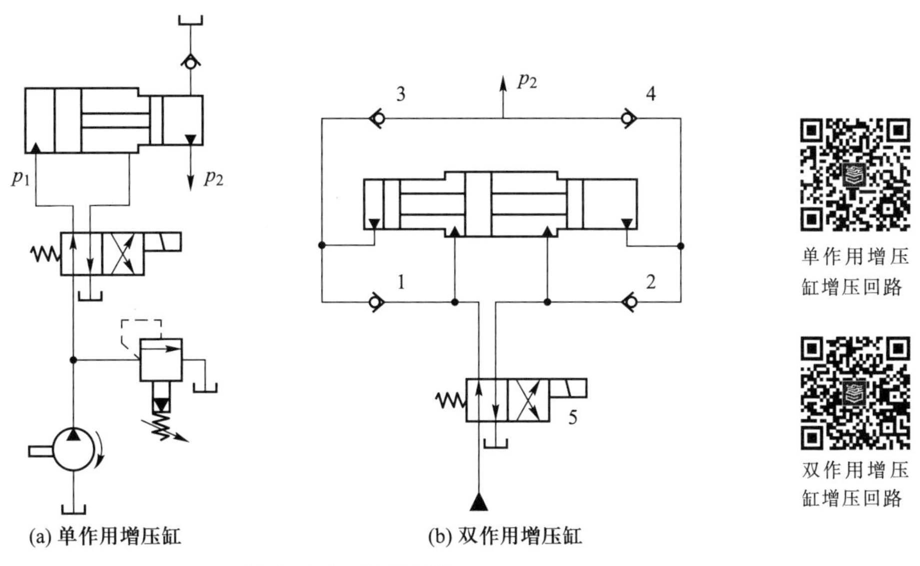

(a) 单作用增压缸　　(b) 双作用增压缸

图 8-2-3　增压回路

8.2.4　卸荷回路

卸荷回路的功用是在电动机带动液压泵工作时,在电动机不频繁启闭的情况下,使液压泵在功率输出接近于零的情况下运转,以降低功率损耗,减少系统发热,延长液压泵和电动机的寿命。由于液压泵的输出功率为其流量和压力的乘积,因此,两者任一近似为零,功率损耗即近似为零。液压泵的卸荷回路有流量卸荷回路和压力卸荷回路两种。流量卸荷回路主要使用变量泵,使变量泵仅为补偿泄漏而以最小流量运转,该回路比较简单,但液压泵仍处在高压状态下运行,液压泵的磨损比较严重。压力卸荷回路是使液压泵在接近零压下运转。

常见的压力卸荷回路方式有以下几种：

(1) 换向阀卸荷回路

利用换向阀的中位机能可实现液压泵的卸荷，如 M、H 和 K 型中位机能的三位换向阀处于中位时，液压泵即卸荷。如图 8-2-4 所示为采用 M 型中位机能的电液换向阀的卸荷回路，这种回路切换时压力冲击小，但回路中必须设置单向阀，以使系统能保持 0.3 MPa 左右的压力，供操纵控制油路之用。

(2) 先导式溢流阀卸荷回路

若去掉图 8-2-1b 中的远程直动式溢流阀 4，使先导式溢流阀的远程控制口直接与二位二通电磁换向阀相连，便构成先导式溢流阀卸荷回路，如图 8-2-5 所示。这种卸荷回路卸荷压力小，切换时冲击也小。

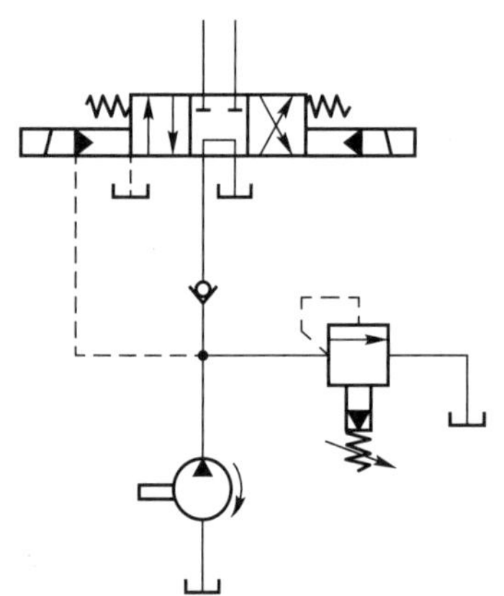

图 8-2-4 M 型中位机能卸荷回路

M 型中位机能卸荷回路

先导式溢流阀卸荷回路

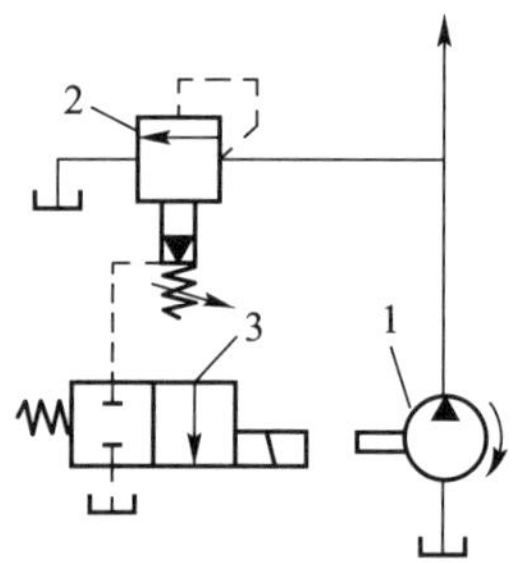

图 8-2-5 先导式溢流阀卸荷回路

8.2.5 保压回路

在液压系统中，常要求液压执行元件在一定的行程位置上停止运动或在有微小位移的状态下稳定地维持住一定的压力，这就需要采用保压回路。最简单的保压回路是采用密封性能较好的液控单向阀的回路，但是，阀类元件的泄漏使得这种回路的保压时间不能维持太久。常用的保压回路有以下几种：

(1) 利用液压泵的保压回路

在需要保压时，液压泵仍以保压所需压力工作。此时，若采用定量泵则压力油几乎全经溢流阀流回油箱，系统功率损失大，易发热，故该方法只在小功率且保压时间要求较短的系统中使用。若采用变量泵，在保压时泵的压力较高，但输出流量几乎等于零，因而，液压系统的功率损失小，这种保压方法能随泄漏量的变化而自动调整输出流量，因而其效率也较高。

(2) 利用蓄能器的保压回路

如图 8-2-6a 所示的回路，当主换向阀 5 在左位工作时，液压缸向右运动且压紧工件，进油路压力升高至调定值，压力继电器动作使二位二通电磁换向阀 4 通电，液压泵卸荷，单向阀自动关闭，液压缸则由蓄能器 6 保压。液压缸压力不足时，压力继电器复位使液压泵重新工作。保压时间的长短取决于蓄能器容量,调节压力继电器的工作区间即可调节液压缸中压力的最大值和最小值。图 8-2-6b 所示为多缸系统中的保压回路。当主油路压力降低时,单向阀 3 关闭,支路由蓄能器保压补偿泄漏。压力继电器 5 的作用是当支路压力达到预定值时发出信号,使主油路开始动作。

利用蓄能器的保压回路(图 a)

利用蓄能器的保压回路(图 b)

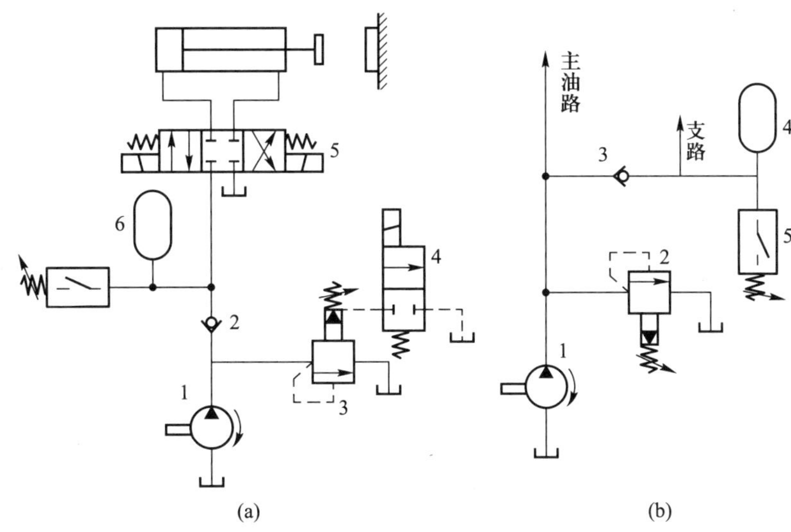

图 8-2-6　利用蓄能器的保压回路

自动补油保压回路

(3) 自动补油保压回路

图 8-2-7 所示为采用液控单向阀和电接触式压力表的自动补油保压回路,其工作原理为:当 1YA 得电时,换向阀 3 右位接入回路,当液压缸上腔压力上升至电接触式压力表 K 的上限值时,上触点接电,使电磁铁 1YA 失电,换向阀 3 处于中位,液压泵卸荷,液压缸由液控单向阀 4 保压。当液压缸上腔压力下降到预定下限值时,电接触式压力表又发出信号,使 1YA 得电,液压泵再次向系统供油,使压力上升。当压力达到上限值时,上触点又发出信号,使 1YA 失电。因此,该回路能自动地使液压缸补充压力油,使其压力能长期保持在一定范围内。

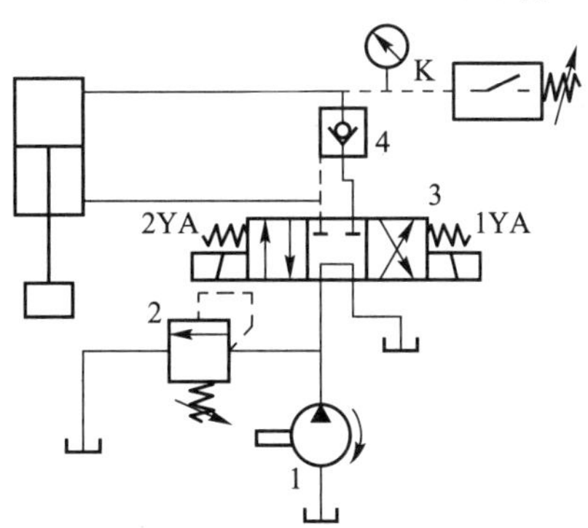

图 8-2-7　自动补油保压回路

8.2.6　平衡回路

平衡回路的功用在于防止垂直或倾斜放置的液压缸和与之相连的工作部件因自重而自行下落。图 8-2-8a 所示为采用内控顺序阀的平衡回路,当 1YA 得电活塞下行时,回油路上就存在着一定的背压;只要将背压调得能支承住活塞和与之相连的工作部件的自重,活塞就可以平稳地下落。当换向阀 1 处于中位时,活塞停止运动,不再继续下移。当活塞向下快速运动时该回路的功率损失大,锁住时活塞和与之相连的工作部件会因顺序阀 2 和换向阀 1 的泄漏而缓慢下落,因此该方法只适用于工作部件重量不大、活塞锁住时定位要求不高的场合。图 8-2-8b 为采用外控顺序阀的平衡回路。当活塞下行时,控制压力油打开外控顺序阀 2,背压消失,因而回路效率较高;当停止工作时,外控顺序阀 2 关闭以防止活塞和工作部件因自重而下降。这种平衡回路的优点是只有上腔进油时活塞才下行,比较安全可靠;缺点是活塞下行时平稳性较差。这是因为活塞下行时,液压缸上腔油压降低,将使外控顺序阀 2 关闭。当外控顺序阀 2 关闭时,因活塞停止下行,使液压缸上腔油压升高,又打开外控顺序阀。因此,外控顺序阀始终工作于启闭的过渡状态,因而影响工作的平稳性。外控顺序阀和单向阀组合在一起,也称平衡阀。

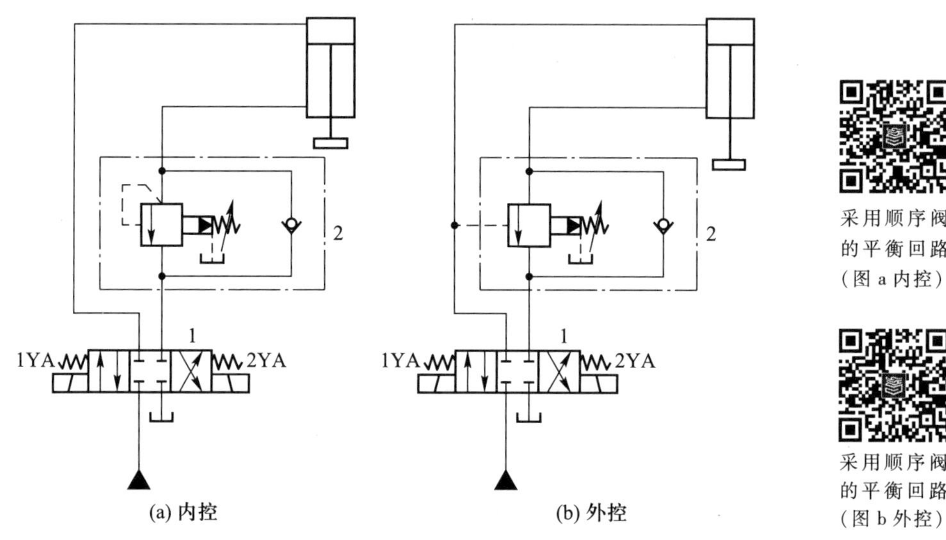

图 8-2-8　采用顺序阀的平衡回路

【例 8-2】　如图 8-2-9 所示液压回路,液压缸Ⅰ、Ⅱ的有效作用面积 $A_1 = A_2 = 100\ \text{cm}^2$,液压缸Ⅰ上的负载力 $F_1 = 35\ 000$ N,液压缸Ⅱ运动时负载力为零。不计摩擦阻力、惯性力和管路损失。溢流阀 1、顺序阀 2 和减压阀 3 的调整压力分别为 4 MPa、3 MPa 和 2 MPa。求在下列三种工况下 A、B、C 三点的压力。

(1) 液压泵启动后,两换向阀 4、5 处于中位。

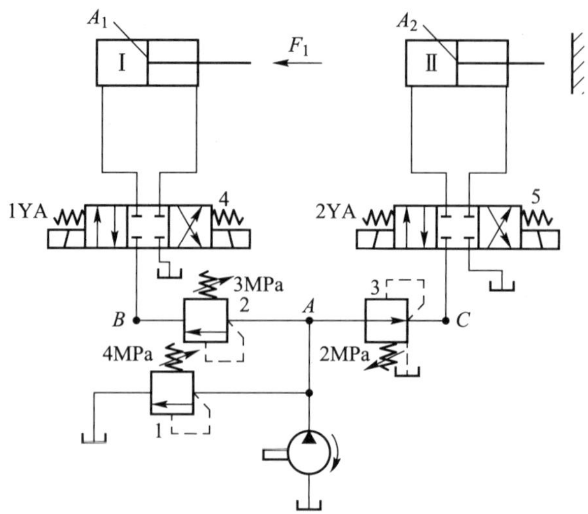

图 8-2-9　两液压缸动作的液压回路

（2）1YA 通电，液压缸Ⅰ的活塞运动时以及活塞运动到终端后。

（3）1YA 断电，2YA 通电，液压缸Ⅱ的活塞运动时以及活塞碰到固定挡块时。

解：（1）液压泵启动后，两换向阀处于中位时，顺序阀 2 处于打开状态；减压阀的先导阀打开，减压阀口关小，A 点压力变高，溢流阀打开，这时

$$p_A = 4\ \text{MPa},\quad p_B = 4\ \text{MPa},\quad p_C = 2\ \text{MPa}$$

（2）1YA 通电，液压缸Ⅰ活塞运动时，有

$$p_B = \frac{F_1}{A_1} = \frac{35\ 000}{100\times10^{-4}}\text{Pa} = 35\times10^5\ \text{Pa} = 3.5\ \text{MPa}$$

则 $p_A = p_B = 3.5$ MPa（不考虑油液流经顺序阀的压力损失），$p_C = 2$ MPa。

活塞运动到终点后，A、B 点压力升高至溢流阀打开，这时

$$p_A = p_B = 4\ \text{MPa}$$

$$p_C = 2\ \text{MPa}$$

（3）1YA 断电，2YA 通电，液压缸Ⅱ的活塞运动时，$p_C = 0$，$p_A = 0$（不考虑油液流经减压阀的压力损失），$p_B = 0$。

活塞碰到固定挡块后

$$p_C = 2\ \text{MPa},\quad p_A = p_B = 4\ \text{MPa}$$

8.3 方向控制回路

方向控制回路的作用是控制液压系统中油液的通、断及流动方向，进而达到控制执行元件运动、停止及改变运动方向的目的。

8.3.1 换向回路

液压系统中，运动部件的换向一般可采用各种换向阀来实现。在容积调速的闭式回路中，也可以利用双向变量泵控制油液的流动方向来实现液压缸（或液压马达）的换向。

依靠重力或弹簧返回的单作用液压缸，可以采用二位三通换向阀进行换向，如图 8-3-1 所示。双作用液压缸的换向，一般都可采用二位四通（或五通）及三位四通（或五通）换向阀来进行换向，按不同用途还可选用各种不同控制方式的换向回路。

利用电磁换向阀进行换向，在自动化程度要求较高的液压系统中被普遍采用。对于流量较大和换向平稳性要求较高的场合，往往采用手动换向阀或机动换向阀作先导阀来控制液动换向阀，实现液动换向阀的换向，或者采用电液换向阀实现换向。

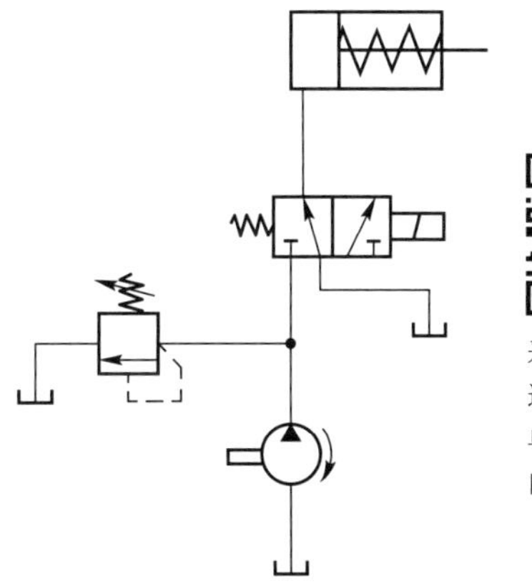

图 8-3-1 采用二位三通换向阀的换向回路

采用二位三通换向阀使单作用缸换向的回路

图 8-3-2 所示为手动先导阀（转阀）控制液动换向阀的换向回路。回路中用辅助液压泵 2 提供低压控

制油，通过手动先导阀 3（三位四通转阀）来控制液动换向阀 4 的阀芯移动，实现主油路的换向。当手动先导阀 3 在右位时，控制油进入液动换向阀 4 的左端，右端的油液经手动先导阀 3 回油箱，使液动换向阀 4 左位接入工件，活塞下移。当手动先导阀 3 切换至左位时，即控制油使液动换向阀 4 换向，活塞向上退回。当手动先导阀 3 位于中位时，液动换向阀 4 两端的控制油通油箱，在弹簧力的作用下，其阀芯回复到中位，主液压泵 1 卸荷。

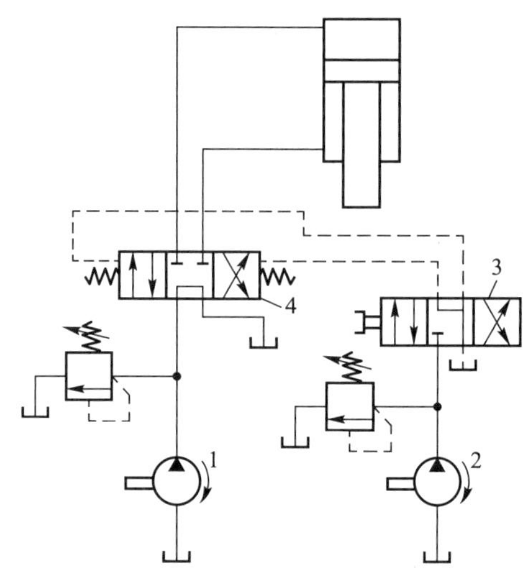

先导阀控制液动换向阀的换向回路

图 8-3-2 手动先导阀控制液动换向阀的换向回路

在液动换向阀的换向回路或电液换向阀的换向回路中，控制油液除了用辅助泵供给外，在一般的系统中也可以把控制油路直接接入主油路。但是，当主换向阀采用 M 型或 H 型中位机能时，必须在回路中设置背压阀，以保证控制油液有一定的压力，从而控制主换向阀阀芯的移动。

8.3.2 锁紧回路

锁紧回路的作用是使工作部件能在任意位置上停留，或者当负载停止工作时，防止在有外力的情况下发生移动。

采用 O 型或 M 型中位机能的三位换向阀，当阀芯处于中位时，液压缸的进、出油口都被封闭，也可以将活塞锁紧，但这种锁紧回路由于受到滑阀泄漏的影响，锁紧效果较差。

图 8-3-3 是采用液控单向阀的锁紧回路。在液压缸的进、回油路中都串接液控单向阀（工程上把两个液控单向阀组合在一起的阀称为液压锁），液压缸活塞可以在行程的任何位置锁紧。该回路的锁紧精度只受液压缸内少量内泄漏的影响，因此，锁紧精度较高。采用液控单向阀的锁紧回路，换向阀的中位机能应使液控单向阀的控制油液卸压（换向阀采用 H 型或 Y 型中位机能），此时，液控单向阀便立即关闭，活塞停止运动。假如采用 O 型中位机能，在换向阀位于中位时，由于液控单向阀的控制腔压力

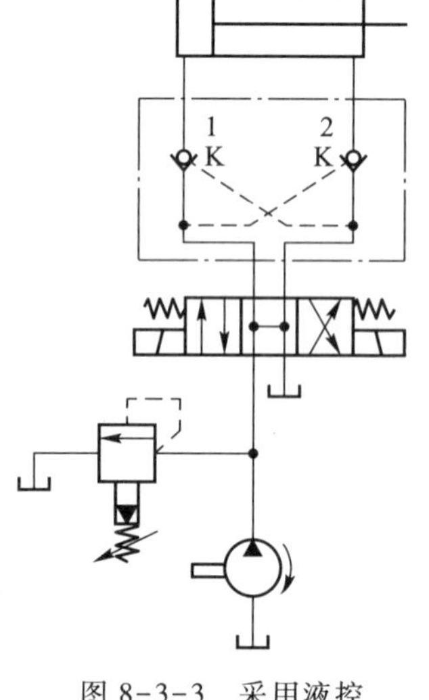

图 8-3-3 采用液控单向阀的锁紧回路

采用液控单向阀的锁紧回路

油被闭死而不能使其立即关闭，直至由换向阀的内泄漏使控制腔泄压后，液控单向阀才能关闭，影响其锁紧精度。

8.3.3　浮动回路

浮动回路与锁紧回路相反。浮动回路是将执行元件的进、回油路连通或同时接回油箱，使之处于无约束的浮动状态，执行元件在外力作用下可运动。

利用三位四通换向阀的中位机能（Y 型或 H 型）就可实现执行元件的浮动，如图 8-3-4a 所示。如果是液压马达（或双活塞杆液压缸）也可用二位二通换向阀将进、回油路直接连通从而实现浮动，如图 8-3-4b 所示。

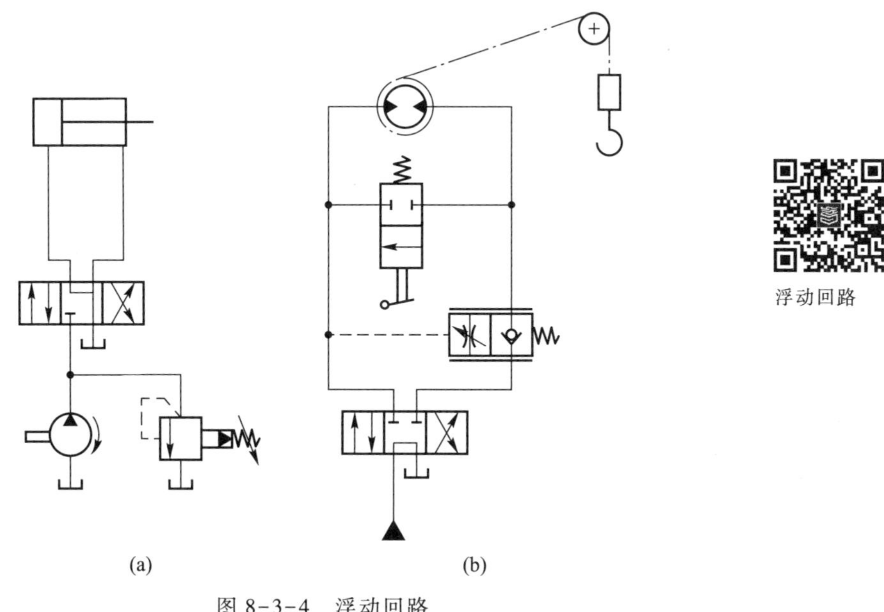

(a)　(b)

图 8-3-4　浮动回路

8.4　多缸动作控制回路

在多个液压缸的液压系统中，往往需要按照一定的要求使液压缸按照一定顺序动作。顺序动作回路按其控制方式不同，分为压力控制、行程控制和时间控制三类，其中前两类用得较多。

8.4.1　用压力控制的顺序动作回路

压力控制就是利用油路本身的压力变化来控制液压缸的先后动作顺序，可利用压力继电器和顺序阀来控制顺序动作。

（1）用压力继电器控制的顺序动作回路

图 8-4-1 是夹紧、进给系统，要求的动作顺序是：先将工件夹紧，然后动力滑台进行切削加工，动作循环开始时，二位四通电磁换向阀 1 处于图示位置，液压泵输出的压力油进入夹紧缸的

右腔，左腔回油，活塞向左移动，将工件夹紧。夹紧后，液压缸右腔的压力升高，当油压超过压力继电器 4 的调定值时，压力继电器 4 发出信号，指令电磁换向阀的电磁铁 2YA、4YA 通电，进给缸动作。油路中要求先夹紧后进给，工件没有夹紧则不能进给，这一严格的顺序是由压力继电器保证的。压力继电器的调定压力应比减压阀的调整压力低 $3\times10^5\sim5\times10^5$ Pa。

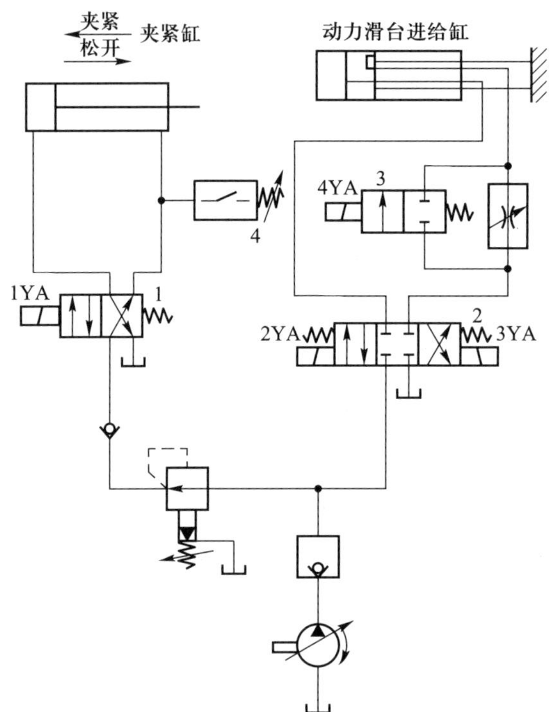

压力继电器控制的顺序动作回路

图 8-4-1　压力继电器控制的顺序动作回路

（2）用顺序阀控制的顺序动作回路

图 8-4-2 是采用两个单向顺序阀的压力控制顺序动作回路。其中单向顺序阀 3 控制两液压缸前进时的先后顺序，单向顺序阀 4 控制两液压缸后退时的先后顺序。当电磁换向阀 5 通电左位接入回路时，压力油进入液压缸 1 的左腔，右腔经单向顺序阀 3 中的单向阀回油，此时由于压力较低，单向顺序阀 4 关闭，液压缸 1 的活塞先动。当液压缸 1 的活塞运动至终点时，油压升高，达到单向顺序阀 4 的调定压力，单向顺序阀 4 开启，压力油进入液压缸 2 的左腔，右腔直接回油，液压缸 2 的活塞向右移动。当液压缸 2 的活塞右移达到终点后，电磁换向阀右位接入回路，此时压力油进入液压缸 2 的右腔，左腔经单向顺序阀 4 中的单向阀回油，使液压缸 2 的活塞向左返回。到达终点时，压力油升高打开单向顺序阀 3 再使液压缸 1 的活塞向左返回。

顺序动作回路的可靠性主要取决于顺序阀的性能及其压力调定值。顺序阀的调定压力应比先动作的液压缸的工作压力高 $8\times10^5\sim10\times10^5$ Pa，以免在系统压力波动时发生误动作。

8.4.2　用行程控制的顺序动作回路

行程控制顺序动作回路是利用工作部件到达一定位置时，发出信号来控制液压缸的先后动作顺序，它可以利用行程开关、行程阀或顺序缸来实现。图 8-4-3 是利用行程开关发信号来控

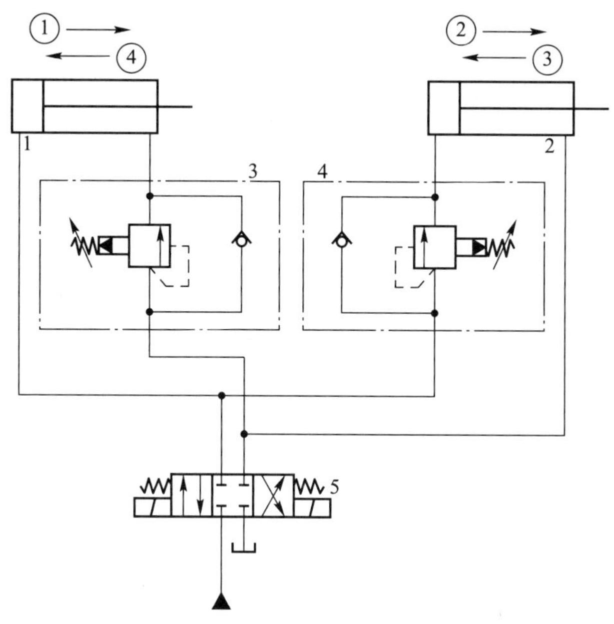

顺序阀控制的顺序动作回路

图 8-4-2 顺序阀控制的顺序动作回路

制电磁换向阀先后换向的顺序动作回路。其动作顺序是:按起动按钮,电磁铁 1YA 通电,液压缸 1 的活塞右行;当挡铁触动行程开关 2XK 时,使 2DT 通电,液压缸 2 的活塞右行;液压缸 2 活塞右行至行程终点,触动 3XK,使 1YA 断电,液压缸 1 活塞左行;而后触动 1XK,使 2YA 断电,液压缸 2 活塞左行。至此完成了液压缸 1、液压缸 2 的全部顺序动作的自动循环。采用电气行程开关控制的顺序回路,调整行程大小和改变动作顺序都比较方便,且可利用电气互锁使动作顺序可靠。

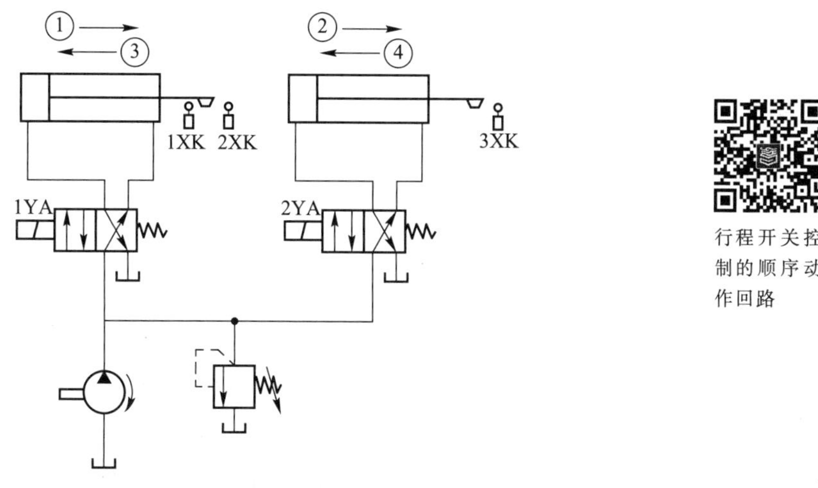

行程开关控制的顺序动作回路

图 8-4-3 行程开关控制的顺序动作回路

8.4.3 同步回路

使两个或两个以上的液压缸在运动中保持相同位移或相同速度的回路称为同步回路。在一泵多缸的系统中，尽管液压缸的有效作用面积相等，但是由于运动中所受负载不均衡，且摩擦阻力以及泄漏量的不同以及制造上的误差等，不能使液压缸完全实现同步动作。而同步回路的作用就是为了克服这些影响，补偿它们在流量上所造成的变化。

1. 串联液压缸的同步回路

图 8-4-4 是串联液压缸的同步回路。图中第一个液压缸回油腔排出的油液被送入第二个液压缸的进油腔。如果串联油腔活塞的有效作用面积相等，便可实现同步运动。这种回路中两液压缸能承受不同的负载，但泵的供油压力要大于两液压缸工作压力之和。

泄漏和制造误差会影响串联液压缸的同步精度。当活塞往复多次后，会产生严重的失调现象，为此要采取补偿措施。图 8-4-5 是两个单作用液压缸串联，并带有补偿装置的同步回路。为了达到同步运动，液压缸 1 有杆腔 A 的有效作用面积应与液压缸 2 无杆腔 B 的有效作用面积相等。在活塞下行的过程中，如液压缸 1 的活塞先运动到底，触动行程开关 1XK 发出信号，使电磁铁 1DT 通电，此时压力油便经过二位三通电磁阀 3、液控单向阀 5 向液压缸 2 的 B 腔补油，使液压缸 2 的活塞继续运动到底。如果液压缸 2 的活塞先运动到底，触动行程开关 2XK，使电磁铁 2DT 通电，此时压力油便经二位三通电磁阀 4 进入液控单向阀的控制油口，液控单向阀 5 反向导通，使液压缸 1 能通过液控单向阀 5 和二位三通电磁阀 3 回油，使液压缸 1 的活塞继续运动到底，对失调现象进行补偿。

串联液压缸的同步回路

采用补偿措施的串联液压缸同步回路

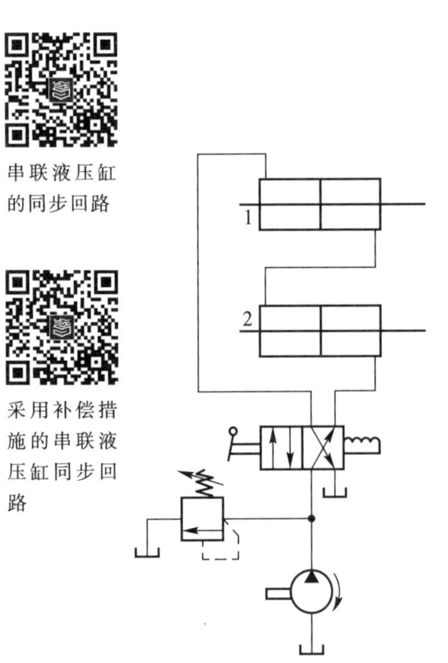

图 8-4-4　串联液压缸的同步回路

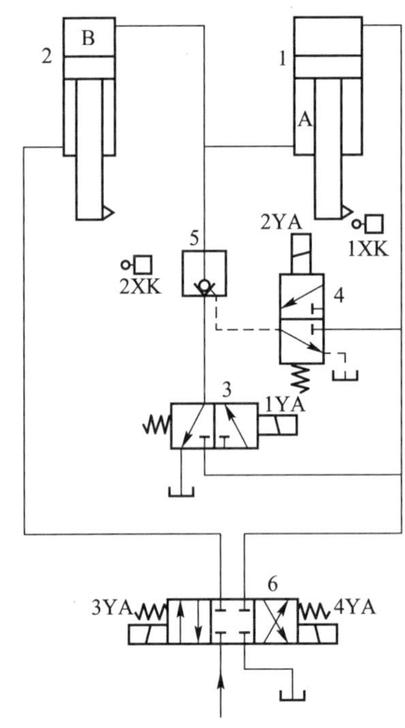

图 8-4-5　采用补偿措施的串联液压缸同步回路

2. 流量控制同步回路

(1) 用调速阀控制的同步回路

图 8-4-6 所示为两个并联的液压缸分别用调速阀 1、2 控制的同步回路。两个调速阀 1、2 分

别调节两液压缸活塞的运动速度，当两液压缸有效作用面积相等时，流量也调整得相同；当两液压缸面积不等时，改变调速阀的流量也能达到同步运动。

用调速阀控制的同步回路，结构简单并且可以调速，但是由于受到油温变化以及调速阀性能差异等影响，同步精度较低，同步误差一般为 5%～7%。

(2) 用比例调速阀控制的同步回路

图 8-4-7 所示为用比例调速阀实现同步运动的回路。回路中使用了一个普通调速阀 1 和一个比例调速阀 2，它们装在由多个单向阀组成的桥式回路中，并分别控制着液压缸 3 和 4 的运动。当两个活塞出现位置误差时，检测装置就会发出信号，调节比例调速阀 2 的开度，使液压缸 4 的活塞跟上液压缸 3 活塞的运动而实现同步。

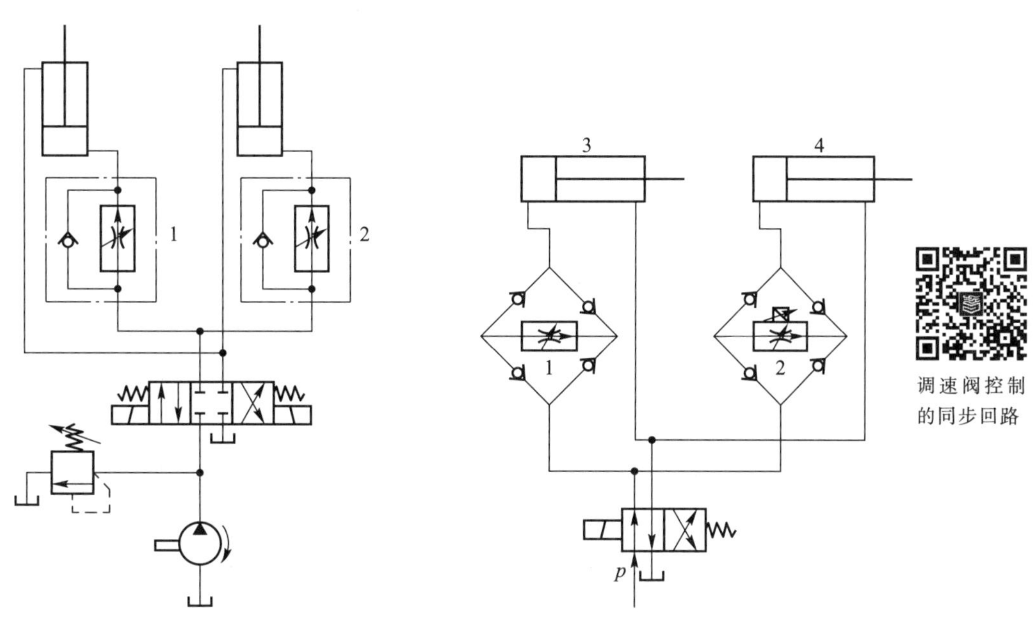

图 8-4-6 调速阀控制的同步回路

图 8-4-7 比例调速阀控制的同步回路

采用比例调速阀实现的同步回路，其同步精度较高，位置精度可达 0.5 mm，能满足大多数工作部件所要求的同步精度。比例调速阀性能虽然比不上伺服阀，但费用低，系统对环境适应性强，因此，用它来实现同步控制被认为是一个较好的选择。

8.4.4 多缸快慢速互不干涉回路

在一泵多缸的液压系统中，往往由于其中一个液压缸快速运动而造成系统的压力下降，影响其他液压缸工作进给的稳定性。因此，在工作进给要求比较稳定的多缸液压系统中，必须采用快慢速互不干涉回路。

在图 8-4-8 所示的回路中，各液压缸分别要完成快进、工作进给和快速退回的自动循环。回路采用双液压泵的供油系统，液压泵 1 为高压小流量泵，供给各缸工作进给所需的压力油；液压泵 2 为低压大流量泵，为各缸快进或快退时输送低压油。液压泵 1、2 的压力分别由溢流阀 3 和 4 调定。

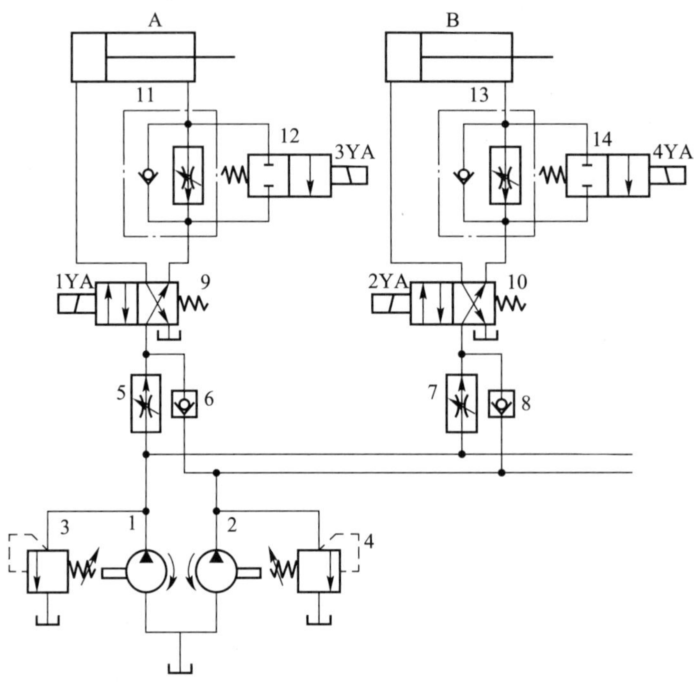

图 8-4-8 互不干涉(防干扰)回路

当开始工作时,电磁阀 1YA、2YA 和 3YA、4YA 同时通电,液压泵 2 输出的压力油经单向阀 6 和 8 进入液压缸的左腔,此时两液压泵供油使各活塞快速前进。当电磁铁 3YA、4YA 断电后,由快进转换成工作进给。当单向阀 6 和 8 关闭后,工作进给所需压力油由液压泵 1 供给。如果其中某一液压缸(例如液压缸 A)先转换成快速退回,即换向阀 9 失电换向,液压泵 2 输出的油液经单向阀 6、换向阀 9 和单向调速阀 11 中的单向阀进入液压缸 A 的右腔,左腔经换向阀 9 回油,使活塞快速退回。而其他液压缸仍由液压泵 1 供油,继续进行工作进给。这时,调速阀 5(或 7)使液压泵 1 仍然保持溢流阀 3 的调定压力,不受快退的影响,防止了相互干扰。在回路中调速阀 5 和 7 的调定流量应适当大于单向调速阀 11 和 13 的调定流量,这样,工作进给的速度由单向调速阀 11 和 13 来决定,这种回路可以用在具有多个工作部件各自分别运动的液压系统中。换向阀 10 用来控制液压缸 B 换向,换向阀 12、14 分别控制液压缸 A、B 快速进给。

习 题

1. 在图 8-2-1c 所示多级调压回路中,已知先导式溢流阀 1 的调定压力为 8 MPa,远程调压阀 2、3 的调定压力分别为 4 MPa 和 2 MPa,试确定两回路在不同的电磁铁通、断电状态下的控制压力。

2. 如题图 8-1 所示为采用电液换向阀的卸荷回路,分析此回路存在的问题,并回答如何改正。

3. 在图 8-2-8a 所示平衡回路中,活塞与运动部件的自重 G=6 000 N,运动时活塞上的摩擦

阻力为 $F_f=2\ 000$ N,向下运动时要克服的负载力为 $F_1=24\ 000$ N;液压缸内径 $D=100$ mm,活塞杆直径 $d=70$ mm。若不计管路压力损失,试确定单向顺序阀 2 和泵源的调定压力。

4. 在图 8-1-2 所示的回油路节流调速回路中,已知 $A_1=50\ \text{cm}^2$,$A_2=0.5A_1$;假定溢流阀的调定压力为 4 MPa,并不计管路压力损失和液压缸的摩擦损失。试求:

(1) 回路的最大承载能力。

(2) 当负载力 F 由某一数值突然降为零时,液压缸有杆腔压力可能达到多少?

5. 如题图 8-2 所示进口节流调速回路,已知液压泵 1 的输出流量 $q_p=25$ L/min,负载力 $F=9\ 000$ N,液压缸 5 的无杆腔面积 $A_1=50\ \text{cm}^2$,有杆腔面积 $A_2=20\ \text{cm}^2$,节流阀 4 的阀口为薄壁孔口,通流面积 $A_v=0.02\ \text{cm}^2$,其前后压差 $\Delta p=0.4$ MPa,背压阀 6 的调定压力 $p_b=0.5$ MPa。不计管路压力损失和换向阀 3 的压力损失,试求活塞杆外伸时:

(1) 液压缸进油腔的工作压力。

(2) 溢流阀 2 的调定压力。

(3) 液压缸活塞的运动速度。

(4) 溢流阀 2 的溢流量和液压缸的回油量。

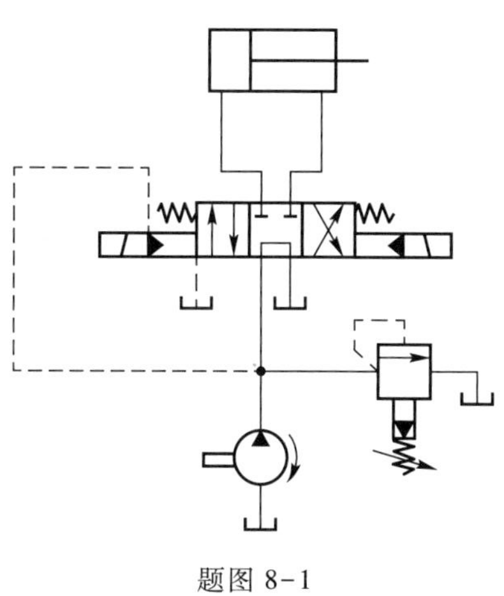

题图 8-1

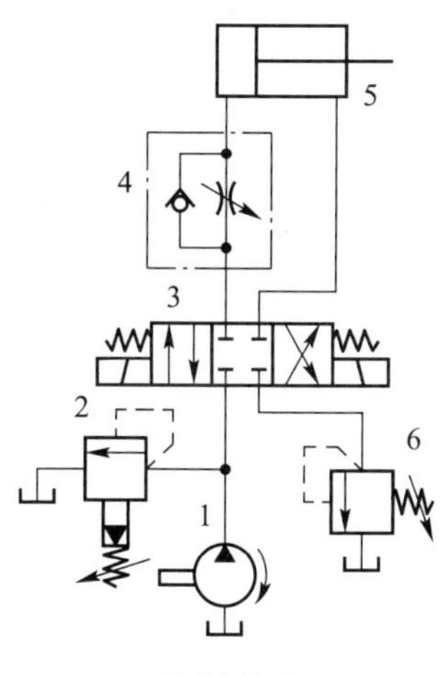

题图 8-2

6. 在图 8-1-6b 所示变量泵-定量马达容积调速回路中,马达驱动一恒转矩负载,转矩 $T=135$ N · m,马达的最高输出转速 $n=1\ 000$ r/min,已知如下参数:回路的最高工作压力 $p_{\max}=15.7$ MPa;液压泵的输入转速 $n_p=1\ 450$ r/min;液压泵、马达的容积效率 $\eta_{pV}=\eta_{mV}=0.93$;马达的机械效率 $\eta_{mM}=0.9$。不计管路的压力、容积损失,试求:

(1) 定量马达的排量。

(2) 变量泵的最大排量和最大输入功率。

7. 如题图 8-3 所示回路中,调速阀 1 的节流口较大,调速阀 2 的节流口较小,试编制液压缸活塞"快速进给—中速进给—慢速进给—快速退回—原位停止"工作循环的电磁铁动作顺序表。

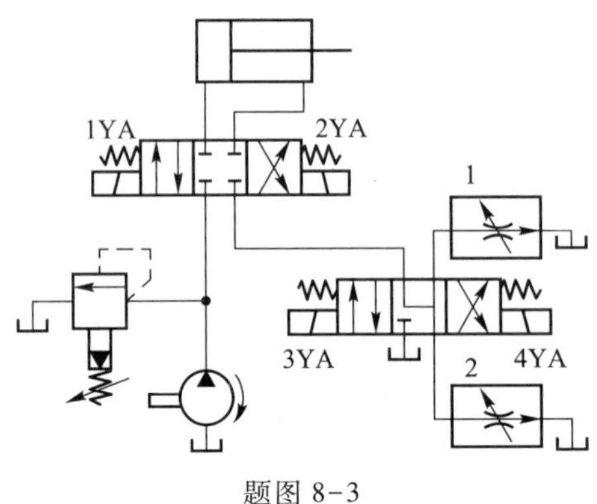

题图 8-3

8. 在不增加元件仅改变某些元件在回路中位置的条件下，能否改变图 8-4-2 和图 8-4-3 中的动作顺序为①→②→④→③？请重新画出液压回路图。

第 9 章　液压系统的分析

液压传动在行走式机动设备中应用较为广泛。正确、迅速地分析液压系统，对于液压设备的设计、分析、研究、使用、维修、调整和故障排除均具有重要的指导作用。一个完整的液压系统一般是由若干基本回路组成的，它能够表达设备工作机构的基本工作过程，也即设备执行元件所能实现的各种动作。本章通过对几个典型设备液压系统的分析，进一步熟悉各液压元件在系统中的作用和各种基本回路的组成，并掌握分析液压系统的方法和步骤，理解液压系统的工作过程。

9.1　液压系统的分析方法及步骤

液压系统原理图是使用连线把液压元件的图形符号连接起来的一张简图，用来描述液压系统的组成及工作原理。

正确分析液压系统，需要熟悉掌握的液压知识包括：各种液压元件的工作原理、功能和特性，液压系统各种基本回路的组成、工作原理及基本性质，液压系统的各种控制方式，液压元件的标准图形符号等。

分析液压系统一般遵循图 9-1-1 所示的步骤，具体在液压系统分析过程中，应结合具体的系统原理图适当调整或简化分析步骤，从而能更加正确、快速地分析液压系统。

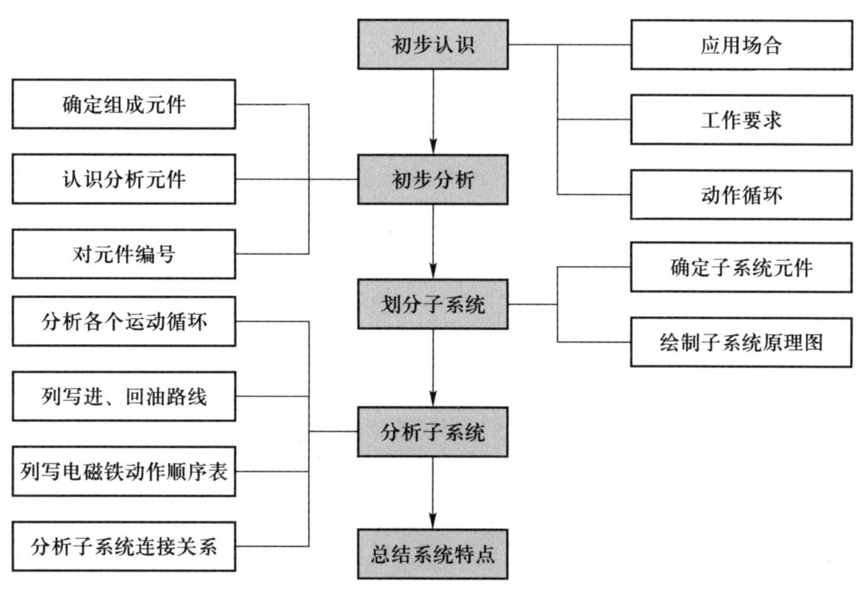

图 9-1-1　液压系统分析的一般步骤

9.1.1 初步认识液压系统

在对给定的液压系统进行分析之前，对被分析液压系统的基本情况进行了解是十分必要的，例如了解液压设备的应用场合、要达到的工作要求以及要实现的动作循环。

(1) 了解液压设备的应用场合。不同的应用场合设备的工作任务有所区别，比如工程机械液压设备主要用于完成搬运、吊装、挖掘、清理等工作任务以及实现行走驱动和转向动作，国防军事液压设备主要用于完成跟踪目标、转向、定位、行走驱动等工作任务。

(2) 了解系统的工作要求。对于所有的液压系统应该能够满足一些共同的工作要求，例如系统效率高、节能、安全等要求。对于液压传动系统，工作要求通常包括：能够实现过载保护、液压泵卸荷、工作平稳和换向冲击小等；对于液压控制系统，除了具有上述液压传动系统的工作要求外，通常还应满足控制精度高、稳定性好、响应速度快等要求。

(3) 了解系统的动作循环。不同的工作任务要求液压系统能够完成不同的工作循环，了解液压系统要完成的动作循环是分析液压系统的关键。只有了解液压系统的动作循环才能够依据并分析动作循环中各个动作过程，从而了解液压系统的工作原理。

9.1.2 初步分析液压系统

对液压系统进行初步分析时，首先浏览待分析的液压系统原理图，根据液压系统原理图的复杂程度和组成元件的多少，决定是否对原理图进行进一步的划分。如果组成元件多、系统复杂，则首先把复杂系统划分为多个单元、模块或元件组。然后明确整个液压系统或各个单元的组成元件，判断哪些元件是熟悉的常规元件，哪些元件是不熟悉的特殊元件。其次，尽量弄清所有元件的功能及工作原理，以便根据系统的组成元件对复杂的液压系统进行分解，把复杂液压系统分解为多个子系统。最后对液压系统原理图中的所有元件进行编号，以便根据元件编号给出液压系统原理图的分析说明及各个工作阶段中液压子系统的进油和回油路线。

9.1.3 划分子系统

将复杂的液压系统分解成多个子系统，然后分别对各个子系统进行分析，是阅读液压系统原理图的重要方法和技巧，也是使液压系统原理图的阅读条理化的重要手段。划分子系统有多种方法，给划分好的子系统命名，并绘制出各个子系统的原理图是对各个子系统进行原理分析的前提。

由多个执行元件组成的复杂液压系统主要依据执行元件的个数划分子系统。如果液压油源结构和组成复杂，也可以把液压油源单独划分为一个子系统。只有一个执行元件的液压系统可以按照组成元件的功能来划分子系统。此外结构复杂的子系统有可能还需要进一步被分解成多个下一级子系统。总之应使原理图中所有的元件都能被划分到某一个子系统中。

必要时，可以重新绘制子系统原理图，即把从液压油源到各个执行元件之间的所有元件都绘制出来，形成一个完整的液压回路。如果液压油源结构复杂或液压油源被单独划分为一个子系统，则不要把液压油源包含到各个子系统的原理图中，而只需要在每个子系统和油源的断开处标注出油源的供油即可。

9.1.4 分析子系统原理及连接关系

对液压系统原理图中各个子系统进行工作原理及特性分析是液压系统分析的关键环节,只有分析清楚各个液压子系统的工作原理,才能够分析清楚整个液压系统的工作原理。对各个子系统进行分析包括分析子系统的组成结构,确定子系统动作过程和功能,绘制各个动作过程油路图,列写进、出油路以及填写电磁铁动作顺序表等过程。

根据子系统的组成结构把子系统归结为不同的基本回路。不同的基本回路具有不同的功能特点和动作过程,因此可以根据液压子系统组成元件的功能及子系统的组成结构确定液压子系统的动作过程及能够实现的功能。

在分析子系统工作情况时,应从系统动力源——液压泵开始,并将每台液压泵的每条油路的“来龙去脉”逐条弄清楚,分清楚主油路及控制油路。列写主油路的路线时,要按每个执行元件来写:从液压泵开始到执行元件,再回到油箱(闭式系统则是回到液压泵),形成一完整循环。液压系统有多种工作状态时,在分析油液流动路线时应先从图示状态(常态位)进行分析,然后再分析其他工作状态。在分析每一工作状态时,首先要确定换向阀和其他一些控制操纵元件(如先导阀等)的通路状态或控制油路的通过情况,然后再分别分析各个主油路。要特别注意系统从一种工作状态转换到另一种工作状态时是哪些元件发出信号使哪些控制操纵元件动作而改变其通路状态而实现的。对于一个工作循环,应在一个动作的油路分析完成后,接着做下一个动作的油路分析,直到全部动作的油路分析依次做完为止。有时一个液压泵会同时向几个执行元件供油,这时要注意各个主油路之间及主油路与控制油路之间有无矛盾和相互干扰现象。如有这种现象,就表明此系统的工作情况分析有误。

9.1.5 总结液压系统的特点

在液压系统的工作原理分析清楚的基础上,根据系统所使用的基本回路的性能对系统做综合分析,归纳总结整个液压系统的特点,以加深对所分析液压系统的理解和认识。对液压系统的特点进行总结,主要是从液压系统的组成结构和工作原理上进行;总结液压系统在设计上是怎样更好地满足液压设备的工作要求,则通常从液压系统实现动作切换和动作循环的方式、调速方式、节能措施、变量方式、控制精度以及子系统的连接方式等几个方面进行。

9.2 汽车起重机液压系统分析

汽车起重机是一种机动灵活、适应性强的起重作业机械,能在冲击、振动、温差大、环境差的野外作业而被广泛应用。图 9-2-1 所示为某典型汽车起重机的外形简图。汽车起重机的起重作业机构包括支腿机构 3、回转机构 2、起升机构 6、起重臂伸缩机构 5 和变幅机构 4 五大部分,各部分相对独立,这些机构一般均采用液压驱动和控制。

支腿机构实现在起吊重物前支撑起整个车体,使轮胎架空,以防止起吊重物时整机前倾或颠覆;回转机构实现吊臂在任意方位起吊;起升机构实现重物升降动作及控制停留;起重臂伸缩机构用于改变吊臂长度,扩大作业范围;变幅机构用于改变作业高度。

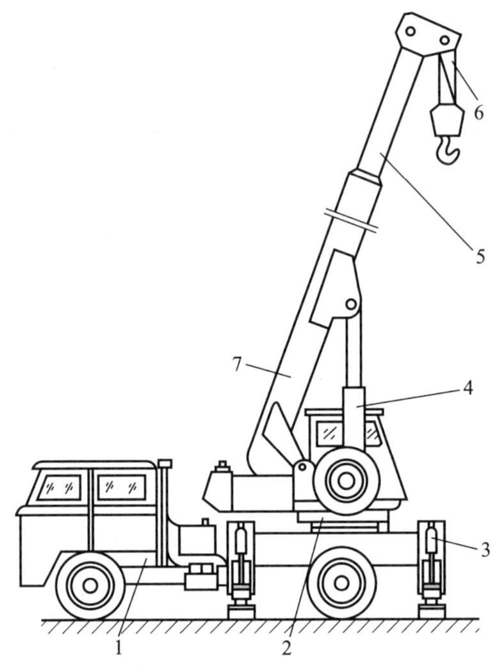

1—载重汽车;2—回转机构;3—支腿机构;4—变幅机构;5—起重臂伸缩机构;6—起升机构;7—基本臂

图 9-2-1 典型汽车起重机外形简图

9.2.1 液压系统工作原理

汽车起重机液压系统如图 9-2-2 所示,其由支腿回路、回转回路、起重臂伸缩回路、变幅回路、起升回路和各回路共用的油源部分等组成。

1. 支腿回路

支腿回路包括水平支腿回路和垂直支腿回路。主要由支腿操纵阀组、四个水平支腿液压缸、四个垂直支腿液压缸、一个截止阀和双向液压锁等组成。

(1) 当支腿操纵阀组中换向阀 1 处于中位时,油液流动情况为:

双联齿轮泵中 50 泵→支腿操纵阀组中换向阀 1 的 V 口→中心回转接头→上车多路换向阀组→多路换向阀出油口→中心回转接头→回油过滤器→油箱。

(2) 当支腿操纵阀组中换向阀 1 位于左位时,油液流动情况为:

① 进油路:双联齿轮泵中 50 泵→支腿操纵阀 C、D→四个换向阀右方框→四个水平液压缸无杆腔。

② 回油路:四个水平液压缸有杆腔→支腿操纵阀 M 口、支腿操纵阀中换向阀 1 左方框→回油过滤器→油箱。

(3) 当支腿操纵阀组中换向阀 1 的四个油口连通关系仍处于三个方框中左边方框所示的油路,而上边四个换向阀换至左边方框所示的油路时,油液流动情况为:

① 进油路:双联齿轮泵中 50 泵→支腿操纵阀 C、D→上边四个换向阀左方框→双向液压锁→四个垂直液压缸无杆腔。

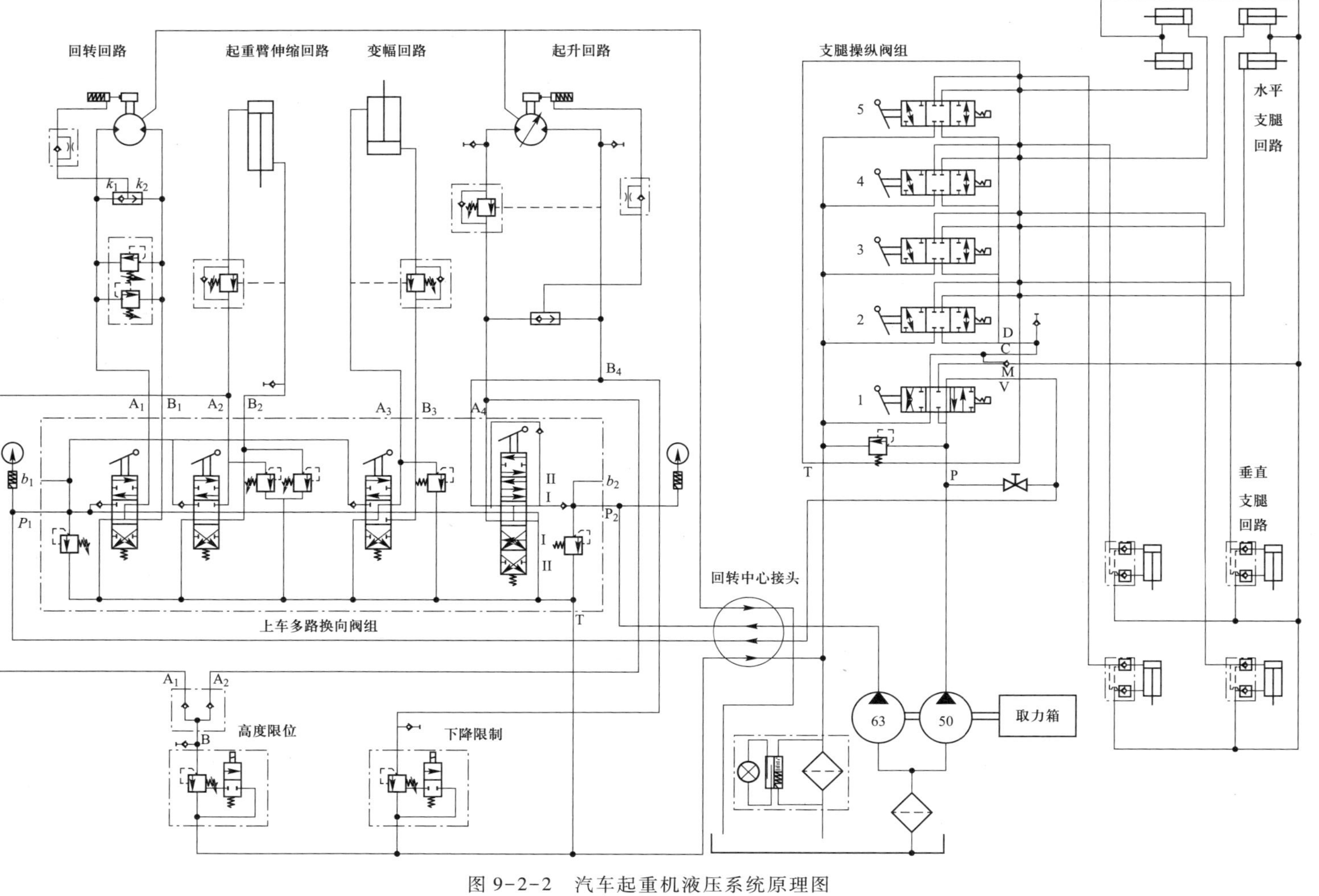

图 9-2-2 汽车起重机液压系统原理图

② 回油路:四个垂直液压缸有杆腔→支腿操纵阀 M 口→支腿操纵阀组中换向阀 1 左方框→回油过滤器→油箱。

(4) 当支腿操纵阀组中换向阀 1 位于右位时,图中支腿操纵阀组中换向阀 1 的四个油口连通关系如三个方框中右边方框所示的油路,且上边四个换向阀换至右边方框所示的油路,油液流动情况为:

① 进油路:双联齿轮泵中 50 泵→支腿操纵阀 M 口→上边四个换向阀右方框→四个水平液压缸和垂直液压缸的有杆腔。

② 回油路:四个水平液压缸无杆腔→支腿操纵阀 D、C 口→支腿操纵阀中换向阀右方框→回油过滤器→油箱。

(5) 当上边四个换向阀换至左边方框所示的油路,油液流动情况为:

① 进油路:双联齿轮泵中 50 泵→支腿操纵阀 M 口→上边四个换向阀左方框→四个水平液压缸和垂直支腿液压缸的有杆腔。

② 回油路:四个垂直液压缸无杆腔→支腿操纵阀 D、C 口→支腿操纵阀中换向阀右方框→回油过滤器→油箱。

2. 回转回路

回转回路的功用是控制驱动上车回转平台转动或停止转动。回转回路由回转换向阀、双向缓冲阀、梭阀、单向阻尼阀、制动器作用缸及回转液压马达等组成。

(1) 回转换向阀处于中位时,油液流动情况为:

双联齿轮泵中 50 泵→回转换向阀流入下游回路。回转换向阀两个工作油口 A_1、B_1 均与回转液压马达相连,而在回转换向阀内 A_1、B_1 口是相通的,而且又与回油路相连,所以回转液压马达不转动。

(2) 当向前扳动回转换向阀手柄,即回转换向阀油路连通关系换为三个方框中上方框表示的油路,油液流动情况为:

① 进油路:双联齿轮泵中 50 泵→回转换向阀前单向阀→回转换向阀→A_1 工作口输出→马达;A_1 口→梭阀→单向阻尼阀→制动器作用缸。

② 回油路:马达回油→B_1 口→回转换向阀→回油口→总回油路。

3. 起重臂伸缩回路

起重臂伸缩回路的作用是控制与驱动起重臂伸缩液压缸,带着可伸缩的起重臂同步伸缩、停止伸缩及保持已伸出的长度。起重臂伸缩回路主要由伸缩回路换向阀、限压阀、平衡阀、伸缩液压缸、单向阀、电磁卸荷阀等组成。

(1) 伸缩回路换向阀处于中位时,油液流动情况为:

双联齿轮泵中 50 泵→回转换向阀→伸缩回路换向阀→下游回路。伸缩回路换向阀两个工作油口中 A_2 口为伸臂供油口,即与伸缩缸无杆腔相连;B_2 为缩臂供油口,即与伸缩缸有杆腔相连。在伸缩回路换向阀内 A_2 口被封死,B_2 口又与回油口沟通,所以伸缩液压缸不运动。

(2) 当向前扳动伸缩回路换向阀手柄后,即换向阀各油口的连通关系换为三个方框中上方框所表示的油路,油液流动情况为:

① 进油路:伸缩回路换向阀前单向阀→伸缩回路换向阀→A_2 口→平衡阀中单向阀→伸缩液压缸无杆腔。

② 回油路:伸缩液压缸有杆腔油→B_2口→伸缩回路换向阀回油口→回油路。

(3) 当向后扳动伸缩回路换向阀手柄,换向阀内油路换成下方框表示的油路,油液流动情况为:

① 进油路:伸缩回路换向阀前单向阀→B_2口→伸缩液压缸有杆腔。

② 回油路:当油路压力达一定值时,图中虚线表示的控制油路打开平衡阀中压力阀所控制的油路,伸缩液压缸无杆腔→平衡阀→伸缩回路换向阀回油口→回油路。

4. 变幅回路

变幅回路也称起重臂俯仰回路,它是控制和驱动起重臂做俯仰运动,并能使起重臂可靠地停在所需的仰角位置的回路。变幅回路主要由变幅回路换向阀、变幅回路平衡阀、变幅液压缸及限压阀等组成。

(1) 变幅回路换向阀处于中位时,油液流动情况为:

双联齿轮泵中 50 泵→伸缩回路换向阀→变幅回路换向阀→下游回路。变幅回路换向阀两个工作油口中 A_3为降臂供油口,A_3口在阀内与阀回油口沟通,避免因下游回路工作造成变幅回路换向阀窜油使起重臂自行下落。B_3口为升臂供油口,它在阀内被堵死,使变幅液压缸无杆腔油路封闭,更可靠地防止起重臂自行下落。此状态下,起重臂不升也不降。

(2) 当向后扳动变幅回路换向阀手柄后,换向阀各油口的连通关系换为三个方框中下方框所表示的油路,油液流动情况为:

① 进油路:变幅回路换向阀前单向阀→变幅回路换向阀 B_3→变幅平衡阀内单向阀→变幅液压缸无杆腔。

② 回油路:变幅液压缸有杆腔→变幅回路 A_3口→变幅回路换向阀回油口→回油路。

(3) 当向前扳动变幅回路换向阀手柄到位后,换向阀内油路换成上方框表示的油路,油液流动情况为:

变幅回路换向阀前单向阀→A_3口→变幅液压缸有杆腔。同时,向变幅回路平衡阀控制油路加压,使平衡阀打开,变幅液压缸无杆腔回油通道。随着从 A_3向变幅液压缸有杆腔供油,无杆腔排油,变幅液压缸活塞杆带着起重臂降落。如果起重臂降落速度过快,与从 A_3口向有杆腔供油流量不相适应,则 A_3所连油路上压力下降,也就是控制平衡阀打开无杆腔回油路的压力下降,平衡阀内出油口关小。这样就使变幅液压缸无杆腔回油阻力加大而回油流量减小,从而使起重臂降落速度自行减慢。上述过程即起重臂降落时油流途径和平衡阀的限速原理。

5. 起升回路

起升回路用来控制和驱动起升机构,使其完成重物提升、下放和将重物吊在空中不动等工作。起升回路主要由起升回路换向阀、起升回路平衡阀、变量液压马达、制动器作用缸、单向阻尼阀、电磁卸荷阀等元件组成。

(1) 起升回路换向阀处于图示中位时,油液流动情况为:

50 泵和 63 泵→总回油路,两个工作油口 A_4、B_4均与回油口沟通。

(2) 在向后扳动起升回路换向阀操纵手柄后,阀芯控制的油路连通关系换为中位方框下方 I 档位方框所示油路后,油液流动情况为:

① 进油路:双联齿轮泵中 50 泵→变幅回路换向阀→起升回路换向阀→回油路。63 泵→P_2口→单向阀→换向阀 A_4口→平衡阀中单向阀→起升液压马达。

② 回油路：马达 B_4 口→换向阀回油口→油箱。

③ 制动油路：63泵与起升回路换向阀之间油路压力油→单向阻尼阀的阻尼孔→制动器作用缸使制动器略迟后一步打开。此时起升液压马达才可以驱动吊钩及重物上升，这是慢提升吊钩的工作原理。

(3) 如果进一步扳动换向阀操纵手柄，换向阀把油路连通关系换为中位下方Ⅱ挡位油路，油液流动情况为：

双联齿轮泵中50泵→变幅回路换向阀→起升回路换向阀→经单向阀与双联齿轮泵中63泵→P_2口→单向阀→起升回路换向阀 A_4 口→平衡阀中单向阀→起升液压马达。这是快提升吊钩的工作原理。

(4) 在向前扳动起升回路换向阀手柄，换向阀油路连通关系换为上方Ⅰ档位所示油路后，油液流动情况为：

① 进油路：双联齿轮泵中50泵→起升回路换向阀→油箱。双联齿轮泵中63泵→P_2口→起升回路换向阀 B_4 口→马达。P_2口处分流→单向阻尼阀的阻尼口→制动器作用缸。

② 回油路：在制动器缓慢松闸过程中，控制平衡阀压力达到开启平衡阀的压力，马达回油路接通，此时马达才驱动吊钩下降。

(5) 如果进一步向前扳动换向阀手柄，换向阀中油路换为上方Ⅱ挡位表示的油路。此时50泵来的油在换向阀内被堵住，它只能经单向阀与63泵送来的油合并。此后油流方向和过程与上方Ⅰ挡相同。这是快降吊钩的工作原理。

9.2.2 液压系统的主要特点

通过对本系统的分析可见，该起重机的主要特点是：

(1) 在起升回路、变幅回路、起重臂伸缩回路中均采用了专用平衡阀，不仅起到了限速作用和锁紧作用，还具有安全保护作用。

(2) 起升回路中采用常闭式制动器，且制动器的控制油压与起升回路联动，保证了起升作业的安全性。

(3) 回转回路中采用专用的双向缓冲阀，减缓了由于回转运动停止过快导致机械系统和液压系统的冲击。

(4) 水平支腿液压缸、垂直支腿液压缸既可以单独动作也可以同时动作，其动作由支腿操纵阀方便控制。

9.3 挖掘机工作装置液压系统分析

9.3.1 挖掘机介绍

挖掘机是开挖和装载土石方的一种主要施工机械，其主要特点是使用范围广，可以完成挖、装、填、夯、抓、刨、吊、钻、推、压等多种作业，作业效率高，经济效益好。挖掘机在工民建、交通运输、水利施工、露天采矿工程中都有广泛应用。挖掘机主要由铲斗、斗杆、动臂、回转等机构组成，工作中，各执行机构启动制动频繁、负载变化大、振动冲击多，主要执行机构要能实现复合动作，有足够的可靠性和较完善的安全保护措施。

下面以某型挖掘机液压系统为例来分析其工作过程。该型挖掘机为斗容量 0.6 m^3的单斗全回转轮胎式液压挖掘机。该挖掘机除行走为机械传动、气压传动外，全部挖掘作业均由液压传动来完成。

9.3.2 液压系统工作原理及过程

1. 液压系统组成

挖掘机工作装置液压系统如图 9-3-1 所示，包括先导油路和主油路两部分。先导油路主要由双联齿轮泵、手动先导阀、先导总开关、单向阀、限压阀、蓄能器、过滤器、先导油管(夹布胶管)等组成。主油路主要由液压泵、回转马达、斗杆液压缸、动臂液压缸、挖斗液压缸、支腿液压缸、多路换向阀、液压锁、马达安全阀、油管、油箱、过滤器、散热器、旁通阀、中央回转接头等组成，其中多路阀中包含六联换向阀、两个主安全阀、五个液压缸过载阀、三个补油阀和六个换向阀杆内的十二个防点头单向阀。

2. 液压系统工作原理

先导油路是由双联齿轮泵中的一个泵提供压力油，由两个手动先导阀控制动臂、挖斗、斗杆和转台的动作；另有支腿先导阀控制支腿的伸、缩。先导系统主油路压力为 3 MPa，由系统限压阀设定。此先导油路中还装有蓄能器，能在系统发生故障或发动机熄火时，将工作装置安全地置于地面。系统中的精过滤器可滤去回路中的杂质。先导油路中还装有测压接头，用来测量系统压力，当发现压力降低时，可调整系统限压阀。

先导油路采用的液压泵为 CBKF1016/1004-FL 双联齿轮泵，前联为先导控制泵，最大流量为 8~10 L/min，压力为 3 MPa；后一联为转向泵。

先导油路的使用情况是：驾驶室座位右手边的右先导阀控制挖掘机的动臂和挖斗；驾驶室座位左手边的左先导阀控制挖掘机的斗杆和转台；座位前方的手动先导阀控制左、右支腿。

为了避免操作手在上、下车时的误操作，该系统在先导油路中设置了先导总开关(其手柄位于左先导箱内侧)。作业开始前，将开关置于打开位置(ON)，作业完毕或操作手离开驾驶室时，将开关置于关闭位置(OFF)。

先导油路操纵的具体情况如图 9-3-2 所示，左先导阀控制挖掘机的斗杆和转台。当将左操纵手柄压向左侧位置时，挖掘机转台向左回转；将左操纵手柄压向右侧位置时，挖掘机转台向右回转。而将左操纵手柄向前推时，挖掘机的斗杆向外伸出；将左操纵手柄向后拉时，挖掘机的斗杆向内回收。

驾驶室里的右先导阀控制挖掘机的动臂和挖斗。将右操纵手柄向前推时，挖掘机的动臂下降；将右操纵手柄向后拉时，挖掘机的动臂上升。当将右操纵手柄压向左侧位置时，挖掘机挖斗挖土；将右操纵手柄压向右侧位置时，挖掘机挖斗卸土。

两个操纵手柄协调操纵(或将先导手柄扳在 45°方向)时，可使工作装置进行复合动作：挖掘机回转时，除斗杆液压缸外，可进行其他任何动作；挖掘时，可实现任何两个复合动作；行走时，也可操纵回转和其他任何工作装置的动作。

3. 工作装置液压系统工作过程

挖掘机液压系统中的多路阀为分片式结构，共有 9 片。6A 号阀为中心两两对称，1A 号阀、

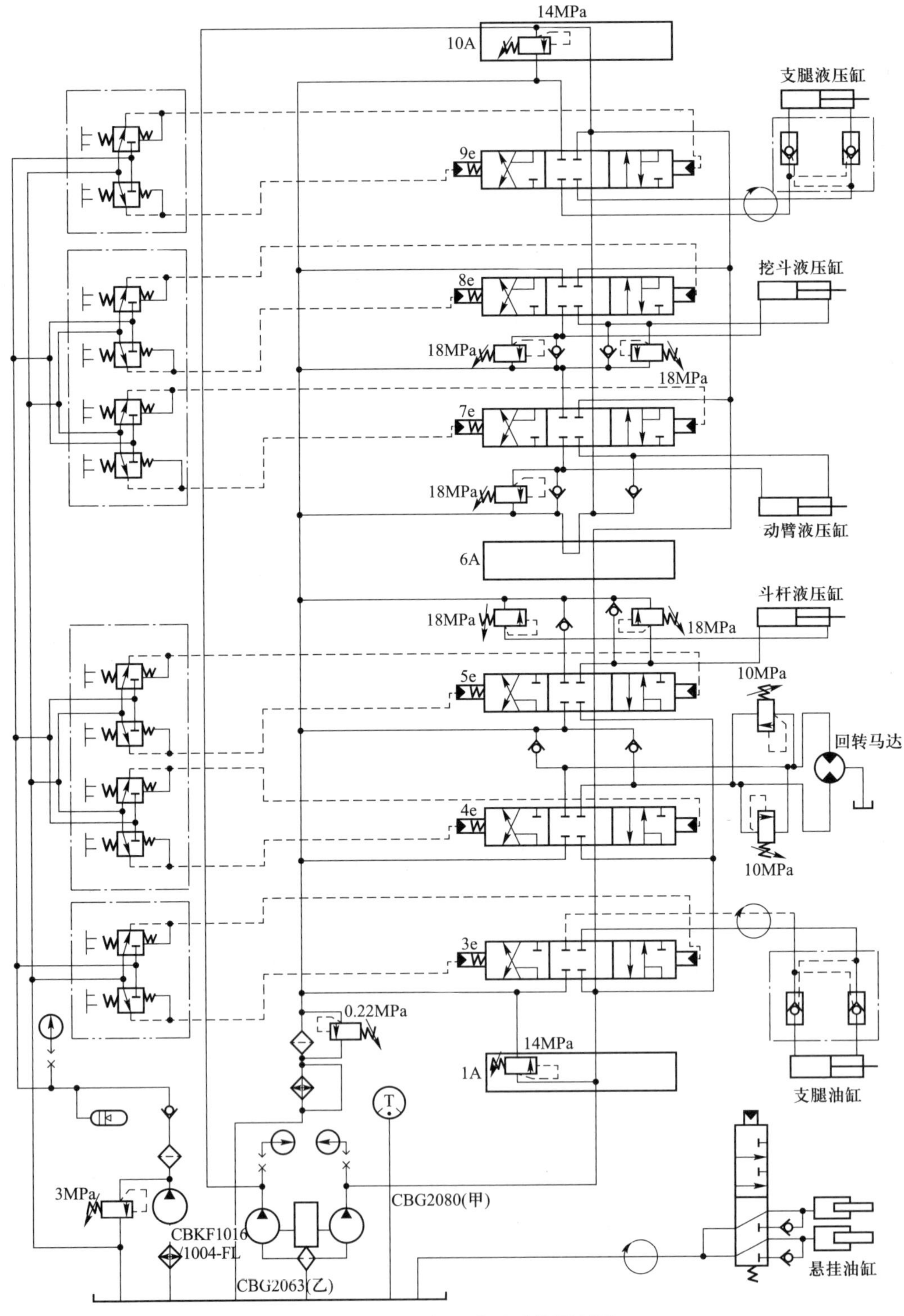

图 9-3-1　挖掘机液压系统原理图

10A 号阀为进油阀,10A 号阀还兼作总回油阀,两阀上都装有安全阀,调定压力为 14 MPa,1A 号阀除无回油口外,其他结构和 10A 号阀完全相同。6A 号阀为通路阀,当各换向阀在中立位置时,甲、乙泵的油通过 6A 号阀回油箱(图 9-3-1 中,右侧 CBG2080 为甲泵,左侧 CBG2063 为乙泵);当操纵 3e、4e、5e 号阀时(无论单独操纵还是多个同时操纵),乙泵的油均经 6A 号阀回油箱;当操纵 7e、8e、9e 号阀时(无论单独操纵还是多个同时操纵),甲泵的油通过 6A 号阀与乙泵的油合流。3e 号阀和 9e 号阀分别控制右支腿和左支腿的动作;4e 号阀控制回转马达;5e 号阀控制斗杆液压缸;7e 号阀控制动臂液压缸;8e 号阀控制挖斗液压缸。

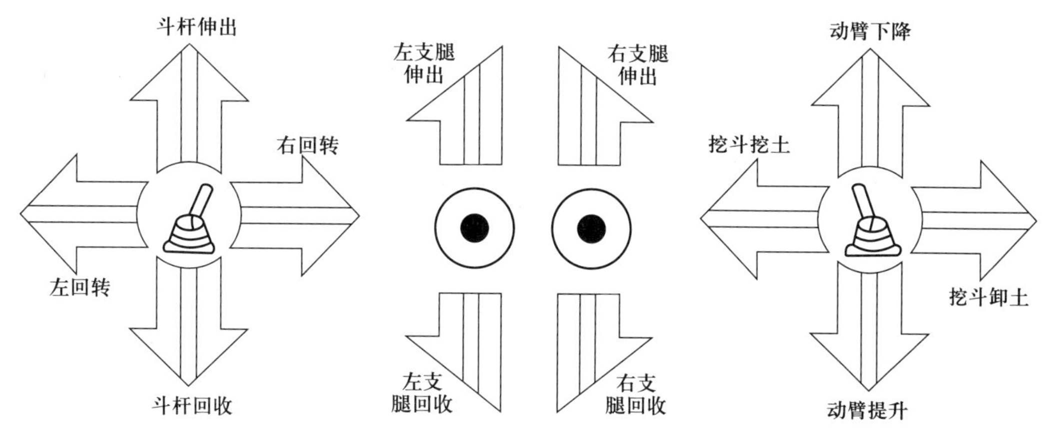

图 9-3-2 先导油路操作示意图

(1) 中位回油

各先导操纵手柄均没有动作,使各换向阀均处于中立位置时,甲泵排出的油→1A 号阀第一油道→3e、4e、5e 号阀第一油道→6A 号阀→7e、8e、9e、10A 号阀第二油道→10A、9e、8e、7e 号阀第一油道→6A 号阀→阀组回油道→过滤器→散热器→油箱。

乙泵排出的油→10A 号阀第一油道→9e、8e、7e 号阀第一油道→6A 号阀→阀组回油道→过滤器→散热器→油箱。

(2) 单泵供油

1) 单泵供油的单独动作

单独操纵支腿先导阀右侧操纵杆,或单独操纵左操纵手柄向任意方向时,即单独操纵 3e、4e 或 5e 号阀时,甲泵单独向执行元件供油;乙泵的油经乙泵系统第一油道回油箱。此时可实现单泵供油的单独动作。

2) 复合动作

① 6 号阀同侧的组合

挖掘机作业时,两支腿已支好,作业过程中,支腿不能再有动作。因此,6A 号阀同侧的组合只有 4e 号、5e 号和 7e 号、8e 号。将左操纵手柄压向 45°方向,即同时操纵 4e 号和 5e 号阀时,甲泵同时向回转马达和斗杆液压缸供油;乙泵的油经乙泵系统第一油道回油箱。此时,转台和斗杆可实现复合动作。

将右操纵手柄压向 45°方向,即同时操纵 7e 号和 8e 号阀时,甲、乙两泵来油,同时向动臂和挖斗液压缸供油,实现两个执行元件的复合动作。此时,已不是单泵供油,而是两泵同时供油。

② 6A 号阀两侧的组合

同样道理,与支腿有关的组合不能同时进行,可以组合的形式有 4e 号、7e 号;4e 号、8e 号;5e 号、7e 号;5e 号、8e 号。同时操纵左、右操纵手柄向任意方向,即同时操纵任一对组合时,均是甲泵向它系统的执行元件供油,乙泵向它系统的执行元件供油。如左右扳动左操纵手柄、前后扳动右操纵手柄时,即同时操纵了 4e 号和 7e 号,此时,甲泵向回转马达供油,乙泵向动臂液压缸供油。

(3) 双泵合流

单独操纵右操纵手柄阀向任意方向,或单独操纵支腿先导阀左右侧操纵杆,即单独操纵了 7e 号、8e 号或 9e 号阀,此时,可实现双泵合流。即甲乙两泵的油液均流向一个执行元件,加快了作业速度。

(4) 安全保护

系统中液压缸换向阀处于工作位置时,甲、乙两泵主安全阀限制系统工作压力不超过 14 MPa;液压缸换向阀处于中立位置时,若由于某种原因使液压缸过载,则液压缸过载阀限制液压缸内压力不超过 18 MPa;马达安全阀用来限制马达系统的压力不超过 10 MPa。

9.4 装载机液压系统分析

装载机是一种作业效率高,用途非常广泛的工程机械。装载机一般由车架、动力系统、行走装置、工作装置、转向制动系统、液压系统等组成。液压系统又包括工作装置液压系统、动力转向液压系统和变速箱操纵液压系统。ZL50 型装载机是较为常用的一种工程机械,为铰接车架式结构,发动机额定功率为 220 马力(1 马力 = 735 W),斗容量为 3 m^3,额定负荷为 5 t。下面以 ZL50 型装载机为例来分析其液压系统工作原理。

1. 液压系统

(1) 液压系统组成

装载机液压系统是用来控制铲斗的动作的,其典型工作原理如图 9-4-1 所示。该系统由转斗液压缸、动臂液压缸、转斗液压缸大小腔双作用安全阀、工作液压泵(CB-G3 型)、分配阀等主要元部件组成。从图中可以看出,该液压系统中转斗液压缸为单缸,动臂液压缸为双缸,两个双作用安全阀为外置式。

当工作装置不工作时,来自液压泵的液压油输入到工作分配阀,经分配阀回油腔回油箱。

当需要铲斗铲挖或卸料时,后拉或前推转斗操纵杆,来自液压泵的工作油经分配阀进入转斗液压缸的后腔或前腔,使铲斗上翻或下转。当需要动臂提升或下降时,后拉或前推动臂操纵杆,来自液压泵的工作油经分配阀进入动臂液压缸的下腔或上腔,使动臂提升或下降。

(2) 分配阀的结构

分配阀为整体双联滑阀式,见图 9-4-2。该阀由转斗换向阀、动臂换向阀、安全阀三部分组装而成,而换向阀之间采用串并联油路。所以,铲斗和动臂动作不能同时进行,即使同时操纵了这两个操纵杆,装载机也只有铲斗的动作,动臂不动。只有在铲斗动作完毕,松开操纵手柄使换向阀回位,动臂才能动作。

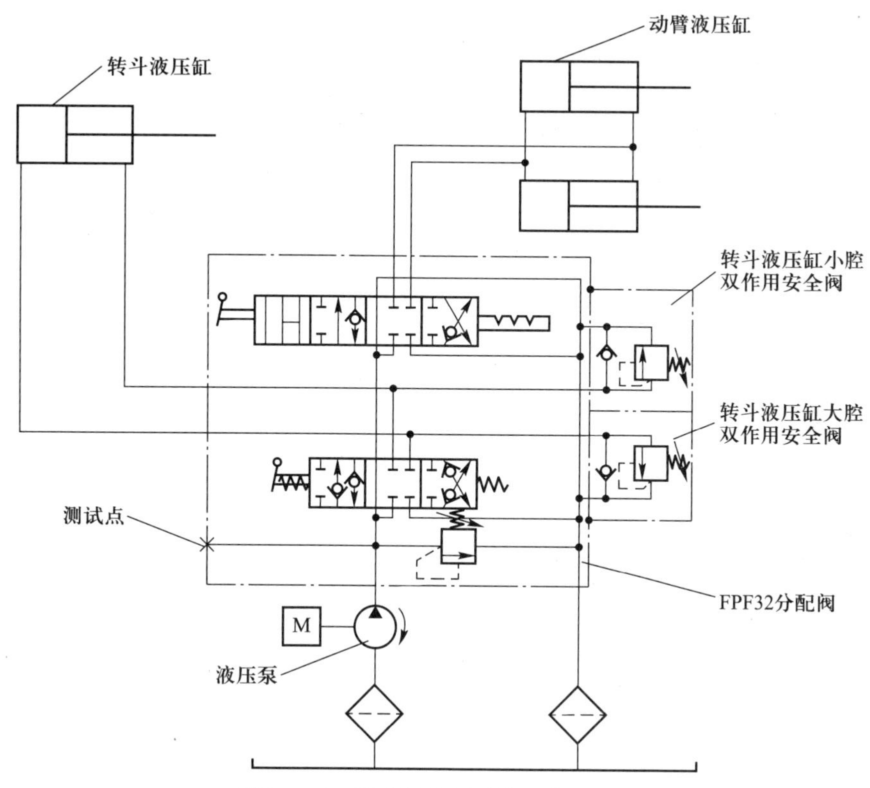

图 9-4-1 装载机液压系统工作原理图

分配阀的作用是通过改变油液的流动方向控制转斗液压缸和动臂液压缸的运动方向,或使铲斗与动臂停留在某一位置以满足装载机各种作业动作的要求。

转斗换向阀是三位阀,可控制铲斗前倾、后倾和保持这三个动作。

动臂换向阀是四位阀,可控制动臂上升、保持、下降、浮动这四个动作。动臂回位阀套 29 内的弹簧 27 将钢球 28 压向两端,卡紧在定位套 31 内壁的 V 形槽内,故可将动臂滑阀 9 固定在四个槽中的任何一个作业位置。

安全阀是控制系统压力的,当系统压力超过 16 MPa 时,安全阀打开,油液溢流回油箱,保护系统不受损坏。

分配阀进油口 P 与工作泵接通,其上油口(见 *S*—*S* 剖视图)与油箱接通,为回油口。A、B 腔分别与转斗液压缸小腔、大腔相通;C、D 腔分别与动臂液压缸上、下腔相通。阀体 7 内的七个油槽为左右对称布置,中立位置卸荷油道为三槽结构,从而可消除换向时的液动力,减少回油阻力。

在转斗滑阀的两端装有两个单向阀,它们由各自弹簧分别压紧在阀座上。在动臂滑阀 9 的左端也装有一个单向阀,由弹簧 27 压紧在阀座上。单向阀的作用为换向时避免压力油向油箱倒流,从而克服工作过程中的"点头"现象。此外,回油时产生的背压也能稳定系统的工作。

(3) 液压系统工作原理

以动臂液压缸的动作为例,结合分配阀结构图和系统图介绍换向阀及系统的工作情况。注意系统图中换向阀移动方向与结构图中阀杆移动方向相反。

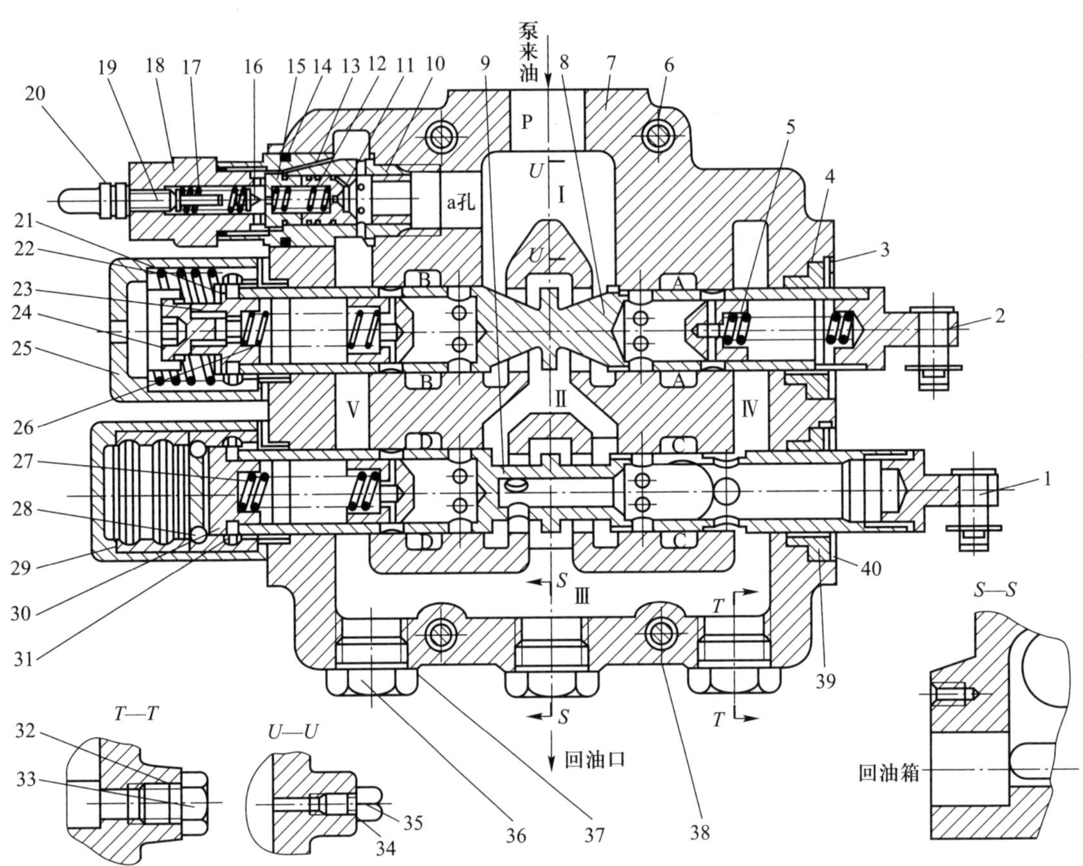

1,2—圆柱销;3—挡圈;4,14,32,34,37—密封圈;5—单向阀;6,38—螺栓;7—阀体;8—转斗滑阀;9—动臂滑阀;10—安全阀主阀体;11—安全阀主阀芯;12—安全阀主阀弹簧;13—安全阀导阀座;15—弹簧座;16—安全阀导阀;17—安全阀导阀弹簧;18—安全阀导阀体;19—调压杆;20—锁紧螺母;21—弹簧压座;22—复位弹簧;23—弹簧座;24—定位座;25—转斗回位套;26,27—单向阀弹簧;28—钢球;29—动臂回位阀套;30—弹簧座;31—定位套;33,35,36—螺塞;39—导向套;40—防尘圈

图 9-4-2　整体式分配阀结构

1）动臂工况

① 动臂固定(换向阀杆中立)

在转斗液压缸换向阀不动的情况下,动臂液压缸换向阀也固定在中立位置,动臂可以停止在任一高度位置上。这时,液压泵来的油经分配阀的进油口 P 进入,沿两换向阀的专用中立位置回油道回油箱,安全阀也关闭,系统空载循环。

② 动臂上升(换向阀杆右移)

动臂液压缸换向阀右移一个工作位置,专用中立位置回油道被切断,液压泵来油经分配阀 P 口进入,经第一联换向阀的专用中立位置回油道进入第二联换向阀,推开左边单向阀到通向动臂液压缸无杆腔的 D 口,进入动臂液压缸无杆腔,动臂液压缸有杆腔的油经管路到 C 口进入阀孔,经阀杆中心孔,再经阀体右边回油道流回油箱。动臂液压缸活塞杆外伸,实现铲斗上升。

③ 动臂下降(换向阀杆左移一位)

动臂液压缸换向阀左移一个工作位置,专用中立位置回油道被切断,液压泵来油经分配阀 P 口进入,经第一联换向阀的专用中立位置回油道进入第二联换向阀,经阀杆中心孔流到通向动臂液压缸有杆腔的 C 口,进入动臂液压缸有杆腔。动臂液压缸无杆腔的油经管路到阀口 D 进入阀孔,推开单向阀,经阀杆中心孔,再经阀体左边回油道流回油箱。动臂液压缸活塞杆回缩,实现铲斗下降。

④ 动臂浮动(换向阀杆左移两位)

动臂液压缸换向阀左移两个工作位置,液压泵来油经分配阀 P 口进入,经第一联换向阀和第二联换向阀的专用中立位置回油道直接回油箱,也可经阀体中心孔到达 C、D 口对应的油道,进入动臂液压缸两腔。这样,系统内形成无压力空循环,动臂液压缸受工作装置重量和地面作用力的作用而处于自由浮动状态。

2) 转斗工况

在动臂不动的情况下,操纵转斗换向阀可实现转斗的前倾、后倾或固定。油路情况同上。

大、小腔双作用安全阀分别与转斗液压缸的大、小腔及回油道相连,对转斗液压缸的两腔起过载保护和真空补油作用。与转斗液压缸无杆腔相连的双作用安全阀调定压力为 18 MPa,与转斗液压缸有杆腔相连的双作用安全阀的调整压力为 12 MPa。当工作过程中转斗液压缸的两腔油压超过两双作用安全阀的调定压力时,安全阀打开,限制两腔压力分别不超过相应值。当转斗前倾快速卸载时,由于分配阀来油跟不上而产生真空,油箱内的油液在大气压作用下推开单向阀向转斗液压缸补油,防止产生气穴、气蚀现象,从而保证系统正常工作,并可使转斗能快速前倾撞击限位块,实现撞斗卸料。

双作用安全阀的另一个作用是转斗前倾到最大角度(极限位置)时,在提升动臂时,由于工作装置杆系本身运动的不协调,迫使转斗液压缸的活塞杆外拉,使转斗液压缸有杆腔压力升高,无杆腔出现真空。这时与转斗液压缸有杆腔相连的双作用安全阀过载溢流,限制该腔压力不超过 12 MPa。同时,与无杆腔相连的双作用安全阀中的单向阀向转斗液压缸无杆腔补油。相反,当转斗液压缸前倾到极限位置再下降动臂时,转斗液压缸活塞杆内压使转斗液压缸无杆腔压力升高,有杆腔出现真空,此时与无杆腔相连的双作用安全阀过载溢流,与转斗液压缸有杆腔相连的双作用安全阀向其有杆腔补油。从而解决了工作装置干涉的问题,稳定了系统工作状况,保证系统有关油压元件充分发挥作用。

2. 转向液压系统

ZL50C 装载机的转向系统采用流量放大系统。流量放大系统主要是利用低压小流量控制高压大流量来实现转向操作的,此系统分为先导操纵系统和转向系统两个独立的回路,特别适合大、中型功率机型,目前在国产装载机上的应用越来越广泛。

(1) 转向系统组成

ZL50C 的转向系统与作业系统相互独立,其系统图如图 9-4-3 所示。此系统图为单泵型,由图知该系统主要由转向泵、转向器、减压阀、流量放大阀、转向液压缸、过滤器、散热器等组成,其中,减压阀和转向器属于先导油路,其余属于主油路。

(2) 液压转向器的结构

液压转向器是一个小型的液压泵,起计量和换向作用。在该装载机中使用的全液压转向器

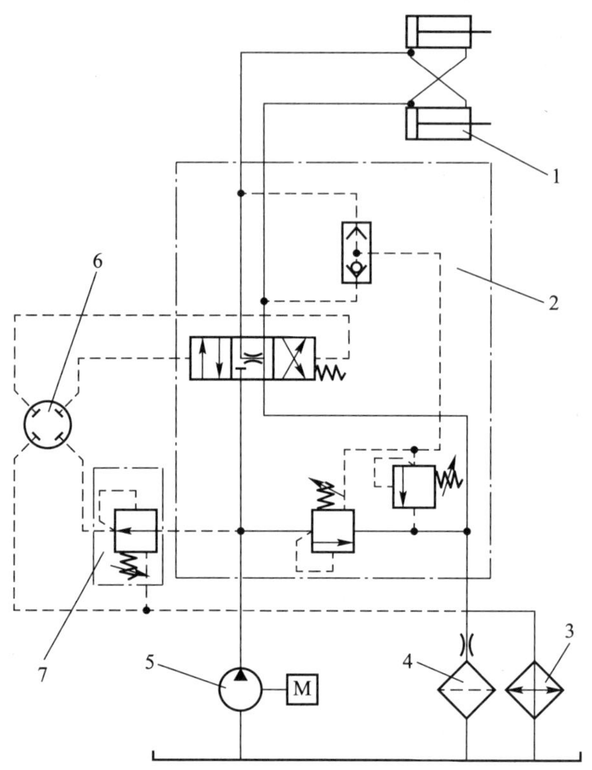

1—转向液压缸；2—流量放大阀；3—散热器；4—过滤器；5—转向泵；6—转向器；7—减压阀

图 9-4-3　ZL50C 型装载机转向系统

（BZZ3-125）如图 9-4-4 所示，由阀芯 6、阀套 2 和阀体 1 组成随动转阀，起控制油液流动方向的作用，计量马达转子 3 和计量马达定子 5 构成摆线针齿轮啮合副，在动力转向时起计量马达作用，以保证流进流量放大阀的流量与转向盘的转角成正比。

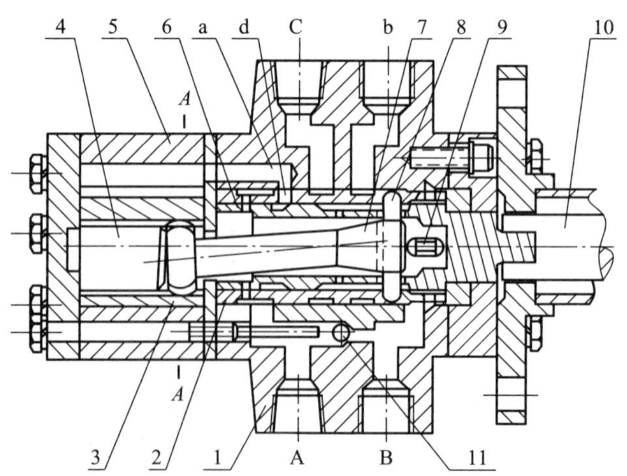

1—阀体；2—阀套；3—计量马达转子；4—圆柱；5—计量马达定子；
6—阀芯；7—连接轴；8—销子；9—定位弹簧；10—转向轴；11—止回阀

图 9-4-4　BZZ3-125 全液压转向器

转向盘不动时，阀芯切断油路，转向泵输出的液压油不通过转向器。

转动转向盘时，转向泵的来油经随动阀进入摆线针齿轮啮合副，推动转子跟随转向盘转动，并将定量油经随动阀输至转向控制阀阀芯的一端，推动阀芯移动，转向泵来油经转向控制阀流入相应的转向液压缸腔。

(3) 系统工作原理

转向盘不转动时，图 9-4-3 中转向器 6 通向流量放大阀两端的两个油口被封闭，流量放大阀 2 的主阀杆在复位弹簧作用下保持中立。转向泵 5 排出的油液经流量放大阀中的溢流阀溢流回油箱，转向液压缸没有油液流动，机构不转向。

转动转向盘时，转向泵排出的油作为先导油液进入流量放大阀，推动主阀杆移动，打开通向转向液压缸的控制阀口，转向泵排出的大部分油液经过流量放大阀打开的阀口进入转向液压缸，实现机械转向。转向器受方向盘操纵，转向器排出的油与转向盘的转角成正比。因此，进入转向液压缸的流量也与转向盘的转角成正比，即控制转向盘的转角大小，也就是控制了进入转向液压缸的流量。由于流量放大阀 2 采用了压力补偿，使得进出口的压差基本上为一定值，因而进入转向液压缸 1 的流量基本上与负载无关。

转向盘停止转动后，流量放大阀杆一端的先导油液通过节流小孔与另一端接通回油箱，阀杆两端的油压趋于平衡，流量放大阀杆在两侧复位弹簧作用下回到中位，切断了通向转向液压缸的通道，机构停止转向。

当机构转向阻力过大，或当机构控制的直线行驶车轮遇到较大障碍迫使车轮发生偏转时，将使转向液压缸某腔压力增大。此高压油经梭阀和油道到溢流阀（安全阀）的阀前，当转向油压达到安全阀调定压力（12 MPa）时，安全阀开启溢流，限制转向液压缸某腔的压力不再继续升高，保护转向系统的安全。

9.5 液压系统的设计简介

液压系统的设计是设备设计的一部分。因此，液压系统的设计必须在满足设备功能要求的前提下，力求做到结构合理、安全可靠、操作维护方便和经济性好。

液压系统的设计步骤和内容包括：

① 明确设计要求。主要是了解设备对液压系统的运动和性能要求，例如，运动方式、速度范围、行程、负载条件、运动平稳性和精度、动作循环和周期、同步或联锁要求、工作可靠性等。还要了解液压系统所处的工作环境，例如安装空间、环境温度和湿度、污染程度、外界冲击和振动情况等。

② 分析液压系统工况，确定主要参数。根据以上设备对运动和动力的要求，分析每个执行元件在各自工作过程中的速度和负载的变化规律，并以此作为确定系统主要参数（压力和流量）的依据。一般可参考同类型机器液压系统的工作压力初步确定系统的工作压力，根据负载计算执行元件的参数（液压缸的工作面积或液压马达的排量），再根据速度计算出执行元件所需的流量。

③ 拟定液压系统原理图。这是液压系统设计成败的关键。首先根据设备的动作和性能要

求选择、设计主要的基本回路，例如机床液压系统从调速回路入手、压力机液压系统从调压回路开始等。然后再配以其他辅助回路，例如有超越负载工况的系统要考虑平衡回路，有空载运行的系统要考虑卸荷回路，有多个执行元件的系统要考虑顺序或同步回路等。最后将这些回路有机地组合成完整的系统原理图，还要避免组合回路之间的干扰。

④ 选择液压元件。依据系统的最高工作压力和最大流量选择液压泵，注意要留有一定的储备。一般液压泵的额定压力应比计算的最高工作压力高 25%～60%，以避免动态峰值压力对液压泵的破坏；考虑到元件和系统的泄漏，液压泵的额定流量应比计算的最大流量大 10%～30%。液压阀则按实际的最高工作压力和通过该阀的最大流量来选择。

⑤ 液压系统的验算。验算主要是压力损失和温升两项。计算压力损失是在元件的规格和管路尺寸等确定之后进行的。温升的验算是在计算出系统的功率损失和确定了油箱的散热面积之后按照热平衡原理进行的。若压力损失过大、温升过高，则需重新设计系统或加设冷却器。

⑥ 绘制工作图和编制技术文件。主要包括液压系统原理图，各种装配图（泵站装配图、管路装配图），非标准件部件图和零件图，设计、使用说明书和液压元件、密封件、标准件明细表等。其中，液压系统原理图应按照 GB/T 786 的最新规定绘制，图中应附有动作循环顺序表或电磁铁动作顺序表，还要列出液压元件规格型号的明细表。

以上设计步骤只是一般的设计流程，在实际的设计过程中并不是固定不变的，各步骤之间彼此关联，相互影响，往往是交叉进行的，并经多次反复才能完成。

1. 怎样阅读和分析一个复杂的液压系统？

2. 分析图 9-2-2 所示的汽车起重机液压系统原理图中双向液压锁、平衡阀的作用，说明系统能否同时实现起重臂伸缩、变幅、回转和起升动作？为什么？

3. 分析图 9-3-1 所示的液压系统中挖斗缸和动臂缸是如何实现伸缩动作的。

4. 分析图 9-4-1 所示的装载机液压系统中，转斗液压缸和动臂液压缸能否实现同时动作。

第 10 章　液压伺服控制系统

液压伺服控制系统又称液压随动控制系统或跟踪控制系统，是一种基于负反馈控制的自动控制系统。该系统工作时，系统的输出量能自动、快速而准确地复现输入量的变化规律。液压伺服控制系统是由液压伺服控制元件、液压执行元件、油源装置等组成的控制系统，常见的有机液伺服控制系统和电液伺服控制系统等。

液压伺服控制系统结合了液压传动与自动控制的特点，既具有液压传动的各种优点，还具有响应速度快、系统刚性大和控制精度高等优点。特别是与电控技术、计算机技术结合所形成的电液伺服控制系统，更加方便地实现了自动控制，因而在许多民用工业和国防工业中到了广泛的应用。

10.1　概述

10.1.1　液压伺服控制系统的工作原理

液压伺服控制系统的原理如图 10-1-1 所示。该系统的动力源是由液压泵 4 和溢流阀 3 组成的恒压源。工作时，供油压力由溢流阀 3 调定，液压泵 4 以恒定的压力向系统供油。伺服阀是控制元件，液压缸是执行元件。伺服阀可以按节流原理控制进入液压缸的流量、压力和流动方向，使液压缸带动负载运动。伺服阀的阀体与液压缸缸体刚性连接在一起，在系统工作时构成机械负反馈控制。

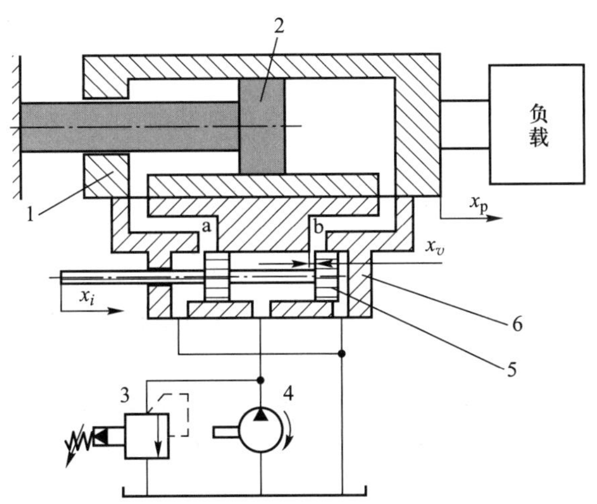

1—缸体；2—液压缸活塞；3—溢流阀；4—液压泵；5—伺服阀阀芯；6—伺服阀阀体

图 10-1-1　液压伺服控制系统原理图

假如给伺服阀阀芯 5 的阀杆上输入位移 x_i，则窗口 a、b 会有一个相应的开口 $x_v(=x_i)$，压力油经窗口 b 进入液压缸的右腔，液压缸左腔油液经窗口 a 排出，缸体右移 x_p。由于阀体与缸体为一体，此时，伺服阀阀体 6 也将右移，使阀的开口度减小，即 $x_v=x_i-x_p$，直到 $x_p=x_i$ 时，也即 $x_v=0$，也就是伺服阀的输出流量为零，缸体停止运动，处在一个新的平衡位置，从而完成液压缸输出位移对伺服阀输入位移的跟随过程。如果伺服阀阀芯反向运动，液压缸也会反向跟随运动。在该系统中，输出量（缸体位移 x_p）之所以能够迅速、准确地复现输入量（阀芯位移 x_i）的变化，是因为阀体与缸体连成一体构成了一个机械的负反馈控制。由于缸体的输出位移能够连续不断地反馈到伺服阀阀体上，并与阀芯的输入位移时刻进行着比较，也即有偏差（阀的开口），缸体就向着减小偏差的方向运动，直到消除偏差为止，即以偏差来消除偏差。

也可用方块图来表示液压伺服控制系统的工作过程和原理，如图 10-1-2 所示。

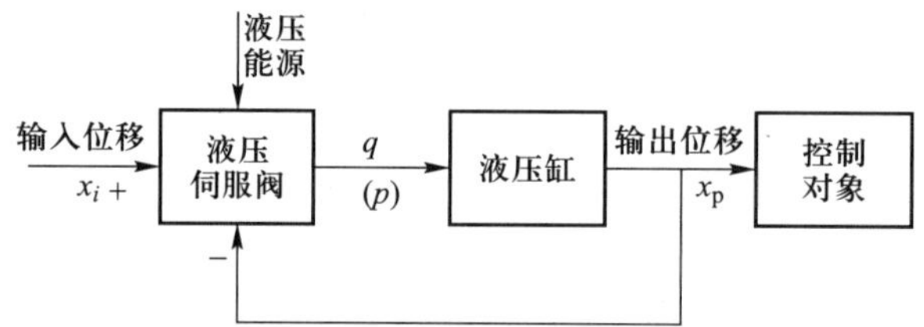

图 10-1-2 液压伺服控制系统工作原理方框图

10.1.2 液压伺服控制系统的组成和分类

1. 系统的组成

一个完整的液压伺服控制系统能够正常工作，必须是由一些基本元件通过相应关系连接而成。根据元件的功能，系统的组成可用图 10-1-3 表示。

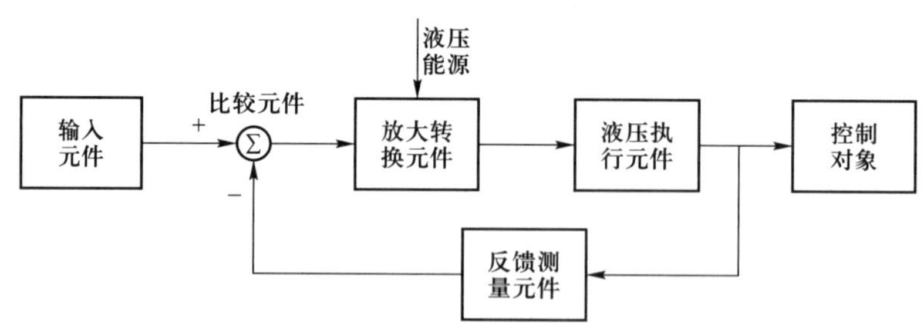

图 10-1-3 液压伺服控制系统的组成

（1）输入元件。给出输入信号（指令信号）加于系统的输入端。

（2）反馈测量元件。测量系统的输出量，并转换成反馈信号。如图 10-1-1 中缸体与阀体的机械连接。

（3）比较元件。将反馈信号与输入信号进行比较，给出偏差信号。反馈信号与输入信号应是相同的物理量，以便进行比较。比较元件有时不单独存在，而是与输入元件、反馈测量元件或放大转换元件一起组合为同一结构元件。如图 10-1-1 中伺服阀同时构成比较和放大两种功能。

(4) 放大转换元件。将偏差信号放大并进行能量形式的转换，如放大器、伺服阀等。放大转换元件的输出级是液压的，前置级可以是机械的、电的、液压的、气动的或它们的组合形式。

(5) 执行元件。与液压系统中的执行元件相同，为液压缸、液压马达或摆动缸。

2. 系统的分类

液压伺服控制系统按不同分类方法可分为：

(1) 按输入信号的变化规律分为：定值控制系统、程序控制系统等。

(2) 按系统输出参量分为：位置控制系统、速度控制系统、加速度控制系统、力控制系统等。

(3) 按信号传递介质的形式分为：机液控制系统、电液控制系统、气液控制系统等。

(4) 按驱动装置的控制方式和元件的类型分为：节流式控制（阀控式）、容积式控制（变量泵控制或变量马达控制）系统。

10.2 液压伺服阀的类型和特点

液压伺服阀在液压伺服控制系统中起着信号转换和功率放大的作用，是液压伺服控制系统中最基本和最重要的元件。常用的伺服阀类型有滑阀、喷嘴挡板阀和射流管阀等，其中以滑阀应用较为普遍。

10.2.1 滑阀

按滑阀工作边数（起控制作用的阀口数）可分为单边滑阀、双边滑阀和四边滑阀。

单边滑阀的工作过程如图 10-2-1a 所示。所谓单边滑阀，是指工作中滑阀只有一个控制边。压力油可直接进入液压缸左腔，并经由活塞上的固定节流口 a 进入液压缸右腔，系统压力由 p_s降为 p_1，再通过滑阀唯一的控制边与沉割槽所形成的可变节流口流回油箱。这样就由固定节流口与可变节流口来控制液压缸右腔的压力和流量，从而达到控制液压缸缸体运动的速度和方向。液压缸在初始平衡状态下，其受力关系为：$p_1A_1=p_sA_2$，此时，对应的阀的开口量为 x_{v0}（即零位工作点）。当滑阀阀芯向右移动时，开口 x_v减小，p_1增大，于是 $p_1A_1>p_sA_2$，缸体向右运动。当阀芯反向移动时，缸体亦反向运动。

双边滑阀的工作过程如图 10-2-1b 所示。双边滑阀在工作中有两个控制边起作用，压力油一路直接进入液压缸左腔，另一路经滑阀左侧控制边开口 x_{v1}与液压缸右腔相通，并经右侧控制边开口 x_{v2}流回油箱。因此，该回路是由两个可变节流口控制液压缸右腔的压力和流量。当滑阀阀芯移动时，x_{v1}与 x_{v2}一个增大一个减小，共同控制液压缸右腔的压力，从而达到控制液压缸活塞的运动方向。显然，双边滑阀比单边滑阀的调节灵敏度高，控制精度也高。单边、双边滑阀控制的液压缸是差动缸（单活塞杆缸），为了得到两个方向上相同的控制性能，设计时须使液压缸活塞两侧面积为 $A_1=2A_2$。

四边滑阀如图 10-2-1c 所示。它有四个控制边，开口 x_{v1}和 x_{v2}分别控制液压缸两腔的进油，而开口 x_{v3}和 x_{v4}分别控制液压缸两腔的回油。当滑阀阀芯向右移动时，进油开口 x_{v1}增大，回油开口 x_{v3}减小，使 p_1迅速提高；此时，x_{v2}减小，x_{v4}增大，p_2迅速降低，导致液压缸活塞迅速右移。反之，活塞左移。与双边阀相比，四边阀同时控制液压缸两腔的压力和流量，故调节灵敏度更高，控制精度也更高。

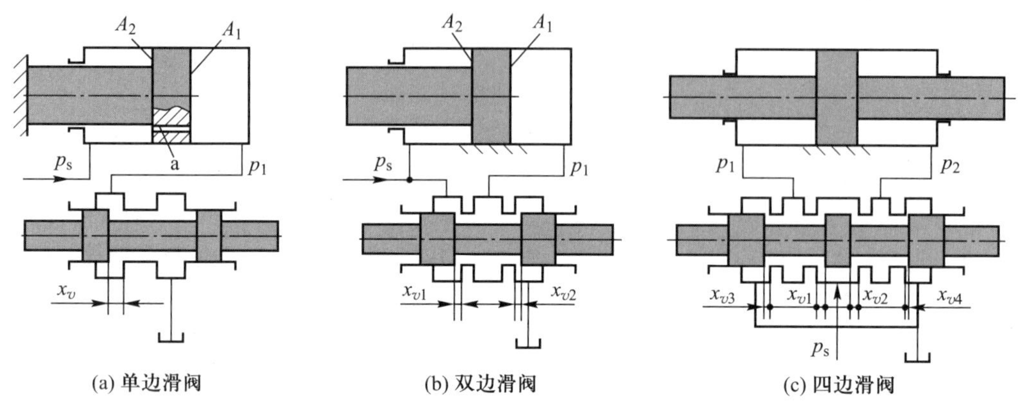

图 10-2-1 滑阀的工作原理

由上述分析可知,单边、双边和四边滑阀的控制作用基本上是相同的。对于控制质量,控制边数越多越好;但从结构和工艺角度来看,控制边数越少越容易加工制造。

图 10-2-2 所示为滑阀阀芯,其在零位时在阀体(套)内的位置形式,常见的有三种开口形式:负开口($x_{v0}<0$)、零开口($x_{v0}=0$)和正开口($x_{v0}>0$)。零开口阀具有线性流量增益,其控制性能最好,但对加工精度要求高;负开口阀流量增益具有死区,会引起稳态误差,因此较少应用;正开口阀在开口区内的流量增益变化大,压力灵敏度低,同时,零位功率损耗也较大,但其控制性能较负开口阀的要好。

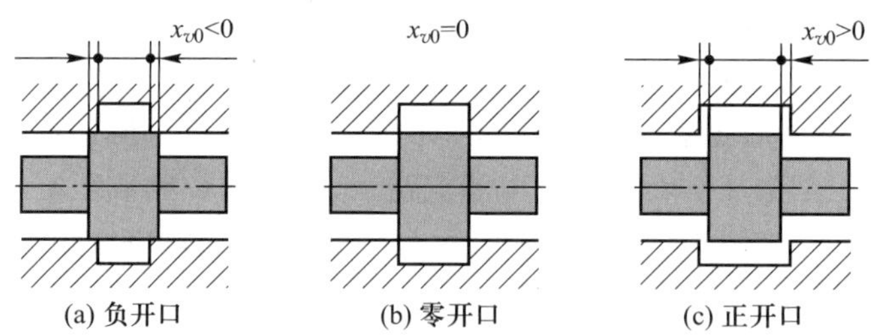

图 10-2-2 滑阀的开口形式

10.2.2 喷嘴挡板阀

与滑阀相比,喷嘴挡板阀具有结构简单、加工容易、运动部件惯性小、对油液污染不太敏感等优点,也是应用较多的一种结构形式。喷嘴挡板阀有单喷嘴和双喷嘴两种结构形式。挡板一侧只布置一个喷嘴的为单喷嘴挡板阀,挡板两侧各布置一个结构相同的喷嘴所构成的阀称为双喷嘴挡板阀。图 10-2-3 所示为双喷嘴挡板阀的工作原理,由挡板 1、喷嘴 2 和 3、固定节流口 4 和 5 等组成。挡板与喷嘴之间形成两个环形的可变节流缝隙 δ_1 和 δ_2。当挡板处于中间位置时,两缝隙所形成的节流阻力相等,两喷嘴内的油液压力也相等(即 $p_1=p_2$),此时,液压缸不动。压力油经固定节流口 4 和 5、节流缝隙 δ_1 和 δ_2 流回油箱。当外加的输入信号控制挡板,并使挡板向左摆动时,缝隙 δ_1 变小,δ_2 变大,p_1上升,p_2下降,液压缸缸体将向左移动。因缸体与喷嘴挡板阀体为一体形式机械负反馈，当喷嘴跟随缸体移动到挡板两边缝隙对称时，液压缸停止运动。

喷嘴挡板阀工作时反应快、灵敏度高、抗污染能力比滑阀强；缺点是无功损耗大。常用作多级放大元件中的前置级。

10.2.3 射流管阀

图 10-2-4 所示为射流管阀的工作原理，其由射流管 1 和接收器 2 组成。射流管在输入信号的作用下可绕轴 O 摆动，压力油经轴孔进入射流管，从喷嘴射出的油液冲到接收器的两个接收孔内，两接收孔 a、b 分别与液压缸的两腔连通。工作时，液压能通过射流管的喷嘴转换为油液的动能，油液被接收孔接受后，又将其动能转变为压力能。当射流管喷嘴处于两接收孔的中间位置即零位时，两接收孔所接收的射流动能相同，因此恢复压力也相同，液压缸不动。当射流管偏离中间位置时，两接收孔所接收的射流动能发生变化，不再相等，恢复压力，一个增加，另一个减小，将形成液压缸两腔的压差，推动活塞运动。

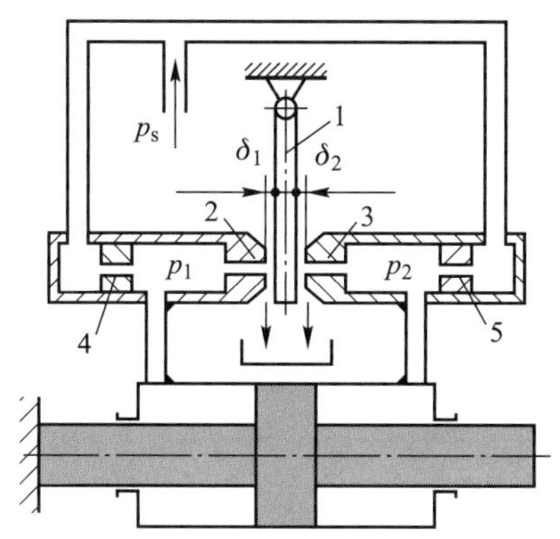

1—挡板；2，3—喷嘴；4，5—固定节流口

图 10-2-3 双喷嘴挡板阀的工作原理

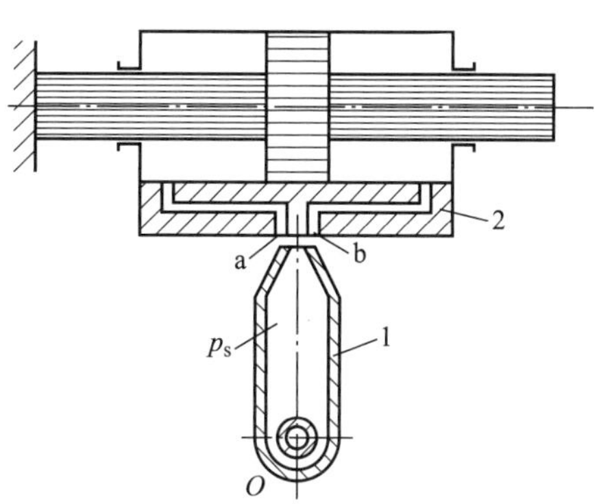

1—射流管；2—接收器

图 10-2-4 射流管阀的工作原理

射流管阀结构简单，加工精度要求较低，抗污染能力强，对油液的清洁度要求不高，单级功率比喷嘴挡板阀高。但其缺点是：受射流力的影响，高压时易产生干扰振动，射流管运动惯量较大，响应不如喷嘴挡板阀快，功率损耗较大。因此，射流管阀适用于低压、小功率的伺服系统。

10.3 电液伺服阀的结构和原理

电液伺服阀是电液控制系统的关键部件，常用于电液伺服控制系统的位置、速度、加速度和力的控制。电液伺服阀既是电液转换元件，又是功率放大元件，能将小功率的输入电信号转换为大功率的液压能输出。具有结构紧凑、工作性能稳定可靠、动态响应快、流量范围宽、体积小等优点。图 10-3-1 所示为一种典型结构的电液伺服阀。该阀主要由电磁部分和液压部分两大部分组成。电磁部分为力矩马达，主要由一对永久磁铁 13、一对导磁体 10 和 12、衔铁 11、线圈 1 和弹簧管 2 组成。衔铁、弹簧管与液压部分是一个两级功率放大器。第一级采用双喷嘴挡板阀，称为前置放大级;第二级采用四边滑阀,称为功率放大级。衔铁11、弹簧管2与喷嘴挡板阀的挡板9连接在一起,挡板下端为一小球,嵌放在滑阀5的中间凹槽内,构成反馈机构。图10-3-2是其结构外观图。

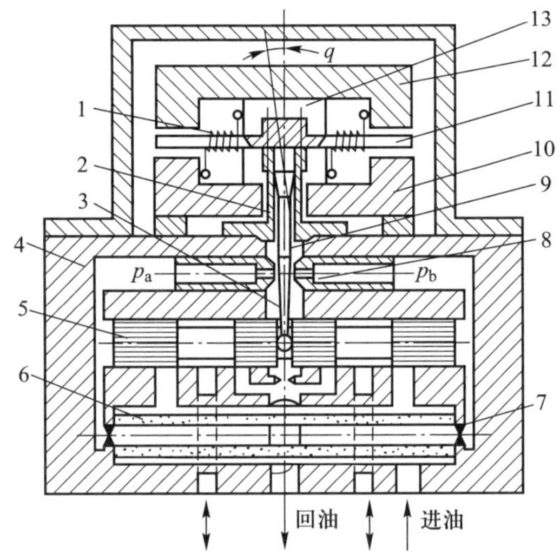

1—线圈;2—弹簧管;3—反馈杆;4—阀体;5—滑阀;6—过滤器;7—固定节流口;8—喷嘴;9—挡板;10、12—导磁体;11—衔铁;13—永久磁铁

图10-3-1 电液伺服阀工作原理图

图10-3-2 电液伺服阀的外形

其工作原理为:当线圈中无信号电流输入时,衔铁、挡板和滑阀将处于图10-3-1所示中间对称位置。当线圈中有信号电流输入时,衔铁被磁化,与永久磁铁和导磁体形成的磁场合成产生电磁力矩,使衔铁连同挡板偏转θ角。挡板的偏转,使两个喷嘴与挡板之间的缝隙发生相反的变化,滑阀阀芯两端压力p_{v1}、p_{v2}(也即p_a、p_b)也发生相反的变化,一个压力上升,另一个压力下降,从而推动滑阀阀芯移动。阀芯移动的同时使反馈杆产生弹性变形,对衔铁挡板组件产生一个反力矩。当作用在衔铁挡板组件上的电磁力矩与弹簧管的反力矩、反馈杆反力矩达到平衡时,滑阀将停止运动,保持在一定的开口上,此时将有相应的流量输出。由于衔铁、挡板的转角以及滑阀的位移都与信号电流成比例变化,在负载压差一定时,阀的输出流量也与输入电流成比例。输入电流反向,输出流量亦反向。

10.4 电液伺服控制系统

电液伺服控制系统是由电信号处理部分和液压功率输出部分组成的闭环控制系统。由于电检测传感器件所检测的信号有多样性,因此,可以组成许多物理量的闭环控制系统。最常见的是电液位置伺服控制系统、电液速度伺服控制系统和电液力或压力伺服控制系统。电液伺服控制系统综合了电和液压两方面的优势,具有控制精度高、响应速度快、信号处理灵活、输出功率大、结构紧凑和重量轻等优点，因此得到了广泛的应用。

10.4.1 电液位置伺服控制系统

电液位置伺服控制系统在设备中应用较多。图 10-4-1a 所示为电液位置伺服控制系统的工作原理图，该系统主要是控制工作台的位置，使之按照指令电位器给定的规律实现变化。系统由指令电位器 4、反馈电位器 3、放大器 5、电液伺服阀 6、液压缸 1 和工作台 2 组成。图 10-4-1b 为此系统的方块图。

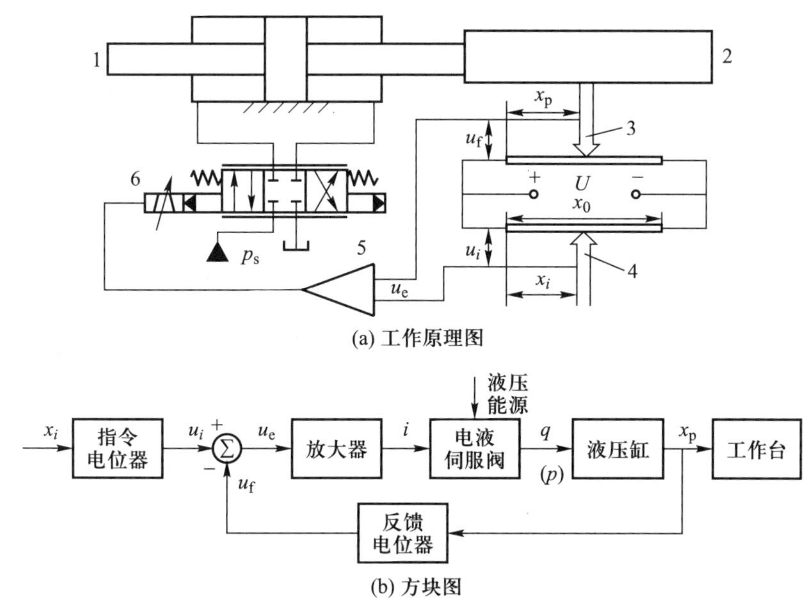

(a) 工作原理图

(b) 方块图

1—液压缸；2—工作台；3—反馈电位器；4—指令电位器；5—放大器；6—电液伺服阀

图 10-4-1 电液位置伺服控制系统工作原理图及其方块图

指令电位器将滑臂的位置指令 x_i转换成指令电压 u_i，工作台的位置 x_p由反馈电位器检测转换为反馈电压 u_f。两个线性电位器连接成桥式电路，从而可以得到偏差电压

$$u_e = u_i - u_f = K(x_i - x_p) \tag{10-4-1}$$

$$K = U/x_0$$

当工作台位置与指令位置相一致时，偏差电压 $u_e = 0$，此时放大器输出的电流为零，电液伺服阀处于零位，液压缸和工作台不动，系统处在一个平衡状态。当指令电位器滑臂位置发生变化时，如向右移动 Δx_i，在工作台位置变化之前，电桥输出的偏差电压 $u_e = K\Delta x_i$，经放大器放大后转变为电流信号再去控制电液伺服阀，电液伺服阀输出的有压油液推动工作台右移。随着工作台的移动，电桥输出的偏差电压逐渐减小，直至工作台位移等于指令电位器位移时，电桥输出偏差电压为零，工作台停止运动。如果指令电位器滑臂反向移动，则工作台也反向跟随运动。所以，此系统中的工作台能够精确地跟随指令电位器滑臂位置的任意变化，实现位置的伺服控制。

10.4.2 电液速度伺服控制系统

图 10-4-2a 所示为一种电液速度伺服控制系统，该系统控制滚筒的转动速度，使之按照速

度指令变化。系统的主回路就是由变量泵和定量马达组成的容积调速回路。这里变量泵既是液压能源又是主要的控制元件。由于操纵泵的变量机构所需的力较大,通常采用一个小功率的液压放大装置作为变量控制机构,构成了本系统中一个局部的电液位置伺服控制系统(与图 10-4-1所示系统相同)。图 10-4-2b 为该系统的方块图。

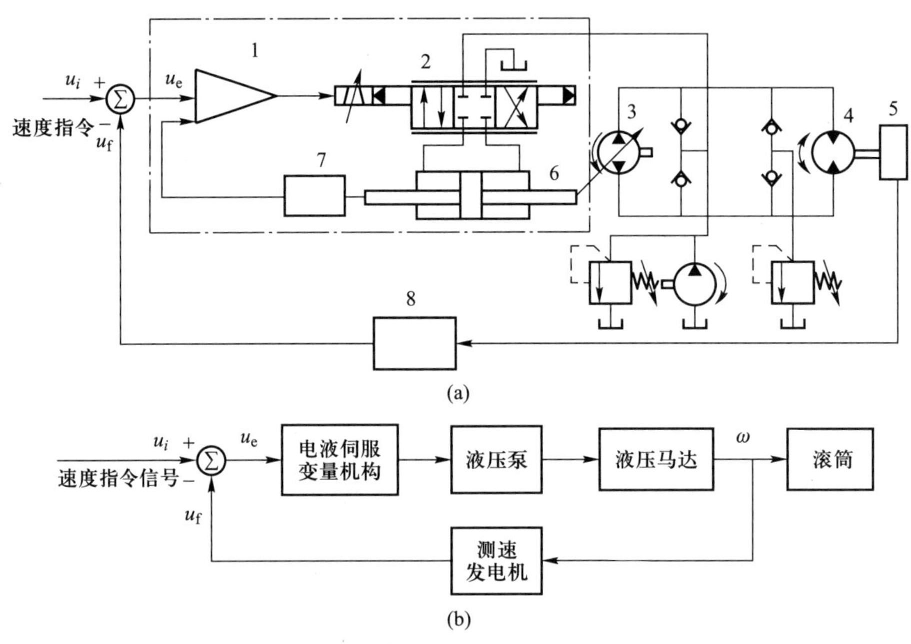

1—放大器;2—电液伺服阀;3—变量泵;4—定量马达;5—滚筒;6—变量液压缸;7—位移传感器;8—测速发电机

图 10-4-2 电液速度伺服控制系统

其工作原理为:系统输出速度由测速发电机 8 检测,并转换为反馈电压信号 u_f,与输入速度指令信号 u_i 相比较,得出偏差电压信号 $u_e=u_i-u_f$,该信号作为变量机构的输入信号。当速度指令 u_i给定时,滚筒 5 以一定的速度旋转,测速发电机 8 输出电压为 u_{f0},则偏差电压 $u_{e0}=u_i-u_{f0}$,此偏差电压对应于一定的变量液压缸 6 的位置(如控制轴向柱塞泵斜盘成一定的倾斜角),从而对应于一定的泵流量输出,此流量为保持工作速度 ω_0所需的流量。可见偏差电压 u_{e0}是保持工作速度所必需的。在滚筒 5 转动过程中,如果负载力矩、摩擦、泄漏、温度等因素引起速度变化,则 $u_f \neq u_{f0}$。假如 $\omega<\omega_0$,则 $u_f<u_{f0}$,而 $u_e=u_i-u_f>u_{e0}$,使得变量液压缸 6 输出位移增大,于是变量泵 3 的输出流量增加,定量马达 4 速度便自动上升至给定值。反之,如果速度 ω 超过 ω_0,则 $u_f>u_{f0}$,因而 $u_e<u_{e0}$,使变量液压缸 6 输出位移减小,变量泵 3 的输出流量减少,速度便自动下降至给定值。所以,定量马达 4 的转速是根据指令信号自动加以调节的,并总保持在与速度指令相对应的工作速度上。

习 题

1. 液压伺服控制系统与一般的液压系统有何不同?

2. 液压伺服控制系统由哪些基本元件所组成？

3. 什么是单边、双边滑阀？各有什么特点？

4. 双喷嘴挡板阀中，若有一个喷嘴被堵塞，会发生什么现象？单喷嘴挡板阀可控制哪种形式的液压缸？试画出单喷嘴挡板阀控制液压缸的结构原理图。

5. 电液伺服阀是如何工作的？有何特点？

6. 电液伺服控制系统是如何分类的？常见的有哪几类？

第 11 章　液压系统的使用与维护

11.1　液压系统的安装和调试

液压系统安装和调试质量的好坏是关系液压系统能否可靠工作的关键。在工程实践中，必须科学、正确、合理地完成安装过程中的每个环节并进行相应的调试，才能使液压系统能够正常运行，充分发挥其效能。

11.1.1　液压系统的安装

液压系统在安装前，首先要弄清设备对液压系统的要求，液压系统与机、电、气的关系和液压系统的原理，以充分理解其设计意图；然后验收所有的液压元件、辅助元件、密封件、标准件（型号、规格、数量和质量）。

1. 液压元件的安装

1）液压泵的安装

① 液压泵的传动轴与电动机（或发动机）驱动轴的同轴度误差应小于 0.1 mm，一般采用弹性联轴器连接，不允许使用 V 带等传动泵轴，以免泵轴受径向力的作用而破坏轴的密封。

② 液压泵的进、出油口不得接反，有外泄油口的必须单独接泄油管引回油箱。

③ 液压泵的吸入高度必须在设计规定的范围内，一般不超过 0.5 m。

2）液压阀的安装

① 液压阀的连接方式有螺纹连接、板式连接、法兰连接以及插装式等，不管采用哪一种方式，都应保证密封，防止渗油和漏气。

② 换向阀应保持轴线水平安装。

③ 板式阀安装前要检查各油口密封圈是否合乎要求，每个固定螺钉要均匀拧紧，使安装平面与底板平面全部接触。

④ 防止油口装反。

3）液压缸的安装

① 液压缸只能承受轴向力，安装时应避免产生侧向力。

② 对整体固定的液压缸缸体，应一端固定，另一端浮动，允许因热变形或受内压引起的轴向伸长。

③ 液压缸的进、出油口应向上布置，以利于排气。

2. 液压管路的安装

① 管路的内径、壁厚和材质均应符合设计要求。

② 管路敷设要便于装拆,尽量平行或垂直,少拐弯,避免交叉。长管路应等间距设置防振管卡。

③ 管路与管接头要紧固、密封,不得渗油和漏气。

④ 管路安装分两次进行。一次试装后,拆下的管道经酸洗(在 40~60 ℃的 10%~20%的稀硫酸或稀盐酸溶液中清洗 30~40 min)、中和(用 30~40 ℃的 10%的苏打水)、清洗(用温水)、干燥和涂油处理,以备二次正式安装。正式安装时应注意清洁和保证密封性。

3. 液压系统的清洗

液压系统安装后,还要对管路进行循环清洗,要求高的复杂系统可分两次进行。

① 主要循环回路的清洗。将执行元件进、出油路短接(即执行元件不参与循环),构成循环回路。油箱注入其容量 60%~70%的工作用油或试车油,油温适当升高清洗效果较好。将滤油车(由液压泵和过滤器组成)接入回路进行清洗,也可直接用系统的液压泵进行(回油口接临时过滤器)。清洗过程中,可用非金属锤轻击管路,以便将管路中的附着物冲洗掉。清洗时间随系统的复杂程度、过滤精度要求及污染程度而异,通常为十几小时。

② 全系统的清洗。将实际使用的液压油注入油箱,系统恢复到实际运转状态,启动液压泵,使油液在系统中进行循环,空负荷运转 1~3 h。

4. 液压系统的压力试验

液压系统的压力试验应在系统清洗合格、并经过空负荷运转后进行。

① 确定系统的试验压力。对于工作压力低于 16 MPa 的系统,试验压力一般为工作压力的 1.5 倍;对于工作压力高于 16 MPa 的系统,试验压力一般为工作压力的 1.25 倍。但最高试验压力不应超过设计规定的数值。

② 试验压力应逐级升高,每升高一级(每一级为 1 MPa)宜稳压 5 min 左右,达到试验压力后,保持压力 10 min;然后降至工作压力,进行全面检查,系统所有焊缝和连接处无渗油、漏油,管道无永久变形为合格。

11.1.2 液压系统的调试

液压系统调试一般按泵站调试、系统调试的顺序进行,各种调试项目均由部分到整体逐项进行,即部件、单机、区域联动、机组联动等。调试前全面检查液压管路、电气线路的连接正确性;核对油液牌号,液面高度应在规定的液面范围之内;将所有调节手柄置于零位,选择开关置于“调整”“手动”位置;防护装置要完好;确定调试项目、顺序和测量方法。

1. 泵站调试

① 启动后先空载(即泵在卸荷状态下)。启动液压泵,以额定转速、规定转向运转,观察泵是否有漏油和异常声响,泵的卸荷压力是否在允许的范围内。启动时通常采取点动方式(启动—停止),经几次反复确认无异常现象才允许投入空载连续运转。

② 压力调试。空载连续运转时间一般为 10~20 min,然后调节溢流阀的调压手柄,逐渐分档升压(每档 3~5 MPa,时间 10 min)至溢流阀的调定值。同时观察压力表,压力波动值应在规定范围内。若压力波动过大(压力表针抖动),多数是由于泵吸油不足引起的。

2. 系统调试

(1) 压力调试

逐个调整每个分支回路上的各种压力阀,如溢流阀、减压阀、顺序阀等。调整压力时,应先对管路油液进行封闭，保证压力油仅从被调整压力阀中通过，然后逐渐分档升压至压力阀的调定值。例如，在调整溢流阀时，若换向阀的中位机能是 M 型，中位状态下则油液经换向阀卸荷而无压，此时应将换向阀置于左位或右位，使液压缸活塞退回到原位，油液就只能经溢流阀返回油箱，才可进行溢流阀的压力调整。

（2）流量调试

流量调试主要是对执行元件的速度进行调试，系统应该满足执行元件在相应负荷条件下的速度需求。

① 无负荷（空载）运转。应将执行元件与工作机构脱开，操纵换向阀使液压缸做往复运动或使液压马达做回转运动。在此过程中，一方面检查液压阀、液压缸或液压马达、电气元件、机械控制机构等是否灵活可靠；一方面进行系统排气。排气时，最好是全管路依次进行。对于复杂或管路较长的系统，要进行多次排气。同时检查油箱液面是否下降。

② 速度调节。逐步调节执行元件的速度（节流调速回路将节流阀或调速阀的开口逐步调大，容积调速回路将变量泵的排量逐步调大，而变量马达则将其排量逐步调小）。待空载运转正常后，再停机将工作机构与执行元件连接，重新启动执行元件从低速到高速带负载运转。如调试中出现低速爬行现象，可检查工作机构是否润滑充分、排气是否彻底等。速度调试应逐个回路（指驱动一个工作机构的液压回路）进行。在调试一个回路时，其他回路均应处于关闭状态。

（3）全负荷程序运转

按设计规定的自动工作循环或顺序动作进行全负荷程序运转，一般可在空载、工作负载、最大负载三种情况下分别进行。检查各动作的协调性；同步和顺序的正确性；启动停止、换向、速度换接的平稳性；有无误信号、误动作和爬行、冲击等现象；最后还要检查系统在承受负载后，是否实现了规定的工作要求，如速度-负载特性如何、泄漏量如何、功率损耗及油温是否在设计允许值内，液压冲击和振动噪声是否在允许的范围内等。

调试期间，对主要的调试内容和主要参数的测试应有现场记录，经核准归入设备技术档案，作为以后维修时的原始技术数据。

11.2　液压系统的泄漏与控制

11.2.1　液压系统泄漏的原因

液压系统泄漏的原因是错综复杂的，主要与振动、温升、压差、间隙和设计、制造、安装及维护不当有关。泄漏可分为外泄漏和内泄漏两种。外泄漏是指油液从元器件或管件接口内部向外部泄漏；内泄漏是指元器件内部由于间隙、磨损等原因有少量油液从高压腔流到低压腔。外泄漏会造成能源浪费，污染环境，危及人身安全或造成火灾。内泄漏能引起系统性能不稳定，如系统中压力、流量不正常，严重时会造成事故。为控制内泄漏量，国家对元件制造厂家生产的各类元件颁布了元件出厂试验标准，标准中对元件的内泄漏量做出了详细评价等规定。常通过提高几何精度、表面质量，合理的设计，正确的使用密封件来防止和解决外泄漏问题。液压系统外泄漏的主要部位及原因可归纳为以下几种：

（1）管接头和油塞在液压系统中使用较多，在漏油事故中所占的比例也很高，可达30%甚至40%以上。管接头漏油大多数发生在与其他零件连接处，如集成块、阀底板、管式元件等与管接头连接部位上。当管接头采用公制螺纹连接，而螺孔中心线与密封平面不垂直，即螺孔的几何精度和加工尺寸精度不符合要求时，会造成组合垫圈密封不严而泄漏。当管接头采用锥管螺纹连接时，由于锥管螺纹与螺堵之间不能完全吻合密封，如螺纹孔加工尺寸、加工精度超差，极易产生漏油。以上两种情况一旦发生很难根治，只能借助液态密封胶或聚四氟乙烯生料带进行填充密封。管接头组件螺母处漏油一般都与加工质量有关，如密封槽加工超差、加工精度不够，密封部位的磕碰、划伤都可造成泄漏，必须经过认真处理，消除存在的问题，才能达到密封效果。

（2）元件等接合面的泄漏也是常见的外泄漏形式，如板式阀、叠加阀、阀盖板、方法兰等均属此类密封形式。接合面间的漏油主要是由如下几方面问题所造成：一是与O形密封圈接触的安装平面加工粗糙，有磕碰、划伤现象，O形密封圈沟槽直径、深度超差而造成密封圈压缩量不足；二是沟槽底平面粗糙度大，同一底平面上各沟槽深浅不一致；安装螺钉长、强度不够或孔位超差，都会造成密封面不严，产生漏油。应针对以上问题分别进行处理，如对O形密封圈沟槽进行补充加工，严格控制深度尺寸，减小沟槽底平面及安装平面的粗糙度并提高清洁度，消除密封面不严的现象。

（3）液压缸的漏油。造成液压缸漏油的原因较多，如活塞杆表面黏附粉尘、盐雾，密封沟槽尺寸超差，表面的磕碰、划伤，加工粗糙，密封件的低温硬化，液压缸偏载等原因都会造成密封损伤、失效而引起漏油。该类问题解决的办法可以从设计、制造、使用几方面进行，如选耐粉尘、耐磨、耐低温性能好的密封件并保证密封沟槽的尺寸及精度，正确选择滑动表面的粗糙度，设置防尘伸缩套，尽量不要使液压缸承受偏载，经常擦除活塞杆上的粉尘，注意避免磕碰、划伤，做好液压油的清洁度管理。

（4）泵、马达旋转轴处的漏油主要由油封内径过盈量太小、油封座尺寸超差、转速过高、油温高、背压大、轴表面粗糙度大、轴的偏心量大、密封件与介质的相容性差及不合理的安装等因素造成。解决方法可从设计、制造、使用几方面进行，控制泄漏的产生。如设计中考虑合适的油封内径过盈量、保证油封座尺寸精度、装配时油封座可注入密封胶等。设计时可根据液压泵的转速、油温及介质选用适合的密封材料加工油封，提高与油封接触表面的质量及装配质量等。

（5）温升发热往往会造成液压系统较严重的泄漏现象。温升发热可使油液黏度下降或变质，使内泄漏量增加；温度继续增高，会造成密封材料受热后膨胀从而增大了摩擦力，使磨损加快，使轴向转动或滑动部位很快产生泄漏。密封部位中的O形密封圈也由于温度高而加大了膨胀和变形从而造成热老化，冷却后已不能恢复原状，使密封圈失去弹性，因压缩量不足而失效，逐渐产生渗漏，因此控制温升对液压系统非常重要。造成温升的原因较多，如机械摩擦引起的温升、压力及容积损失引起的温升、散热条件差引起的温升等。为了减少温升发热所引起的泄漏，首先应从液压系统优化设计的角度出发，设计出传动效率高的节能回路，提高液压件的加工和装配质量，减少内泄漏造成的能量损失。采用黏温特性好的工作介质，也可减小内泄漏量。隔离外界热源对系统的影响，加大油箱散热面积，必要时设置冷却器，使系统油温严格控制在25~50 ℃之间。

11.2.2 液压系统防止与治理泄漏的措施

液压系统防止与治理泄漏的措施主要有：

(1) 尽量减少油路管接头及法兰的数量,在设计中广泛选用叠加阀、插装阀、板式阀,采用集成块组合的形式,减少管路泄漏点,是防漏的有效措施之一。

(2) 将液压系统中的液压阀台安装在与执行元件较近的地方,可以大大缩短液压管路的总长度,从而减少管接头的数量。

(3) 液压冲击和机械振动直接或间接地影响系统,会造成管路接头松动,产生泄漏。液压冲击往往是由于快速换向所造成的,因此在工况允许的情况下,应尽量延长换向时间,即在阀芯上设置缓冲槽、缓冲锥体结构或在阀内装有延长换向时间的控制阀。液压系统应远离外界振源,管路应合理设置管夹,泵源可采用减振器、高压胶管、补偿接管或装上脉动吸收器来消除压力脉动,减少振动。

(4) 定期检查及定期维护是防止泄漏、减少故障的最基本的保障。

11.3 液压系统的使用与维护

据统计表明,液压系统发生的故障有约 90%是由于使用、管理不善所致。因此在生产中合理使用和正确维护液压设备,可以防止元件与系统遭受不应有的损坏,从而减少故障的发生,并能有效地延长使用寿命;进行主动保养和预防性维护,做到有计划地检修,可以使液压设备经常处于良好的技术状态,发挥其应有的效能。

11.3.1 液压系统的一般使用要求

(1) 按设计规定和工作要求,合理调节系统的工作压力和工作速度。压力阀和流量阀调节到所要求的数值后,应将调节机构锁紧,防止松动。不得随意调节,严防调节失误造成事故。不准使用有缺陷的压力表,不允许在无压力表的情况下调压或工作。

(2) 在系统运行过程中要注意油质的变化状况,要定期进行取样化验,当油液的物理、化学性能指标超出使用范围,不符合使用要求时,要进行净化处理或更换油液。新更换的油液必须经过过滤后才能注入油箱。为保证油液的清洁度,过滤器的滤芯应定期更换。

(3) 注意油液的温度。正常工作时,油液温度不应超过 60~65 ℃,一般控制在 35~55 ℃之间。冬季由于温度低,油液黏度较大,应升温后再启动。

(4) 当系统某部位出现异常现象时,要及时分析原因进行处理,不要勉强运行,造成事故。

(5) 不准任意调整电控系统的互锁装置,不准任意移动各行程开关和限位挡铁的位置。

(6) 液压设备如果长期不用,应将各调节手轮全部放松,防止弹簧产生永久变形而影响元件的性能。

11.3.2 液压系统的维护和保养

液压系统通常采用日常检查和定期检查作为维护和保养的基础。通过日常检查和定期检查可以把液压系统中存在的问题排除在萌芽状态，还可以为设备维修提供第一手资料，从中确定修理项目，编制检修计划，并可以从中找出液压系统出现故障的规律，以及液压油、密封件和液压元件的更换周期。日常检查和定期检查的项目及内容分别见表 11-3-1 和表 11-3-2。

表 11-3-1　日常检查的项目及内容

检查时间	项目	内容
系统启动前	油位	是否正常
	行程开关	是否紧固
		是否正常
	手动、自动循环压力	系统压力是否稳定和在规定的范围内
在设备运行中监视工况	液压缸	运动是否平稳
	油温	是否在 35~55 ℃范围内
	泄漏	全系统有无漏油
	振动和噪声	有无异常

表 11-3-2　定期检查的项目及内容

项目	内容
螺钉、螺母和管接头	定期检查并紧固： ① 10 MPa 以上系统每月一次； ② 10 MPa 以下系统每三月一次
过滤器	定期检查：每月一次，根据堵塞程度及时更换
密封件	① 定期检查或更换：按环境温度、工作压力、密封件材质等具体规定更换周期； ② 对重大流水线设备大修时全部更换（一般为两年）； ③ 对单机作业、非连续运行设备，只更换有问题的密封
压力表	按设备使用情况规定检验周期
油箱、管道、阀板	定期清洗：大修时
油液污染度	① 对已确定换油周期的提前一周取样化验（取样数量 300~500 mL）； ② 对新换油，经 1000 h 使用后，应取样化验； ③ 对大、精、稀设备用油，经 600 h 使用后，取样化验
液压元件	定期检查或更换：根据使用工况，对泵、阀、缸、马达等元件进行性能测定，尽可能采取在线测试办法测定其主要参数。对磨损严重和性能指标下降、影响正常工作的元件进行修理或更换
高压软管	根据使用工况规定更换时间
弹簧	按使用工况、元件材质等规定更换时间

11.3.3 伺服阀及系统的使用要求

液压伺服阀及伺服系统作为精密元件和控制系统，其使用要求比普通液压阀和系统的使用要求高很多，特别是对油液的污染度、安装精度、维护保养等方面的要求较高，必须有专门的人员进行负责。

1. 液压系统污染度要求

（1）伺服阀的使用寿命和可靠性与工作油液污染度密切相关。工作油液不清洁将影响产品性能，缩短伺服阀的寿命，严重时则可能使产品不能工作。因此，必须保证系统工作油液的清洁度。在使用伺服阀液压系统时必须做到以下几点：

① 对安装有伺服阀的液压系统必须进行彻底清洗。新安装的液压系统管路或更换原有管路时，可按以下两个步骤进行清洗：一是在管路预装后进行拆卸、酸洗、磷化；二是组装后再次进行管路的冲洗。管路冲洗时，应拆掉伺服阀，在安装伺服阀的安装座上装一冲洗板，也可安装一个换向阀，这样工作管路和执行元件可被同时清洗。向油箱内注入清洗油（清洗油选低黏度的专用清洗油或同牌号的液压油），启动液压源运转冲洗，使系统各元件都能动作，以便更充分地清洗系统中的污染物。在冲洗工作中应轻轻敲击管子，特别是焊口和连接部位，可起到除去水锈和尘埃的效果。

② 定时检查过滤器，如发生堵塞，应及时更换滤芯，更换下来的纸滤芯、化纤滤芯、粉末冶金滤芯不得清洗后再用。滤芯更换完毕后应继续冲洗，直到油液污染度符合要求。最后，排出清洗油，清洗油箱。实践中建议用面粉团或胶泥黏去固体颗粒，不得用棉、麻、化纤织品擦洗。再次更换或清洗过滤器，并通过绝对过滤精度为 5～10 μm 的过滤器向油箱注入新油。再次启动油源，冲洗 24 小时，然后更换或清洗过滤器，完成管路清洗。

（2）在伺服阀进油口前必须配置绝对过滤精度不低于 10 μm 的过滤器。伺服阀内的过滤器是粗过滤器，是防止偶然“落网”的较大污染物进入伺服阀而设的，因此，使用中切不可依赖阀内过滤器起主要防护作用。过滤器的过滤精度可视伺服阀的类型而定，喷嘴挡板阀的过滤精度要求 5～10 μm（NAS1638 5～6 级），射流管阀的绝对过滤精度要求为 10～20 μm（NAS1638 7～8 级）。

（3）使用射流管阀的液压系统，油液推荐污染度等级为：长寿命使用时应达到 GB/T 14039—2002 中的-/15/12 级（NAS13638 6 级）；在一般使用工况下，最差不低于 GB/T 14039—2002 中的-/18/15 级（NAS1638 9 级）。

2. 伺服放大器要求

由于伺服阀中力矩马达线圈匝数较多、感抗大，因此，伺服放大器必须是具有深度电流负反馈的放大器，只有极少响应较慢的系统才可使用电压负反馈的放大器。电流负反馈放大器输出阻抗比较大，放大器和伺服阀线圈组成了一个一阶滞后环节，输出阻抗大，频率高，对伺服阀的频带不会有太大的影响。

不同的伺服系统对伺服放大器有不同要求，例如不同的校正环节、不同的增益范围及其他功能。但为了确保伺服阀的正常使用，伺服阀对放大器还有其他要求，如放大器要带有限流功能，要确保放大器最大输出电流不会烧坏线圈或不会引起阀的其他故障。伺服阀应能耐受两倍额定电流的负荷，要有输出调零电位器，放大器要带颤振信号发生电路等。

3. 伺服阀的安装要求

(1) 伺服阀安装座表面粗糙度 Ra 值应小于 1.6 μm,表面不平度不大于 0.025 mm。

(2) 不允许用磁性材料制造安装座,伺服阀周围也不允许有明显的磁场干扰。

(3) 伺服阀安装工作环境应保持清洁,安装面无污粒附着。清洁时应使用无绒布或专用纸张。

(4) 伺服阀的进油口和回油口不要接错,特别当供油压力达到或超过 20 MPa 时。

(5) 检查伺服阀的安装底面各油口的密封圈是否齐全。

(6) 每个线圈的最大电流不要超过 2 倍额定电流。

(7) 油箱应密封,并尽量选用不锈钢板材,油箱上应装有加油及空气过滤用滤清器。

(8) 禁止使用麻线、胶黏剂和密封带作为密封材料。

(9) 伺服阀的冲洗板应在安装前拆下并保存,以备维修时使用。

(10) 对于长期工作的液压系统,应选较大容量的过滤器。

(11) 动圈式伺服阀使用中要加颤振信号,泄漏油直接回油箱,以及按要求垂直安装。

(12) 双喷嘴挡板阀要求先通油后给电信号。

4. 伺服系统的维修及保养

(1) 在条件许可的情况下,应定期检查工作油液的污染度。

(2) 应建立新油是“脏油”的概念。如果在油箱中注入 10% 以上的新油液,应更换上冲洗板,启动油源,清洗 24 小时以上,然后更换或清洗过滤器,再卸下冲洗板,换上伺服阀。在一般情况下,长时间经过滤器连续使用的液压油往往比较干净。因此,在系统无渗漏的情况下应减少加油次数,避免再次污染系统。

(3) 系统换油时,在注入新液压油前应彻底清洗油箱,换上冲洗板,通过绝对过滤精度为 5~10 μm 的过滤器向油箱中注入新油。启动油源,冲洗 24 小时以上,然后更换或清洗过滤器,完成管路、油箱的再次清洗。

(4) 伺服阀在使用过程中出现堵塞等故障现象时,不具备专业知识的人员及设备的使用者不得擅自分解伺服阀,使用者可按说明书的规定更换过滤器。如故障还无法排除,应返回生产厂家进行修理、排障、调整。

(5) 如条件许可,伺服阀需定期返回生产单位清洗、调整。

(6) 使用中尽量采用质量好的油源,油质保持相对较好的可以较长时间不换油,这样有助于系统的可靠运行。

(7) 使用中注意不要使铁磁物质长期与力矩马达壳体相接触,防止力矩马达失去磁性,严重时会影响伺服阀零位和输出,严重时会导致伺服阀不能正常工作。

(8) 除非伺服阀外部有机械调零装置,否则不要擅拆伺服阀进行调零。伺服阀是精密液压元件,调试时不能离开实验台,而且必须使用专用工装夹具。

(9) 伺服阀本身带有保护过滤器,更换过滤器的方法应按照厂家要求进行。

(10) 伺服阀每安装或每拆卸一次,必然会增加一次油源受污染的机会,因此,必须注意系统的清洁度,这也是最重要的保养要求。

1. 液压设备在安装时应注意哪些环节?

2. 液压系统的调试过程分几种? 调试时的注意事项有哪些?

3. 液压系统泄漏会带来什么样的危害? 如何控制泄漏?

4. 液压设备在使用中应注意哪些问题?

5. 液压系统在维护保养时应注意哪些方面?

6. 液压系统在定期检查中应重点检查哪些项目?

7. 为什么液压系统要进行两次安装?

8. 液压系统的泄漏途径有哪些? 控制泄漏的措施有哪些?

9. 为什么液压系统安装后要进行清洗? 新更换的液压油为什么必须经过过滤后才能注入油箱?

附录　常用液压图形符号

我国制定的流体传动系统及元件图形符号标准与 ISO 标准接近，是一种通用的国际工程语言。我国国家标准 GB/T 786 确立了各种符号的基本要素，规定了流体传动系统及元件的设计规则。由于 GB/T 786 经历了 GB/T 786—1965、GB/T 786—1976、GB/T 786.1—1993、GB/T 786.1—2009、GB/T 786.1—2021 等不断地修订和完善，许多生产厂家给出的系统图采用了不同时期标准进行绘制，因此，在分析原理图时应注意理解。附录中给出了部分常用元件图形符号 GB/T 786.1—2021 标准，供参考使用。

1. 管路及连线

名称	图形符号
工作管路	
控制管路	
泄油管路	
连接管路	
交叉管路	
软管总成	

2. 动力源及执行元件

名称	图形符号
单向定量液压泵	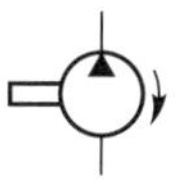
双向定量液压泵	
单向变量液压泵	

续表

名称	图形符号
双向变量液压泵	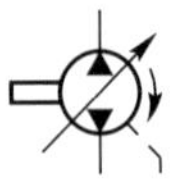
电动机	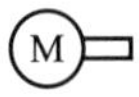 M
单向定量液压马达	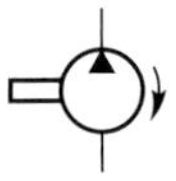
双向定量液压马达	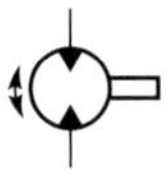
双向变量液压马达	
液压油源	
手动泵	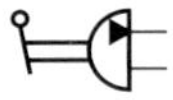
摆动马达	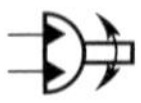
单作用单活塞杆缸	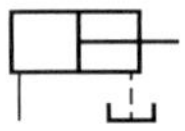
单作用弹簧复位式单活塞杆缸	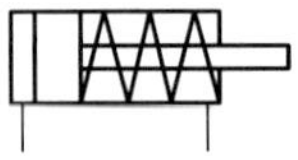

续表

名称	图形符号
双作用单杆活塞缸	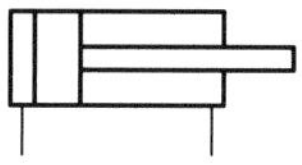
双作用双杆活塞缸（左终点带内部限位开关，内部机械控制，右终点带有外部限位开关，由活塞杆触发）	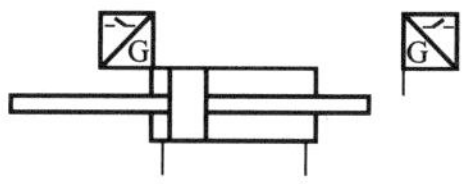
双作用双杆活塞缸（活塞杆直径不同，双侧缓冲，右侧缓冲带调节）	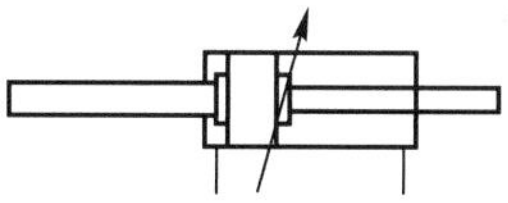
单作用柱塞缸	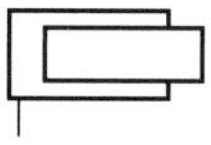
单作用伸缩缸	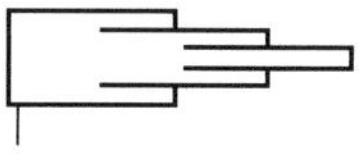
双作用伸缩缸	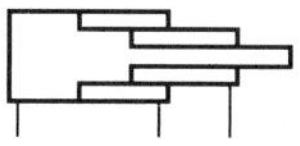

3. 控制方式

名称	图形符号
手柄控制	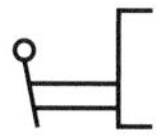
按钮控制（推压控制）	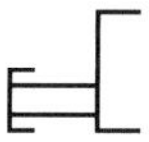
踏板控制	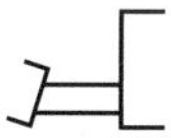
弹簧控制	

续表

名称	图形符号
带可调行程限位的顶杆控制	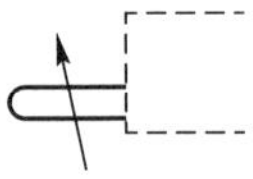
滚轮式机械控制	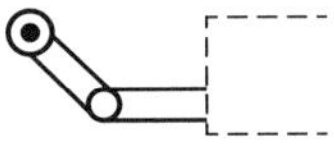
直控式液压控制	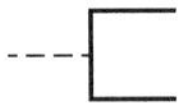
先导式液压控制	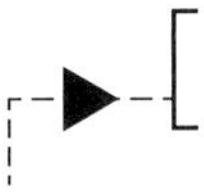
单作用电磁控制	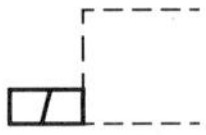
电-液 先导控制	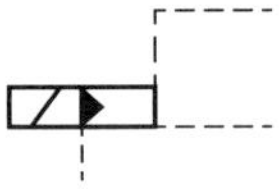
定位机构	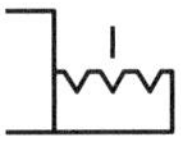
带有定位的推/拉控制机构	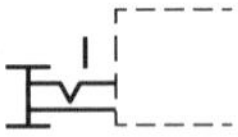
带有5个锁定位置 的旋转控制机构	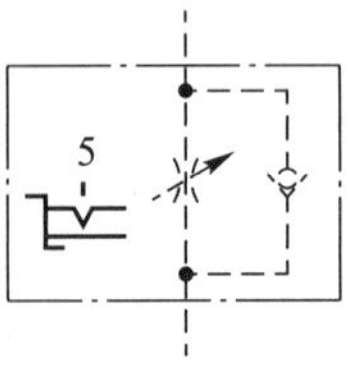 5
使用步进电动机的控制机构	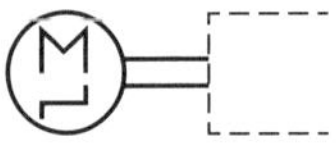

4. 压力控制阀

名称	图形符号
溢流阀	直动式溢流阀 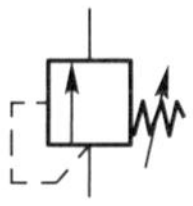 先导式溢流阀 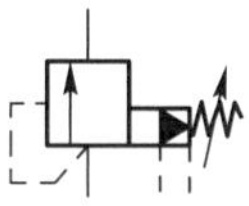
直动式比例溢流阀(有弹簧)	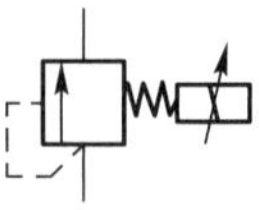
直动式比例溢流阀(电磁铁直接控制,集成电子器件)	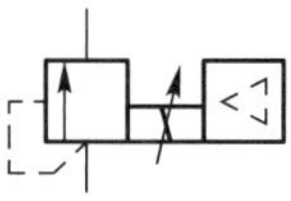
先导型比例电磁式溢流阀	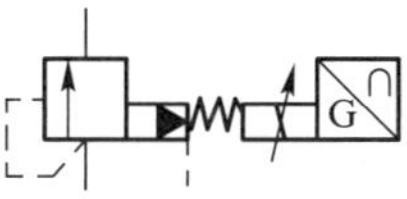 带位置反馈的
电磁溢流阀	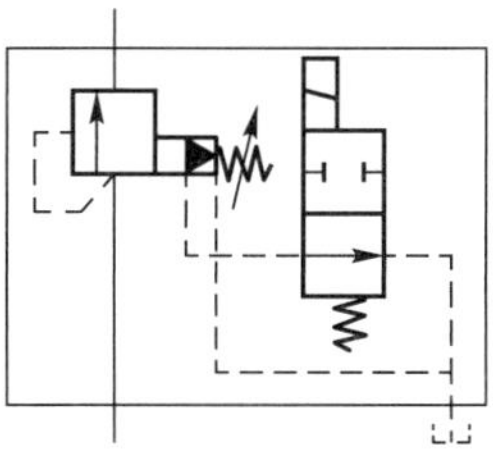
减压阀	直动式二通减压阀  先导式二通减压阀 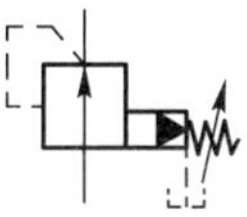

续表

名称	图形符号
三通减压阀	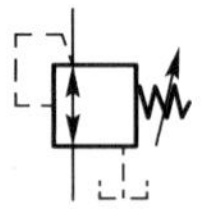
顺序阀	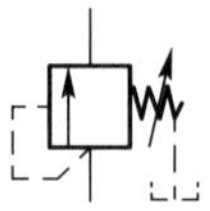
带有旁通单向阀的顺序阀	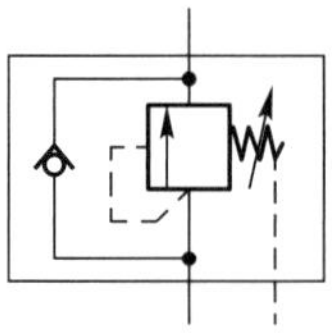
压力开关(机械 电子控制,可调节)	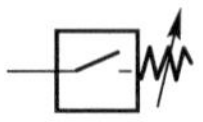
压力传感器 (输出模拟信号)	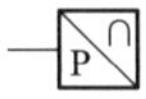

5. 流量控制阀

名称	图形符号
不可调节流阀	 ,又称固定节流器
节流阀	
单向 节流阀	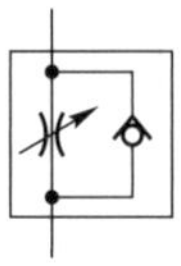
截止阀	

续表

名称	图形符号
二通流量控制阀	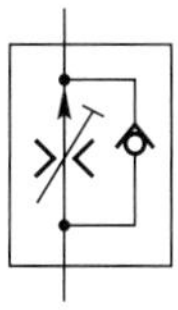
三通流量控制阀	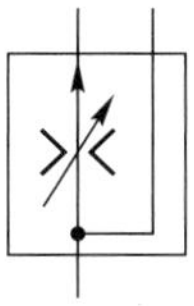
分流阀	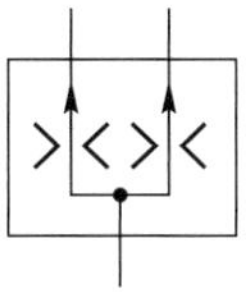
集流阀	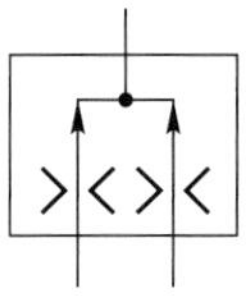
分流集流阀	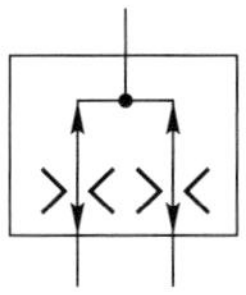
比例流量控制阀(直动式)	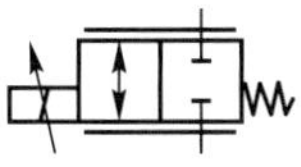
比例流量控制阀 (直动式、带有电磁铁位置闭环控制,集成电子器件)	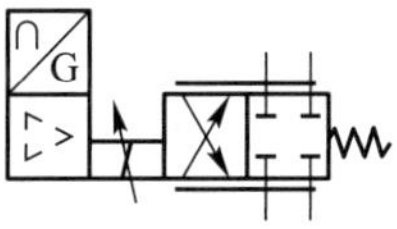 G
比例节流阀	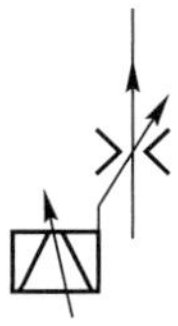

6. 方向控制阀

名称	图形符号
单向阀	
先导式液控单向阀,带复位弹簧	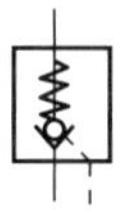
双液控单向阀 (液压锁)	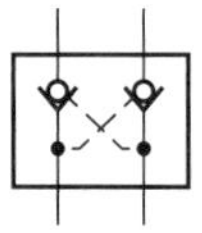
或门型梭阀	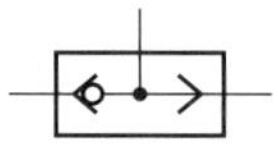
常闭式二位二通换向阀 (推杆控制)	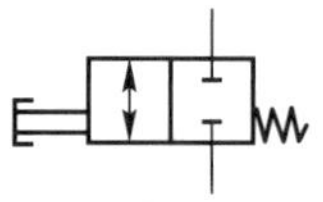
常开式二位二通 换向阀 (电磁铁控制)	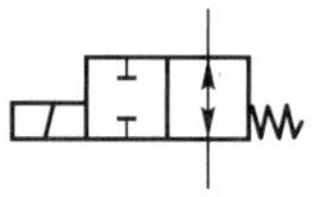
常闭式二位三通换向阀 (电磁铁控制)	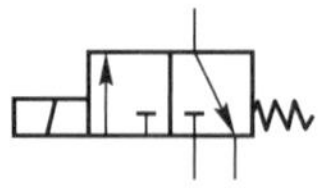
二位四通 换向阀 (电磁铁控制)	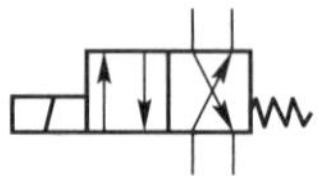
二位五通 换向阀 (踏板控制)	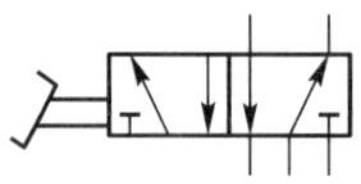
三位四通换向阀(中位机能 O) (双电磁铁控制)	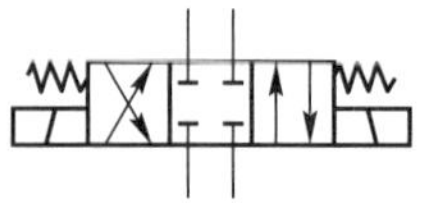

续表

名称	图形符号
三位五通换向阀 （手柄控制，带定位机构）	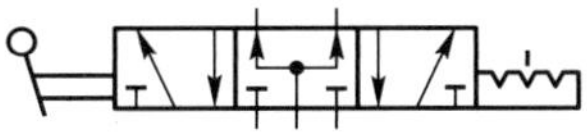
三位四通液动换向阀 （中位机能 Y）	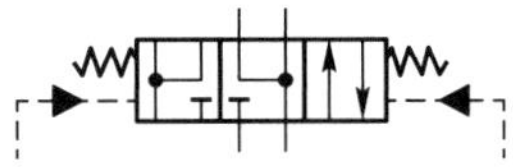
三位四通电液换向阀	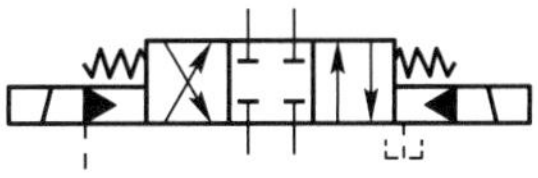
比例方向控制阀（直动式）	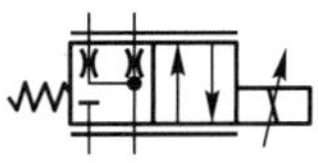
比例方向控制阀（直动式）	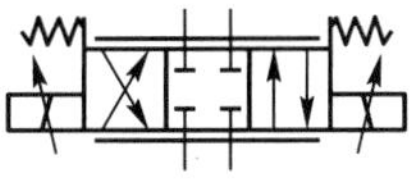
比例方向控制阀 （带位置闭环控制、集成电子器件）	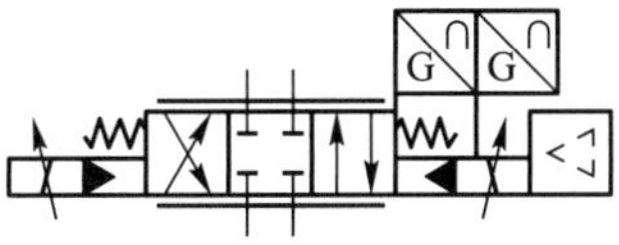
伺服阀（带位置闭环控制、 集成电子器件）	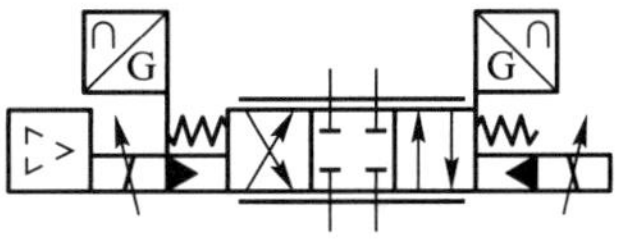

7. 附件和其他装置

名称	图形符号
油箱	
压力油箱	
蓄能器	

续表

名称	图形符号
活塞式蓄能器	
囊式及隔膜式蓄能器	 囊式 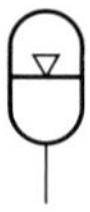 隔膜式
温度调节器	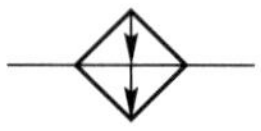
加热器	
冷却器	
过滤器	一般符号 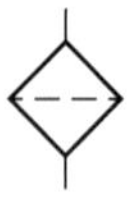 带磁性滤芯的过滤器  带光学压差指示器的过滤器 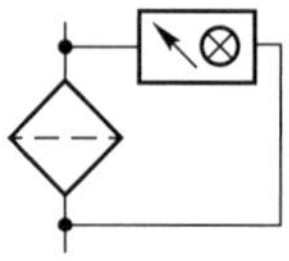
压力表	

续表

名称	图形符号
压差表	
流量计	
温度计	
转速计	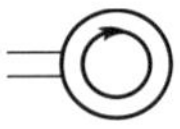
扭矩仪	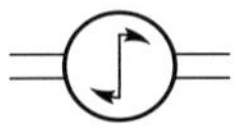
在线颗粒计数器	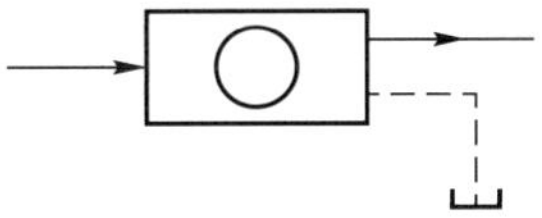
快换接头	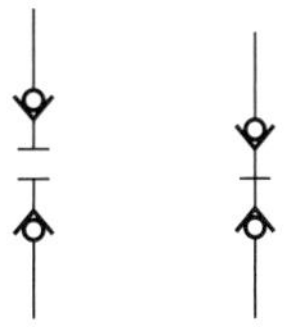 断开状态　连接状态
液位指示器	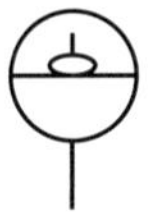

参考文献

[1] 沈兴全.液压传动与控制[M].4版.北京:国防工业出版社,2013.

[2] 李鄂民.实用液压技术一本通[M].2版.北京:化学工业出版社,2016.

[3] 李壮云.液压元件与系统[M].3版.北京:机械工业出版社,2011.

[4] 陈奎生.液压与气压传动[M].武汉:武汉理工大学出版社,2001.

[5] 陈淑梅. 液压与气压传动[M].北京:机械工业出版社,2014.

[6] 冀宏.液压气压传动与控制[M].2版.武汉:华中科技大学出版社,2014.

[7] 孔珑.工程流体力学[M].北京,中国电力出版社,2007.

[8] 王洪伟.我所理解的流体力学[M].北京:国防工业出版社,2014.

[9] 张海平.液压速度控制技术[M].北京:机械工业出版社,2014.

[10] 胡燕平,彭佑多,吴根茂.液阻网络系统学[M].北京:机械工业出版社,2003.

[11] 刘银水,许福玲.液压与气压传动[M].4版.北京:机械工业出版社,2017.

[12] 张海平.液压螺纹插装阀[M].北京:机械工业出版社,2012.

[13] 张海平.液压平衡阀应用技术[M].北京:机械工业出版社,2017.

[14] 王海涛.飞机液压元件与系统[M].北京:国防工业出版社,2012.

[15] 姜继海,胡志栋,王昕.液压传动[M].5版.哈尔滨:哈尔滨工业大学出版社,2016.

[16] 曹玉平,阎祥安.液压传动与控制[M].天津:天津大学出版社,2009.

[17] 吴根茂,邱敏秀,王庆丰,等.新编实用电液比例技术[M].杭州:浙江大学出版社,2006.

[18] 王积伟.液压传动[M].北京:机械工业出版,2018.

[19] 陆望龙.典型液压元件结构600例[M].北京:化学工业出版社,2009.

[20] 中国机械工程学会设备与维修工程分会.工程机械维修问答[M].北京:机械工业出版社,2006.

[21] 陈锦耀,张晓宏.图解工程机械液压系统构造与维修[M].北京:化学工业出版社,2015.

[22] 张海平,姚静,艾超.实用液压测试技术[M].北京:机械工业出版社,2015.

[23] 魏烈江.液压系统微机控制[M].北京:电子工业出版社,2014.

[24] 吴振顺.液压控制系统[M].北京:高等教育出版社,2008.

[25] 贾铭新.液压传动与控制[M].2版.北京:国防工业出版社,2001.

[26] 张群生.液压与气压传动[M].北京:机械工业出版社,2002.

郑重声明

高等教育出版社依法对本书享有专有出版权。任何未经许可的复制、销售行为均违反《中华人民共和国著作权法》,其行为人将承担相应的民事责任和行政责任;构成犯罪的,将被依法追究刑事责任。为了维护市场秩序,保护读者的合法权益,避免读者误用盗版书造成不良后果,我社将配合行政执法部门和司法机关对违法犯罪的单位和个人进行严厉打击。社会各界人士如发现上述侵权行为,希望及时举报,本社将奖励举报有功人员。

反盗版举报电话 (010)58581999 58582371 58582488

反盗版举报传真 (010)82086060

反盗版举报邮箱 dd@ hep. com. cn

通信地址 北京市西城区德外大街4号

高等教育出版社法律事务与版权管理部

邮政编码 100120

防伪查询说明

用户购书后刮开封底防伪涂层,利用手机微信等软件扫描二维码,会跳转至防伪查询网页,获得所购图书详细信息。用户也可将防伪二维码下的20位密码按从左到右、从上到下的顺序发送短信至106695881280,免费查询所购图书真伪。

反盗版短信举报

编辑短信“JB,图书名称,出版社,购买地点”发送至10669588128

防伪客服电话

(010)58582300